U0142859

大師系列
學海節觀 要舊不凡

Production
management case study

生產管理：實務個案分析

張保隆、伍忠賢 合著

王派榮 校閱

五南圖書出版公司 印行

自序

我們當前除了培養熱切求知心態之外，還需要「具有實用價值的好書」。這些書應能有效記錄、解析實務世界中解決各種問題的經驗、方法，以及背後的思維方式與架構。換句話說，我們應設法出版一些「有用」的書，以破解「讀書無用論」的迷思，進而提升經濟社會中創造價值的能力。

——**司徒達賢**　政治大學企管系講座教授

台灣策略管理大師

今周刊，2009 年 4 月 6 日，第 18 頁

一、本書用途（who?）

本書主要是寫給下述三種人士閱讀。

1. 企管系大四、碩一「生產管理專題研究」一學期課程

本書足供此二種學生一學期課程使用。

2. 工管系大二《生產管理》一學期課程

科技大學工管系「生產管理專題研究」一學期課程，可搭配本書與《生產管理》，效果如虎添翼；或單獨使用本書。

3. 企業人士

公司讀書會以本書為基礎，員工訓練以本書為講義，可收標竿學習、為用而訓的雙重好處。

二、強調實用，跟實務零距離（where?）

個案式寫作方式最大的目的在於「實用」，也就是看別人如何解決某個生產問題；通常我們採取有架構的寫作方式，是以理論為該個案的骨架（即把該公司的組織依理論作成圖表），以該公司的經營實務為骨肉，以我們的創意為靈魂；簡單的說，就是「寓教於樂」。

「實用」是我們寫書的最高指導原則，務必做到「最後一哩」的工夫，也就是「跟實務零距離」。具體做法便是以個案分析來「就近取譬」，讓你「沒吃過豬肉，至少看過豬走路。」

以套用武術為例，太極拳打「形」（套路）講求漂亮的招式，詠春拳則強調簡單實戰。同樣的事，縱使在跆拳道也一樣，升「級」是打「形」，但是

升「段」則是對打。南韓的跆拳國手參加奧運集訓，則根本不打形，而是強調「實戰」，從對打中，鍛鍊出本能反應。

三、你的需要，我們知道（why？）

有許多學生問我們如何學好「生產管理」，套用中央大學教授、台灣認知學習大師洪蘭教授的說法，這可分為二階段。

1. 培養學習興趣（learn to read）

透過看電視卡通影片、DVD 電影、漫畫等方式培養學英文的興趣，唯有好玩，熱情才不間斷，工作才會有所突破。

2. 有能力才會更上一層樓（read to learn）

喜歡英文後，才會「樂知好行」，就此激發源源不絕的工作動力。

對於閱讀行為也是如此，每個年齡層的學習方式都可能不同。以《三國演義》為例。

- 1950 年代的人（本書兩位作者）會閱讀羅貫中的文言文原著。
- 1960 年代的人可能讀《白話三國演義》，以便八九不離十地抓住三國故事的概要。
- 1970 年代的人透過讀漫畫、日本作者的「圖解三圖」，對《三國演義》有個粗略的了解。
- 1980 年代的人（大陸稱為 80 後，美國稱為 Y 世代）會了解《三國演義》，有可能是因為打電視遊樂器 PS2 的卡匣「三國無雙」，或是電腦的線上遊戲「三國群英傳」（宇峻奧汀公司出品）。甚至有些是透過 2008、2009 年吳宇森導演的電影「赤壁（上）（下）」，因為喜歡第一名模林志玲飾演的小喬才產生興趣。還一些人是看了第四台播出的「三國演義」（由大陸製作，2005 起每年都會重播一次），才了解其中典故。

四十年來，對於《三國演義》這個中日聞名的故事，閱讀行為已有顯著的改變。在本書中，我們想用講故事的方式讓你們（企業人士、碩士班、大二學生）喜歡閱讀，重點在於吸收比率，而不是你讀了多少。限於呈現方式，本書只能做到「圖解」、「說企業故事」。

說故事很重要，笑話為什麼容易記，因為你會轉述給別人聽，講三遍就自然而然記住了。影劇名星的八卦為什麼百講不厭，因為人們有好奇、偷窺的習性。

四、說人話（what?）

許多手機公司推出全功能手機，因為難用，所以大部分人只會接聽，直迄 2007 年 6 月 29 日，蘋果公司推出 iPhone 手機的觸控螢幕，才解決使用者的界面使用問題。

很多書都想面面俱道，以第一章「自製或外包」這個最重要的生產決策來說，想套用張玉文譯「價值鏈設計中的快速回應能力」（遠見雜誌，2002 年 10 月，第 254～261 頁），以及于泳泓和黃進栓合著的「以標竿企業的實務經驗為例」（會計研究月刊，2004 年 11 月，第 49～53 頁）的 6 個大表。

然而，太複雜的分析圖表，它的缺點不僅是不好懂、不好記、不好用，更可說是曲高和寡。當我們看到一家上市公司的供貨公司評估表只有一頁、六項，只單純地以為既易懂，又好用，後來，又陸續看到裕隆汽車、中華汽車的個案，才體會到有些學者真是「想太多了」、也「想得太複雜了」。

五、個案式寫作方式（how?）

本書背後的教學設計主軸在於「讓學生喜歡看書」，有些學生會覺得看本書就好像看《天下》、《商業周刊》、《今周刊》，那也正是我們今後努力的方向。

教授讀書、教書還有薪水可領，學生則是花錢來讀書，很多人是為了文憑而來，對各科但求及格。如果教科書可以寫得「人性化」一些，那就容易有趣多了，學生可能會「樂而知之」，而不會因為應付考試而「勉而行之」。

因此，在寫書過程中，任天堂開發本部副總裁宮本茂、蘋果公司董事長史帝夫・賈伯斯的設計理念一直影響著我們，惟有容易操作的界面和有趣的內容，才能讓 Wii、iPhone 大受消費者青睞。我們也希望本書成為教科書的 Wii（有二個涵意，一是歡喜驚叫聲、另一是 we）。

六、本書寫作特色（which?）

本書採取行銷導向寫作方式，著重實用，你一定可以看到這特色。除了我們一貫的「說故事」寫書風格外，在本書中我們格外強調表 0.1 的寫書風格。

本書涵蓋許多行業、專業生管知識，我們不忖所漏，戮力為之，且敦請王派榮總經理校閱，但難免有所出入。歡迎您來函指正。

張保隆
伍忠賢　謹誌於　台中市
　　　　　　　　新北市
2011 年 7 月

表 0.1　本書內容、寫作方式特色

特色	說明
一、生產管理為主，科技管理、策略管理為輔	1990 年代後，台商西進，台灣的工廠越來越少，工管系（或工工系）轉型，系名也改了，大抵如下。 ・工管與經營管理 ・工管與科技管理 本書以董事長、總經理或事業部主管來看「生產管理」，再加上我們已先後出版《科技管理》、《科技管理個案分析》，因此諒應能配合潮流。
二、不吊書袋	大部分企管理論都是換湯不換藥，有點唱「口水歌」、「舊歌新唱」。在 2006 年冬季號的《策略與企業》（*Strategy + Business*）期刊上，大衛・赫斯特（David K. Hurst）針對近期的管理相關書籍發表了一篇評論文章，他指出，各種管理理論「出現了，受到廣泛採用，然後消失了，只是後來換個新名字（又稱修辭策略）又捲土重來」，此稱為「理論不滅定律」。（哈佛商業評論，2008 年 2 月，第 167 頁） 我們治學第一原則：「天下沒有那麼多學問」，因此凡事「回復基本」（return to basic）。
三、圖表標準化	全球著名的美國麥肯錫公司在全球 80 多個國家都有分公司，然而除了語文（中文、俄文、英文、阿拉伯文等）不一樣外，麥肯錫主張「公司一體」（One-Firm）的概念，讓出自全世界任何一個分公司的任何一份文件，都無法分辨出其間的差異，因為所有文件都堅守同樣一套麥肯錫的高標準，有著相同的形式（look）和風格（feel）。 在我們系列的書中，我們一以貫之，用三個圖、一個表來建立標準化。 ・圖 座標圖（用以分類）、流程圖、「投入—轉換—產出」（依圖的大小，分成由左至右，其次由上到下）。 ・表 表中第 1 欄（隱含 Y 軸）、第 1 列（隱含 X 軸，主要是時間）。
四、建議教授少考理論的優點、缺點這種題目	許多學生從大一讀管理學開始，就看了不少某某制度（或方法）的「優點有 7 個，缺點有 5 個」，幾個相似制度還可以做成表格。 許多課程教科書都會寫各種方法的優點、缺點，讓人誤以為好像四種方法都可以挑選似的。 非洲人的黑皮膚是為了防止太陽曬傷，溫帶地區的人因日照微弱，不需防曬，皮膚黑色素就少了，稱為白人。凡事無所謂「優點」、「缺點」，只有「適用時機」的差別。就如同小孩子玩的插件遊戲，三角形積木塊才能放進三角形空位，同樣地，我們以「適用時機」來取代優缺點。 企業人士特別重視「適用時機」，例如時間有限時，則採取「研發、製程工程與製造部一起動」的同步，但是只要研發錯了，所有人都白忙一場！當時間充裕，唯恐出現大賠情況，當然就會循序「研發→製程工程部→製造部」。 本書比較著重各方法的適用時機。

目　錄

導論
——如何教與學本書

　　許多手機等 3C 電子產品，都會把如何使用該產品放在「HELP」功能中。本書中「導論」除了綱舉目張地說明全書架構外，更建議教授如何教、學生怎麼學，效果才會更好。

一、寫給誰看的？（who?）

　　生產管理談的是生產方面「事」務的管理，「成事在人」，而跟生產事務有關的部門約十個，本書是寫給這些現在與未來的一、二級主管看的，這個切入點很重要。

　　「生產管理」課程在工業工程與管理系安排在大二、在企管系大三，是後續專業課程的入門課程，因此宜綱舉目張，也就是它應該呈現全景，連各章都是。

二、誰是本書的男女主角？（whom?）

　　我們喜歡看電影，欣賞許多導演的功力，可以把一個簡單的故事拍成史詩巨片。從中我們體會到，在故事的鋪陳裡，角色不要太複雜，最好男女主角各一位，男女配角也一樣；否則很容易失焦，觀眾不僅看到「霧煞煞」，也記不住人物的關係。

　　我們把拍電影的原理運用在本書中，本書主角是日本豐田汽車，配角是鴻海、寶馬、華碩、台塑等幾家大型公司。

三、本書內容（what?）

　　本書一方面可做為拙著《生產管理》的輔助教材，因此本書各個個案大都是單一角度切入，以求聚焦。由表 0.2 可見，本書 14 章大抵跟《生產管理》

表0.2 〈生產管理〉跟本書架構對照

教科書		本書	
章	焦點	章	焦點
1	導論	1	戴爾外包決策
2	董事長與廠址	2	富士康在大陸第四波佈局
3	設施規劃	3	富士康第四波佈局專論
4	總經理		
5	業務部		
6	研發部	4	鴻海進軍筆電設計代工
		5	價值工程：大陸山寨手機
		6	大陸山寨手機公司
		7	全球平價時裝之王佐拉
7	策略性採購	8	蘋果公司 iPad 供應鏈
8	採購	9	台塑的採購管理
9	綠色生產	10	華碩庫存管理
10	製程技術	11	德國寶馬
11	標準化	12	友達綠色承諾
12	環工安衛		
13	製程品管	13	豐田汽車召回
14	品保	14	豐田汽車召回的危機處理
15	運籌等		
16	製造控制		

的 10 章對應。只是有些章多談一些，例如研發即跟製造的密切接合，本書以 3 章（第四～六章）來詳細討論。

　　本書的產業主要是 3C 產品中的個人電腦（尤其是筆電），其次是手機，至於汽車則以豐田（第十三、十四章）為主。只有一個個案（佐拉）屬於服務業，希望可以藉此拉近跟讀者的距離。

　　1. 承上

　　台灣製造業九成以上公司本業是做代工或中上游的零組件，以電子代工公司來說，努力去爭取外國（主要是美歐日）客戶（clientele）的訂單。由於無法跟零售商店（即市場）接觸，如同開車時，你只能看到前車，但看不到前二部車一樣；因此，能見距離很短。看到前車快一點，你就可以開快一點，這稱

之為「急單」。

有時進入霧區，產業能見度低，訂單只有未來一、二個月還看得清楚。

如果是品牌公司的工廠就不會有這問題了，產銷一體，只消掌握市場便可。

2. 啟下

代工公司向後方（即供應鏈上游買料、中游買模組），這樣還可以討論供應鏈管理。

3. 品牌公司的生管：供應鏈管理

純品牌公司不多，大陸稱之為白牌公司（clone），看似只要打廣告、舖通路，就等著大把大把地賺錢。世上如果有這麼好的事，假以時日，全世界都只剩下品牌公司、代工公司了。

縱使是品牌公司，也必須了解生產管理。品牌公司的採購人員主要工作是挑選適當的設計代工公司，然後盯緊其「價量質時」（即適價、適量、適質、適時）。

四、生產管理中的「管理」──相關課程（where?）

請盯著下列字句回答我：「『生產管理』跟『行銷管理』有哪裡相同？」答案是「管理」。企業內六項核心活動，即策略大師、哈佛大學商學院教授麥克‧波特（Michael E. Porter）所指的核心活動（研發、生產、行銷）與支援活動（財務、人力資源、資訊）。

公司大都有這六個功能部門，本書聚焦於生產管理。為了因應企業的需求，因此大學分別設立相關系所，其中跟「生產管理」有關的為工業工程暨管理系、企管系生管組。

不論哪種管理，其交集就是「管理」，只是管的人與事不同罷了！例如財務管理由財務長（chief financial officer, CFO）管理財務部的人與事。

如果抓住這個主軸，那本書便「天下沒有那麼多學問」，風險管理、專案管理的程序都一樣，都是管理活動（規劃─執行─控制的行政三聯制，本書不喜歡用 PDCA 四步驟）。按照「萬變不離其宗」的說法，管理活動其實就是各系所、人類「解決問題程序」（problem-solving process），而企業管理只不過是把問題解決程序運用在企業內（的問題）罷了。

(一)萬變不離其宗：問題解決途徑

任何企管的方法都是人類解決問題（problem solving）程序的運用罷了，只是用詞不一，例如「六標準差」時稱為「DAMIC」。

「太陽底下沒有新鮮事」，我們治學最重要原則是「回歸基本」（return to basics），那麼「天下沒有那有那麼多學問」，也不會「以文害義」。

(二)吾道一以貫之

公司實施大大小小的制度（小至全面保全管理中的 5S，大至企業資源規劃 ERP），幾乎所有寫論文的人都會異口同聲地說：「最重要的是經營者承諾」。「經營者承諾」講的是董事長起帶頭作用，由於其「從頭到尾」參與，讓相關部門覺得這事（例如「六標準差」）是「玩真的」，不是「一時熱」罷了！由於其「身體力行」（例如 5S 中的「清潔」），以身作則，因此會掀起「上行下效」的風潮，成為公司的企業文化的基石。

實施新制度屬於「組織變革」（organization change），這在大一《管理學》有專章討論，甚至大二的「組織管理」專書討論。其他科目（尤其生產管理課程牽涉制度最廣）則只須討論該制度內容，至於程序則可免了。

五、必也正名乎（which?）

在本書中，為求用詞精準以及節約，因此在一開始，便把核心用詞一次「講清楚，說明白」，由圖 0.1 的右邊往左邊逐漸說明。在內文中，還有很多例子可作說明。

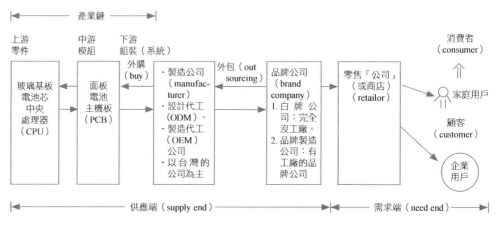

圖 0.1　價值鏈

1. 消費者 vs. 客戶

客戶一般分為家庭用戶、企業用戶,個人電腦常見的有依客戶別,分為家用電腦、商用電腦。

顧客(customer)是指消費者中有向你購買東西的那一些人,沒買的稱為潛在消費者。消費者(consumer)是商品(commodities)的使用者,在此無須使用「終端消費者」一詞來解釋。

至於供應端,通常包括買方(buyer)與賣方(seller、supplier、vender),買方是賣方的客戶(clientele),例如仁寶電腦(2324)的主要客戶是美國戴爾公司。

2. 外包 vs. 外購

外包(outsourcing)是指品牌公司(brand company)把商品組裝工作交給製造公司(manufacturer)來生產;可分為 (1) 研發與代工全包的設計代工(ODM);(2) 只做代工的製造代工(OEM)。

至於有工廠的品牌公司稱為品牌製造公司(brand manufacturer),也會把部分產品外包。

外購(buy, make or buy decision 中的 buy)是指產業鏈中的「前手向後手」,例如仁寶電腦向友達光電(2409)買液晶面板,自己來組裝電腦螢幕(monitor,俗譯為監視器),或友達向美國康寧公司買玻璃基板。

3. 產業鏈 vs. 供應鏈

產業鏈(industrial chain)是指產業上、中、下游,詳見圖 0.1,尤其指「銀貨兩訖」的市場交易情況。

供應鏈(supply chain)是指產業鏈中具有夥伴關係的,例如日本豐田汽車公司的供應鏈。其中,下游的組裝公司(assembly company)負責把零組件組裝成為商品,出貨給品牌公司,美國人喜歡用系統(system)這個詞,因為自成一格。因此,組裝公司又稱系統公司。

4. 中文、英文名詞對照

鑑於英文的重要性,且基於方便學習的考量,我們會在圖表中的中文專有名詞下附帶英文名詞。

六、建議教授這麼教（how to teach?）

我們懇請使用本書的教授，在授課時，盡量使用投影機來說明，把該公司相關事物（最好是生產線、工廠、產品）顯示給學生看，讓學生有切身感。

更進一步而言，建議你採取生產力中心理論與實作搭配的教學方式。

生產力中心開辦「第九屆製造業卓越主管人才認證班」（含廠長班），透過完整的訓練課程，替製造業再成長添動力。2009 年 10 月 15 日開課，總時數 140 小時。

課程依實務跟理論搭配，教學以實際經驗為主，理論架構為輔，並配合個案研討，由淺入深，點、線、面循序漸進作階段整合，期使學員予以串連貫通。

透過實地參訪生產製造業及工廠，印證課堂講授內容，藉由撰寫改善報告，增加學習效益及訓練解決問題及分析能力。內容涵蓋基礎實務及管理進階，探討生產管理、品質管理課程、企業管理才能、策略思考等。

報名電話：（02）2555-5525 轉 259 吳昭瑩小姐。

七、建議學生這麼學（how to learn?）
——看報刊、電視學「生管」

為了寫本書，我們特地去參觀國瑞汽車、威剛、萬國科技等公司，真是應了「百聞不如一見」這句話。此外，我們也大量閱讀報刊（各章尾的註釋可見一斑），以求了解各行業生管實務。

尤其甚者，「秀才不出門，能知天下事」，看電視也可以學「生管」，下列三個頻道更須常看。

- 58 台（非凡新聞），晚上九到十點，常深入介紹產品與製程。
- 18 台（國家地理頻道）「超級工廠」、19 台（探索頻道，Discovery）有「製造的原理」、「生產線上」專題，以 15～60 分鐘介紹一家公司的一個產品（小至原子筆，大到飛機）是如何生產出來的。

這麼做，我們樂在其中，而且收穫滿滿，野人獻曝地跟你分享，希望您"Try it, you will like it!"

1

美國戴爾的外包進程

用十億分之一秒來祝賀成功,隨後便開始新的工作。

Congratulate in 1/one billion seconds, then begin the new job afterwards.

——麥克‧戴爾(Michael S. Dell)

戴爾公司創辦人、董事長兼執行長

公司的經營是與時俱進的(俗稱動態的),由全球第三大個人電腦公司美國戴爾公司(Dell Inc.)的生產外包的階段發展,可以清楚了解生產決策在公司經營中所扮演的角色。在進入本文之前,請先看表 1.1,先作鳥瞰才不會「因木失林」。

簡單的說,生產決策(自製抑或外包)是董事會的重大決策項目,我們希望在第一章中透過戴爾這個個案來突顯此點。

1.1 公司與經營者——兼論戴爾問鼎寶座

戴爾的外包組裝是緩慢的過程,涉及全球個人電腦產業的經營與公司經營績效、經營者的經營假設。因此有必要了解這三項。

一、個人電腦時代來了

麥克‧戴爾並沒有發明個人電腦,但由表 1.1 可見,戴爾幾乎在個人電腦的導入期就進入市場,取得市場先行者(first mover)優勢。

表 1.1　個人電腦發展的重要事件

年	活動
1975 年	第一部個人電腦問世,型號 Altair 8800。 比爾・蓋茲創立微軟公司,專門替個人電腦寫作業系統、軟體。
1977 年	史帝夫・賈伯斯 1976 年成立蘋果電腦公司,1977 年 6 日推出個人電腦「蘋果二號」,1984 年推出麥金塔(Macintosh,簡稱 Mac)。
1981 年 8 月 12 日	IBM 推出型號為 IBM5150 的電腦,個人電腦走入辦公室,1985 年後銷量達到 100 萬台。
1984 年	麥克・戴爾創辦戴爾電腦公司,2008 年改名為戴爾公司。
1984 年	微軟視窗作業系統(Windows)與英特爾(Intel)組成 Wintel,因介面簡單,市占率高達 8 成,在 1981 到 2000 年間的全球個人電腦銷售量 8.35 億台。
1985 年	日本公司東芝打造全球第一台筆記型電腦,讓個人電腦也能方便地帶著走使用。

以 2010 年來說,個人電腦銷售約 3 億多台,市場規模 3.5 兆美元,在電子產品中規模第二大,僅次於手機。

二、公司

麥克・戴爾(Michael S. Dell,一般稱為麥可・戴爾)在 1984 年,就讀德州大學奧斯汀分校時,即以 1,000 美元,以自己的姓氏為公司名,成立公司。

他在宿舍組裝個人電腦以 1,000 美元出貨,採取直效行銷方式,比店銷貨便宜很多,此時電腦還沒品牌,屬於白牌階段。直到後來數量夠大,成了知名品牌。直效行銷模式為戴爾帶來強勁的成長,並一度讓該公司坐上全球電腦龍頭寶座。

戴爾（Dell Inc.）公司小檔案

成立：1984 年；1988 年股票上市

董事長兼執行長：麥克・戴爾（Michael Dell）

總裁：羅林斯（Kevin Rollins）

公司：美國德州圓石市（Round Rock）

員工數：5.5 萬人

營收：2011 年度（2010.2～2011.1）614.5 億美元，個人電腦占 60%、服務占 9%。

盈餘：26.35 億美元

榮譽：・1992 年進入《財富》雜誌五百大之列，自 1995 年起，戴爾一直名列《財富》雜誌評選的「最受仰慕的公司」二十名。

　　　・1998 年，戴爾被美國《商業周刊》評選為全球「業績最佳的資訊技術公司」。

三、經營者

麥克・戴爾（Michael Dell）在 1990 年代，長期位居美國 40 歲以下企業家富豪排行榜的榜首。家中缺錢，導致他從小就一直動腦賺錢。

在 1990 年代，麥克・戴爾帶領公司快速成長，有點三國時代關羽「過五關斬六將」的味道，因此當時媒體把那些被戴爾公司擊垮的電腦公司，稱為「被戴爾掉了」（delled，取英文字母 deleted 一字的用法）。

麥克・戴爾（Michael S. Dell）小檔案

出生：1965 年，美國德州休士頓市。

現職：戴爾公司董事長兼執行長，2004 年 7 月～2007 年 1 月由總裁羅林斯擔任執行長。

曾任：唸大學時，在大學宿舍裡創立戴爾公司。

持股比率：11.7%，是公司最大股東。

學歷：美國德州大學奧斯汀分校醫學系大一上學期肆業。

榮譽：・榮獲《執行長》雜誌「2001 年度執行長」、《企業》（Inc.）雜誌「年度企業家」、《微電腦傳真》（PC Magazine）雜誌「年度風雲人物」、《價值》（Worth）雜誌「美國商界最佳執行」等稱號。

　　　・在 1997～1999 年，他都名列《商業周刊》評選的「年度最佳廿五位經營者」之中。

(一)第一桶金

　　麥克·戴爾與股神華倫·巴菲特的崛起很類似，很小就很會作生意，他開公司主要仰賴大一時在宿舍組裝電腦（月營收 5 萬美元）。更重要的是，幾次同樣方式的奏效，造成他「非得如此不可」的偏執，詳見表 1.2。

表 1.2　麥克·戴爾執著於直效行銷的人生經驗

年	事件
1977 年	戴爾說服鄰居把郵票委託給他銷售，他則別出心裁地在專業刊物上刊登販賣郵票的廣告。出乎意料地，他賺到了兩千美元。這次的成功讓戴爾第一次感受到「直接接觸」的力量及收穫，即沒有中間人的好處。同時他也體會到，如果有好的點子，絕對值得採取一些行動。在少年時嚐到直接銷售的甜頭後，在稍長後的創業嘗試中，把這一模式發揮得淋漓盡致。
1981 年	麥克·戴爾 16 歲，唸國二，別人在當送報生時，他卻是去說服報社，讓他開「派報社」。那年夏天，他負責為《休士頓郵報》爭取訂戶。報社交給他一本厚厚的電話號碼簿，讓他打電話去向顧客推銷。但他不久在推銷中發現，有兩種人幾乎一定會願意訂閱報紙：一種是剛結婚的，另一種則是剛搬進新房子的。接著，他調查後又發現，情侶在結婚時一定會在法院登記地址，另外有些公司會按照住房貸款額度整理出貸款申請者的名單。於是，他想辦法找到了周圍地區這兩種人的資料，直接寄信給他們，提供訂閱報紙的資料。透過這種方式賺到了 1.8 萬美元，這使他有能力購買一台蘋果電腦，也啟迪他日後創造了「比顧客更了解顧客」的市場區隔策略，並迅速把興趣轉移向電腦背後的商機。
1983 年	大學生活才開始，他就注意到了擁有更多商業用途的 IBM 個人電腦。他馬上把蘋果電腦一腳踢開，熱切地學習一切有關 IBM 電腦的知識，並利用賣報紙所賺到的錢來購買電腦零件，把電腦改裝後賣掉，獲取利益，接著再改裝另一台。這期間，他發現電腦的售價和利潤空間很沒有常規。一台售價 3,000 美元的 IBM 個人電腦，零件可能只要 600～700 美元就能買到。而且，大部分經營電腦專賣店的人都不太懂電腦，並不能為顧客提供技術支援。因此他買進了一模一樣的電腦零件，並把電腦升級後賣給認識的人。當時，麥克·戴爾湧現了一個想法：只要自己的銷量再多一些，就能夠跟電腦專賣店作競爭，不僅可免於讓 3C 專賣店賺一手，自己改裝的電腦能取得價格、品質和服務上的優勢，即能夠根據顧客的直接要求提供不同功能的電腦。

(二)對直效行銷的執迷

　　從少年時代的創業開始，麥克·戴爾就深深領會了直效行銷的精髓：「當時我想應該直接從消費者那裡回饋資訊，然後按消費者的要求訂做產品，並且

省掉經銷商的費用，這樣就能把更好的技術和效益提供給客戶，這就是戴爾公司的經營方式，它推動了我們公司業務的發展。」而這一方式隨著網際網路的出現，使戴爾公司的業務出現了第二次飛躍，線上支援進一步降低庫存。

四、公司成長曲線

任何一家公司成長階段都有許多分類方式，一是看產品別，一是純看營收。本書中，由誰「掌權」（擔任執行長）來「斷代」，可從表 1.3 可見，麥克·戴爾曾經把執行長一職交棒，之後，又回鍋。

表 1.3　戴爾公司三階段的公司、事業策略

期間	1984～2004 年 6 月	2004 年 7 月～2007 年 1 月	2007 年 2 月～迄今
一、執行長	董事長麥克·戴爾兼執行長，即董事長制。	由羅林斯總裁兼執行長，即「總經理」制（套用台灣用詞）	2007 年，戴爾董事長兼執行長，即麥克·戴爾「回鍋」，羅林斯總裁擔任營運長角色。
二、公司策略	個人電腦	個人電腦	稍微多角化，2009 年 10 月起，進軍手機。
三、事業策略			
(一)企業市場	1999 年，進軍企業電腦系統託管服務（managed service），這也是學習 IBM、惠普的經驗。	同左	2008 年，把公司名字改為「戴爾公司」（Dell Inc.），強調深入資料儲存、印表機、資訊服務，簡單的說，複製惠普的業務。 2009 年第一季起，開始提供中小企業雲端計算服務，以管理資訊網路，之前這些服務只提供給大客戶。 但 2008 年度，電腦事業占營收 60%，惠普只占 39%。
(二)消費市場	以上網銷售的直效行銷為主。	由麥克·喬治（Michael George）擔任行銷長（副總裁）	開始著重店銷，以進軍消費市場，詳見表 1.13。

表 1.3　（續）

期間	1984～2004 年 6 月	2004 年 7 月～2007 年 1 月	2007 年 2 月～迄今
			2007 年聘請賈維斯（Mark Jarvis）擔任行銷長，可能績效不彰，2008 年底離職。
四、研發	研發密度一向很低（1%）	2005 年，研發費用 6 億美元，研發密度 1% 以下，惠普、IBM 在 6% 以上。但是戴爾自認研發效率高，能一元當二元用。[1]	減少研發費用，產品力越來越差。2008 年 10 月推出小筆電，2011 年推出 Android 作業系統的平板電腦。
五、生產，詳見圖 1.1	靠自行設廠，做 Level 7～11 組裝，藉由靈活的供應鏈管理，進而塑造「價」、「質」、「時」（價量質時）三項競爭優勢	自行組裝漸失去「價格」競爭優勢，尤其惠普、宏碁等幾乎全部外包。[2]	聘用佳能（Michael Cannon）擔任全球營運總裁，以降低自己組裝工廠成本，可能因績效不彰，佳能 2008 年底離職。2008 年 10 月，開始賣掉自己的工廠，打算從 2010 年起，讓代工公司做到整機組裝。希望在 2011 年以前能削減 40 億美元的成本。

五、第一階段：戴爾經營方式──直銷與組裝

1987 年，美國星巴克咖啡由霍華・舒茲（Howard Schultz）接手經營，推出咖啡師傅量身定做的咖啡（大中小杯、含奶或不含奶），掀起了美國義式咖啡館旋風。

藉由這個更生活化的例子，來了解戴爾為何會打敗 IBM、惠普等大型公司，躍居全球個人電腦霸主。本節有詳細說明。

(一)市場定位：企業市場

在 1980 年代，全球電腦價格仍高居不下，一部桌上型電腦售價 10 萬美

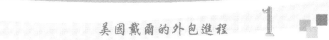
元，因此主力市場在企業。

美國占全球市場一半，能稱霸美國，便可說是全球第一。

這可由表 1.4 看清楚個人電腦的市場需求（用戶別、市場別）演進。

表 1.4　電腦的市場需求演進

期間	1956～1975 年	1976～1991 年	1992～2007 年	2008 年迄未來
一、資訊產業	大型電腦（Mainframe Computers 或稱主機）	個人電腦（Personal Computer）此時大型電腦降為迷你電腦	網路化運算：企業運用和網路（Internet），隨著網路影音的爆炸性成長，企業運算需求重回大型的中央資料中心，而不是分散在辦公室的個人電腦中，企業運算與資料儲存成為獲利成長的重要領域。	雲端運算（cloud computing）
二、代表企業	IBM、王安、昇陽等，最有名的產品之一是 1966 年底大賣的機型 IBM 360。	・康柏（Compaq） ・戴爾（2001～2005 年，戴爾全球市占第一）	・主機系統：IBM、思科 ・個人電腦：惠普	・同左 ・同左 ・搜尋引擎業：谷歌、雅虎
三、顧客需求 (一)企業市場	只有大公司才有錢買主機進行電腦化。	個人電腦的效能越來越強，連中小企業都迅速進行電腦化。 商業軟體公司迅速發展，例如德商思愛普（SAP）等。	公司用戶在電腦化程度已到了「管理資訊系統」，需要電腦公司提供軟硬體、服務等「統包」、「一次解決」（total solution）。	公司會越來越「資管委外」（MIS outsourcing），大公司不買主機、伺服器，盡量外租。電腦公司統包的能力越來越重要。
(二)消費市場	略。	此時個人電腦仍算高檔貨。	桌上型電腦已變成大宗商品（commodity），透過 3C 專賣店銷售為主。 2000 年起，筆電的價格才逐漸「親民」，2005 年，進入削價戰。	數位匯流（大陸稱為三網合一）越來越明顯。 小筆電、平板電腦等就夠用了，可以上網透過雲端運算查資料。

(二)行銷管理

採取 5,000 位業務代表（電腦業喜歡稱為銷售工程師）到企業客戶處駐點的方式，跟公司的董事長、總裁混熟，而了解其未來發展計畫，並藉以提出行銷計畫，往往比客戶的資訊部主管（外商稱為資訊長，chief information officer，CIO）更早、更抓得住資訊系統的需求，戴爾也因深耕客戶而站穩商用市場。

以行銷學上的銷售階數來說，此即零階通路或稱為「直效行銷」（direct markating），當時，稱為「戴爾直銷方式」（direct model）或「戴爾經營方式」（Dell Besiness Model）。

(三)生產管理

在 1996 年以前，美國所有電腦公司都是自行組裝電腦，這是因為市場還在成長期，品牌公司在三個核心活動（研發、生產、行銷）都想獲利。

戴爾的供應鏈管理很有效率，因此能做到「接單生產」（built-to-order）的量身定做，又能做到低價出貨。也就是圖 1.1 中看似勢不兩立的二個競爭優勢：產品差異性、成本優勢。

1. 二分法

戴爾跟 2004 年起台灣流行的線上商店最大的不同有二：有品牌、有組裝工廠，要是有品牌而沒有研發、工廠，那就變成貼牌公司。

由圖 1.1 可見，戴爾在這個組裝方面比較像光華商場，可以接受客戶某種程度的組合：包括桌上型電腦螢幕、主機板、鏈盤、滑鼠等，勉強可以說是量身訂做。

戴爾自己做組裝的原因很多：包括代工公司可能不接少量多樣訂單等。

這裡所說的「組裝」，由圖 1.1 可見，戴爾向代工公司（例如仁寶）買進準系統（表 1.5 的 Level 1～6），自己做 Level 7 到 11 這五個步驟。

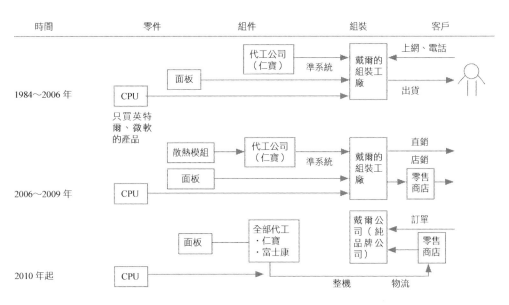

圖 1.1　戴爾的外包程度逐步提高

表 1.5　個人電腦的十一個組裝層級

Level	主要內容	準系統		個人電腦組裝	
		狹義	廣義	桌上型	筆電
1	組件製造、未烤漆沖壓組件 + 成型組件				
2	零件組裝 + 烤漆上蓋			鴻海為主	仁寶為主
3	機構（俗稱機殼）				
4	機構 + 電源器				
5	Level 4 + 驅動器、散熱片、風扇	↓			
6	Level 5 + 主機板（PCBAS，含 riser cards）並測試		↓		
7	裝置輸入輸出裝置及電源差線等附件			戴爾	
8	裝置 CPU、DRAM、HDD、CD-ROM、顯示卡				
9	安裝作業系統、測試出貨				
10	軟體下載、診斷測試、包裝標籤				
11	整機進行包裝和物流				

2. 接力組裝

由表 1.5 可見，戴爾一分為二，代工公司只做到「準系統」（barebone，俗稱空機），這部分是以機械為主。

戴爾自己的工廠做 Level 7～11 的組裝,這部分可說是電子系統組裝。

3. 供應鏈管理

豐田式管理在 1980 年代成為顯學,但是戴爾並沒有在第一時間去標竿學習,而是「不經一事,不長一智」的結果。

1988 年,由於經歷記憶體存貨不足的危機,因此體會到如何做到「既要馬兒肥,又要馬兒不吃草」,經過四年摸索,1993 年才有「戴爾供應鏈管理方式」的雛形。

在戴爾設在德州奧斯汀廠裡,三條裝配線每條每小時可以生產七百台電腦,從零件進廠到最後裝配檢驗完畢後裝車出廠,每台電腦只需要五個小時。工廠每兩個小時接到一批零件,每四個小時就發出一批裝好的電腦。這裡既沒有零件庫存,也沒有成品庫存。有人把戴爾比喻做是一個像沃爾瑪那樣的電腦「超級市場」。但最大的不同則是,沃爾瑪有大倉庫,戴爾沒有。

由表 1.6 可見,戴爾是由電腦業中及時生產的典範。光這部分,1990 年代便有許多論文探討。

表 1.6　戴爾是電腦業中及時生產的典範

公司	豐田汽車的及時生產(JIT)	戴爾的零庫存
一、零組件供貨公司	在豐田工廠附近設廠或設倉庫,最快 30 分鐘供貨,一般是 2 小時。 對豐田來說,除了一點點安全庫存外,可說是「零庫存」。	戴爾號稱是電腦界的「及時生產(Just-in-Time, JIT)典範」,它的供貨公司,無論是中央處理器的英特爾,還是電腦螢幕公司(俗稱監視器),都得把發貨倉儲儘量設在靠近戴爾工廠的附近。供貨公司運來的零件,工人幾乎是直接卸貨到裝配線上。
二、聲譽	「及時生產」是豐田式管理中很重要的一種方法。	戴爾也是「零庫存」的典範,可真是名副其實的接單生產,同業則採預測銷量而生產,戴爾只維持 4 天的庫存量,IBM(IBM 到 2005 年才把個人電腦事業部賣給大陸聯想)卻有 20 天、惠普 28 天。 戴爾的利潤率笑傲個人電腦業,組裝體系有效率到戴爾成為哈佛大學商學院等學術論文的研究對象,堪稱一時顯學,此方式曾是惠普等的學習方向。 《哈佛商業評論》主編在 1988 年訪問麥克‧戴爾時,把此方式稱為「虛擬整合的力量」。

(四)經營績效

「量身訂做的低價」是戴爾稱霸美國個人電腦企業市場的主因，2004 年是戴爾市占率的最高點，但從此就一路下滑。當年度營收 400 億美元，平均員工營收 90 萬美元、惠普 54 萬美元。

1.2 麥克‧戴爾回鍋

公司董事長交棒，如果是自己創業的，大多會採取二階段方式：第一階段，讓總裁兼執行長，自己擔任董事長，扮演監軍角色；第二階段，連董事長位置都讓出。像美國寶鹼（P&G）公司，原董事長雷富禮（A. G. Lafley）交棒給麥克唐納（Robert McDonald），便是採取此方式。

在 2007 年左右，美國星巴克、蘋果公司、雅虎、戴爾的董事長，紛紛把執行長權柄拿回來，由董事長兼任，報刊稱為回鍋「執行長」。本節說明 2007 年 2 月，麥克‧戴爾回鍋接任執行長的前因後果。

一、2004 年 7 月交棒給羅林斯

1997 年，戴爾因設計上的瑕疵而召回一批筆電。10 月，凱文‧羅林斯（Kevin B. Rollins）出任戴爾的特聘顧問，協助公司轉危為安。1996 年，羅林斯成為公司策略事務資深副總裁，2001 年升任總裁。

2004 年，戴爾已到「如日中天」階段。7 月時，麥克‧戴爾把公司管理權（即執行長一職）交由總裁羅林斯擔任。

由表 1.7 可見，戴爾在 2005 年到達經營巔峰，第二季時，個人電腦市占率 19.17%，領先第二名惠普五個百分點。

表 1.7　戴爾市占率的三階段演進

期間	1984～2005 年	2006～2008 年	2009 年以後
一、市場	以美國為重	大陸、日本市場逐漸重要。	以大陸市場為主。
二、戴爾市占率	第一名 2005 年第二季為例： 戴爾：19.7% 惠普：14.6% 聯想（含 IBM PC）： 　7.2% 宏碁：4.3%	第二名 在大陸、印度市場施展不開來，2007 年起，漸採店銷方式。	第三名 2009 年第三季為例： 惠普：19.9% 宏碁：15.4% 戴爾：12.8% 聯想：8.4%

二、惠普靠兩招打敗戴爾

靠印表機起家（1939 年）的惠普，在 21 世紀，在個人電腦市場大有作為，因此 2006 年後來居上。

(一)企業市場

在企業市場，仿效 IBM，發展「軟硬」通吃，在台灣俗稱「硬體」加「服務」方式，詳見第四節二。以整體解決方案的優勢，打敗以低價取勝的戴爾。

(二)消費市場

惠普在 2001 年 9 月 3 日，宣布合併康柏（Compaq），2002 年 7 月完成合併。此項合併對惠普市占率「理論」（把二家市占率加總）上有貢獻。

‧桌上型電腦市占率 19.8%，領先第二名戴爾五個百分點。

‧筆電市占率 17%，領先第二名的東芝三個百分點。

由於合併後，沒有立即發生「1＋1＞2」效果，還流失一些康柏客戶，但至少惠普取得很大的市占率。在董事長馬克‧赫德（Mark V. Hurd）帶領下，靠著筆電的時髦設計，把一些消費者拉進了店裡，並棄戴爾而去。

三、宏碁侵蝕戴爾市場

惠普奪標過程中，宏碁扮演著助攻角色，宏碁透過抓住筆電興起的大趨

勢,以低價策略強攻歐洲市場,侵蝕了戴爾一部分市場。底下詳細說明。

(一)商機——此消彼長

筆電比桌上型電腦多了一個可以移動(mobile)的優點,一旦價格到了甜蜜點(sweet point,一般指新品價格比舊品價格在 1.5 倍以下),就跟數位相機銷量在 2004 年超越傳統相機一樣,筆電會逐漸取代桌上型電腦,由圖 1.2 可見,這個趨勢在 2002～2003 年時便看得很清楚。

1. 滲透率

筆電銷量除以個人電腦銷量稱為「筆電滲透率」(有時稱為市占率),以圖上 2001 年為例,筆電滲透率 22.8%(0.13/1.36,其中 1.36 = 0.31 + 1.05)。分水嶺在滲透率 15%,此時「舊換新」的世代交替的轉折點已經出現,最後只是什麼時候「改朝換代」罷了。

從 2005 年起,桌上型電腦成長率只剩個位數,主要成長動力在於換機(包括液晶螢幕)和數位家庭電腦的趨勢。

2. 2009 年,筆電黃金交叉點

2007 年 10 月 16 日,華碩推出 249 美元的小筆電(Netbook)易 PC(Eee PC),在 2008 年搭上全球景氣衰退的平價風,使小筆電銷量大增。2009 年,全球經濟蕭條,小筆電大受歡迎。

由圖 1.2 可見,以銷量來說,2008 年,筆電跟桌上型電腦銷量各 1.5 億台,筆電滲透率 50%,可說平分秋色。

2009 年,筆電銷量超過桌上型電腦,套用 M_{1A} 跟 M_{1B} 的「黃金交叉」、「死亡交叉」用詞,對筆電來說,這是黃金黃叉,之後便一路響叮噹。對桌上型電腦來說,可說是「死亡交叉」,之後「日薄西山」。

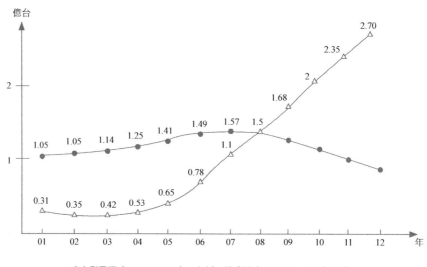

●桌上型電腦（Desk Top, DT），包括一體成型（All-in-One, AIO）電腦。
△筆電（Lap Top 或 Notebook, NB），包括小筆電、平板電腦。

資料來源：綜合 iSuppli 等

圖 1.2　桌上型 vs. 筆記型電腦的銷量

(二)企業 vs. 消費市場

　　筆電因為具有可移動上網的優點，很適合個人型上班族、學生等，由圖 1.3 可見，到了 2005 年，企業對消費市場比重降到六比四，遠低於 2001 年的三比一。

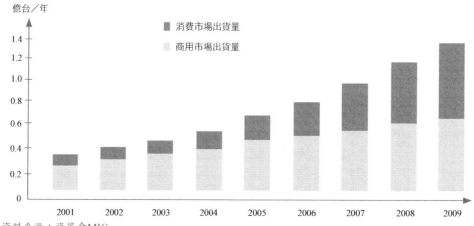

資料來源：資策會MIC

圖 1.3　筆電企業、消費市場銷量

(三)宏碁 vs. 戴爾行銷策略

在 2005 年第二季時，宏碁市占率才 4.3%，但是靠著正確的行銷組合（詳見表 1.8），在歐洲市占率第一，成為區域霸主，向戴爾挑戰。

表 1.8　宏碁侵蝕戴爾地盤的行銷組合

行銷組合	宏碁	戴爾
一、產品策略		雙面防守
（一）桌上型電腦		這方面戴爾領先宏碁
（二）筆電	集中兵力在筆電，採取攻擊策略。為了簡化產品線，宏碁內部研究，要是各項關鍵零組件中有一百種產品組合的話，事實上，只要其中三種就已經能涵蓋市場八成的消費者需要，宏碁專注把這三個產品掌握好，就能降低管理的複雜度。	產品線廣，以致單項產品銷量較少，生產成本較高。
二、定價策略	低價，採取成本加成法，加一成，減管銷費用（已考慮維修費用和存貨跌價風險）8%，純益率 2%。簡單地說，宏碁採取「中品質，低價位」組合。	中低價，採取成本加成法，加二成，減掉管銷費用率 12.7%，純益率 7%。
三、促銷策略	運動行銷，透過電視廣告打進家庭。	較少打廣告（尤其是電視廣告）。
四、實體配置策略	以經銷商方式舖貨到 3C 專賣店，頗適合消費市場。專攻歐洲市場，2008 年才大舉進軍美國市場。	以直銷（例如 B2C）方式，但這不符合消費者到 3C 專賣店試用、比較後才下決策的消費行為。

(四)戴爾堅持網購

消費市場的消費行為特色是針對選購品要「試用」，而麥克‧戴爾一直沉迷起家的直銷方式能所向無敵，但在大陸、印度卻使不上力。

戴爾已看到消費型筆電的興起，只是行銷組合沒有改弦更張罷了。

四、人無三日好

戴爾花了 20 年才躍居第一，卻只盤踞了四年就退居第二，底下簡單說

明。

(一)2005 年由盛轉衰

儘管戴爾在美國市場銷售持穩,但在 2005 年,最大與成長最快速的機型還是售價 300～400 美元的平價電腦。戴爾雖然靠著超效率的直銷方式,讓它能以極具價格優勢超越同業,但營收成長緩慢和利潤單薄,讓戴爾賣的越多,毛益率(一般用毛利率一詞)卻日薄西山。

(二)春江水暖鴨先知

股市率先反映公司經營績效半年到一年,由圖 1.4 可以印證這個股市道理。戴爾股價在 2004 年達到最高點,43 美元。2005 年,戴爾市值超過 1,000 億美元,比惠普和蘋果公司加起來還高。

可是 2006 年起,戴爾股價卻如溜滑梯般,率先反映了市占率的下滑。股票「崩盤」通常是指股價「腰斬」(打對折),但由於戴爾股價並不是被大盤拖累,因此對公司來說,這是很大的警訊,代表了投資人看衰戴爾。

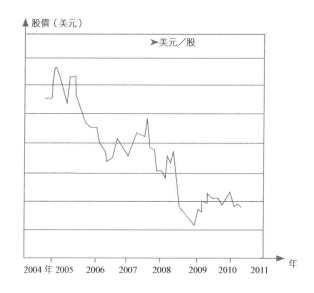

資料來源:路透

圖 1.4　戴爾股價走勢

(三)事後諸葛的評論

銷售家用品與個人保養品的第七世代公司（Seventh Generation）的共同創辦人兼執行董事長傑佛瑞・霍蘭德（Jeffrey Hollender）認為麥克・戴爾太早交棒，以致市占率由第一降到第三。[③]

五、麥克・戴爾重新掌權

眼看著羅林斯無力撐場，麥克・戴爾在 2007 年 2 月，只好扮演起救援投手，重披戰袍，以董事長身分再度兼任執行長。他採取一系列開源節流措施，詳見表 1.9。底下詳細說明。

表 1.9　麥克・戴爾回鍋後的策略管理

策略層面	說明
一、目標	利潤＝總收入－總成本 （$\pi = TR - TC$）
(一)營收	2008 年營收目標 800 億美元。
(二)成本	降低成本的措施俗稱「效率提升」，大部分是「關廠」、「裁員」、「外包」。
	1. 2008 年 3 月，設定目標，到 2011 年時，每年節省個人電腦方面的成本 30 億美元，裁員逾 1 萬人（2007 年裁了 9,300 個員工）以及把 43% 的生產工作外包出去。
	2. 2009 年 2 月，把目標提高到每年 40 億美元。
(三)盈餘	略
二、策略	分成公司、事業策略二個層級。
(一)公司策略：多角化程度	希望能把個人電腦占營收比重降至 50% 以下， 1. 第 2C（手機） ・2007 年，研擬推出手機。 ・2008 年，因成本和市場不確定而不推出手機。 ・2009 年 11 月，首度推出手機。 2. 第 3C（以 MP3 為例） 擬於 2008 年推出 MP3，秋季時放棄。
(二)事業策略	1. 企業市場 逐漸把重心由低價個人電腦轉移到獲利較高的儲存設備和伺服器等產品。 2. 消費市場 由直銷大幅度轉向店銷。
(三)市場範圍	2008 年起，在大陸，透過店銷方式，大力衝刺市場，詳見表 1.10。

表 1.9　（續）

策略層面	說明
三、組織設計	戴爾找來在奇異電器（GE，俗譯奇異）年資 20 年的布萊恩·葛雷，2007 年年底，戴爾決定聽從他的建議，把依產品別的組織架構，改成依客戶別：政府、學校、大公司、中小企業；賦予高階管理者更多權責。在此之前，戴爾的焦點一直在大企業，因為是靠這起家的。
四、用人	美國《商業周刊》在 2009 年 10 月針對麥克·戴爾作了一篇人物深度報導，指出這位為了扭轉頹勢而重返戰場的執行長，正企圖把戴爾既有的一切（人事、代工公司到經銷）全面推翻。他說，「我們能做，而且必須做更多。」
	他重組了一個幾乎全新的管理階層來振衰起弊，10 位直屬主管中有 7 位新面孔，其中有來自通用電器、IBM 與摩托羅拉的老將陶佛。不僅如此，戴爾還一直在調整結構，加強客戶取向。
	消息人士透露，戴爾公司網站甚至準備增添社交網絡功能及音樂與影片服務。麥克·戴爾宣示，老戴爾已成為歷史，而新戴爾才剛開始要大顯身手。他說，戴爾要開鑿自己的路，不想變得跟對手一樣。
	美國南加大馬歇爾商學院領導力發展機構的董事長班尼斯（Warren Bennis）說，「他（麥克）面前有莫大的挑戰，因為他身處在一個本身正在快速、全面改變的產業中。」[4]

1.3　公司策略

　　公司策略，簡單的說，就如台灣策略管理大師、政治大學企管系講座教授司徒達賢所定義：公司策略（corporate strategy）是指公司成長方向（多角化程度）、方式與速度。

一、成長方向

　　個人電腦的成長有其極限，預估年銷量到 7.5 億台（約 2016 年）以後，除了因普及率高導致新購人少，也因功能強促使換購期拉長至六年。2002 年，許多電腦公司紛紛求轉型。

(一)電腦公司推出手機

　　由於智慧型手機越來越有筆電的功能，3C 產品有越來越相似（上網等）的功能，稱為「數位匯流」（大陸稱為三網融合，詳見圖 2.4）趨勢。

表 1.11　企業市場的一次購足佈局

公司	活動
一、IBM	1980 年代初，IBM 較不看好個人電腦，錯失第一介入時機，讓康柏（Compaq）、戴爾等有機可乘，以個人電腦蠶食主機電腦市場。1990 年代初期，IBM 所面臨的困境如下。 1. 大型電腦價格高昂，乏人問津，主機市場前景黯淡。 2. 產品被擠出個人電腦國際市場前三名；康柏公司取而代之，成為新霸主。 3. 以硬體產品為主的公司經營策略已不符合網路時代的要求。 4. 公司研發費用日益飛漲。 5. 由於公司多年以來奉行創辦人老華生所制定的不裁員原則，公司機構臃腫，人浮於事。 6. 1990～1993 年度連年虧損，1993 年度虧損 83 億美元，這在公司歷史上是史無前例的。 7. 股價跌至 11 美元。 1993 年 4 月 1 日，葛斯納（Louis V. Gerstner）接任 IBM 董事長兼執行長。1995 年，邁向「整體解決方案」，例如。 ・1995 年，以 35 億美元收購軟體公司蓮花（Lotus）發展公司。 ・1996 年 2 月，以 74.3 億美元收購 Tivoli 系統公司，該公司是系統管理方面的專家。 以客戶為中心的方針，確定了以爪哇系統為基礎的軟體系統策略，使 IBM 從電腦硬體系統的公司轉化成一家集硬體系統、軟體系統、客戶服務為一體的全方位的資訊整體服務公司。2002 年，葛斯納功成身退，其自傳《誰說大象不會跳舞？》大紅特紅，股價 90 美元。
二、惠普	惠普在 2007～2009 年收購金額 139 億美元，幾乎是 IBM、甲骨文、思科三家公司併購之合，其中尤以 2008 年收購 EDS 來說最重要，EDS 是專做軟體外包的大公司，由於惠普的急起直追，在資訊管理業的能力直追 IBM。
三、戴爾	1999 年起，戴爾邁入「整體解決方案」，例如： ・以 7,000 萬美元，投資 88 家小型網路公司。 ・收購一家紐約市公司 Interlient，由其銷售戴爾的伺服器。

些參與者，例如谷歌、雅虎這些搜尋引擎業者本來就有很多伺服器（資料中心）、伺服電腦（主機），因此「閒者也是閒著」，由做個人的資料管理業務（例如電子郵件儲存），更上一層樓，承接公司客戶的資料管理業務。

　　雲端服務市場規模 2010 年為 683 億美元，2011 年 4 月，顧能公司（Gartner）預估到 2012 年可望成長至 1,021 億美元；彭博資訊訪查分析師的平均值則顯示，2015 年雲端運算的總營收可達 1,230 億美元。[5]

　　身為全球最大的運算服務業者，IBM 希望 2015 年時雲端運算營收能達到

70 億美元。

IBM 持續收購跟雲端運算有關的公司。IBM 設法與雲端服務對手有所區隔，亞馬遜（Amazon）、微軟和谷歌等公司把雲端服務賣給獨立的軟體開發商和大企業，按照使用時間或傳輸資料量計費。

2011 年 4 月 8 日，IBM 宣佈推出「智慧雲」（Smart Cloud）服務，讓大公司透過 IBM 的伺服器儲存資料，並透過網路連結資料。這套軟體能讓客戶分析資料、規劃訂單與交貨時程，也能管理銷售資料。IBM 資深副總裁米爾斯（Steve Mills）說，智慧雲的設計主要針對大公司，強調安全、可靠性和資料隱私，而且能讓客戶檢視法規遵循。雲端服務業務的客戶，包括洛克希德馬丁公司（Lockheed Martin）、梅西百貨（Macy's）、ING 集團和 Kaiser Permanente 等公司。⑤

2005 年以來，在個人電腦市占落後對手惠普，促使戴爾開始調整方向，試圖開拓消費者裝置等其他市場版圖，不過有些計畫成效不彰。

戴爾表示，在 2011～2012 年在全球開設 10 座資料中心（2011 年花 10 億美元），其客戶可以透過戴爾的資料中心執行程式或儲存資料，透過雲端網路，節省自行建置設備的成本。⑥

3. 優劣勢分析

戴爾在資訊管理市場，劣勢較多，主因是起跑略慢，再加上不注重研發（詳見表 1.11 第 (4) 項）、公司併購少（詳見表 1.11 第 (5) 項），「先天不足，後天失調」。

4. 戴爾劣勢一：研發能力差

2006 年來，華爾街投資圈認為戴爾在企業資訊管理業務上落後，較難跟惠普、IBM 或甲骨文競爭。

(1)研發費用低

戴爾本質上是家電腦行銷公司，俗稱貼牌公司，跟台灣一些靠貿易起家的股票上市公司一樣，以賺差價為目標，因此，對於研發、製造比較忽視，由表 1.3 可見，戴爾研發密度（研發費用占營收比重）只有 1% 以下，跟惠普的 2.5% 真是「小巫見大巫」。這是戴爾在市場榜每況愈下的主因之一。

不要說戴爾捨不得花錢做研發，連惠普都被 IBM 看扁。

2010 年 9 月 14 日，IBM 董事長兼執行長帕米薩諾（Samuel J. Palmisano；有譯為彭明盛）接受《華爾街日報》記者專訪時表示：「惠普曾經是家研發實力堅強的公司。」然而，近年來惠普不斷刪減核心技術研發支出，到頭來只能靠砸大錢收購其他業者來彌補技術不足。

帕米薩諾提及惠普在 9 月初高價收購儲存系統公司 3Par（也有寫成 PAR）一事，換做是 IBM 絕對不會付這麼多錢。惠普砸下 24 億美元從戴爾手中搶下 3Par，其出價相當於 3Par 市值的 3 倍以上。帕米薩諾表示：「惠普這麼做完全是別無選擇，因為赫德砍掉所有研發支出。」

惠普總裁兼執行長赫德（Mark Hurd，於 2010 年 7 月下台）自 2005 年接管公司以來，年度研發預算一路從 35 億美元降至 28 億美元，相當於研發費用占公司營收比重從 4% 降至 2.5%。帕米薩諾擔任董事長期間，IBM 年度研發密度始終維持 6%，2009 年度 IBM 研發費用達 58 億美元。

帕米薩諾表示，個人電腦時代在 2006 年就結束了，而 IBM 在 2005 年出脫個人電腦事業部給聯想，就是為了在同業意識到真相前搶先脫離。帕米薩諾認為，惠普已無法對 IBM 構成威脅，甲骨文在長遠的未來是 IBM 的頭號對手。他表示：「甲骨文捨得投資。」[7]

(2)戴爾自認研發看重台灣

2008 年戴爾在台設立感知造型所（EDG），負責產品的工業設計、研發材質及表面處理技術。2010 年時，設備已等同戴爾在德州奧斯汀的 Usability Lab，利用使用者測試觀察室更了解消費者的使用行為，並把測試結果運用在產品設計。

在戴爾的全球研發中心中，只有三個有設感知造型所。[8]

表 1.12　電腦公司在台研發中心的發展狀況

公司	位階	人數	功能
一、IBM	區域研究中心到自主研發中心。 IBM 台灣系統與科技研發中心總經理樊克思（Chris Veme）指出，台灣研發中心 2009 年起已從過去聽命美國 IBM，執行研發計畫，升級為自主研發，傾聽全球客戶需求，從開發至銷售全部包辦，2010 年有數十款伺服器將陸續開發。⑨ IBM 大中華區總裁為錢大群。	每年研發費用 10 億元以上。 2009 年，800 人。 2010 年，1000 人。	·1999 年，成立軟體研發中心，從事銀行解決方案與電子商務的開發工作。 ·2004 年，成立「System X 台灣研發中心」（xTDC 簡稱 X 86 伺服器研發中心）；2006 年，擴編升級成「IBM 台灣系統與科技研發中心」，研發 30 款 System x、刀鋒伺服器（Blade-Center）、Power 伺服器與零售店系統（Retail Store Solution，RSS），比美國北卡羅納州的羅利中心還大。 ·2009 年成立以雲端運算技術架構的服務研究中心，但仍不夠格為「雲端運算研發中心」。 ·2011 年 3 月 24 日，美國 IBM 宣布在台灣設立商用伺服器（Power Systems）研發中心。⑪
二、惠普	2010 年 10 月，由區域性製造研發中心升格為全球研發中心，並定位為「computing hub」，落腳於台北市南港軟體園區，還附加物流與原本就有的採購功能，其中每年對台灣採購金額 300 億美元，主要是採購個人電腦以及電腦周邊設備等。⑩	2010 年 9 月，700 人。 2013 年人數擴增至 2000 人。 2011～2013 年，研發投資 36 億美元。	2003 年成立，主要研發個人電腦。 2010 年 10 月，升級，主要研發筆電與印表機等電腦周邊設備，新產品設計樣目從 100 個新增至 150 個。惠普把美國重量級研發據點移到台灣來。

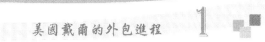

表 1.12 （續）

公司	位階	人數	功能
三、戴爾	戴爾在美國、大陸上海市、愛爾蘭、印度與台灣設有研發中心。 在台灣，戴爾台灣研發中心（TDC）自 2001 年成立，採雙總經理制，兩位總經理分別是來自美國的 Dave Archer 與來自新加坡的陳巧鳳，陳巧鳳主管戴爾所有消費機種與中低階商用筆電的研發。在伺服器上，Archer 主要負責單槽、雙槽的 X86 伺服器設計。	2010 年 2 月，研發人員 600 人。 2010 年 3 月，裁員一成，只剩 560 人。[12]	2001 年，成立台灣研發中心（TDC）。台灣研發中心是這幾年成長最快的一個，包辦戴爾筆電研發。2007 年，戴爾成立「資料解決」（data center solution）小組，專門開發雲端產品，有了數十種解決方案，由於看好雲端的發展，所以台灣研發中心以此為主，大幅擴張伺服器的研發人員，Dave Archer 說，2009 年底有 7 款 PowerEdge 的伺服器由台灣開發，2010 年台灣會擴充到刀鋒伺服器的開發上去。 在雲端上，戴爾主打客製化產品，因為雲端環境多要求便宜、大量的伺服器，戴爾從過去個人電腦時代就擅長客製化的依訂單生產（build to order）生產模式。廖仁祥說，在雲端戴爾要做到依訂單而設計（design to order），要依照客戶需求來設計。
四、東芝	2008 年成立	100 人	專攻筆電研發。

5. 戴爾劣勢二：公司併購不夠殺

2007 年以前，戴爾不太願意以公司併購方式來截長補短，IBM 在 1995 年以來便採取此方式，惠普、戴爾屬於後知後覺的，由表 1.10 可見，跟惠普相比，戴爾顯得「不夠殺」，金額太小、速度太慢。

二、消費市場

由於直效行銷在消費市場不管用，以致讓惠普、宏碁有機可乘，2007 年後，戴爾改弦更張，加入店銷，並且採取重點經營，主攻大陸、日本。

(一)改變客戶結構

戴爾一直想突破家庭客戶所占比重，簡單的說，便是增加消費型個人電腦

所占比重,到 2009 年占營收比重只有 22%,2010 年度也一樣。

(二)事業策略

由圖 1.6 可見,筆電霸主是宏碁、二哥是惠普,戴爾是三哥,蘋果公司靠 iPad,有可能後來居上。戴爾眼見大勢已去,無法處處點火,只好集中兵力在亞洲市場的日本、大陸,採取的是低成本集中策略。

圖 1.6 戴爾在消費型筆電市場的事業策略

(三)行銷組合

2007 年以後,麥克·戴爾開始變更其經營理念,從此,在消費型個人電腦市場,戴爾的行銷組合越來越靈活,詳見表 1.13。其中實體配置策略的店銷方式以大陸為對象來詳細說明。

(四)全力衝大陸市場

大陸消費市場以低價取勝,當宏碁還在找門道之時,戴爾已在 2007 年 9 月跟國美電器合作,迅速舖貨。由表 1.14 可見,戴爾先求「多」再求「好」,先占點,再提升店內攤位的層級到「金鑽店」。

(五)經營績效

2010 年戴爾對於筆電出貨相當積極,目標 3,000 萬台,略低於宏碁、惠普的 4,500 萬與 4,400 萬台。

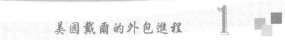

表 1.13　戴爾在消費市場的行銷組合

行銷組合	2006 年之前	2007 年 2 月之後
一、產品策略	以低價、陽春型電腦為註冊商標。 2008 年 9 月 6 日推出的「Inspiron 910」，其規格為螢幕 8.9 吋，搭載英特爾 Atom 處理器，內建固態硬碟容量為 16GB，重量 1 公斤，售價約 300 美元，主要代工公司緯創。[13] 2008 年 8 月，也跟上推出小筆電，但時間落後華碩小筆電易 PC（2007 年 10 月 16 日）。	努力推出新產品，讓產品形象升級。 2009 年 10 月，推出消費型筆電，機型 Adamo XPS，號稱全球最薄（厚度 0.99 公分），這是第二版了，由鴻海代工。屬於高價位機型。 2010 年 8 月 13 日，在美國開放預購平板電腦 Streel。
二、定價策略	低價為主。	低、中價產品都有。
三、促銷策略	少打廣告。	找來賈維斯（Mark Jarvis）擔任行銷長，他的工作主要是扭轉戴爾在外界眼中是平價電腦公司的形象，並形塑該公司是創新者的新形象。賈維斯為戴爾推廣公司部落格，並協助成立一家廣告公司，負責處理戴爾的全球廣告。
四、實體配置策略	以網路銷售（B2C）為主，其中最有名的突槌便是 2009 年 10 月，在台灣二次標錯價。	走向店銷，戴爾改弦更張，開始透過沃爾瑪等零售公司銷售個人電腦，企圖扳回市占率，戴爾稱此為利用零售店來招攬顧客的「第一步」，後來又進軍百思買（Best Buy）、AT&T 直營店，但是此舉勢必走上殺紅了眼的削價戰。戴爾坦承自己被直接銷售電腦這個單一概念綁得太久了。「是我的錯。」他表示。[14]

表 1.14　戴爾發展消費性電腦經銷業務進程

	2007 年	2008 年	2009 年	2010 年
一、地區以亞州的日本、大陸為主	改變原本直銷方式，採用通路銷售，戴爾稱為「非直銷（indirect）方式」，快速擴大銷售覆蓋率。	2008 年底，在 2009～2012 年，大陸推動四年人民幣 4,000 億元補貼的「家電下鄉」政策。戴爾在農村地區進行投資，以便充分支援大陸政府有關「家電下鄉」的項目。	消費型電腦占戴爾公司營收 20% 以上。戴爾在大陸的業務只占其全球業務的 5%，合作的商店 6,000 家以上。大陸成為僅次於美國的第二大市場。	預估 2015 年，大陸將成為全球最大個人電腦消費國。
二、通路	2007 年戴爾跟大陸第二大的電器零售業國美集團合作，9 月舖貨，戴爾在大陸市場有 45 個零售據點。	戴爾跟偉仁簽約。戴爾在大陸市場 2008 年的出貨量成長 28%，同業平均成長 7%，大陸是戴爾的第二大市場，對戴爾來說非常重要。2008 年第二季起，台灣從原來的直銷方式，增加通路銷售。戴爾台灣公司總經理吳增峰指出，透過 3C 專賣店，供貨速度更快，但庫存等成本也由零售商自行吸收。	通過金鑽店全面提升戴爾在大陸的零售管道形象，並把銷售、服務觸角從一、二線城市延伸到四至六線城市。在北京、上海、廣州、深圳打造了旗艦體驗店，並在重慶、成都、南京、西安等地開設了 Alienware 遊戲電腦專賣店，這些都是金鑽店。什麼樣的標準能夠升級為金鑽店、戴爾會給怎樣的支持，這也是他們最想知道的，戴爾選拔金鑽店核心標準就一個，必定是所在地區的黃金位置商店，銷售業績不好沒有關係，經過戴爾的全方位包裝後，業績一定會衝上來。戴爾大中華區消費業務零售市場部總監毛曉春說，店面的綜合改造成本約人民幣 10 萬元。	戴爾全球消費業務銷售及行銷副總裁邁克爾·戴德邁表示，戴爾 2010 年起在大陸約 45 個城市設立分公司、辦事處和體驗店，並計畫通過區域分銷商快速覆蓋到全國 1,200 個四至六線城市。戴爾全球副總裁、大中華區消費業務總經理楊超表示，戴爾已圈定準備升級為金鑽店的約 300 家，2010 年升級千家金鑽店，全面覆蓋四至六線城市。[15]

1.5　生產、採購

　　如同半導體業中的二線整合元件公司（Integrated Device Manufacturer, IDM），逐漸出售晶圓廠，採取資產輕量化（asset light）方式，成為無晶圓廠模式（fabless）的 IC 設計公司（又稱晶片公司）。這些公司包括美商巨積（LSI）、利勝訊（Conexant）、飛思卡爾（Freescale）甚至飛利浦。把晶圓生產工作交給晶圓代工公司，例如台積電、聯華電子等。

　　電腦公司也是如此，1996 年左右，電子代工公司（EMS）開始接桌上型電腦組裝訂單，1999 年，鴻海也介入。

一、核心能力：生產弱

　　2000 年以後，台灣的電子公司製造能力可說高於品牌公司，惠普、宏碁大幅釋出訂單，走向「輕量經營」。但是戴爾仍堅執自行組裝，以致逐漸喪失成本優勢，但戴爾又堅持採取低價策略，價格拉不上去，成本降不下來，結果便是毛益率低。

(一)找佳能整頓工廠

　　戴爾引進佳能（Michael Cannon）擔任全球營運總裁，想藉重他降低工廠的生產成本。但佳能的重點是把工廠賣掉，全部委由台灣的代工公司來生產。就這樣耗了兩年，績效差，佳能任職到 2008 年底。[16]

(二)戴爾的工廠

　　戴爾設廠地點也很簡單，主要是就近服務，以美國市場為主，工廠設在美國；至於遠東市場則由大陸福建省廈門廠來出貨。最多時候，戴爾在全球十個地方設廠，詳見表 1.15 的說明。

表 1.15　戴爾十個工廠

時間	國家、城市	產品	供應區域
	美國德州奧斯汀市。	2008 年起，訂單逐漸轉到鴻海在墨西哥的吉娃娃廠。	美國南部、中美洲（主要是墨西哥）。
	美國田納西州。	2008 年，訂單逐漸轉到鴻海的山東省煙台廠。	美國東部、東部。
	美國佛羅里達州。		
	亞洲馬來西亞。		
1998 年	大陸福建省廈門廠。右述第二廠在廈門市火炬高新區，2005 年 3 月起興建。⑰	功能： 兩座工廠、企業服務指揮中心，每廠年產電腦 300 萬台。 產能： 占全球產量的 8～10%，在大陸累積電腦產量，在 2009 年達 3,000 萬台，2010 年下半年，新聘 500 人，擴廠。	大陸、東北亞。
	中南美洲巴西。		中南美洲
	歐洲愛爾蘭。		歐洲
2006 年	美國北卡萊納州溫士頓撒冷市（Winston-Salem）。	2009 年 10 月，先裁員 600 人，2010 年初再裁員 305 人，幾近關廠。 1.12 萬坪 產品：桌上型電腦組裝，使用機器人生產電腦。	
2008 年 1 月	亞洲印度。	產品：個人電腦、伺服器與儲存系統。2011 年，出售給鴻海，詳見表 4.7。	印度、巴基斯坦等南亞各國與阿拉伯國家
	歐洲波蘭洛茲（Lodz）。		歐洲、中東與非洲（EMEA）。
2011 年	大陸四川省成都市。	大陸第二個營運中心，員工 3000 人，負責產銷。	大陸（內銷）、歐洲。

(三)整機委外代工

簡單的說，戴爾由於工廠多，有「家累」，因此在整機委外代工方面，是一線公司（電腦前四強）中跑得最慢的。

由表 1.16 可見，戴爾整機委外代工依機種有先後之分。

1. 桌上型電腦

桌上型電腦中的消費型機型，一部分在 2007 年起由鴻海整機出貨。2009 年起，部分商用機型也由鴻海整機代工，以取代北卡廠。

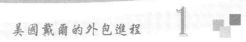

2. 筆電

筆電的整機代工訂單也是逐年提高，也是依「消費型筆電先，商用筆電後」的順序來釋單。[18]

表 1.16　戴爾整機委外代工進程

個人電腦	2005 年	2006 年	2007 年	2008 年	2009 年	2010 年	2011 年
一、桌上型電腦	√ 開始設計委外（R&D outsourcing）	鴻海等作到 Level 6（即空機，bare bone），戴爾再作到 Level 7～11 部分。其他代工公司有和碩、微星、神達。	(一)消費型機型 √ 局部由鴻海整機出貨，直接出貨給經銷商或大零售公司。	√ 鴻海的山東省煙台廠取代戴爾的馬來西亞廠，鴻海的墨西哥吉娃娃廠取代戴爾的德州奧斯汀廠。[19]	(二)商用機型 √ 2009 年 10 月，戴爾北卡廠裁員 600 人。	年初，北卡廠裁員 305 人，此廠關閉，共支付資遣費 1.02 億美元。	
二、筆電							
(一)商用筆電：主要設計代工公司仁寶	√				√	√	
(二)消費型筆電，主要設計代工公司廣達、緯創	√						√，平板電腦由佳世達組裝。

(四)戴爾對設計代工公司的要求

美國的電腦品牌公司動輒把「策略合作夥伴」來稱呼代工公司，對於零組件的採購策略，則比較偏重市場交易。甚至對代工公司也越來越「道義擺兩邊」，暗地培養代工公司，以牽制現有的代工公司。

戴爾對代工公司、供貨公司的篩選有明確的說法，依舊是我們對公司競爭

優勢「價量質時」的架構，本節以戴爾為例來詳細說明各項要求。

戴爾對代工公司的挑選條件有下列名異實用的說法。

戴爾評估供貨公司的四項能力：「對我們全球營運的支持度」、「透過網路生意的方法」、「配送能力」、「庫存周轉速度」。因此，作為全球品牌公司的供貨公司，也必須跟上甚至超前。

戴爾大中華區總裁閔毅達表示，戴爾對代工公司的選擇有三個標準：成本控制、靈活性及生產週期。

戴爾做了一個「供貨公司計分卡」，作為供貨公司（vendor 或 supplier，一般譯為供應商）360 度評估。

表 1.17　戴爾對代工公司的篩選標準

篩選標準	麥克・戴爾的說法
一、價	麥克・戴爾在《Dell 的秘密》（*Dell: Strategies That Revolutinized an Industry*，大塊文化出版）一書中清楚地指出： 「我利用一套叫做『投資報酬率』（ROIC）的衡量標準，來計算每一個零組件和每一家供貨公司之間的成本關係：從距離到時間的成本，都能從中算出。」
二、量	在書中開宗明義的指出，「我們尋求供貨公司的關鍵要素之一，就是彈性！」 麥克・戴爾指出，戴爾一年營收可能會成長 50%，但是產能又不能交給少數幾家代工公司，以避免產能過度集中的風險。 戴爾的業務依循著三年計畫前進，所以也要求供貨公司必須訂出三年的產能計畫。這樣一來，當戴爾三年內需要 1,800 萬個零組件時，便不至於陷入供貨公司只供應 1,000 萬個的窘境。
三、質	這個「供貨公司計分卡」主要就是從供應鏈的角度來看市場上、生產線上、運送過程中，在每 100 萬件產品中能容忍有多少比例的瑕疵品，作為追蹤和進行評估的方向。 在書中指出，「我們現在的目標，是希望每 100 萬部完成的個人電腦中，瑕疵品低於 1,000 部。這代表的意義是什麼？假設你在每 10 個零組件過程中，達到 99.5% 的目標，這聽來近乎完美？但是這 99.5%，真正把總數加乘起來，在 100 萬台中，只有 87% 左右的良率。所以，如果是要長期做到百萬分之一千或更低的瑕疵比例，就需要每一家供貨公司要有更傑出的表現。這代表著每個單一零組件只能有百萬分之一的瑕疵率。」

表 1.17 （續）

篩選標準	麥克・戴爾的說法
	而這**百萬分之一**的品質挑戰，也是在價值鏈中卡位的基本觀念。**沒有實力，根本就無法卡位。**一旦卡位成功，就成為全球供應鏈的一環。就像 1996 年以來，台灣在全球產業價值鏈中，便是以快速而廉價的生產，扮演製造代工的角色來「卡位」。
	戴爾在 2000 年以前，供貨公司 140 家以上。但是 2000 年之後，已能做到跟 40 家以下像鴻海這樣的供貨公司結盟，就能提供 90% 的需求。
	戴爾形容這種結盟「關係單純，但是緊密」，但是要達到這種「單純而緊密」的條件並不容易。「他們必須對自己投資，以趕上我們。」麥克・戴爾強調。
四、時 　　(一)設計	資訊系統能做到「製造的同時，也能跟品質、設計工程繼續互動」。所以，鴻海要把海外大量據點、全球運籌能完全動起來，靠的還是 e 化。
(二)交貨 　　　　時效	全球市場的變化快速，「我們已經快變成賣菜的了！」戴爾總裁兼營運長羅林斯如此感慨。他其實是在強調手上的產品如果不趕快賣掉，將會馬上成為一堆「廢鐵」，就像生鮮蔬果一樣不能久放。
	以零組件價格為例，平均每一星期降低 0.5 到 1 個百分點，戴爾希望能在最短時間內，把產品交給需要的顧客，時間等於成本。
	戴爾需代工公司能在全球各地交貨，以全球營運能力為例，戴爾先向地區性代工公司說明：戴爾有全球性的業務，也希望你們能成為全球性的代工公司，供貨給戴爾全世界的工廠，但要做到這樣，你們必須發展出足以服務全球戴爾的產能。
	在戴爾眼中，代工公司必須勇於投資設廠，往歐洲、北美洲、甚至南美洲等全球佈局，以趕上戴爾的速度，再加上「彈性」的要求，規模又是如此龐大，距離又是如此遙遠，設計越來越複雜。
	也是從 1998 年開始，鴻海一直在提升自己的「速度」。從「全球開發力」、「全球製造力」和「全球交貨力」，鴻海並沒有讓像戴爾、惠普這種全球品牌公司失望，因為鴻海已把每一次市場、技術轉變的挑戰，全數轉化為成長機會。把戰線在全球拉開，才能好好拉大跟對手的距離。
	鴻海如何快速調整以符合戴爾等客戶的需求？
	鴻海讓「物流」和「資訊流」結合，這也是「e-Hub」的概念。
	「戴爾要享受零組件成本下降的好處，而不是壞處。」
	鴻海很早就跟客戶一起開發資訊系統，也就是「e 化」，不但全球 14 座工廠連結起來，還把研發、製造、採購、行政、法律單位連結起來，這也是鴻海最重要的中樞神經，保持企業反應速度靈敏。
	客戶通常也會有一套作業系統跟供貨公司連接，例如康柏的供貨公司發展系統（Supplier Development Process, SDP）、IBM 的 SCR（Supplier Certificatin Rating, SCR）、戴爾的 Supplier Survey/Evaluation 及惠普的 TQRDCE 系統等。一般說來都涵蓋了四大步驟，從**設計定義**（Definition Planning）、**發展**（Development System）、**試產**（Pilot-PV & MV）、**到量產**（Production）。

表 1.17 （續）

篩選標準	麥克・戴爾的說法
	一直到產品出廠之後，如何運送到不同的地方、如何追蹤、如何拉貨等，全部都是 e 化的一部分。

(五)工廠搭售

2008 年第三季，戴爾開始賣掉工廠，但為了避免賠錢賣廠，因而採取搭售，即「買工廠，送訂單」，廣達和仁寶都無意承接，只有筆電代工後進者鴻海砸錢。[20]

(六)大陸廠乘機擴大

戴爾的工廠只有在大陸反向操作，反而進行擴廠，不僅 2005 年在廈門基地蓋了第二廠。甚至在 2011 年，在四川省成都市設廠，主要原因如下。

1. 大陸商機

大陸的筆電市場快速成長，2009 年銷量 2,400 萬台，2010 年突破 3,400 萬台，預估 2015 年，大陸個人電腦的市場規模超越美國，成為全球最大的電腦消費市場。

2. 不能全靠外

惠普在大陸發生「品質門」事件，讓宏碁、戴爾等有機可乘。因此，為了搶占大陸市場，惠普、戴爾加快在大陸設廠，詳見表 1.18。

麥克・戴爾指出，戴爾在大陸的策略投資，能帶給當地更佳技術解決方案與服務。[21]

表 1.18　電腦三傑在大陸的佈局

公司	活動
一、惠普	2009 年 8 月 4 日，惠普在重慶市設廠，鴻海、廣達、英業達三家代工公司隨侍在側。2012 年目標年產能筆電 2000 萬台、2015 年 8000 萬台。
二、宏碁	2010 年 8 月，宏碁宣布租用大陸本土電腦品牌方正（上海股市代碼 600601. SH），深耕 3、4 線城市市場，計畫在 2012 年把市占率由 2010 年 7.4%（第五名）大幅提高到 13%（約第三名）。

表 1.18　（續）

公司	活動
三、戴爾	1. 產品設計中心：上海市，是戴爾在美國之外全球最大的設計中心。 2. 福建省廈門廠：2010 年下半年，增聘 500 名白領員工。 3. 四川省成都廠：2011 年在成都開設的大陸第二個營運中心，涵蓋了生產、銷售和客服，員工 3,000 人。 4. 2011 年 1 月，戴爾在湖南省長沙市高新特區設立戴爾服務中國營運中心。 戴爾大中華及南亞區總裁閔毅達（Amit Midha）表示，成都市的人力資源與營運中心推動戴爾在大陸西部地區更大的發展。[22]

二、重大零組件採購

以電腦業界習慣，像處理器、面板等關鍵零組件，採購權仍握在品牌公司手中，其他像是機殼、連接器等採購權下放給代工公司。但是每家公司、每項產品、甚至每筆合約情況都不盡相同。

在景氣好的時候，掌握採購權可以直接跟供貨公司議價，增加節省成本空間。但碰到景氣反轉，備料跌價的風險反而成為包袱。

(一)逐漸授權代工公司採購

在委外代工的趨勢下，戴爾針對關鍵零組件的採購還是大權獨攬，原因詳見表 1.19。

1. 80：20 原則

有七項零組件大都是品牌公司（例如惠普、戴爾）直接採購。

‧零件 2 項

主要是中央處理器、主機板（PCB）。

‧組件 5 項

內在的有硬碟、電池模組、散熱模組，外裝的機構件（主要指機殼）、面板。

表 1.19　戴爾七項零組件自購的考量

競爭優勢	說明
一、價	代工業者中最陽春的可說是「來料加工」，這在日常生活中常見，例如「客廳即工廠」，有些人做家庭手工；或是你去漁港，自己買魚，交給「代客烹調」的餐廳。 電腦業中的代工，離來料加工很近，以惠普、戴爾來說，七項重大零組件都是掌握在自己手上，這七項占原料成本七成以上。 由於代工訂單至少分給二家主力代工公司、一（或二）家協力代工公司，由代工公司分別去買零組件，比較缺乏規模經濟、數量折扣等優勢。
二、量 　(一)少 量 　　多樣	以筆電的軸承來說，一開始由戴爾採購，後來由於款式眾多，生產排程困難，因此，戴爾再度把軸承等零組件交回由代工公司自行採購。
三、質 ＊惠普	惠普亞洲區採購處總經理蕭國坤表示，惠普為確保產品符合綠色環保，2010年改變採購策略，從代工公司手中收回相關零組件等採購權（初期從滑鼠等周邊產品開始）。 法人分析，惠普此舉另一個目的是為提供高代工策略彈性，以便跟來勢洶洶的宏碁對決龍頭寶座。[22]
四、時 　(一)產 品 　　特 殊 　　性	品牌公司往往會跟供貨公司合作研發，開發專屬的特殊功能零組件，因此由品牌公司依約自行採購。
(二)供 貨 　　時效	邏輯上，品牌公司跟供貨公司敲定供貨期間、品項、數量，代工公司依約可直接去電供貨公司供貨，所以比較不會有三方協調的溝通問題。

　　惠普、戴爾的代工公司會刻意不一樣，但是零組件供貨公司大同小異，以台系公司來說，都是一線公司，也沒啥可挑的，例如面板由面板雙雄（奇美電、友達）供貨。

　　2. 大方向：授權代工公司採購

　　戴爾在 2007 年實施輕觸（light touch）政策，也就是逐漸從零組件的採購上鬆手。其中最明顯的有三項，其中筆電軸承於表 1.19 中第二項「量」中說明；另二個是主機板、筆電的散熱模組。

　　3. 有此一說「開倒車」

　　有此一說，戴爾直接採購零組件，價格比代工公司買的還貴。2009 年 5月，報載戴爾有意於大陸昆山市成立戴爾採購中心，專職採購，即從代工公司

手上收回零組件採購權,以掌握品質與獲利空間。[24]

4. 戴爾怎麼採購

以硬碟為例,戴爾採取線上採購方式,由前三家得標公司出貨。

(二)戴爾買 DRAM

2010 年 2 月 13 日,農曆年前,因為品牌公司不想囤積庫存,以致在 1 月底 DRAM 近 25% 的急速跌價。

DRAM 通路商表示,3 月向來買氣清淡,2010 年卻意外反常。2 月 21 日,春節長假一結束,DRAM 的買氣彷彿也跟著「醒」了過來,而且力道遠高於市場原本悲觀的預期。從 2 月旬到 3 月中旬,不論是舊世代 DDR2、或是 DDR3,現貨報價平均漲二成。供需面的因素都有,供給面因素為 DRAM 公司正好都在 DDR2 與 DDR3 的轉換期間,供給不順。需求面因素主要取決於戴爾,戴爾往年都會在 5 月開始買 DRAM,以因應下半年旺季的需求,但 2010 年特別提前到 3 月就開始採購,據悉是因為對大陸五一(勞動節)長假的買氣相當看好之故。戴爾這麼樂觀是有原因的,2009 年,大陸內需市場儼然成了全球產業的火車頭,2010 年 2 月的農曆春節,銷售額更高達人民幣 3,400 億元,成長率 17%,約占全年零售總銷售額的 15%。而接下來的兩大銷售季,就是五一長假與十一黃金週,占整年零銷售額的比重也各約一成。

戴爾自 2 月最後一週開始大買至 3 月中,以 DDR2 為主、DDR3 為輔,打算搶攻新興國家的電腦市場。此舉立刻觸動同業的緊張神經,於是不到一週的時間,宏碁、惠普、華碩等也跟進搶貨,讓 DRAM 市場交投熱絡,迥異於往年。

依照過去品牌公司的採購方式,DRAM 占總體成本的比重一定會控制在 10% 以下,一旦 DRAM 報價過高,品牌公司就會立刻減少搭載的記憶體容量(例如從 32MB 降至 16MB)。[25]

(三)走回老路

2011 年,筆電代工價格漲勢確立,戴爾採購策略轉彎,對手不打算跟進。戴爾搭載英特爾處理器晶片 Sandy Bridge 商務筆電 3 月下旬開始生產,4 月放量,此款機種由戴爾自行採購機構零組件。此次收回零組件採購權,被內

部稱為重觸（heavy touch），意圖降低零組件採購成本。[21]

1.6　麥克‧戴爾四年成績

　　麥克‧戴爾擔任先發投手，柯林斯中繼，2007 年 2 月，他又上場擔任救援投手。雖然有些小改變，但是球路比較固定，因此經營績效比較不易脫胎換骨。底下依時序說明麥克‧戴爾的救援成績，詳見表 1.20。

表 1.20　戴爾公司經營績效

單位：億美元

年度	2006	2007	2008	2009	2010	2011
一、年度（2 月迄隔年 1 月）						
(一)營收		574.2		611	529	614.5
(二)盈餘		5.83	29.47	24.8	14.33	26.35
‧每股盈餘		1.15	1.33	1.25	0.73	1.36
二、市值						
‧股價				8 月，25 美元，2 月，8 美元，12 月底，10.24 美元以下		
‧市值	1000	590	210	300		
‧惠普市值	630	1150	810	1090		
‧蘋果公司市值	280	730	900	1620		

注：年度起迄較奇怪，例如 2011 年年度是 2010 年 1 月 29 日迄 2011 年 1 月 28 日，但這是一般人所指的 2010 年。

一、2007 年度

　　2007 年 1 月，美國房市泡沫破滅，6 月，美國出現次級房貸風暴，消費者消費縮手。戴爾年度營收成長 6.4%，可說差強人意。

二、2008 年度，績效不彰

2008 年度，戴爾營收原地踏步，盈餘衰退。

　　在 2008 年一場訪談中，麥克‧戴爾承認對整頓進度緩慢感到挫折。「每

件事花的時間都比我預期的要長。」他說。[27]

三、2009 年市占率輸給宏碁

2009 年 11 月 19 日，法說會中，戴爾財務長葛拉登（Brian Gladden）說，戴爾之所以失去市占率，原因是近來個人電腦市場的成長力道主要來自消費市場，而消費市場只占戴爾銷售的二成。惠普和宏碁的個人電腦出貨量都呈現成長，但戴爾卻下跌（營收減 15%，盈餘減少 54%）。[28]

戴爾不採取削價戰，因此市占率節節衰退，追求的不是市占率，而是盈餘，至於維持盈餘之道在於降低成本。

(一)宏碁勝戴爾

根據市調機構顧能（Gartner）和國際數據公司（IDC）統計，個人電腦（含桌上型電腦、筆電以及 X86 伺服器），戴爾在 2009 年掉到第三名。

國際數據公司及顧能兩家市調機構因統計方法不同，數據出現落差並不奇怪，通常顧能所統計出的宏碁出貨數字多半會比國際數據公司數據積極，例如根據顧能資料，宏碁 2009 年第一季筆電出貨量已超越惠普，成為全球最大筆電品牌，但國際數據公司統計，宏碁則仍居第二。[29]

(二)宏碁，2010 年叫我筆電第一名

「宏碁 2010 年要成為第一名！」睽違五年之久的宏碁尾牙宴上，董事長王振堂一開口，便信誓旦旦向台下近三千名員工喊話，今年宏碁當第一，絕不是喊喊而已！

宏碁總經理蔣可凡·蘭奇（註：2011 年 3 月 31 日卸任）說，「宏碁從第四名變成第三名、第二名，接下來就是第一名，一切就是那麼自然。」目標全球筆電王，2010 年宏碁的出貨目標，也從原先預估年成長的 30%，提高到年增 35～40%，如果以宏碁 2009 年筆電出貨 3,200 萬台計算，2010 年出貨量上看 4,500 萬台，惠普筆電出貨量挑戰 4,400 萬台。[30]

(三)投資人看法

大衛·艾斯維特是普信（T. Rowe Price）全球科技基金的經理，他在 2009 年秋天把手上最後 14 萬股的戴爾股票給賣了。他認為，戴爾在個人電腦

業有太多的對手，在研發經費不足之下，無法創造與眾不同的技術。[31]

四、2010 年

2010 年，戴爾於景氣回春之際，大肆擴充，股價在 4 月達到 17 美元，曇花一現後又跌回 13.5 美元附近打底。

(一)跟宏碁拔河

到 2010 年，戴爾在大陸消費市場與其他地區企業市場大力衝刺，跟宏碁處於拔河狀態。

(二)麥克・戴爾遭反彈

2010 年 8 月 11 日，戴爾股東會，改選董事長，雖然麥克・戴爾獲得連任，但是得票率下滑很多。

戴爾曾是全球個人電腦龍頭，如今市占率卻落後惠普、宏碁，且戴爾透過企業併購拓展新市場的計畫也不見成效。

投資機構 Kaufman Bros. LP 分析師吳紹（Shaw Wu）認為，2008～2009 年，戴爾營收與每股盈餘連年下滑，因此麥克・戴爾遭到股東反彈並不意外。他表示：「許多股東希望戴爾能改變營運方向，並認為戴爾至今所做的努力還不夠。這些股東需要的是能徹底認錯改革公司的執行長。」[32]

註　釋

①哈佛商業評論，2005 年 3 月，第 115 頁。

②經濟日報，2009 年 1 月 1 日，A6 版，陳穎柔。

③傑佛瑞・霍蘭德，「下台的智慧，讓出執行長大位」，哈佛商業評論，2010 年 3 月，第 131～132 頁。

④工商時報，2009 年 11 月 9 日，A5 版，劉聖芳。

⑤工商時報，2010 年 9 月 16 日，A7 版，陳穎芃。

⑥經濟日報，2011 年 4 月 9 日，A8 版，余曉慧。

⑦工商時報，2011 年 4 月 9 日，A6 版，陳怡均。

⑧工商時報，2010 年 11 月 18 日，A19 版，楊玟欣。

⑨經濟日報，2010 年 9 月 17 日，A2 版，李立達。

⑩工商時報，2010 年 9 月 22 日，A4 版，潘羿菁。

⑪工商時報，2010 年 3 月 9 日，A14 版，黃智銘。

⑫經濟日報，2011 年 3 月 25 日，A18 版，曾仁凱。

⑬經濟日報，2008 年 9 月 4 日，A3 版，李立達。

⑭戴至中譯，「麥可・戴爾重返榮耀之路」，今周刊，2009 年 10 月 26 日，第 159～162
頁。

⑮經濟日報，2010 年 2 月 18 日，A10 版，林茂仁。

⑯經濟日報，2009 年 1 月 1 日，A6 版，陳穎柔。

⑰工商時報，2005 年 3 月 25 日，7 版，彭志平。

⑱經濟日報，2010 年 4 月 4 日，A3 版，李立達。

⑲工商時報，2008 年 6 月 24 日，A3 版，黃智銘。

⑳非凡新聞周刊，2009 年 2 月 8 日，第 28 頁。

㉑經濟日報，2010 年 9 月 17 日，C1 版，李立達。

㉒工商時報，2010 年 9 月 17 日，A9 版，林殿唯。

㉓經濟日報，2010 年 4 月 4 日，A3 版，李立達、龍益雲。

㉔經濟日報，2009 年 5 月 20 日，A2 版，李立達。

㉕財訊雙週刊，2010 年 3 月 18 日，第 144～145 頁，王毓雯。

㉖經濟日報，2011 年 3 月 30 日，A13 版，李立達。

㉗工商時報，2008 年 12 月 8 日，D3 版，陳穎柔。

㉘經濟日報，2009 年 11 月 21 日，A9 版，于倩若。

㉙工商時報，2010 年 7 月 16 日，A3 版，楊玟欣、呂俊儀。

㉚非凡新聞周刊，2010 年 2 月 14 日，第 32 頁。

㉛今周刊，2009 年 10 月 28 日，第 160 頁。

㉜工商時報，2010 年 8 月 19 日，A8 版，陳穎芃。

延伸閱讀（依時序排列，底下各章不再標示）

1. 謝綺蓉譯，Dell 的秘密，大塊文化，1999 年。

2. 勞倫斯・費雷，「用靈魂取勝，戴爾，一個以企業文化重振雄風的案例」，經理人月刊，2005 年 1 月，第 117～125 頁。

3. 張保隆、伍忠賢，科技管理實務個案分析，五南圖書公司出版，2010 年 1 月，第十一章美國 IBM——協同研發的典範。

問題討論

1. 請套用詹姆斯・柯林斯（James Collins）在《好公司如何陷落》一書中的五階段，來分析戴爾由業界龍頭掉到第三名，詳見表 1.21。

表 1.21　好公司陷落五階段

好公司陷落五階段	說明	戴爾情況
1. 產生成功的傲慢	當企業董事長（或總裁）變得自傲，開始以為「成功是因為我做法獨到，」就開始踏進第一階段。	
2. 貪得無饜的追求	企業開始盲目追求成長，而跨進不相關領域，也沒有足夠人才可管理事業，導致企業逐漸衰敗。	
3. 對危機視而不見	企業內部開始出現警訊，但外表依舊光鮮，使得董事長否認負面訊息隱藏的危機，並把問題歸諸於外在環境。	
4. 呼喊求救	企業經營績效開始急速下滑，危機相當明顯。此時，董事長的態度將決定一切：是該採取各種激烈的改革方案或策略？還是回歸公司最初成功的方程式？很多人會採取前者，但效果通常不彰。	
5. 投降或死亡	企業在第四階段掙扎得越久，在第五階段就下墜得越快。	

2. 戴爾基於哪些考量，一定要做 Level 7～11 這後段組裝？

3. 戴爾是否能重返榮耀，你有何妙方？

4. 你認為惠普、戴爾何時會把關鍵零組件採購權下放給代工公司，為什麼？

5. 你認為戴爾何時會全部採取整機委外代工，為什麼？

2

富士康在大陸第四波佈局

雖然大陸面臨基本工資上漲等問題，但綜合考量「低廉的勞動成本」和「優良的基礎建設」等身為「世界工廠」的兩大條件，全世界沒有一個地方能夠和大陸匹敵。

印度的勞工問題不會比大陸小；巴西的工資比中國大陸還貴；越南雖然很好，但規模太小；至於俄羅斯，那就更不用提了。

未來 20 年，大陸仍將主導全球製造業，富士康不但不會淡出大陸，還要把大陸員工總數擴增至 150 萬人。[1]

——郭台銘
鴻海集團總裁

逐水草而居的台商廠址

遊牧民族逐水草而居，同樣道理，把大陸的土地、勞工視為「草」，企業視為「牛羊」。由表 2.1 可見，台商在大陸設廠共有四波發展，本章以第四波為對象，依鴻海在大陸的分身富士康科技集團 2010 年 6 月起內遷為例來說明。

在大陸，國務院對全國各地發展順序非常有主導性，因此大的來說，品牌公司（像手機、電腦公司）設廠會「配合政策」，而代工公司（本章的富士康）選擇空間不大，必須遷就品牌公司，以便快速供貨。在這個大前提下來看富士康設廠的佈局就簡單明瞭了。

表 2.1　台商在大陸的四波設廠

階段	I	II	III	IV
1. 期間	1985〜1995 年	1996〜2004 年	2005〜2009 年 十 一 五 規 畫 （2006〜2010年）	2010 年以後 十 二 五 規 畫 （2011〜2015年）
大陸政策地區 2. 又稱「某」經濟圈	華南 珠 江 三 角 洲 （簡 稱 珠 三角）	華東 長江三角洲（簡稱長三角）	華北 渤海灣（又稱黃三角，即黃河三角洲）	西部、中部 中部、大西部 （又稱西三角，指西安、重慶、成都）
3. 遷出原因	缺電	缺工、缺土地	缺工、缺土地	同左
4. 代表產業	・3C 產業 ・傳統產業，紡織、製鞋等	・3C 產業中的筆電代工	・3C 產業中的手機	・3C 產業的個人電腦 ・軟體
5. 代表都市與公司	・深圳：鴻海旗下的富士康 ・東莞：台達電（2308）	・昆山：筆電代工 雙 雄 廣 達（2382）、仁寶（2324） ・上海市：主要是半導體業台積電等	・天津市 ・山東省煙台市皆為富士康	・重慶市 ・河南省鄭州市皆為富士康

一、對不起，仁寶電腦

本個案第一版以仁寶電腦（2324）為對象，說明其 2008〜2010 年，第三次擴廠的考量，從在越南北部設廠，繞了一年，又回到江蘇省昆山市。挑仁寶的原因是「連戲」，第一章介紹美國戴爾，仁寶是戴爾最大的代工公司。

然而，2010 年 3〜5 月，富士康的員工「連環跳」，再加上 5 月起，富士康深圳廠 35 萬員工在一年內遷往內陸，主要是重慶市、河南省鄭州市。此事有很強的曝光、後續性，因此只好「陣前換將」。

二、又是字斟句酌

眼尖的讀者，會發現報刊上交叉使用一些用詞，在本章中是這樣用的。

1. 鴻海、富士康

在台灣稱為鴻海集團，在大陸稱為富士康科技集團。郭台銘頭銜也不一樣，在台灣稱為鴻海集團總裁（註：公司法中沒此名稱），在大陸稱富士康（科技）集團董事長。

2. 富士康 vs. 富士康國際控股

由圖 2.1 可見，富士康集團是統稱，而富士康國際控股（F.I.H.，股票代碼 HK-2038），公司只是其中一家子公司，股票在香港上市，是四大台商權值股之一，2011 年 5 月 12 日，恒生指數公司將其從恒指成分股中剔除。

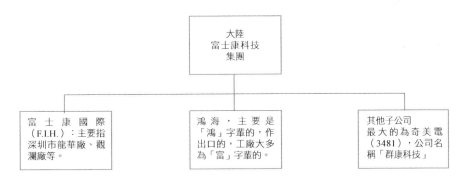

圖 2.1　鴻海集團在大陸生產基地佈局

2.1　廣東既缺工，薪資又高

1988 年，富士康在深圳市龍華鎮設「生產基地」（大陸用詞，一個生產基地有數個廠），從數百人小廠，到 2010 年 5 月，擁有員工 45 萬人，跟台灣宜蘭縣人口一樣多。

深圳有地利之便，貨品可直接出口。但是以一個一線城市支撐，久了，便顯出力不從心（土地與勞工不足、污染與缺電）。為了避免勞工不足，省市政府代替企業到人口大省（四川、河南、湖南）去統一召募員工（大陸稱招工），用專車一車車運到深圳、昆山，這在 2010 年農曆年後缺工潮時，連電視新聞都有轉播。

本段由大陸中央政府到富士康來看，深圳生產基地分流是大勢所趨。圖

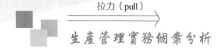
2.2 可見，富士康工廠分流有政府的推力（push）與市場的拉力（pull）兩類
因素影響，底下詳細說明。

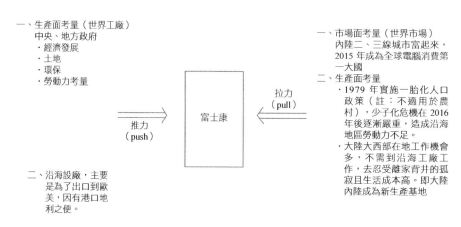

圖 2.2　台商往中部、西部設廠的推、拉力量

配合政策

在大陸，配合中央政策的企業都有很多「糖」可吃，在台灣稱為投資獎
勵，主要包括：租稅政策（例如兩免三減半）、土地（量與價），和一堆配合
措施（交通、造鎮）。

富士康的董事長郭台銘地位重要，是大陸中央、省市拉攏的指標人物，具
有領頭羊效果。郭台銘也深知自己的重要性，往往透過「貨比三家」，誘引出
省市提出好的全套引資計畫。大陸出版的《中國新聞周刊》2010 年的 27 期中
封面故事為「爭搶富士康」，稱富士康跟地方政府的關係為「政企聯盟」，背
後有利益分成，該文對此有深入的透析。

(一)從「十一五」到「十二五」規畫

由表 2.2 可見大陸政府政策的改變，對富士康來說，這包括生產面、市場
面的考量。

表 2.2　大陸國務院的產業、地方發展政策

內容	十一五規畫（第十一個五年計畫）	十二五規畫（第十二個五年計畫）
一、期間	2006～2010 年 胡、溫體制執政之初，提出「全面建設小康社會目標」「全面貫徹科學發展觀」，及「2020 年將達成完善的社會主義體制目標」等發展策略。	2011～2015 年 在 2010 年 10 月中共第 17 屆五中全會提出討論後做成建議，送 2011 年 3 月的年度人大會議通過，成為 2011～2015 年大陸國務院的施政藍圖。
二、主軸	加快發展，經濟成長率目標7.5%。 (一)貢獻 　在經濟成長、城鎮就業、城鎮化、國有企業改革成效、對外開放程度、人民生活水準、貧困人口減少、公共衛生服務等方面的預期目標，基本上都已達成。 　在改善產業結構、單位產值能耗率、主要汙染物及溫室氣體排放、生態環境保護、國際收支平衡等方面的表現，低於預期。 (二)代價：以資源、環境為代價的發展模式 　長期以來由政府主導經濟發展的高投資、低消費以及低附加價值、高資源消耗產品出口導向的發展模式，並沒有太大改變。 　以「投資—出口」為主導的經濟成長模式高度依賴投資及出口擴張的發展，這樣的發展模式與路徑出現偏差，主要表現在幾方面。 1. 大陸經濟發展方式沿襲資本驅動及粗放型的特色，投資率水準偏高，2004 年來這項比率更是不斷上升，以致資本生產力低，可說是造成近年來投資過熱、產能過剩、效率低下的最大原因。	加快轉變經濟發展方式，經濟成長率目標7%。 (一)特色 ・重點在於加快經濟轉型與產業結構調整，會在產業、生產要素投入，城鄉與區域發展等方面著力。 ・強調內需主導，特別是擴大國內消費需求，以及投資與消費需求間的協調拉動作用。 (二)強化資源節約和環境保護 　十二五規畫強調的「轉變經濟發展方式」理念，以及把「調結構」置於重要地位並非首見；這次再度被提出來，顯示該兩大政策方向正確，也顯示為追求和諧社會與經濟可持續發展，落實該兩大政策是重要且必要的選擇。 大陸已經是經濟大國（註：2010 年全球第二大經濟國），未來能否提升為經濟強國，產業結構調整與發展方式轉變的落實程度，將扮演關鍵角色。

表 2.2 （續）

內容	十一五規畫（第十一個五年計畫）	十二五規畫（第十二個五年計畫）
	2. 工業化（尤其重工業比重偏高），服務業的發展相對落後，不利於擴大就業；資源密集、能源密集、資本密集、汙染密集等重工業（例如鋼鐵、水泥、煤炭等）快速發展，跟原先設想追求的「新型工業化」目標背道而馳，則造成產業升級目標有落差、資源配置效率不佳等問題。 3. 經濟高速成長未擺脫傳統的高耗能、高汙染的發展路徑，在偏向重工業化的產業結構下，造成資源耗竭及生態環境破壞問題，不利於經濟的永續發展。[2]	大陸國務院的《策略性新興產業》有七項，本書依生產過程（前 4 項）、產品（後 3 項）排序

項目	內容
新材料	非金屬新材料，例如多晶矽深加工、高性能防腐材料、先進的功能複合材料等，都取得了大突破。
高端裝備製造	包括航空航太、海洋工程和高端智慧裝備。
新能源	天然氣、核電、水電等清潔能源成為主要受益方向。
節能環保	固廢處理行業將進入建設高峰期；汙水處理行業市場需求將保持快速增加。
新一代資訊技術	包括 3G、地球空間資訊產業（3S）、三網融合與物聯網 4 個區塊。
新能源汽車	節能汽車與新能源汽車並重發展。
生物技術	涵蓋生物醫藥、生物製造、生物農業三個領域。

(二)第一波佈局：廣東省、深圳市

1988 年，鴻海在深圳市西鄉開設了第一家只有百餘人的工廠，叫「富士康海洋精密計算機插件廠」，1996 年在深圳市龍華鎮開建富士康龍華科技園，主要生產電腦配件等。發展至今，龍華廠區的面積已經超過了兩平方公里，成為富士康最大規模的廠區（員工 30 多萬人）。除了龍華，富士康在深圳的西鄉、黃田、觀瀾、福永、沙井也有工廠。

(三)第二波佈局：長三角

第二波佈局，主要是在長三角，尤其是台商筆電代工業者聚集在江蘇省昆

山市，其次是蘇州市。

(四)「十一五規畫」下的第三波佈局

由表 2.1 可見，鴻海從 2004 年起開始大陸第三波佈局，主要是配合大陸國務院 2006 年推出的第十一個五年計畫，此規畫的重點如下：「以北京—天津—濱海新區為發展軸心，以京津冀為核心區，以遼東、山東半島為兩翼」，俗稱「環渤海灣經濟圈」，包括山東、河北、遼寧三省。

1. 廣東省要轉型

廣東省轉型主要根據「珠三角地區改革發展規畫綱要」進行，轉型時間落在 2008～2020 年，長達 13 年。「以先進製造業和現代服務業為驅動的兩軸」，希望從外銷、傳統製造業轉向內銷、高附加價值與服務業。

2. 珠三角越來越「逼人出走」

台商第四波設廠主因在於珠三角越來越「此處不留爺，自有留爺處」，投資環境惡化從 2006 年慢慢出現，2007 年一些台商外移到越南，底下以 2010 年的台商調查資料來說明。

2010 年 8 月 5 日台灣電電公會發表每年一次的「2010 年大陸地區投資環境與風險調查」，顯示大陸投資環境惡化。

(1)勞動糾紛

勞動糾紛是台商面對的首要難題，占受訪台商比重為 23.38%。

(2)土地廠房糾紛

土地廠房糾紛是 2008～2010 年惡化最快的經營難題，在地方政府「騰籠換鳥」（詳見表 2.3）的產業升級政策下，許多台商工廠用地被政府徵收轉為商業用地，而有些台商因為取得土地時間較早，通常未取得國土證，許多台商被迫以較行情差的條件轉讓廠房，甚至關廠。[3]

(五)第四波佈局，兼具製造與市場考量

2010 年，富士康第四波佈局，跟前三波最大的差別是把內銷市場的商機也考慮進來。此外，有大陸報紙還加上第三項動機「炒地皮」，本段依序說明。

表 2.3　大陸國務院、地方政府「騰籠換鳥」政策的考量

層面	說明
一、經濟考量	從勞力密集經濟轉型為技術密集經濟。
（一）產業升級	大陸基於經濟成長考量，希望產業升級，往高新產業（台灣稱為高科技）發展，在國土規劃方面，希望沿海的精華土地都往這方向發展。
（二）土地使用	一線城市土地價值越來越高，地方政府透過高價收回方式，重新取得土地，改做商業、都市公共設施發展。
二、環保考量	
（一）高汙染	2005 年起（主因是 2008 年 8 月北京奧運），大陸嚴格執行環保法令，許多高汙染、高耗能（鋼鐵、石化）的外商，紛紛外移到越南。2009 年 12 月，大陸國家主席胡錦濤於丹麥哥本哈根氣候會議表示，大陸 13 億人口，每人平均 GDP 超過 3,000 美元就必須對氣候變化作為重要策略任務。到 2020 年，單位二氧化碳排放 GDP 要比 2005 年下降 40～50%，節能減排將成為約束性指標，納入國民經濟和社會發展的五年計畫，保證承諾的執行，受到法律和輿論的監督。
（二）高耗能	大陸十一五規劃節能減碳目標，工業用水量降低 30%，汙染排放總量降低 10%，城市汙水處理率低於 70%，工業廢物綜合利用率達 60% 以上。 單位 GDP 耗能與碳排目標要降 20%，後者實績 16%，地方政府只好下重手實施限電。 另個觀點是趁機淘汰產能，讓大陸經濟軟著陸（註：不要過熱）。遭限電停工的公司，就不必向銀行借貸或向上游供貨公司進料，也不必外銷出口，可緩和銀行借貸增加、原物料大量進口、人民幣升值壓力，這是宏觀調控的手段。 2010 年 6 月，限電地區從江蘇、浙江兩省開始，9 月已擴大到河北、山西，大陸工信部（即工業和信息化部的簡稱）官員透露，限電令向 14 個重點區域擴展，是大陸史上最大規模限電。對不符合能耗標準的鋼鐵生產企業，實施強制性拉閘限電或提高供電價格措施。 限電令主要針對高汙染、高耗能產業，包括鋼鐵、水泥、有色金屬、焦炭、造紙、玻璃、製革、印染、化纖等 18 個行業。

　　國務院要求公司內遷的態勢，在 2010 年 9 月表露得再清楚不過。9 月 6 日，大陸國家主席胡錦濤視察深圳市，並要求特區支援中西部與東北老工業區，大陸政府網發布國務院辦公廳《關於中西部地區承接產業轉移的指導意見》，強調東部沿海地區產業向中西部轉換步伐要加快。

　　《指導意見》指出，產業轉移是優化生產力空間布局、形成合理產業分工體系的有效途徑，國際國內產業分工深刻調整，大陸東部沿海地區產業向中西部地區轉移步伐加快。國務院也強調要加強環境保護，節約集約利用資源，引

導勞動人口就地就近轉移就業，促進產業和人口集聚，加快城鎮化步伐，深化區域合作。

1. 配合政策

國務院有計畫地貫徹「經濟發展模式的轉變」政策，「西部製造，沿海內需。」簡稱「大西部政策」，富士康 2009 年 8 月，在重慶市設廠，可說是配合政策的樣板企業。

2. 大陸市場

2009 年，大陸人均所得 3,600 美元，在全球景氣衰退情況下，大陸經濟成長率 9.2%，可說是支撐東亞各國經濟的支柱。此時，大陸從世界工廠的角色，兼具「世界市場」的角色。

2010 年，大陸國內生產毛額達 5.879 兆美元，超越日本，成為全球第二大經濟國，僅次於美國（15 兆美元）。

(1)富士康大陸內銷業務：大店

富士康 2001 年起，陸續進軍大陸 3C 市場，收購 3C 百貨店「賽博資訊廣場」，在大潤發開「店中店」，經營網路商店（飛虎樂購）。2010 年 10 月，跟德國合資，在上海市開第一家 3C 購物中心（大店）萬得城。

(2)富士康大陸內銷業務：「小店」計畫

2010 年 5 月，富士康啟動「萬馬奔騰計畫」，獎勵員工內部創業，回鄉開設 3C 專賣店，目標是一萬家，所以套用成語「萬」馬奔騰來命名。

2009 年金融危機正熾，歐美市場大幅受挫，郭台銘對高階幹部指出，鴻海不能再百分之百靠歐美市場，必須想辦法把產品打進大陸內需市場，轉型為科技服務業，從生產線到直接賣，從頭做到尾的垂直整合。目標是內外銷各一半。

2004 年來鴻海的主機板、風扇及繪圖卡等產品，掛著「富士康」招牌在兩岸 3C 專賣店；為了避免客戶疑慮，富士康特別把生產自有品牌的生產線從深圳市移到山東省煙台市。

3. 對萬馬奔騰計畫的看法

大陸從世界工廠變成世界市場，富士康絕對不會放棄這塊市場，如何面對 1990 年代以後出生（大陸稱為 90 後）的員工。他們要什麼環境？腦筋在想什麼？

人必須要有牽掛、有希望、有未來，富士康有很多能幹的員工，富士康推出萬馬奔騰計畫，員工工作滿五年後就可回去家鄉創業自己當老闆，每個地方都會讓他回家。

富士康有贏的優勢，有別人具備不到的條件。

1. 產品線廣

富士康代工範圍涵蓋 3C 重點商品，甚至 LED 燈具等自有品牌商品。

2. 運費低

富士康在大陸到處都設廠，因此可以就近供貨，運費較低。

4. 郭台銘想一箭雙鵰

2009 年 4 月 16 日，鴻海股東會上，一位外資法人向郭台銘提問：「富士康的大陸遷移計畫，何時可以發揮效益？」

郭台銘回答，2005 年時，富士康開始推動遷廠計畫，而從選定土地、動土、落成，到遷廠，約需三年，因此「我想 2009 年、2010 年效益一定會出來，2011 年效益會開始步入高峰。」他說，製造業永遠都需要廠房和土地擴充，「下一波景氣來，富士康就有優勢。」

郭台銘表示，除了外銷，富士康佈局的這些地方，會跟當地銷售結合。「現在開始要跟國內（大陸）客人做內銷生意。」當地所得提高後，內銷商機出現，這是一個五到十年的佈局。

光看 2008 年的投資金額，就可以了解富士康在遷廠計畫的氣魄與寄望。2008 年鴻海財報上，「機器設備及土地廠房」等固定資產增加的數字為 700 多億元，相當於鴻海一個資本額（741）億元。[4]

5. 圈地

2010 年 6 月下旬，大陸媒體關注富士康在房地產的佈局。

富士康工廠內遷不全是節省人力成本，更有「圈地」考量。富士康 1988 年進駐深圳，廠區附近地價漲了數倍，這種「圈地」戲碼，在內陸省市重演。

深圳龍華廠這個富士康在大陸最大的生產基地北遷後,空下來的廠房、土地以及附近宿舍要怎麼利用?何況 2010 年底落成的廣深高速鐵路恰巧就經過龍華廠附近,這麼好的地理位置,不開發出來好好利用合理嗎?這塊設立於 1993 年占地 2.3 平方公里的龍華科技園區一旦開發,富士康顯然是最大的受益者。

富士康從 2005 年開始在太原、武漢、上海等大型城市購置住商用地,並在昆山、武漢、成都以及廊坊等 24 個重點城市建立 20 座生產基地,這些動向也開始受到大陸媒體的側目。⑤

2011 年 7 月中,富士康國際宣佈轉讓深圳市寶安區土地(原為員工宿舍用地)6.71 萬平方公尺,獲利人民幣 4.39 億元。

2.2　富士康內遷的遠因與導火線

本段說明富士康的第四波設廠的遠因與「導火線」。

一、經營者

郭台銘白手起家、黑手創業,身價 1,700 億元,多次蟬連《富比世》雜誌公佈的台灣首富。他凡事親力親為,總攬公司大事,採取強勢領導。

2010 年 9 月 7 日,郭台銘接受美國《華爾街日報》記者專訪,首度披露 2010 年 5 月中迄 8 月中的心路歷程,他睡在深圳辦公室整整三個月,跟 200 多位主管研商危機處理,「我們不僅僅是把工廠從一個地方移到另一個地方,我們是在向新的概念和理念轉移,」郭台銘說,鴻海所面臨挑戰的方法,就是開展地理和心理上的轉移工作。

地理上朝內陸轉移,跟大陸擴大內需、發展中西部政策一致;心理上的轉移,則是鴻海不適合再負責員工在工作以外的生活。

富士康利用轉換工廠到大陸內陸的機會,

鴻海集團總裁郭台銘
圖片提供:今周刊

不再提供住宿、娛樂及保全等社會服務的職能。在成都、鄭州和武漢等地附近的工業園區,員工宿舍由地方政府修建和管理。「我想分離這些職能,企業是企業,工廠是工廠,我們交稅,政府為解決問題」郭台銘說。[6]

郭台銘小檔案

出生:1950 年 10 月 18 日

現職:鴻海集團總裁

經歷:1974 年以 30 萬元資本創鴻海,原生產電視旋鈕。

　　　1981 年轉做個人電腦連接器,這是鴻海壯大關鍵。

　　　1988 年赴大陸設廠,後續多次公司併購擴張版圖。

　　　2001 年起蟬連台灣首富,2009 年起名列前五名。

學歷:中國海專(現為台北海洋技術學院)畢業

家庭:與亡妻林淑如育有 1 子 1 女;再娶曾馨瑩,育有 1 子 1 女。

二、富士康被「分流」

「內遷」(也稱為「西遷」)、「分流」茲事體大,至少有兩項因素讓富士康走上這條路。

(一)配合政府政策

1993 年,富士康在深圳設廠時與當地政府簽約使用年限 50 年,2010 年深圳市及國務院想要讓沿海城市轉型,便要求龍華廠搬遷。[7]

2010 年 7 月 4 日,富士康大陸區行政總經理暨商務長李金明接受大陸媒體記者專訪時說過,深圳市政府跟富士康曾就搬遷問題有過討論,綜觀大陸以產業鏈配套、物流、廠房設施等多個要素來看,深圳市是富士康的最優選擇;只是,招工難的問題不能不解決。未來理想的格局是,深圳富士康以研發加上部分生產為主,人數降到 15 萬人。[8]

2010 年 8 月初,大陸南方網報導,一旦富士康內遷成真,可能導致「社區空心化」,也會促使產業鏈條的斷裂。

2010 年 8 月,深圳市府高層到富士康調研時,深圳市長許勤提到深圳對富士康的期望:「希望富士康把管理總部、運營總部、研發總部、財務總部

放在深圳，在深圳的發展按總部經濟形態來做大做強。」深圳市委書記王榮表示，「深圳願意成為富士康佈局全國、走向全球的重要基地和支撐點。」

此後富士康高層表態說，富士康離不開深圳，這裡是它的根；《南方都市報》解讀，「此番表明心跡，無疑為之前的互相猜測心態（指是否搬離深圳）吃了一顆定心丸。」[9]

深圳市小檔案

經濟地位：1980 年 8 月 26 日，劃為大陸第一個經濟特區，從一個小縣城逐漸成長，被譽為「大陸（發展）模式」的標誌。

土地面積：1952.84 平方公里。

人口：實住人口 1400 萬人，戶籍人口 300 萬人。

市委書記：王榮

市長：許勤

等級：一線城市，其他為廣州、上海、北京，共四個城市。

土地：迄 2010 年，可供開發土地不足 200 平方公里，飽受土地空間限制、能源和水資源短缺、人口膨脹壓力和環境惡化之苦。

(二)冰凍三尺，非一日之寒

深圳廠內遷是多年的考量，以生產面來說，以勞工的「價量質時」四項因素（詳見表 2.4）來分析，內陸優勢較大。

表 2.4　廣東省勞工的價量質時

競爭優勢	說明	富士康因應之道
一、價	1. 2010 年，廣州和深圳的最低工資一調就是 20%，漲到人民幣 1,100 元。 2. 2010 年，國務院公布的「工資法」規定，要求勞資雙方共同協商，更進一步提升人工成本。 3. 按中共「體面勞動」政策，2011 年，逐步上調薪資。深圳比湖南、江西、安徽最低工資幾乎高了一倍。	內陸薪資較低，例如重慶最低工資人民幣 700 元（一說為人民幣 850 元）、北京人民幣 900 元。《第一財經日報》認為富士康內遷主因在於薪資成本考量。[10]

表 2.4 （續）

競爭優勢	說明	富士康因應之道
二、量	華南的民工一半以上來自內陸（主要是四川、河南、湖南等 1 億人口的省），隨著內陸省份發展，當地就業機會增加、薪資逐漸跟沿海拉近。 2010 年春節過後，返鄉過節的勞工並未全部回流。 台資企業紛紛採取調薪方式，跟當地、內陸省政府合作去召募，一車一車地把員工運到深圳、昆山。	2009 年 4 月 16 日，鴻海股東會中，郭台銘表示，深圳成本太高，加上它是移民式城市，人員不夠安定（註：流動率高）。我們看到日本很多高科技公司，就在富士山腳底下，甚至三星電子也把研發中心搬到鄉下；把廠搬到內地，人員穩定性高，建廠的成本也低，還有比較好的財稅優惠。[11] 此俗稱「在家門口就業」。 2010 年 2 月 12 日，鴻海舉行旺年會，郭台銘指出富士康有缺工等三個挑戰。針對此，富士康的因應對策之一是，繼續在台灣設立無人工廠，包括模具與零組件，都會進入無人生產的階段，未來甚至要擴充到組裝上，也要做到無人化。[12] 2010 年 8 月 18 日，富士康副總裁程天縱指出，市場外傳鴻海是血汗工廠，並非實情，就連西遷是為了降低人力成本的說法，也是誤傳。西遷主要是為了讓員工可以回到自己的家鄉工作，讓員工更有歸屬感，對於有意回鄉的員工，富士康會提供安家搬遷費，對於不願回鄉者，富士康也會尊重他們的自由意願。 富士康會配合國家（大陸）的政策往內陸發展，並成為西部拓展的領頭羊！深圳是總裁郭台銘發跡的地方，富士康不會離開深圳，但是深圳會轉型為以研發以及試產的基地，未來深圳的員工從 45 萬人降到 15 萬人。 由於深圳員工流動率比較高，對於效率及良率再提升無法突破，「我們不能再像鐵打的營房、流水的兵，」富士康的工廠內遷後，會更主動協助改善員工生活，防止自殺事件發生。[13]

表 2.4 （續）

競爭優勢	說明	富士康因應之道
三、質	2010 年 3～5 月，富士康員工「13墜」，有很多原因：年輕員工抗壓性低、壓力來源包括工時過長（常加班，一天工作 10～12 小時）、不習慣住宿生活與基層主管管理太嚴格（俗稱軍事化管理）。	為了強化員工心理，富士康採取一系列措施。 1. 取消死亡撫卹金（人民幣 5 萬元）。 2. 員工宿舍委外管理，以讓員工下班後的生活更輕鬆。2010 年 5 月 26 日，富士康首度開放媒體記者參觀員工生活區。 3. 減少加班時數 鴻海評估，勞工人口結構改變，「90 後」年輕人對工作想法不同，富士康需因應社會變遷，因此檢討員工薪資與工時後，決定降低工時，但總工資提升，原本二班制且加班，改為三班制，意謂必須增加 50% 人力。大陸富士康 92 萬勞工，2011 年 8 月增加至 130 萬人，主因是業務需求增加。 4. 雞蛋不要擺在同一個籃子內 群益證券副總裁曾炎裕認為，內遷是富士康邁向全球企業的必然過程。富士康的生產線和員工幾乎集中在深圳，類似台灣過去加工出口區的方式。但跳樓風波後，員工管理問題干擾了生產，所以富士康才會把生產線分散到其他省市，避免生產和員工過度集中，以致管理不易而頻出意外。[⑩]
四、時	可工作天數較短，主要是每年 2 月初農曆過年前，由於春節運輸人次約 3 億，號稱地球上最大規模的人類移動。為了讓員工能順利回家，許多公司只好提前放假，以免越接近除夕，交通狀況越難掌握，「2007 年等車三天、2008 年華南雪災，交通更亂」。	可工作天數較長。

(三)導火線：2010 年員工 13 墜

深圳市具有近海港、供應鏈完整的優點，但是 2010 年 4～5 月，深圳廠員工 13 人墜樓（簡稱 13 墜，第 13 墜在 8 月 6 日，本書採取中性的用詞「墜樓」，以取代「跳樓」一詞）事件，讓郭台銘遭遇平生最大心理煎熬，幾乎一個月沒睡好。這是加速富士康深圳廠加速內遷的「觸媒」，大部分內遷的地點都是之前選定的，只有河南省鄭州市似屬臨時決定的。

(四)來自蘋果公司的關切

2011 年 2 月 15 日，蘋果公司發佈的《2011 年供貨公司責任發展報告》指出，針對最大代工公司富士康的員工墜樓，已由蘋果公司營運長對富士康進行評估。雙方共同研究措施，防止自殺事件再次發生；其中措施之一是更好地培訓心理輔導人員、設立 24 小時關愛中心。[15]

甚至有此一說，蘋果公司派員到深圳調查，認為薪資太低是造成不幸頻傳的主因，建議富士康給員工調薪，蘋果公司也會補助一些。[16]

三、員工薪資

本段把表 2.4 中勞工「價量質時」中的「價」詳細說明，純電子代工的毛益率很薄，約 4.5%。薪資成本差一點就差很多，薪資成本包括二項。

1. 最低工資

2008 年勞動合同法實施時，珠三角爆發過罷工潮。勞工以抗爭要求資方遵守勞動法，不少傳統產業，例如家具、鞋類、服裝、燈飾已陸續展開遷移。內遷以廣西、湖南、江西、湖北、安徽為主，外移以越南、印尼、印度為大宗。罷工和成本升高，依然威脅遷移後的公司，例如，2007 年，越南因入超以致越南盾大貶、工人罷工情況嚴重，不少移到越南的台灣製鞋公司損失慘重，不得不又把訂單移回東莞。

受富士康員工墜樓事件激化，2010 年罷工次數增加，勞工開始要求「加薪、爭福利」，否則癱瘓生產線。在政府容忍下的「罷工」如野火燎原，大陸調漲薪資、改變勞工待遇，已經是無法遏制的浪潮。東莞東城台商會集合了數十家箱包業者，遠赴遼寧省營口找尋新的生產基地，準備「集體出走」；鞋類台商豐泰、寶成遠走越南、印度。

1994 年大陸人大通過最低工資保障制度，2004 年再發佈《最低工資規定》，從「每年最多調整一次」改為「每兩年至少調整一次」，薪資水準更加速提升。部分企業把最低工資作為員工的基本工資，此數值被稱為「地板工資」。2011 年 3 月 8 日，人力資源和社會保障部（簡稱人保部）部長尹蔚民在人大中報告，十二五期間最低工資年成長率至少 13%。

2. 福利費用

廣州市台商會會長程豐原指出，依照廣州每月人民幣 1,100 元的最低工資計算，公司每個月要繳納的 5 保與公積金約最低工資 45%，相當於月工資的一半，對勞力密集企業來說是一筆不小的成本負擔，而且一旦最低工資調漲，企業要負擔的 5 保與公積金金額也會跟著調高。[17]

(一)調薪對富士康國際的衝擊

2010 年 6 月 1 日，富士康二波宣佈加薪，詳見表 2.5，以作為讓員工安心的主要措施，證券公司依人數、調薪幅度來計算此對富士康獲利的影響，詳見圖 2.5。以鴻海占富士康國際股權 72% 為例，可用台語歌「累到你，甘苦到阮」來形容，加薪對富士康虧損有「短空長多」效果，2010 年直接侵蝕鴻海的盈餘，詳見圖 2.3。

表 2.5　2010 年富士康加薪二部曲

加薪時間	6 月 1 日	10 月 1 日
一、基本員工薪資（月薪）	由人民幣 900 元調升至 1,200 元。	由人民幣 1,200 元調升至 2,000 元。
二、加薪標準	(一)作業員 　1. 起薪標準自人民幣 900 元調升到 1,200 元，調升幅度 30% 以上。 　2. 原敘薪標準高於人民幣 900 元者，在現有薪資標準基礎上調升幅度 30% 以上。 (二)產線線長、組長 　在現有薪資標準基礎上調升 30% 以上。	(一)在職作業員／線組長必須經過為期三個月的工作考核並通過考核作業辦法另行公告。 (二)自即日起，新進作業員／線組長考核期均為三個月。 (三)產線線組長薪資依此基準往上修訂作業辦法在 8 月 1 日公告。

資料來源：富士康，工商時報，2010 年 6 月 7 日，A2 版，張志榮。

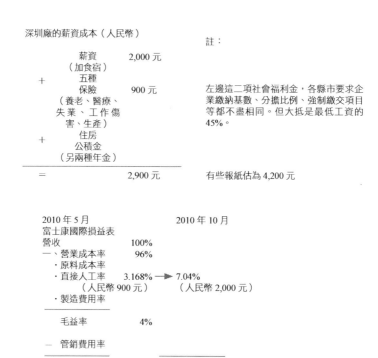

圖 2.3　富士康國際員工調薪對鴻海盈餘的影響

　　2010 年 10 月 27 日，瑞銀證券亞太區下游硬體製造產業首席分析師謝宗文表示，富士康勞工成本占營收比重約 2.47%，調薪與減少加班時數的試算結果詳見 2.6。調薪不利於純益率，加班時數減少與內移有助於降低薪資成本。

表 2.6　富士康深圳廠的員工薪資進程　　　　　　　　　　　　　　　　單位：人民幣

| 薪資　　　　　年 | 2010 年 | | 2011 年 | 2012 年 |
	上半年	下半年		
(1)薪資（月薪）	6 月起	10 月起		
・金額	900 元	2000 元	2200	2420
・上漲幅度			10%	10%
(2)加班時數（每月）	80	60	50	40
(3)勞工成本占營收比重	2.47%	2.66%	3.73%	—
(4)純益率	3.4%	—	1.7%	1.9%

資料來源：整理自工商時報，2010 年 10 月 28 日，A3 版，張志榮。

富士康集團發言人、集團商務總處媒體辦公室主任劉坤說明，透過提高第一線員工每月底薪到人民幣 2,000 元，進一步提高員工穩定性，同時降低因員工流失而帶來的人力、商務、培訓、生產線熟悉等用工成本。[17]

(二)郭台銘的如意算盤

2010 年 6 月 8 日，股東會後，郭台銘跟媒體記者們談了很久，以下是針對調薪的部分。

> 4、5 月，因為員工跳樓事件，每天平均睡覺不到四小時，郭台銘說，「我很怕半夜接到電話！」
>
> 富士康出乎意料的二度大手筆加薪，是他向員工跳樓的壓力屈服了嗎？
>
> 加薪是郭台銘想了三天三夜，所得到的答案。他說，加薪跟員工跳樓是兩件事，「這些讓我們想到是到了一個階段，整個結構性的轉變，那我們到底要做一個跟隨者，還是要做一個破壞式的創新？」

白話一點的說，即薪資水準從「跟隨」政府訂的最低工資，升級到產業前 25%（作者註：一般都是全球企業才會採取當地高薪政策），找到一流人才，打一流的戰。

勞動合同法裡有五種保險、兩種年金（約是最低工資的 0.45 倍），富士康本來在 2009 年就要實施，這件事早晚都要出來，工資上漲是遲早的事，問題是你怎麼利用這次工資上升，找到更好的人，提升你的核心能力，讓調高薪資造成人才聚集效應，提升你的效率和競爭優勢，讓你從量的增加，變成質的提升，希望從提升的效率中，用不同的科學手法，把利潤給顯現出來。流水線的作業員會急速減少，自動化、無人化工廠會漸成主流，連燈都不開的。此時需要大量的基礎設備操作人力，而不是組裝線人力，所以必須把員工素質大量提升。[18]

(三)陰謀論

一位同業高階主管認為，各電子代工公司不可能在較長時間內保持工資較

大差距，也就是同業勢必跟著富士康調薪。

劉坤不承認富士康調薪是為「拖垮」較小對手的「陰謀論」，只是認為隨著企業發展，富士康會讓更多員工分享公司成長的果實。通過 2010 年 10 月把第一線員工的每月底薪調至人民幣 2,000 元，工人穩定性會進一步提高，這也同時能夠降低因員工流失帶來的人力、商務、培訓、生產線熟悉等用工成本。[19]

(四)富士康國際 2010 年虧損了

由表 2.7 可見，富士康國際 2010 年出現 2.18 億美元虧損，多少有受勞工加薪之累，但主因是訂單少以致產能利用率低。富士康國際發言人童文欣表示，2011 年持續推動各項降低成本計畫，例如重新調配資源，把富士康精密太原賣給鴻海，主要生產基地聚焦廊坊、天津及北京。[20]

摩根士丹利證券指出，富士康國際此舉，長遠有助降低薪資成本，並繼續鞏固資產及研發資源，以優化成本結構。[21]

表 2.7　富士康國際經營績效　　　　　　　　　　　　　　　　　單位：億美元

年	2006 年	2007 年	2008 年	2009 年	2010 年
營收	103.81	107.32	92.71	72.13	66.26
純益	7.18	7.21	1.21	0.3858	-2.18

四、員工數量

由表 2.8 可見，富士康大陸員工在 2010 年 6 月迄 2011 年 8 月，會大幅成長四成，其中業績成長頂多只占 15%，剩下 25% 來自二項因素。

1.加班時數減少

2010 年 8 月 18 日，富士康集團副總裁程天縱指出，為了讓員工的工作環境更好，富士康把員工每月加班時數由 80 小時減至 36 小時。為了達成此目標，原先採行 2 班制（一班每天 8 小時，再加班 3 小時），將因而改變成 3 班制，初估得增加 5 成的人力。[22]

2. 稼動率七天

由於機器設備成本高，機器宜像 7-ELEVEn 一樣，全年無休，為了作到「每周稼動率七天」，也需增聘 16.6% 人力，即之前每週稼動率六天。

前者 1.5 乘上後者 1.167，得 1.75，光以深圳來說，便需增加 75% 的員工，即 33.75（45 萬人×0.75）萬名員工。

3. 130 萬這個數字怎麼來的

130 萬這個數字是外傳的，程天縱的說法如下：「集團人力配置，是否會如外傳的擴至 130 萬人，十分樂見此狀況，這代表著公司接單暢旺。」[23]

4. 深圳廠縮編

表 2.4 上彙總了「價量質時」四項因素，深圳廠須縮編，還有「員工宿舍不足」一項。這項因素不是富士康能單獨解決的，深圳龍華廠附近商圈發展了二十年，看來仍是雜亂無章的鄉下地方，「我感覺一出了廠區，就像進了貧民窟一樣，」一名員工說，廠區附近連公園、電影院都沒有，年輕人經常大半夜還在露天地攤旁邊打撞球。富士康未來希望鄭州廠附近能有比較好的基礎建設，並打造為具有網路服務應用及節能環保等先進科技產品的智慧城。

表 2.8　富士康大陸員工人數

單位：萬人

時間	2010 年 5 月底	2011 年 8 月	2015 年
1. 深圳	深圳 45　減少 10～15→	30～35	22.5
2. 其他地方	其他地方 47	內遷 15 新聘 68	127.5
3. 深圳佔大陸員工比率	49%	35%	15%
合計	92，占全球員工數 9 成	130	150
宣佈的人與時	略	2010 年 8 月 18 日，富士康副總裁程天縱參加誓師大會時宣布。	2010 年 9 月 7 日，郭台銘接受外電訪問。

2.3 富士康內遷的佈局

富士康在大陸有 24 個生產基地，2007 年起 6 月，由於美國次級房貸風暴，拉低全球景氣，2008 年初，富士康積極打三呆（呆料、呆產、呆應收帳款）。其中「呆產」指的是閒置機器（其實是廠），開啟了一波生產線（大陸簡稱產線）調整，主要是由深圳市往武漢市移動，由表 2.11 第三項消費電子產品可見，富士康 14 個事業群中的光機電事業群整個搬到武漢市。

產線的調整一直在進行，只是 2010 年 6 月，深圳廠內遷看起來規模最大，特別引人注意。「內遷」在鴻海集團的統一用詞為「分流」，就像秦朝李冰在岷江蓋都江堰一樣，以免水流成災。

一、三招化解深圳廠獨大

2010 年 7 月 1 日，郭台銘表示富士康積極進行全球佈局，重啟越南建廠，並推動自動化生產，避免缺工衝擊，不論人員或設備都會持續增加投資，「時機一到，爆發力就會出來。」底下說明此二項，至於遷廠則不用多說。[24]

2010 年 9 月 7 日，美國《華爾街日報》網站上登出郭台銘的專訪，郭台銘預計，深圳一半員工在兩年之內遷往內陸，2015 年，內陸地區工人的比重達到 66%（2010 年 6 月此比率僅為 20%）。富士康集團及其下屬公司員工總數是全國第 3，僅次於大陸的石油企業（即中石化）和處於壟斷地位的電信營運商（即中國移動），而這兩家都是國營企業。[25]

(一)越南一直只是備胎

2007 到 2008 年大陸投資環境開始惡化時，跟中國文化背景相近，華人較多的越南，一度被許多台商當作第二個海外基地。

2007 年 2 月 6 日，郭台銘在越南拜會國家主席時便宣佈大規模投資計畫，後續僅小幅度動作，迄 2010 年 8 月，才投入 2 億美元。

2010 年 6 月底，鴻海在北寧省桂武工業區設立的兩座工廠開始營運，鴻海啟動 5 年 50 億美元的投資計畫。[26]

由表 2.9 可見，越南可說只是小港，不太適合大船入港。

表 2.9　大陸比越南更適合設廠

考量因素	越南	大陸
一、環保要求	越南 1986 年改革開放，向國際招商，環保要求低，鋼鐵、石化等高汙染產業「來者不拒」。	1979 年，開始經濟改革、開放，2010 年吸收直接投資 1,000 億美元。2006 年以後，排斥高汙染產業。
二、匯率	2008 年以來，越南盾持續貶值，對於必須至海外購料、在越南銷售的公司不利。 在廣東、北越和南越都有工廠的大亞電纜董事長沈尚弘指出，越南盾貶值嚴重，對於必須以美元在海外購料（銅）並在越南銷售的台商來說，匯兌損失可觀。 越南盾貶值原因是貿易逆差，2010 年約 120 億美元，2009 年 11 月迄 2010 年 8 月，越南國家銀行（中央銀行）三次放手讓越南盾貶值，幅度 10%。	人民幣匯率小幅升值，2005 年以來，常維持在 1 美元兌換人民幣 6.42 元附近。 人民幣升值趨勢，有利於進口原物料。
三、稅率 　(一)關稅	2010 年，隨著東協自由貿易區「10＋1」的運作，大陸跟東協各國間形成共同市場，跟美國、歐盟、大陸間，都享有關稅減讓級配額，是企業佈局的好地方。	出口退稅。
(二)營所稅	越南的工業區分為四級，第一級是經濟特區，第二級是國家級的工業區，第三和第四級屬於地方的工業區。以租稅減免來說，如果屬於越南政府獎勵的高新產業，最高可以享受四免九減半優惠，顯示出越南政府招商引資的決心。	2001 年加入世貿組織後，2009 年起，稅制改革，對外資漸採「國民待遇」。但對高科技公司仍適用租稅優惠。
四、土地	南越因基礎設施較完善，成為外資首選。2000 年前，外資大多選擇在胡志明市附近的省分設廠，北越因基礎建設相對落後，平均國民所得偏低，較少外資進駐，台資企業也以南越投資為主。 北越地區共開發了 100 個工業區，主要集中在河內、海防、及北寧省等運輸幹線上。四個台資工業區，分別座落在北寧省（家平工業區、順成二號工業區）、太原省（忠誠工業區）、	工業區還是有分國務院（至少部級）、省（含直轄市）、縣級、鄉鎮級四級。 一般來說，沿海城市工業土地很緊，內陸省分還行有餘力。

表 2.9　（續）

考量因素	越南	大陸
	和海陽省（福星工業區），都具有鄰近港口、機場，跟連接河內、大陸邊境方便等地位優勢。 四個台資工業區都屬於國家級的工業區，納入總理府規劃，而且可以享受租稅優惠、公共設施強化、工業區單一窗口管理等好處。	
五、基礎建設 　(一)運輸	為了加速北越的經濟發展，越南政府大興土木，加強各項基礎建設。北越鄰近大陸，零組件可以快速從大陸運送來此，產品也可以從北越的機場、港口出口，或是運往大陸。廣西省南寧和越南諒山邊界的友誼關通關只要三小時，從廣州到北越各工業區一天就可到達，十分方便。	基礎建設（水、電、交通、通訊）優良，尤其是港口，郭台銘認為大陸優點還有供應鏈完整。
(二)電力	北越正加強基礎建設，但基礎設施不足，水電缺乏。還沒有高速公路，某些地方仍缺水缺電，某家台商在當地設廠好幾年，到現在還要買水，這些都是公司投資前必須考量的因素。	但 2004、2011 年常有限電情況。
(三)政府行 　　政效率	政治情勢穩定，但官員拿回扣情況普遍。	政情穩定，官員貪腐情況漸改善
六、勞工 　(一)價	每年物價上漲率 10～20%，為了改善人民的基本生活水準，越南政府逐年提高最低工資水準，以 2010 年來說，外商的每月基本工資約在 80 美元左右，員工罷工要求加薪，成了不少公司年年面臨的問題。因此，外商薪水比最低工資高 30%，再加上各項社福津貼，加起來 130 美元以上。	月薪約人民幣 1,200 元，總薪資成本約人民幣 1,800 元，約 270 美元。薪資是越南的 2 倍。
(二)量	越南人口 8,600 萬人，儘管輸出越勞，本身卻缺工，特別是技術工，投入勞動市場的大約 2,000～3,000 萬人，扣掉南越的勞工需求，能投入北越勞動市場的人力實在有限，再加上大公司以較高的薪資吸引工人，小台商招募員工相對不容易。	沿海缺工，內陸省分還有剩餘勞動力（至少 2015 年前）。農業人口 6 億人，赴鄉鎮就業率 40%，估計還有 1 億人農村剩餘勞動人口，這是 2010 年 9 月 29 日，人民大學經濟研究所發佈 2010 年第三季《中國宏觀經濟分析與預測報告》中的分析。

表 2.9 （續）

考量因素	越南	大陸
(三)質		
1. 技術工人	越南勞工素質和勤奮度仍待加強，有些台商為了加強員工訓練，把技術人員送到大陸或台灣受訓，以強化人力素質。	大陸各省很注重勞工素質提升，除了大專每年畢業生 610 萬人外，也開辦許多職訓班，培養專門技術人才。
2. 罷工	勞工較喜歡罷工。	大陸 80 後勞工比較不想吃苦，一般來說，在符合大陸官方利益（例如合理爭取薪資等）情況下，會默許勞工合理的罷工。
(四)時	略。	略。

(二)無人工廠

2010 年 9 月，《彭博社》報導，富士康的對手偉創力（直接人工）薪資成本僅占銷貨成本 0.5%（這是因為自動化程度高之故），廣達 1.2%、仁寶 0.8%、緯創 1%。由此可見自動化的好處。[27]

鴻海由過去大量依賴人力，轉而積極導入自動化，2008 年以來陸續在新北市土城區設立三條自動化生產線，把原本已經全部轉移到大陸的連接器生產，部分移轉回台灣生產。鴻海已於 1987 年進入自動化生產，此次稱為「無人工廠」。

郭台銘透露鴻海將到美國設立全自動化的無人工廠，並預計 2011～2015 年把零組件以及成品組裝（註：鴻海在德州休士頓市設廠組裝伺服器）移往美國，透過美國自動化設備製造為成品後，再輸往大陸，預計這樣在成本上仍可具有一定的競爭優勢。[28]

二、人力需求配置

深圳廠約有 30 萬人要往內陸遷徙，整個移防作業對深圳來說，可說是件大活動。

(一)2010 年 5 月底，內部找人回鄉

在 2010 年 5 月底，富士康凍結深圳廠普通員工（大陸簡稱普工）招聘。一張停招的公告貼在龍華鎮東環二路富士康普工招聘處，招聘點周邊商店的生意也蕭條起來。

富士康人資部發出郵件給員工，號召川渝的員工申請回成都，但響應的人不多。富士康一位剛跳槽的課長說，公司號召他去成都，安家費是人民幣 1 萬元。但他夫妻倆在深圳已有了小孩，舉家遷徙並不容易，為了留在深圳，他選擇跳槽到華為。這位課長在富士康工作五年，跟他一起跳槽到華為的有四個人，均在華為南山的科技園上班，工資翻了一倍。

這名課長說，家在四川省內江市，縱使去了成都，離家還是很遠，這麼多年在深圳已經習慣了，在成都要重新幫太太找個工作，很難的。

富士康一位大學本科畢業的董姓員工稱，他的部門同事在 2010 年 5 月初就已經遷往河北省廊坊市，公司為了鼓勵大家外遷，補貼人民幣 3,000 元的安家費，但要一年後才發放，他們的部門已從 8 萬人降到 1.5 萬人，這個部門要在 10 月之前搬遷完畢。

大陸富士康員工招募情況

照片提供：今周刊

(二)深圳廠內遷

1. 員工的說法

2010 年 6 月 12 日，根據《華夏時報》報導，援引龍華區 G16 棟研發部員工說法，龍華廠區 35 萬人共 11 個事業群，只留下 2 個利潤高的「事業群」（主要是蘋果公司接單的數位產品事業群與公司的周邊事業群），而擁有 10 萬員工的觀瀾廠區會撤銷，跟龍華廠區合併。其中，被外界視為史上最大遷徙規模的富士康深圳廠內遷行動，於 2010 年 7 月啟動，歷時半年完成，深圳生產基地員工從 45 萬人銳減至 10～15 萬人，三分之二的生產線隨之遷徙。㉙

2. 郭台銘證實

《廣州日報》報導，富士康內部人士透露，郭台銘 2010 年 7 月 5 日晚間現身龍華廠員工餐廳，他一改以前的嚴肅面孔，像一位慈祥的老人，溫情但不失威嚴地告訴員工，富士康的內遷（原文為外遷）是一個重要的策略舉措，公司對內遷的員工每個月還有額外的補貼；這是郭台銘首次鬆口說要遷廠。㉚

3. 蘋果公司採包廠方式

惠普是鴻海最大客戶，占營收三成，蘋果公司是第二大客戶，前四大客戶（另為索尼、戴爾）大都採取包廠方式，以避免其他公司現場視察時順便看到機密。

由表 2.10 可見，從客戶角度來看富士康工廠的佈局。2010 年年底富士康從事蘋果公司產品線的員工 30 萬人，2011 年增加至 40 萬人，比緯創、廣達、仁寶合計的 13 萬人，及偉創力與傑普（Jabil）合計的 20 萬人還要多。㉛

表 2.10　蘋果公司對富士康的貢獻

年	2009	2010	2011
一、來自蘋果公司營收（兆元）	0.3	0.63	1.2～1.3
1. iPhone（萬支）	2000	5000	8000～10000
2. iPad（萬台）	—	—	4000
二、包廠員工（萬人）	12	25	40
三、工廠	深圳	深圳為主	鄭州、成都

4.胡國輝的說法

2011 年 3 月 4 日，富士康集團通路事業群董事長胡國輝表示，在未來相當長的一段期間內，深圳大概還是富士康規模最大的廠區，但公司最終目標是把所有大量生產的產線移至其他廠區。深圳廠空出的空間將升級成「工程園區」，專門進行試產，深圳廠員工數量最終會減少到 30 萬人以下。[32]

三、廠址的選擇

由表 2.11 可見，除了河南省鄭州市以外，其餘地方都是早年的佈局。此外，有些還含渾不清的，例如天津廠的前景。

表 2.11　富士康第四波佈局的重點

單位：萬人

3C	客戶	工廠	產品	2014 年員工人數
一、第 1C：個人電腦		遼寧省秦皇島市	主機板（PCB）	5～10
		四川省成都市*	1.平板電腦（iPad 2）、電視機上盒。iPad 2013 年產能目標 4,000 億萬台。	10～15
	惠普	重慶市*	筆電組裝、電腦螢幕	15
	蘋果公司	深圳市龍華鎮	筆電等組裝	10～15
		山西省太原市	平板電腦 iPad 組裝	
二、第 2C： (一)手機	諾基亞	（天津、北京市）		
	摩托羅拉；另一說是華為、中興和大陸白牌手機公司，再加上三星電子、索尼愛立信。	河北省廊坊市富士康國際的手機七成在北京、天津、廊坊生產	2007 年時，已從事手機與手機配件，2010 年產值人民幣 100 億元，是河北省最大外資企業。	5～10
		廣西壯族自治區省會南寧市	2011 年 6 月 18 日，南寧科技園區一期工程開工，主要生產智慧型手機，投產的預估年產值人民幣 300 億元。	
	蘋果公司	河南省鄭州市*	1.生產蘋果公司手機。 2.預料作為萬馬奔騰計畫的生產基地。	18

表 2.11 〔續〕

3C	客戶	工廠	產品	2014 年員工人數
(二)通訊		四川省綿陽市* 湖南省長沙市、衡陽市*	手機 三網融合產品	
三、第 3C：消費電子		廣東省佛山市：2006 年底合併普立爾而得。	電子零組件和光機電	10
(一)數位相機	富士康是數位相機第二代工公司，第一大是佳能，客戶以日本公司為主。	湖北省武漢市：2006 年底，合併普立爾而取得，2008 年把光機電事業群搬來。	1. 光機電與軟體，主要是數位相機，其次是投影機。 2. 桌上型電腦組裝廠，目標產能 6,800 萬台，2011 年 4 月起逐步投產，武漢很適合作內銷：因地處大陸中央。	10
		山西省晉城市2006 年起開發	光電	10
(二)遊戲機組裝	索尼電腦娛樂公司（SCE）、戴爾	山東省煙台市，2005～2010 年。作桌上型電腦組裝，2011 年以後專作主機板。	2004 年開發，作主機板、筆電與遊戲機組裝，其中筆電移到武漢市生產。	5～10
(三)電子書		廣西南寧市，2011 年起投資人民幣10 億元。	1. 電子書 2. 網通產品	4. 2015 年預計產值人民幣300 億元

*代表 2010～2011 年的第四波佈局園址。

　　很多報刊有富士康大陸 20 個園區的整理表，那是以地區為分類方式，表 2.11 是以產品、客戶為方式來分類，且偏重第四波佈局的產線重新配置。

(一)報派

　　富士康在天津設有兩個廠區：生產手機電池的舊廠，以及在天津經濟技術開發區生產手機外殼的新廠。新廠北面在進行整地工程，據新廠的員工表示，有深圳廠要搬遷到天津的消息，位置就在新廠的北面，跟新廠結合起來成為另一個大型生產基地。可能是把原本設在深圳的惠普伺服器研發部，北遷到天

津。而且 2010 年 5 月時，天津濱海新區書記何立峰曾接見了惠普伺服器事業群全球副總裁傑克‧法博，以及富士康伺服器業務副總經理傅富明等人所組成的考察團。[33]

(二)程天縱的說法

爭奪富士康設廠已經成為各地政府的重要課題，2010 年 2 月 8 日，《中國企業家網》報導，富士康副總裁程天縱表示，富士康考慮搬遷已經幾年時間，幾年內關於落戶地不斷變化，這跟當地政策環境、領導人思路都有關係，當然搬遷一定要符合幾大要素，離原材料近、離市場近、離技術近、離生產力近。

富士康員工從四川、河南、湖北、湖南來得特別多，富士康就到那邊去投資，希望他們能夠回去，至少有家鄉親人的溫暖，講話鄉音也都一樣。[34]

四、2010 年 7 月起，半年內搬完廠

從 2010 年 7 月開始，富士康陸續把生產線（設備與員工）由沿海城市向內陸遷移。童文欣指出，2010 年底前完成大部分產能北遷計畫。

據富士康員工透露，有關這次遷廠，部分員工在 2010 年 2 月就接獲通知，選擇隨公司遷移的員工有專人運送私人物品外，富士康也會安排專車把員工送到預定地點。[35]

五、2013 年，100 萬部機器人

由於 2016 年，大陸將出現全面缺工荒（即路易斯轉折點），2011 年 6 月 29 日，郭台銘宣佈 2012～2014 年三年內，將增加 100 萬台機器人以取代低階人工。[36]

註　釋

①經濟日報，2010 年 9 月 8 日，A3 版，曾仁凱；與工商時報，2010 年 9 月 8 日，A3 版，鄭淑芳。

②整理自經濟日報，2010 年 9 月 16 日，A2 版，社論。

③旺報，2010 年 8 月 6 日，A10 版，宋秉忠。

④天下雜誌，2009 年 5 月 6 日，第 102～104 頁。

⑤旺報，2010 年 9 月 3 日，A5 版，韓化宇。與非凡新聞周刊，2010 年 7 月 11 日，第 33 頁。

⑥中國時報，2010 年 9 月 9 日，A3 版，朱建陵。

⑦延伸閱讀〔5〕，第 60 頁。

⑧旺報，2010 年 7 月 6 日，A7 版，廖珪如。

⑨旺報，2010 年 9 月 18 日，A7 版，師瑞德。

⑩經濟日報，2010 年 6 月 14 日，A7 版，佘研寧。

⑪今周刊，2009 年 4 月 27 日，第 106 頁。

⑫工商時報，2010 年 2 月 13 日，A3 版，黃智銘。

⑬工商時報，2010 年 8 月 19 日，A3 版，鄭淑芳。

⑭旺報，2010 年 9 月 3 日，A5 版，韓化宇。

⑮旺報，2011 年 2 月 16 日，A12 版，蒼弘慈。

⑯旺報，2010 年 12 月 31 日，A5 版，邱詩文。

⑰工商時報，2010 年 6 月 5 日，A2 版，林殿唯。

⑱經濟日報，2010 年 9 月 6 日，A3，劉煥彥。

⑲延伸閱讀〔5〕，第 56、58、60 頁。

⑳經濟日報，2011 年 3 月 31 日，A3 版，黃品琳。

㉑經濟日報，2011 年 4 月 2 日，A21 版，邱詩文。

㉒工商時報，2010 年 8 月 19 日，A13 版，鄭淑芳。

㉓工商時報，2010 年 8 月 19 日，A3 版，鄭淑芳。

㉔經濟日報，2010 年 7 月 2 日，C4 版，李立達。

㉕工商時報，2010 年 9 月 8 日，A3 版，鄭淑芳。

㉖旺報，2010 年 8 月 22 日，C2 版，王克敬。

㉗旺報，2010 年 8 月 6 日，A10 版，宋秉忠。

㉘整理自旺報，2010 年 8 月 22 日，C3 版，王克敬。

㉙旺報，2010 年 4 月 7 日，B8 版，鄭惠元。

㉚工商時報，2008 年 6 月 24 日，A3 版，黃智銘；與非凡新聞周刊，2010 年 9 月 12 日，第 43 頁。

㉛工商時報，2010 年 6 月 12 日，A8 版，李書良、劉馥瑜。

㉜經濟日報，2011 年 3 月 5 日，A11 版，吳父鄉。

㉝經濟日報，2010 年 7 月 8 日，A14 版，林茂仁。

㉞經濟日報，2010 年 12 月 9 日，A17 版，林茂仁。

㉟工商時報，2010 年 7 月 13 日，A1 版，張志榮。

㊱工商時報，2011 年 8 月 17 日，A12 版，林殿唯。

延伸閱讀

1. 宋秉忠，「再見中國，另闢藍海越南」，遠見雜誌，2005 年 1 月，第 108～208 頁。

2. 江逸之，「昆山，台商造鎮奇蹟」，遠見雜誌，2005 年 12 月，第 220～221 頁。

3. 江逸之，「台灣，反被昆山威脅」，遠見雜誌，2005 年 12 月，第 206～218 頁。

4. 伍忠賢，億到兆的管理——鴻海 7M 鐵則，五南圖書出版公司，2008 年 1 月，第五章工廠佈局 Part II。

5. 林易萱、林宏達，「郭台銘：高薪代工業是破壞式創新」，商業周刊，2010 年 6 月，1177 期，第 55～60 頁。

6. 賴筱凡，「台廠下一個火車頭正在重慶成形」，今周刊，2010 年 6 月 21 日，第 52～58 頁。

7. 黃佳琳、江睿智，「13 分之一富作用」，非凡新聞周刊，2010 年 7 月 4 日，第 76～85 頁。

8. 黃佳琳，「新一代民工意識崛起，挑工廠爭加薪不再傻做」，非凡新聞周刊，2010 年 7 月 4 日，第 88～91 頁。

9. 楊紹華，「跨海苦戰 100 天紀實」，今周刊，2010 年 9 月 20 日，第 100～112 頁。

10. 江逸之，「十二五商機台灣只吃碎屑？」，天下雙週刊，2010 年 9 月，114～117 頁。

討論問題

1. 2010 年 6 月 1、6 日，郭台銘兩次宣佈調薪還有哪些原因？效果如何？

2. 越南設廠、無人工廠（或生產自動化）能改善「深圳廠獨大」情況多少？

3. 富士康 2011 年員工數 130 萬人、2014 年 150 萬人，是否真的會達到？

4. 富士康真的會把深圳龍華廠賣掉一部分，以賺「土地財」嗎？

5. 請做表整理大陸對富士康員工宿舍管理的批評與富士康改善之道。

富士康在大陸第四波佈局專論
——以重慶市、鄭州市為例

未來「黃金十年（2011～2020 年），贏在大陸」，其做法包括，培養大陸幹部，開發大陸客戶。華為、中興、海爾等大陸知名品牌公司，也早已進入富士康的客戶名單，成為富士康的轉型動力。

——郭台銘

旺報，2010 年 7 月 5 日，A6 版

依棋譜下子

觀賞棋士下棋，看似隨機，其實不管西洋棋或圍棋，至少有十萬套棋譜，唯有熟悉棋子，才能迅速落子。同樣的，富士康在大陸第四波佈局，看似處處插花，但如果抱著「兩個就可以作表，三個就可以分類」的歸納治學原則，會亂中有序地發現表 3.1 的結果。

限於篇幅，表中在廣西壯族自治區省會南寧市設廠一事只好略過。

表 3.1　富士康在大陸第四波佈局

區域	西部		中部		南部	
	重慶市	四川省 成都市	湖北省 武漢市	河南省 鄭州市	湖南省 長沙市	廣西 南寧市
時間	2009 年 8 月	2010 年 5 月	2007 年 4 月，但 2011 年，擴大	2010 年 7 月 5 日	2010 年	2011 年 1 月
商機	配合惠普，以陸運至歐洲	大陸三網融合，所以主要是奇美電來此。	戴爾等的桌上型電腦生產。	蘋果公司之美國市場，其次是大陸市場。	可能是大陸市場。	2010 年元旦起，「東協十加一」，即：
交通建設	2011 年 3 月，通車的「重慶歐亞」國際鐵路。	2012 年完工的成渝高鐵。	2009 年 12 月完工的武廣（武漢廣州）高鐵。	1.美國市場 2.大陸市場 大陸四橫四縱的高鐵		透過火車等，運經越南（加工），賣到東協十國。

3.1　西部佈局——重慶為主，成都為輔

富士康在大陸西部的佈局，是「識時務為俊傑」的作法，「時務」是指大陸國務院的大西部政策與重慶市打造「大陸矽谷、竹科」的措施。了解大環境後，第二節再來說明富士康在重慶市和四川省成都市設廠，就知道來龍去脈了。

一、國務院：大西部政策

大陸東西部發展不平衡向來是國務院的一大難題，西部大開發策略從 1999 年首度被提出，涵蓋範圍涉及重慶市、四川、貴州、雲南、西藏、陝西、甘肅、青海、寧夏、新疆、內蒙古、廣西等 12 個省市。

2010 年 7 月 5、6 日，大陸國務院召開西部大開發工作會議，宣佈首年（2011 年）斥資人民幣 6,822 億元（是 2000〜2009 年投資額的 33%）於基礎設施打造「西部新十年計畫」，國家主席胡錦濤在會議上表示「要讓西部地區綜合經濟實力一個大台階」。

　　這項新增擴大投資計畫，是繼 2008 年底大陸為了因應金融危機提出人民幣 4 兆元（其中最有名的是家電下鄉政策）公共投資之後，規模最大的一項經濟刺激方案。

　　此計畫是新一輪的西部發展策略，要大力發展農牧業、現代工業和服務業等西部優勢產業，使資源優勢轉變為經濟優勢；並在 2011～2020 年，建成國家能源基地、資源深加工基地、裝備製造業基地和策略性新興產業基地等四大基地。

　　國務院總理溫家寶在會議中提出具體的西部扶持措施，包括對西部屬於國家鼓勵類產業的企業，所得稅減至 15%；對煤炭、原油、天然氣等資源稅由從量徵收改為從價徵收，率先在西部地區貫徹資源稅改革。[①]

二、重慶市政府的如意算盤

　　2007 年，薄熙來接掌重慶市委書記，他發現重慶只發展商業並不夠，也不能充分利用重慶的產業優勢，重慶必須引進製造業。2007～2008 年主打汽機車製造業（註：2015 年目標汽車產量 200 萬輛），2009 年起主打資通業。以 2010 年 10 月，黃奇帆宣佈的「十二五」期間完成工業投資人民幣 1.5 兆元的目標來說，資通訊產業占人民幣 8,000 億元。

　　重慶市市長（2000～2009 年任副市長）黃奇帆說，重慶市政府選擇資通訊產業為發展重點，是因在所有電子產業中，資通訊產業是「皇冠上的明珠」，重慶市希望能發展成大陸最大的筆電和通訊設備生產基地。

　　黃奇帆表示，2000 年時，重慶電子資訊產業的產值僅占大陸的千分之一。2010 年時，大陸筆電產能約 9,000 萬台，產業鏈產值人民幣 5,000 億元，主要集中在長江三角洲的台商，最大的筆電基地在昆山，年產量約 4,000 萬台。黃奇帆估計，2011 年重慶筆電產量 3,000 萬台，2012 年 6,000 萬台；2015 年達到 1 億台，產值逾人民幣兆元，電子資訊產業占重慶生產毛額的比重將達 30～40%，重慶筆電產量將占全球三分之一。[②]

> **重慶市小檔案**
>
> 土地：82,403 平方公里
> 人口：‧總人口　3,100 萬人
> 　　　‧主城區　　830 萬人
> 市委書記：薄熙來
> 市長：黃奇帆
> 地位：1997 年，成為大陸第四個直轄市，西部中心城市、
> 　　　大陸內陸最大的金融中心、全球最大的筆電製造基
> 　　　地、城鄉一體化試驗點，國家電訊網數據基地、大陸
> 　　　的雲端技術試驗區等。

(一)天時：供貨速度的考量

從重慶產品進軍歐洲，有 3 條路可供選擇。

1. 第 1 條：從重慶坐火車到深圳鹽田港，再轉海運到歐洲，需時 27 天；

2. 空運：重慶開通的歐美直航貨運航班，每天都有航班，搭飛機到比利
   時機場，時間為 1 天。

3. 經歐亞國際鐵路，需時 13 天，2011 年 3 月份進行全線測試，年中開通
   後，重慶搖身一變成為大陸出口歐洲市場的灘頭堡。

(二)人和部分

有專家指出，內陸地區的物流成本比沿海高許多，最重要的是，內陸部分
地區缺乏法治、誠信的市場環境，常讓投資者卻步；甚至有些地方官把投資者
當成「待宰羔羊」來敲詐剝皮，這些都是企業往內陸遷廠所要面臨的風險。[3]

2007 年，薄熙來由商務部長調任重慶市委書記（註：大陸以黨領政，以
公司舉例，書記像董事長，市長像總經理），重慶市政府積極提倡「唱紅打
黑」政策，「紅」指追求紅色國內生產毛額，「黑」指打擊黑勢力，致力為企
業創造良好環境，獲得了許多外資企業高度肯定。

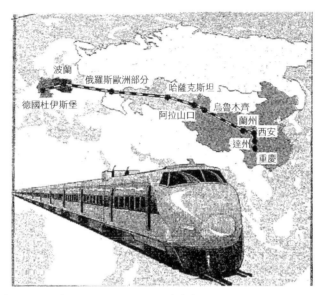

資料來源：工商時報，2011 年 1 月 30 日，B1 版，李書良。

圖 3.1　重慶歐亞國際鐵路

> **小檔案**
> **重慶歐亞國際鐵路**
>
> **起迄：**
> 起點重慶，經陝西安康、西安；甘肅蘭州；新疆烏魯木齊；
> 向西過北疆鐵路到達大陸邊境阿拉山口；進入哈薩克斯坦，
> 再轉俄羅斯、白俄羅斯、波蘭；至德國的杜伊斯堡。
>
> **距離：**
> 全程 11,179 公里，單趟運送時間 13 日。

(三)複製昆山

　　有一說，江蘇省昆山市複製台灣的新竹科學園區，昆山的經驗一再被複製，包括上海市。有昆山市經驗，重慶市要打造優質投資環境就比較容易「站在巨人肩上，看得比巨人遠」。由表 3.2 可見，大陸國務院、重慶市針對招商時，企業關心焦點都有詳細的作法。

表 3.2　重慶市塑造西部版「昆山」、「深圳」的政策措施

	說明	
一、租稅優惠	**大陸西部大開發優惠政策**	
	政策期間	2001～2010 年
	起源	大陸財政部、國家稅務總局和海關總署聯合發佈西部大開發優惠政策
	適用地區	重慶市、四川省、貴州省、雲南省、陝西省等
	稅收優惠政策	符合國家鼓勵類的內外資企業，按 15% 優惠稅率徵收、在投資總額內進口自動設備免徵關稅
	現行狀況	2008 年實施新企稅法後，西部大開發政策繼續執行

加工出口區層級	稅率	說明
(一)國家級開發新區：兩江新區，內有寸灘保稅港區	10～15%	重慶市為吸引高新技術產業投資，在高新區提出更具吸引力的投資優惠，只要是新成立的高新技術企業，在投產年度起兩年內免徵所得稅，出口產量達到當年產值 60% 以上，可按 10% 繳公司所得稅。 2010 年 6 月 19 日，國務院甚至通過重慶核心地帶的 1200 平方公里區域為「兩江新區」，這是上海浦東新區、天津的濱海新區之後，大陸第三個國家級新區。 2009 年 12 月，惠普率先前往重慶市兩江寸灘保稅港區註冊，成立了生產出口採購公司和結算公司，是該保稅港區內第一家外資企業，註冊金額 2,000 萬美元，累計惠普投資金額 6,000 萬美元。 惠普在保稅港區內進行採購、生產、銷售、結算等營業項目，包括自產或為第 3 方代工生產筆電、直接或經由經銷商把筆電出口到全球市場，以及筆電產品的採購、貿易、分撥、配送等業務。惠普電腦產品在大陸和海外市場的銷售與貿易活動，也要以重慶市作為結算中心，進行本外幣匯款交易結算。 2010 年宏碁也進駐。
(二)直轄市、省級保稅港區：西永微園區	15%	西永微電園內的西永保稅港區是大陸內陸唯一的保稅港區，2010 年 2 月揭牌成立，在保稅港區內相當於自由貿易，可以享受免徵進口關稅、增值稅與消費稅。台商約十餘家，包括富士康、英業達等，茂德 2011 年投資 10 億美元、帶著重慶第一座 8 吋晶圓廠進入，並帶動聯電旗下 IC 設計公司矽統進駐。茂德廠於 5 月出售給大陸中航航空電子系統公司。
一、金流		在打造「內陸香港」的目標下，重慶市積極引進外資銀行各項金融業務，繼荷蘭銀行、滙豐銀行、東亞銀行等外商銀行進駐重慶市後，花旗銀行的重慶分行在 2009 年 12 月中揭幕，成為當地第 8 家外資銀行。[4]
二、物流		物流以運費為主，其次是運輸時間。簡單地說，走陸運（火車）由重慶市到歐洲，比由深圳市走海運到歐洲要快 13 天，只是火車運輸較海運略貴。

表 3.2 （續）

	說明
(一)時間	2010 年 5 月底重慶市政府公佈「鐵海聯運國際貿易大通道」，這個大通道是由貨櫃（大陸稱為集裝箱）中心站、鐵路運輸線、國內港口、國際海運航線和國外港口等 5 大部分組成，其起點從重慶匯集到貨櫃中心站。 1. 出口角度：由重慶市走鐵路到深圳市鹽田港到歐洲的時間為 27 天，比上海市的商品運送到歐洲少兩天。 2. 內銷角度：以內銷角度來看，重慶市可往西南、西北幾省，交通位置很棒。
(二)路運 　1. 高速 　　公路	從保稅港區到長江旁兩路寸灘港，修建一條全封閉的高速公路，只供物流運送。另一條是到機場。
2. 鐵路	蓋鐵路總站。 上述(一)中的鐵路網計畫，2010 年 11 月，湖北省宜昌市到重慶市萬州的宜萬鐵路通車，貨運時間由 20 小時減至 8 小時，印刷電路板、電池、金屬件可以從武漢市運到重慶市。因此，重慶市的供應鏈不必很完整。
(三)江運與 　空運	1. 長江江港：兩路寸灘港是貨櫃港。 2. 機場：重慶市江北國際機場 　重慶能為惠普電腦把機場跑道加長，顯示市政府對招商的重視。
三、勞工	大陸《最低工資規定》，最低工資標準每兩年至少由地方政府調整一次，但許多地區已很久沒有上調最低工資標準。
(一)價	自 2010 年 2 月 1 日江蘇省率先上調最低工資，27 省市平均漲幅 20% 以上，以深圳市最低工資人民幣 1120 元為最高、時薪制以北京市的人民幣 11 元最高、海南最低工資平均漲幅達 37%，名列大陸之首。[⑤] 由下表可見，簡單地說，重慶市的最低工資是沿海地帶的六成。

各省市「一類地區」最低工資　　　　　單位：人民幣

地區	2008 年	2010 年	2011 年
上海市	960	1120	1280
深圳市	960	1100	1320
浙江省	960	1100	1310
廣東省	860	1030	1300
北京市	800	960	1160
福建省	750	900	1100
湖北省	700	900	—
山西省	720	850	980
重慶市	680	680	870
四川省	650	650	—

(二)量	重慶市人口 3,100 萬人，供應力有點吃緊。

表 3.2　（續）

	說明
(三)質	至於技術人才，成都市與西安市都是西部地區高度發展的高等教育中心。
(四)鳥巢： 造鎮	黃奇帆認為，深圳龍華富士康 40 萬人 2011 年肯定變成 20 萬人，反正深圳沒有土地，重慶市可拉出 10 平方公里，來容納 20 萬人。這 10 平方公里既是廠房，又有 4、5 平方公里的宿舍區，在「宜居重慶」、「森林重慶」等社區，「人間天堂就出來了，員工就不會墜樓。」郭台銘晚上就可以安安穩穩地睡覺了。
	重慶市委常委兼兩江新區管委會主任翁杰明向海基會董事長江丙坤做簡報時表示，兩岸經濟合作架構（ECFA，2010 年 6 月簽訂）時代，重慶市有很大優勢，包括工資比沿海低，且重慶市政府蓋了 900 萬坪工租房，以市價六成價格租給工人。
	翁杰明表示，以富士康為例，重慶市跟深圳廠區的管理方式不同，重慶市的工人住的都是公租房，感覺就像一個社區，心態跟感覺都會好很多。
	重慶市對富士康肯定、歡迎，兩江新區管委會副主任受訪時說，「富士康在學校、醫院等社會方面的承擔付出很多，是很負責的公司，重慶市引進富士康是正確的。」[6]
	本書註：以武漢市高新區提出吸引富士康設廠的「一攬子」方案中，還包括商場、菜場、醫院、學校等設施。[7]

(四)解決勞工供應問題

重慶市 2010 年 8 月開始試點推動戶籍制度改革，半年內已吸引 165 萬名農民工「落戶重慶」，成為各地頻現「民工荒」下少數不缺工的城市，從而吸引包括台商在內眾多外商前往投資。

黃奇帆表示，重慶吸引農民工主要措施就兩條：一、凡是在重慶工作三至五年的農民工，重慶就給他戶籍，讓農民工的養老、醫療、住房、醫療、就業和子女就學等基本權益能跟城市居民一致。其次是不管有無城市戶籍，凡進城的農民工，一律提供「公租房」，解決農民工在城市住的問題。[8]

(五)政府蓋廠出租給公司

上海市為了吸引台積電去設廠，使出「蓋廠出租」方式，重慶市也如法炮製，基於公司在重慶市建廠經驗不足及資金與人力需求與緊迫，重慶市提供

「廠房代建」,許多台商採此方式,只有新普堅持自己蓋廠。

(六)打造大陸矽谷和竹科

重慶市政府的策略雄心還不只是再造一個筆電代工的「昆山」,根據西永微電子園區(或稱西永綜合保稅區,簡稱西永)管委會的說法,他們要打造的是美國矽谷和台灣新竹科學園。

矽谷旁有史丹福大學、竹科旁有清華大學和交通大學,因此,重慶從2004 年開始在西永微電園區旁打造面積 33 平方公里的大學,在 2015 年以前遷入 25 萬名師生、再加上住戶,人口數 60 萬人。2011 年已有 14 所大學的20 萬名師生、住戶 15 萬名。

把大學城建在西永微電子園區旁,不但可以提供產學結合的機會,而且可以形成生活區,有助留才。西永已逐漸成為重慶 5 大商圈外的第 6 大商圈。

西永未來有大批台幹進駐(2011 年全重慶才 4 千名台灣人),因此非常有可能成為重慶市甚至西南最大的「小台北」。

由一群中小製造業集資成立的旭陽地產看到未來「小台北」的潛在商機,跟西永所在的沙坪壩區政府合作在當地打造重慶第一個「台北城」。

三、筆電供應鏈佈局

2010 年重慶市完成「2 + 6 + 200」(註:2011 年擴大為「5 + 6 + 700」)的筆電產業群佈局,詳見表 3.3,成功吸引台灣資訊公司西進是關鍵因素。黃奇帆表示,2008~2010 年沒去過美國或歐洲,但台灣就去了三次。他說,「出訪老訪台灣,反映(台渝)兩地交往熱烈」。

2007 年時,重慶市台商投資金額在大陸 31 個省市中排名第 20 位,2009年進步到第八名,2010 來到第四位。

尤其廣達等六大筆電代工公司,過去在大陸散佈沿海不同省市,如今齊聚重慶。黃奇帆說,「這也是很希罕的現象。」[9]

表 3.3　重慶市 2010 年的「5＋6＋700」筆電供應鏈佈局

零組件供貨公司 700 ←	代工公司 6 ←	品牌公司 5
700 家零組件供貨公司例如：電池模組的新普	(一)設計代工　廣達　仁寶（成都）　緯創　和碩　英業達　(二)電子代工　富士康	惠普　宏碁　華碩　思科

(一)頭過身就過

1. 包銷與運費補助

筆電品牌競爭激烈，價格競爭也到前所未有的激烈程度，平均單價（ASP）從 2005 年的 1,470 美元，到 2010 年已大幅下降至 680 美元。成本成為各家公司重要課題。

大陸官方為吸引筆電公司西進，祭出的優惠條件讓業者大呼真的很吸引人，其中之一是包銷補助，也就是當地生產的筆電，官方可以透過編列預算，或是透過零售公司，協助業者銷售。

在運費上，大陸官方也提出補助條款，例如由西部基地出貨的產品，要是運費成本高於華東，官方可以透過經費補出額外多出的運輸成本。

品牌公司為了避免華東各省市政府跳腳，也避免浪費現有資源，未來新增出來的訂單才會移轉至大西部基地生產。研究機構預估，2013 年全球筆電市場規模突破 3 億台，比 2010 年 1.9 億台大幅成長 5 成，由西部基地生產的筆電有機會突破億台。[10]

2. 惠普當領頭羊

黃奇帆看準電腦代工公司容易跟著客戶走，他第一招是請來筆電龍頭惠普。2008 年時任常務副市長黃奇帆赴美遊說，惠普決定落腳重慶市中梁山以西的「西永微電子園區」。

為了滿足惠普產品外銷的需要，重慶機場把新建的南北倉庫調整。其中

之一在 2010 年 9 月 19 日，惠普專用物流倉庫的啟用，配備專用的停車卸貨場、海關監管卡口、出港貨運區等設施。從電腦下線到飛機啟航，整個時間不超過 4 個小時。

貨物走空運到歐美只需要 12 個小時，主要服務的是那些對到貨時間要求較短的歐美顧客。2010 年空運量 240 萬台筆電。

到 2012 年，惠普為重慶機場帶來 10 萬餘噸的國際貨運量，平均每天貨運量 350 噸，需要 4 架波音 747-400 全貨機運往歐美、亞太地區等全球 30 多個電子產品分撥點。

預估 2015 年，惠普及相關配套企業，為重慶機場提供一年30～40萬噸的國際貨運量。[11]

3. 輸人不輸陣

惠普點頭後，同業紛紛跟進，詳見表 3.4。

表 3.4　全球五大筆電公司成渝布局

單位：萬台

品牌	惠普	宏碁	戴爾	聯想	華碩
2010 年全球銷量*	3,862	3,225	2.348	1,960	1,689
2011 年全球銷量（F）*	4,231	3,480	3,480	2,530	2,012
西進地點	重慶	重慶	成都	成都	重慶
主要代工公司	廣達、富士康、英業達	仁寶、緯創	仁寶、緯創、富士康	仁寶、緯創	和碩、廣達

*資料來源：拓墣產業研究所，2011.6

(二)代工公司跟著客戶走

2009 年 2 月黃奇帆到台灣，一一拜訪鴻海、廣達與英業達，拉攏台商的心；黃奇帆身邊人士流傳的一則小故事，2009 年 2 月黃奇帆到新北市土城區鴻海公司參訪時，跟郭台銘見面第一句話是，「我是給你送訂單來的。」

黃奇帆說：「惠普給了 3,600 萬台筆電訂單，其中有富士康、英業達、廣

達幾家代工公司,但是他們並不只生產惠普的訂單,還生產其他品牌的電腦或自有品牌的電腦,因此還會帶進另外 2,000 萬台筆電。」光是這 5,000 萬多台筆電產量,就足以讓重慶市坐上大陸筆電製造基地的龍頭。⑫

2009 年 8 月 4 日,惠普、富士康簽約後,惠普另二家代工公司也跟著簽約了,詳見表 3.5。

2010 年 5 月底,第 13 屆重慶國際投資暨全球採購會(簡稱渝洽會)閉幕,共簽下 258 個項目,總投資金額人民幣 2,770 億元。渝洽會就是重慶的招商大會,除了台商以外,更多的浙商、溫州商人、上海商人聚攏在重慶。

郭台銘到達渝洽會,30 多家鴻海的配套公司跟著來。

2010 年 6 月,為了吸引更多的中小型配套公司進駐重慶,黃奇帆在 2010 年 6 月率領各科技園區負責人,來台考察、洽談。

表 3.5　筆電中下游公司進駐西永微園區概況

年 企業	2009 年 8 月 4 日 富士康	2009 年 12 月 英業達	2010 年 1 月 廣達	2010 年　月 新普科技
·投資額(億美元)	10 以上	8	10	0.9
·投資內容	筆電、通訊、節能環保、汽車電子、消費電子等研發製造	電子計算機、手機終端設備、網路終端等研發製造	筆電、雲計算設備、智能輸入設備等研發製造	筆電鋰電池與相關零組件等生產銷售
·年產值(億美元)	100 以上	100	200	2,000 萬個電池
·員 工 數(萬人)	10	4.5	10	─
·廠 房 面 積(畝)	2,700	1,500	2,250	200
·投產進度	租借廠房已投產,一期廠房 2010 年底完工、2011 年投產	2010 年底第一期投產,年產能 600~800 萬台,是大陸第二生產基地	2010 年底投產,是廣達第三(上海、昆山)生產基地	2011 年 8 月投產

資料來源:西永微保稅港區

(三)零組件公司跟著跑

重慶市採取拉粽子頭方式，組裝公司願意動了，上中游公司就可能跟著一起動，台灣有些公司董事長稱此為「打群架」。根據資策會估算，筆電年出貨要達 4,000 萬台以上，經濟規模才足以吸引零組件公司西進。2011 年 5 月，重慶市經信委主任沐華平預估產量 3,000 萬台、2012 年產能 1 億台。

重慶市的如意算盤是到 2015 年，零組件自給率九成，即引進 200 多家配套公司。[13]

四、思科也來了

2009 年 9 月，重慶市政府跟思科公司（Cisco Systems）簽署意向書，思科在重慶市投建一個年產值人民幣 100 億元的通訊產業基地，思科因此獲得重慶建設智慧城市的巨額訂單。

2010 年 4 月 29 日，全球知名的網路解決方案公司美國思科跟重慶市政府簽署協議。思科會跟代工公司等在重慶市合作，生產通訊設備，供應當地及全球市場。思科主要的通訊產品包括路由器（Router，又稱路徑器或寬頻分享器）、交換機等網路設備。

黃奇帆表示，思科項目對於重慶的重要性可跟 2009 年 8 月的惠普筆電項目等量齊觀，二者落戶重慶，將使重慶市成為大陸內地最重要資通產品製造基地。

思科跟重慶市的合作內容還包括幫助重慶市打造「智能+互聯」城市，重慶市政府希望藉由思科，建立智慧化城市管理系統平台，以實現城市管理和公共服務系統數位化，並增加管理透明度，進而使重慶市成為大陸境內「智能+互聯」城市的先行者。

重慶市經濟與信息委員會副主任沐華平說，思科的代工公司（富士康和偉創力）中一家企業來重慶市投資 20 億美元建立製造基地，2011 年投產。[14]

3.2 富士康的重慶、成都與綿陽基地

　　視察重慶市與四川省會成都市，可說是郭台銘 2009～2010 年常上電視新聞的題材，主要是茲事體大，郭台銘來的頻率也較多。至於在綿陽市設廠，因資料有限，因此從略。

一、重慶生產基地

　　富士康重慶基地成為富士康大西部（主要有陝西、山西、四川省等）的總部，不只有工廠，還有 3C 專賣店（賽博數碼廣場）。

(一)一年第一期投產

　　由表 3.6 可見，富士康重慶基地第一期投產的歷程。

表 3.6　富士康重慶基地的興建過程

年月	活動
2009 年 8 月 4 日	在重慶市委書記薄熙來、郭台銘見證下，惠普全球執行副總裁陶德、富士康集團副總裁簡宜彬、重慶市常務副市長黃奇帆分別代表三方在協議上簽字。「惠普（重慶）筆電出口製造基地」和「富士康（重慶）產業基地」均建於西永微電子產業園，主要由台灣代工公司承接惠普訂單，生產外銷筆電。[15] 富士康的投資計畫如下。 ・投資 10 億美元設立年產 2,000 萬台筆電工廠，預估 2012 年全產能投產，年產值達人民幣 2,000 億元，員工 5 萬人。 ・預計引進電腦製造、軟體及服務外包、積體電路、資訊家電、新一代移動通信、太陽能及 LED、汽車電子、新型顯示器、醫療器械和動漫產業等十個產業，估計產值人民幣 1,000 億元，2011～2015 年投資 8 億美元。
2009 年 9 月 26 日	郭台銘主持重慶產業基地奠基開工典禮，薄熙來、市長王鴻舉、副市長黃奇帆等重慶一、二把手官員全部出席。郭台銘說，到重慶投資不是要借用當地勞力，而是看好當地高等教育人才充沛，要向重慶「借腦而不是借肩膀」。 郭台銘說，如果僅僅是做勞動密集型製造業的話，富士康可以把工廠搬到更遠、勞動力更廉價的地方，富士康到重慶市是借重慶人才的智慧，研發創新。 黃奇帆說，自 8 月 4 日簽約後，短短 50 天，零期生產基地（註：富士康向西永租的廠房）便開工，創下重大項目自簽約到開工用時最短的紀錄。這絕不是象徵性開工，這裡很快會有數棟廠房拔地而起，每棟可容納 3,000 名工人。[16]
2010 年 1 月 26 日	2010 年 1 月 26 日，郭台銘邀請大陸媒體記者赴重慶廠區，接受採訪時指出，重慶廠正在加快建設腳步，且加速零組件公司的進駐，將有八成的零組件在當地採購。[17]
2010 年 3 月	英業達帶來 60 多家配套公司來重慶。

表 3.6 （續）

年月	活動
2010 年 5 月 19 日	郭台銘到重慶來，為的就是富士康重慶廠區的投產典禮，郭台銘帶來了數十家公司跟西永微電子產業園管委會簽約。
2010 年 6 月	富士康重慶基地第一期投產，19 日，出貨。此時重慶廠只做簡單組裝，零組件都從沿海地區運來，跟富士康的墨西哥廠、波蘭廠的組裝廠一樣。富士康在西永 3,000 坪的實驗室與研發中心建成。
2010 年底	富士康把表面黏著（SMT，讓 DRAM 等黏到主機板上）機檯到位，代表長期經營的承諾。2011 年筆電組裝年產能 420 萬台。
2011 年 9 月	富士康重慶基地生產桌上型電腦的螢幕，目標產能 2014 年 1,000 萬台，並同時生產桌上型電腦。

(二)員工招募很緊張

2010 年 3 月，富士康重慶基地開始召募員工，但人數不足。業界傳出，由於重慶快速發展，全球企業相繼進駐，缺工問題日趨嚴重，已有公司陸續轉往附近的武漢市或是湖北省等地招募員工，武漢等城市也相繼出現缺工問題。

英業達集團會長葉國一表示，隨著英業達重慶基地的開工，員工數逐年將達到 4 萬人，其中 3,000 多名員工自上海基地調回重慶，其餘公開招募。

業界認為，三家筆電代工公司合計需要 8～10 萬名員工，以大陸地區的缺工問題，加上重慶地區日益緊張的人力資源情況來看，要能募到如此龐大的員工數，難度極高。[18]

重慶富士康預計招工 10 萬人，員工主要以重慶為主，少部分來自四川省和貴州省，每月工資約人民幣 1,000 元，加上補貼約人民幣 1,500 元。

(三)租給富士康的員工宿舍

2010 年富士康深圳生產基地一再發生員工墜樓事件，黃奇帆指出，以前大陸的國有企業對員工是「從出生到進火葬場都由企業管」。他形容，這種「社會和企業不分」的計畫經濟時代的國營事業管理方式，早該被摒棄。黃奇帆說，「怎麼能讓外資企業又管工廠裡的生產線、又管農民工的吃喝拉撒睡？」

重慶市政府主張，凡到重慶設廠的企業所雇用的農民工，「廠區內工廠管，出了廠門就由社會、區政府承擔」。

黃奇帆批示富士康在重慶的職工宿舍由政府來蓋設，2010～2015 年在鄰近富士康廠房的保稅港區外打造約 36 萬坪的「富康新城」，裡頭配套齊全，再租給富士康使用。

西永規劃處處長周黎明表示，富康新區內有醫院、小學、理髮店、商業街等，就像一個小城市，入住的員工約 20 分鐘可到達富士康廠房。

「不是加裝鐵絲網讓你摔不死，這裡是在鐵絲網外加蓋宿舍。」西永總經理鄧達舉表示，重慶希望改變上、下班都在富士康的方式，讓員工能進入城市、融入社會，有效改善工人高度緊張。

2010 年底有 6 萬坪可以投入使用，2011 年第一季就可以讓 2 萬人入住。[19]

二、成都生產基地

2010 年 5 月，奇美電決定在成都設廠，據悉主要是因為成都市提供比重慶市更佳的投資優惠，未來面板組裝將陸續移至此地方發展。設廠過程詳見表 3.7。

成都市因距離重慶市甚近（註：2012 年成渝高鐵完工），輸往歐洲市場交通便利，因此鎖定平板電腦及三網融合（詳見圖 3.2）的機上盒市場為主，據傳主要客戶以惠普和索尼為主。

據大陸媒體報導，2010 年 9 月 1 日召開的四川省深入實施西部大開發策略工作會議中，提出規劃建設「天府新區」的策略。四川省發展和改革委主任劉捷說，打造天府新區，對成都市加快發展十分必要，對四川省經濟發展也十分重要。

成都市市長葛紅林表示，2011～2020 年，成都市肩負著「兩率先、兩帶動、五個走在前頭」的重任，需要實現新突破、大跨越。

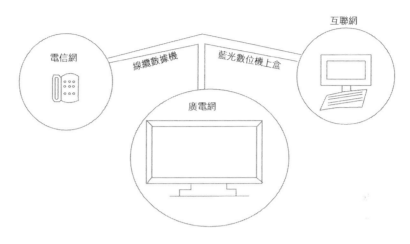

圖 3.2　三網融合

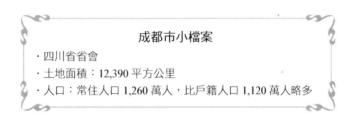

成都市小檔案

· 四川省省會
· 土地面積：12,390 平方公里
· 人口：常住人口 1,260 萬人，比戶籍人口 1,120 萬人略多

(一)三網融合

　　2010 年 7 月 1 日，大陸國務院敲定第一批三網融合（台灣稱為數位匯流）12 個試點城市（一線、二線城市），象徵大陸啟動三網融合的國家型計畫，預定 2010 至 2012 年把廣電和電信業務雙向進入試點，2013 至 2015 年全面啟動三網融合，相關網路、終端、資訊服務業的投資及採購商機潛力龐大。將拉動相關設備投資和消費人民幣 6,880 億元，受惠產業別：VDSL、FTTx 光纖、數位機上盒、網通晶片、零組件及終端設備供應鏈。

　　有此一說，富士康成都基地規劃 52 條 iPad 產線，年產能 4,000 萬台，佔 iPad 產能三分之二。

三網融合

目標：一線（例如光纖）入戶、三屏（電信網、廣播電視網、寬頻網路）合一

政府決策機構：大陸國務院三網融合協調小組

承辦單位之一：大陸廣電總局

試辦：2010 年 9 月底已有 12 個試點城市交出三網試點實施方案。

三網融合是各國致力發展的目標，一般來說，三網融合是指電信、廣播電視、互聯網的互聯互通與資源分享，讓民眾可以透過電話線甚至是移動通信網來傳播電視節目，網友也可以藉由有線電視系統上網，增加了用戶的選擇性。

具體樣式之一：網路電視（IPTV），可上網，也可看電視節目。

(二)撈到戴爾、聯想在成都佈局的好處

2010 年 9 月 16 日，2011 年在成都開設其大陸第二個主要營運中心（大陸稱為「運營」）。戴爾在 2010 年下半年，先拓展原有的廈門基地營運規模，展現其在大陸市場的企圖心。

在成都建立的營運中心，包括了生產、銷售和服務的全方位設施，員工總數 3,000 人，旨在為該公司在大陸西部地區的快速發展提供支援，大陸沿海發達地區的個人電腦市場已經趨於飽和，戴爾以西部地區作為未來重要市場。

表 3.7　富士康 2010 年在成都的佈局

月日	說明
5 月 26 日	富士康跟四川省政府簽訂策略合作協議，富士康向成都市政府承諾會投資 35 億美元設廠，也希望市政府投資 70 億美元，為富士康員工提供一個居住的地方。郭台銘強調，「這將是四川提供給『90 後』員工的一個新城市」。郭台銘宣佈，富士康加速西進設廠，強調「讓年輕員工能夠回家鄉工作，感受家的溫暖」。[20]
6 月 29 日	奇美電子公司群康科技（成都）成立，資本額 3,800 萬美元。公司法定代表人是曾建瑜，擔任奇美協理，原任職於鴻海材料實驗室及材料資源應用中心。據大陸媒體指出，富士康在成都的投資額目標為 50 億美元，液晶面板廠預定 6～9 個月內完成設廠，並進入投產，主力產品以 8.5 代液晶面板為主，初估新廠落成後，可吸納 10 萬人就業，為四川省和成都市最大的招商引資項目。[21]

表 3.7 （續）

月日	說明
7 月 1 日	展開首批招聘行動，預定招員萬人，根據徵人啟事中刊載，招聘的面板檢驗員和操作員工月薪人民幣 1,590 至 2,390 元（不含加班工資），有社保；每週工作 5 天，每天 8 小時。 薪資高於業界預期，破除外界批評富士康為了降低薪資內遷的傳言。這些員工先到深圳受訓六至九個月，然後再返回成都廠工作。成都市青羊區及武侯區的就業服務管理局都協助群康招募員工。
8 月中旬	奇美電啟動大陸深圳龍華廠的「分流」計畫，董事會通過八個大陸廠的增資計畫，金額 3.7 億美元，群康科技（成都）也是奇美電布局大陸的重點。
9 月 9 日	四川成都市長葛紅林造訪奇美電，參觀位於南科路竹科學園區的 8.5 代面板廠；奇美電總經理兼執行長段行建特地返台接待貴客。 業內人士解讀，葛紅林此行應是為爭取奇美電赴成都投資 8.5 代面板廠，親自來台固樁。這是繼友達決定 7.5 代廠落腳江蘇省昆山市後，奇美電相中成都建 8.5 代面板廠。[22]
10 月 10 日	宣佈投產，從建廠到投產只花了 76 天時間，約當 2 個月半，不單創下富士康全球建廠史上的奇蹟，也創下全球投產最快的速度。
10 月 22 日	富士康科技集團旗下的鴻富錦精密電子（成都）有限公司開業投產，首期投資 2.99 億美元，註冊資本 1 億美元，主要生產平板電腦。

(三)乘勝追擊

對於富士康成都的快速投產，鴻海集團董事長郭台銘一度以「成都速度就是鴻海的速度」予以盛讚。

富士康成都廠不單投產速度快，擴產速度也是一流，根據《每日經濟新聞》引述，郭台銘表示，由於富士康成都投產順利，所以 10 月 19 日擴大成都廠的投資規模（再增資 800 萬美元），2011 年，52 條生產線產能 iPad 4,000 萬台，2013 年目標年產量可以達至 1 億台規模，以便在 2015 年，把成都打造成富士康全球最重要基地之一的目標。[23]

三、綿陽生產基地

2011 年 4 月，報載富士康跟大陸家電（主要是彩色電視）長虹集團合作，在長虹公司所在地綿陽市設廠，生產長虹集團旗下國虹通訊的手機，年產能 5,000 萬支，2011 年 11 月投產。

3.3 中部佈局 I
——武漢、長沙與衡陽

富士康在兩湖的佈局，取其地利（緊鄰珠三角、長三角，且水運與路運方便）、人和（有充沛勞動力）。

一、湖北省武漢市

位居華中地區要衝的湖北省武漢市，坐擁四通八達的交通與銷售管道優勢，2009 年來，更逐步提高出口物流與海關通關效率，對於兼具出口與內銷需求的業者極具吸引力。

武漢市是六大鐵路樞紐之一，也是大陸高速鐵路的黃金交會點，由武漢乘高鐵到上海、北京、成都、西安、廣州，都可在 4 小時內抵達。武漢市位於長江與漢江匯流點，是大陸內河第一大港，年吞吐量 7,000 萬噸，2015 年建成長江中游最大的貨櫃運輸樞紐港。

(一)武廣高鐵　吸引富士康遷武漢

2004 年 12 月，大陸四橫四縱之一的四縱中的京廣高鐵南線武廣高鐵通車，從武漢市連結到廣東省廣州市的高速鐵路，一年內累計載運 2,058 萬人次。

武漢鐵路局黨委書記張友松指出，湖北跟廣東間距離上千公里，武廣高鐵把隔日到達的時空壓縮僅剩 3 小時，因此把武漢、長株潭跟珠三角城市圈串連一體。湖北省商務廳長周先旺指出，武廣高鐵大力助推鄂粵港區域經濟發展，促進珠三角經濟升級轉型，承接沿海產業轉移。[24]

(二)富士康武漢基地

富士康在武漢市經營很久，初期一半廠房來自 2008 年合併數位相機公司普立爾。但到了 2010 年下半年，才加快擴廠速度。由表 3.8 可見，武漢廠的定位在於：桌上型個人電腦、數位相機與 Xbox（微軟的電視遊戲機）主要基地。

武漢市東湖高新特區內的富士康
圖片提供：今周刊

表 3.8　富士康武漢基地

單位：人民幣　億元

年	2010 年	2011 年	2012 年
一、員工與設施	富士康於 2007 年 4 月投資 10 億美元的武漢工業園一期工程已建成投產，旗下四家公司，包括數位相機、電腦機殼及電腦主機板等項目。	富士康跟東湖新技術開發區簽訂合作協議，加快產線轉移腳步，根據武漢園區規劃，入駐規模達 10 萬人，武漢市展開造鎮計畫，2011～2012 年，包括：光谷二高、國際中學、省人民醫院流芳分院、流芳中央公園等，陸續投入使用。	
	員工數 2 萬人	員工數 5 萬人	
二、產能			
（一）第 1C			
1.桌上型電腦	由深圳市龍華廠遷至山東省煙台市、湖北省武漢市。	2011 年，光是戴爾的量就 2,500 萬台，產值人民幣 180 億元。	2012 年，目標產值人民幣 500～600 億元。預估 2014～2015 年產能 6,800 萬台，約佔全球產量一半。

表 3.8　（續）

年	2010 年	2011 年	2012 年
(二)第 2C		富士康集團個人電腦周邊事業群總經理鐘依文表示，原設在廣東深圳與山東煙台的富士康桌上個人電腦生產線將遷到武漢市。	
(三)第 3C 1.遊戲機	遊戲機生產線陸續轉移到武漢市生產。	年產 3,000 萬部數位相機、1,000 萬台液晶螢幕與電視遊戲機。	預估 2013 年 Xbox 2,500 萬台。
三、產值 單位：人民幣億元	161 （2009 年僅 73）	500	

資料來源：整理自經濟日報，2011年2月24日，A17 版，李立達。

(三)武漢廠搶人大作戰

由於 2010 年 7、8 月時武漢地區人民對富士康招工較冷淡，9 月 15 日，富士康砸大錢來招工，以普通工人（簡稱普工）來說，詳見表 3.9，招聘人數至年底達 2.2 萬人，當地業者反映，鴻海調高薪資搶人，已造成其他公司龐大壓力。[25]

(四)外人求職　提供單程票

2011 年 2 月，富士康武漢園區新增職位主要以基層作業員為主，只要年滿 16 歲、具國中及同等學歷，均可報名應聘。富士康方面表示，為配合產業進駐，富士康在全省範圍內展開大規模招工，在武昌站、漢口站及巨集基客運站、傅家坡長途汽車站、新榮村汽車站等進行現場宣傳，應聘者可現場諮詢應聘或預約應聘。

從 2011 年 2 月 7 日開始，富士康派出招募專員分赴全省各市人才市場宣傳招募。對於武漢市外求職者，富士康提供單趟來回汽車、火車票。[26]

(五)勞動條件

武漢廠的薪資福利措施，詳見表 3.9。

以 2011 年春節為例，武漢廠在 1 月 29 日，派出 21 輛巴士，載運 622 名員工返鄉，送到孝感、潛江、隨州、枝江、蘄春、荊州、宜昌等地。

至於煙台廠的人數更多，68 輛車載 3,060 名員工，主要是方便外省員工到濟南、青島坐火車回家。

富士康武漢廠區
圖片提供：今周刊

表 3.9　富士康武漢廠的勞動條件

勞動條件	說明	
期間	2010 年 6 月～9 月 14 日	2010 年 9 月 15 日後
1. 年齡	18 歲	16.5 歲
2. 月薪（人民幣）	含加班費、津貼	
(1) 試用期間（3個月）	1,200～1,800	1,600～2,200
(2) 試用期滿（合格者）	1,800～2,400	2,200～2,800
二、福利	每週保證至少休息一天，每天加班時數不超過 2.5 小時、端午、中秋有獎金、農曆年開工有紅包（每天人民幣 200 元）。	
(一)食	伙食津貼：每月人民幣 240 元。住宿區內有郵局、超市、銀行、網上自助購物中心。	

表 3.9　（續）

勞動條件	說明
(二)衣	員工的工作服全部免費發放，衣物洗滌也全由公司支付費用，送往專門乾洗店。
(三)住	免費住宿。 武漢廠房附近建有兩個住宿區，可容納員工 2 萬人，到 2012 年可容納 8~10 萬人，七成以上的員工可就近入住。
(四)行	有巴士專門接送員工上下班，春節返家時，由工廠派出「民工返鄉直通車」。
(五)育	1. 心理諮商 　為減輕員工壓力，武漢廠在園區內設立心理諮詢電話，安排心理諮詢師解答員工的心理問題，並邀請省人民醫院精神科醫生進駐。 2. 進修 　富士康跟武漢大學、華中科技大學和武漢職業技術學院等多所大學建立學習教育合作機制，內部也有長期員工訓練活動。
(六)樂	在社團活動室裡，有四個撞球桌，兩個乒乓球桌，旁邊配有 100 台電腦的電腦室等。

二、湖南省長沙市與衡陽市

2010 年 12 月 8 日，湖南省政府跟富士康集團簽署合作框架協定，湖南副省長陳肇雄跟富士康整合服務事業群總經理蔣浩良代表雙方簽約，包括湖南省委書記、省人大常委會主任周強，省委副書記梅克保，省委常委、省委秘書長楊泰波等皆出席。

富士康在長沙市設立研發中心，在衡陽市設立工廠，專攻硬體製造、軟體發展、三網融合以及新產品研發、生產、銷售，並促成上、中、下游公司轉移至湖南省。

湖南省對富士康佈局湖南專案列入省、市重點工程，支援富士康集團參與湖南省的三網融合試點建設。[44]

衡陽市佈局以 LED、電子書等產品為主。

表 3.10　2010 年富士康集團進軍湖南省進程

月日	活動
8 月 27 日	湖南省委書記周強跟郭台銘見面。
9 月 1 日	主管招商引資的湖南副省長陳肇雄前往深圳，跟郭台銘協商合作一事。湖南省政府對富士康到該省佈局表現出高度的重視，把此項目列入省、市重點工程，支持富士康參與湖南省三網融合試點建設；長沙、衡陽等地官員也表示，優化投資環境，並在土地、稅收等方面，祭出優惠政策。
12 月 8 日	富士康集團科技整合服務事業群總經理蔣浩良，以集團總裁郭台銘「授權代表」身分在合作框架協議上簽字。

資料來源：整理自工商時報，2010 年 12 月 9 日，A5 版，劉馥瑜。

3.4　中部佈局 II：鄭州基地

河南省會鄭州市看似富士康緊急選上的，但其實它跟河北省廊坊市（2006 年 11 月 15 日，跟富士康簽約）可說是同一期，由表 2.11 第 2C 處可見，富士康的手機生產基地佈局七成在華北的河北省（含北京市、天津市與廊坊市），另外浙江省杭州市錢塘科技園區出貨給摩托羅拉。

在 2010 年 6 月，富士康在華北的手機生產基地新增鄭州廠，專做蘋果公司 iPhone 手機。

一、鄭州市的優點

鄭州市自古就有「九州通衢」的稱號，位居大陸中央的地利，搭配貫通古今的交通優勢，帶動鄭州城市發展；進入 1980 年代後，鄭州因有京廣、隴海兩大鐵路交會（詳見表 3.11）的優勢，成為有著鐵路交通心臟地位的全國鐵路「特等」客運站，在鐵路的引領下，成為大陸經濟崛起中的中部重要大城。在大陸「中部崛起」的政策大旗下，吸引許多台商到該地發展。

鄭州市自然資源很豐富，為工業發展提供極佳的基礎，礦藏有 34 種，包括煤、鋁礬土、耐火粘土、水泥炭岩、油石、硫鐵礦和石英砂等。其中，耐火粘土品種齊全，儲量 1.08 億噸，約占河南省總儲量的一半；鋁土儲量 1 億多

噸，占河南省總儲量三成；天然油石礦質優良，是大陸大型油石基地之一。

　　經濟表現方面，2009 年，鄭州市生產總值人民幣 3,300 億元，年增率 12%，財政收入人民幣 522 億元。[28]

鄭州市小檔案

地位：河南省省會，轄 5 區 5 市 1 縣，一個國家級新區、出口區、2 個國家級開發區。

面積：7,533 平方公里，市區面積 262 平方公里。

人口（2007 年）：736 萬人，市區人口 451 萬人。

其他優點：優秀旅遊城市、國家園林城市、國家衛生城市、航空（新鄭國際機場）、鐵路（京廣鐵路、隴海鐵路、鄭西客運專線、鄭徐客運專線、石武客運專線）、高速公路（京珠高速公路、連霍高速公路、鄭洛高速公路、鄭新高速公路、鄭許高速公路、焦晉高速公路等）。

二、河南省政府的態度

　　富士康設廠引發大陸各省市的高度關注，地方官員希望能藉此機會拉近跟富士康的關係，進而改善地方就業率與產業結構（包括發展服務業）。

　　河南是大陸第一人口大省，也是大陸勞務輸出第一大省，迄 2010 年，河南省勞動力 2,500 萬人，就業壓力非常大，省政府爭取到富士康投資，對河南省意義重大。

(一)富士康「以一當百」

　　2008 年，河南省進出口總額 175.28 億美元，其中出口總額 107.14 億美元。

　　鄭州市在 2010 年 6 月下旬，快速處理富士康投資案，6 月下旬，郭台銘造訪鄭州，實地考察新工廠相關事宜，立即草簽投資協議。

　　鄭州航空港區招商局主管表示，從富士康出口中抽不到稅，主要是考慮到富士康能帶就業及相關產業鏈。富士康深圳總部一次就帶來 13 家配套企業到鄭州設廠；未來至少有 100 多家企業因為富士康而到鄭州設廠。據鄭州當地

報紙稱，如果航空港區的富士康產業園全部建成投產後，初步測算，年出口創匯可達 250～300 億美元。[29]

(二)找人我最行

據《新華社》報導，預估 2011 年底，富士康在鄭州市員工總數超過 20萬人。

由表 3.11 可見鄭州市吸引富士康聞香下馬的措施，其中員工招募是主軸，省政府也盯著，詳見圖 3.3。

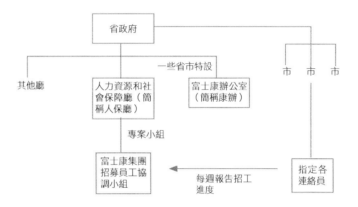

圖 3.3　大陸山東省對富士康招工的任務編組

河南省人力資源市場職業介紹部部長崔秀池說，隨著勞動力密集型企業向中西部轉移，河南農村勞動力轉移就業的方式，正從地域轉為產業、從農業轉往製造業，越來越多農民傾向在省內就業。富士康內遷引發河南籍員工回流，是抓住 2016 年前人口紅利的機會，發展產業的最佳時機。為此，河南省政府設立全省 175 個產業集聚區，承接發達地區鏈式和集群式產業轉移，選擇優勢產業重點發展。

河南省社科院副院長喻新安認為，富士康「北遷西進」進入河南，標誌著一場大規模的產業轉移拉開序幕，為更多的企業帶來示範效應。河南省內多位專家更認為，富士康的進駐，以河南省為中心的區域可能成為大陸工業新的佈局重點。[31]

表 3.11　河南省鄭州市吸引富士康設廠措施

項目	活動
一、租稅	省市可以決定的主要在於地方的公司所得稅這項目。
二、土地	鄭州市在新區航空產業園（又稱航空港區）劃撥 5 平方公里（折合 7,500 畝、一説 133 公項）土地給富士康，部分用作於 LED 生產線。
	第一期工程佔地 2000 畝。
	0. 第零期租用廠房：2010 年 7 月 5 日公司註冊後租用廠房，8 月 5 日投產，僅 30 天內完成，創富士康設廠新紀錄，入駐的 544 名員工來自深圳，在河南本地招募的 300 人於 8 月 3 日報到。
	1. 第一期工程占地 2000 畝，2010 年 9 月 15 日動工，12 月底完工廠房 68.5 萬平方公尺。
	2. 第二期工程完工：2011 年 8 月，合計廠房約 140 萬平方公尺。
三、人力	
（一）價	
1. 政府補貼	河南省政府針對到富士康就業的人員，提供免費職業技能訓練，且給予每個人每個月就業或生活補貼，金額人民幣 100～600 元。
	河南南陽市政府宣佈，凡入富士康工作滿 6 個月者，該市提供人民幣 600 元的生活津貼。
2. 富士康的説法	據悉富士康之所以看好河南省，最重要的是河南省地屬內陸，工資較低，最低工資人民幣 700～800 元，比深圳低很多。
	但上述傳聞是錯誤的，工人月薪人民幣 2,000 元以上，這跟富士康深圳廠的待遇一致。
	有些新進工人先被派到深圳廠實習。
（二）量	另一個更重要的原因，則來自富士康在大陸 92 萬名員工中河南籍員工 15.7 萬人，佔比近 2 成。
	富士康打算在鄭州新區建立 133 公頃的工廠、30 萬名工人，初期招聘 10 萬名工人。
	為了「迎娶」富士康進門，河南省相關局處加緊招工，在各級職介中心、人才交流服務中心設立招聘窗口。鄭州市街頭也掛出了富士康招工的布條，鄭州市教育廳安排職業和技工學校部分學生，開學後赴深圳富士康工廠實習。[32]
	由於缺乏資料，這裡以山東省政府協助富士康煙台廠招工的政府措施為例來説明。
	山東省人保廳於 2010 年 7 月 13 日發佈文件，動員山東省各市人力資源社會保障、教育、職業院校和社會培訓機構等各方力量，緊急向富士康（煙台）科技工業園輸送員工，幫助其解決用工荒。
	山東省政府向這些單位提供了獎勵措施，例如，負責招聘的仲介組織每成功招聘 1 名員工，可以獲得人民幣 100 元的補助；職業技術院校組織學生到煙台廠實習的，帶隊老師免食宿費，並且每月可享受人民幣 1,000 元補助。[33]
（三）質	鄭州市教育廳安排職業和技工學校部分學生，2010 年 9 月開學後赴深圳富士康工廠實習。

表 3.11 （續）

項目	活動
(四)時	2010 年 6 月底，富士康在河南省周口市召開招聘員工協調會，招聘 8,000 名員工。[30]
四、水電與交通	河南省的土地和廠房、公用事業、物流運輸的成本也較低，以工業用電來算，河南省一度電只要人民幣 0.52 元，只有深圳的六成。 由附圖可見，在大陸「十二五」規劃中，將把「四縱四橫高速鐵路網」完成，鄭州市是其中「一縱一橫」的中心點。 四縱： 北京－上海 北京－武漢－廣州－深圳 北京－瀋陽－哈爾濱（大連） 杭州－寧波－福州－深圳 四橫： 徐州－鄭州－蘭州 杭州－南昌－長沙 青島－石家莊－太原 南京－武漢－重慶－成都 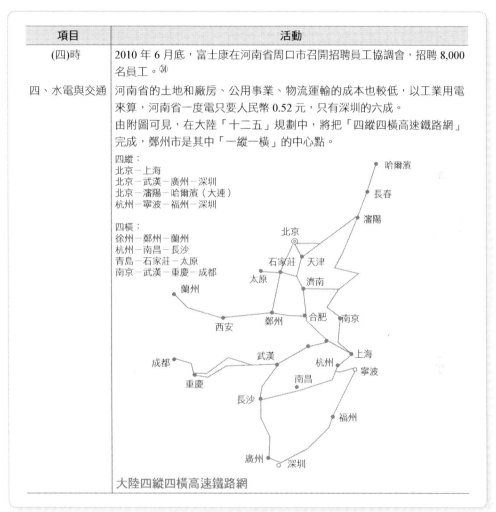 大陸四縱四橫高速鐵路網

三、富士康這邊的考量

富士康在鄭州市設廠，有幾項如意算盤。

1. 鄭州作手機——尤其是蘋果公司 iPhone

鄭州廠主攻手機，因地理位置跟河北廊坊廠距離不遠，二個手機廠可以出現互補效用。

2010 年，iPhone 系列手機銷量 5,000 萬支，2011 年預估 1 億支。鄭州廠每日 20 萬台的產量估算，年產 7,200 萬台，只夠應付 iPhone 銷量七成，年出

口額目標 130 多億美元。㉞

2. 內銷市場

中部 6 省總人口 3.6 億人,號稱「中原經濟區」,加上鄰近的山東、河北、京津直轄市,整體人口接近 6 億人。在消費能力抬頭之際,位於樞紐地帶的河南省就特別是台商可以深耕的首選。

對於富士康進軍河南省,市場還有另一說法,即是內遷很可能是為富士康打造的「萬馬奔騰」專賣店,日後的產銷事宜預作準備。㉟

富士康在大陸 3C 零售業佈局由鴻海集團旗下零售通路事業群負責,董事長胡國輝透露,萬馬奔騰計畫 2011 年底,總店數目標達到 500 家,覆蓋率達 12 個省。萬馬奔騰店銷售品牌電器,透過萬馬奔騰店的設立可望擴大鴻海集團對客戶提供的服務範圍,共同參與大陸內需的快速成長。㊱

(一)不是臨時設廠啦!

2006 年來,隨著河南快速發展交通與基礎建設,環繞「鐵、公、基」為主的鐵路、公路、航空等基礎設施已初具規模,鴻海前往河南投資設廠條件也日益成熟。2009 年富士康派出考察小組,對河南進行為期一年多的考察後,郭台銘立即決定投資河南。㊲

(二)設廠範圍

富泰華與鴻富錦兩家公司選址在鄭州市航空產業園區,後續還會在中牟、航空港區、平頂山投資建廠。

由表 3.12 中可見,鄭州廠從公司 2010 年 7 月 5 日註冊到第 0 期投產,只花了 30 天,這創了富士康設廠最快速度,可套用郭台銘的「高廣深速」的指導原則來形容,「高廣深速」是指「看問題有高度、產品有廣度,技術有深度,執行有速度」。㊳

富士康鄭州廠小檔案

公司名稱：富泰華精密電子（鄭州）有限公司

註冊資金：人民幣 3,400 萬元

註冊日期：2010 年 7 月 5 日

員工規模：15 萬人（2014 年目標）

生產經營範圍：第三代（3G）及後續移動通訊系統手機、
基站、核心網設備及網路檢測設備與其零元
件、新型電子元器件；從事金融與非金屬模
具的設計、製造

資料來源：中新社

四、設廠進程

由表 3.12 可見富士康在鄭州市設廠的閃電過程。

表 3.12　富士康在鄭州市設廠歷程

年月	活動
2007 年	鄭州市政府把富士康列為全市產業結構調整的重點招商對象進行追蹤。
2010 年 3～5 月	富士康發生員工墜樓事件時，鄭州市率先派出由 15 位心理醫生組成的諮詢團，到深圳對河南省籍員工進行精神安排安撫。此外，為了幫助富士康回復正常生產，鄭州市政府又派了幾千人的生產員工到深圳解決「用工荒」的燃眉之急，顯示鄭州市政府對富士康的重視。
2010 年 6 月中旬	談判 在跟富士康談判階段，鄭州市組成 30 多人的隊伍、分成七個工作小組，由市政府主要官員帶隊三下深圳，跟富士康討論。內容涉及人力資源、廠區和生活區建設、出口補貼等。因此，郭台銘對鄭州方面工作成效高度讚揚，主動訂出「五五專案」，即五年在河南創造人民幣五千億元產值。
6 月下旬	郭台銘造訪鄭州，實地考察工廠相關事宜，有意在航空產業園區，興建 LED 產業園及資訊產業園。
7 月 5 日	富士康旗下兩家公司在 7 月 5 日完成在鄭州市投資的註冊手續，包括總投資 1 億美元的富泰華精密電子公司、投資 1.2 億美元的鴻富錦精密電子公司。
8 月 5 日	第一個項目投產，即「零期」投產。
7 月～9 月 15 日	綜合保稅區從申建到獲批。

資料來源：整理自經濟日報，2010 年 12 月 26 日，A10 版，林海。

五、員工招募

本段重點在於員工招募時的心理測驗。

(一)在 2010 年共進行二次員工召募，為第○、一期投資而用

1. 人員召募

2010 年 6 月中旬起，河南省政府為了完成富士康 10 萬用工招工的任務，召開協調會、成立專案招工小組，並推出各項優惠措施，例如在富士康工作滿半年可有人民幣 600 元補貼，安排實習的相關單位也有額外獎勵。河南省完成富士康 6 萬人的招工任務，其中 2 萬多人已經送往深圳培訓。

富士康的進駐，在河南產業工人中引發一股跳槽熱。

2. 錢多事「少」離家近

對於富士康求職人潮的湧現，不少求職者都表示，「離家近、待遇好、運作規範」是他們選擇富士康的原因。

雖然富士康提供普工底薪人民幣 1,200 元，但國際知名企業提供優良的升級空間、管理規範以及福利薪資與勞動保險等，再加上留鄉發展生活成本較低等誘因，吸引當地勞工趨之若鶩。

根據鄭州市職業介紹中心表示，富士康用工招聘已經在鄭州地區形成衝擊，不少本土企業為防止勞動力出現斷層，積極招募儲備人員，招聘會從過去 70 多家上升到 100 餘家；同時也紛紛提高工資待遇，吸引短缺的勞動力。[39]

(二)第一期員工

2010 年 8 月 13 日，大陸媒體報導，鄭州廠招工吸引 1 萬人以上應試者，排隊人數長達 1 公里，跟其他工廠應徵的稀落人潮形成明顯對比。

鄭州市人才交流中心在每週二、周六的招聘會上，為富士康設立專門的攤位。河南省就業促進辦公室指出，才公開招募 5 天，各地已有 6 萬名農民工報名。富士康對新招募的員工的資格訂出「心智成熟」門檻，這有二道篩選程序。[40]

·第 1 道程序：排除心理脆弱者

富士康一向注重求職者的三項能力（即語言溝通能力、工作經歷和專業背景），且對部分職位的英語能力要求也相對較高。但此次應聘考試只做答 70 個心理測驗題，來測試應試者的抗壓性以及心理健康，題目包括如下幾個問題。[41]

富士康考題，測試你的抗壓力
——2010 年 8 月鄭州廠徵才考題摘錄

下面的描述有多符合你的情況？

不符合給 0 分，大致符合給 1 分，非常符合給 2 分。

Q1. 如果周圍喧嚷聲，不能馬上睡？

Q2. 往往因為極小的愉悦而非常感動？

→若分數越高，表示情緒反應較高

Q3. 常常思考將來的事情，並感到不安？

Q4. 一整天孤獨一人時，常常心煩意亂？

Q5. 經常擔心別人對自己的看法？

Q6. 儘管是微小的失敗，卻總是歸咎於自己的過失

→若分數越高，表示易產生憂鬱或焦慮

Q7. 與初次相見的人，常能愉快交談？

→若分數越高，表示外向、擅長社交

Q8. 常常做別人不願意做的事情？

Q9. 即使自己發生重大事情，也不會喪失理智？

→若分數越高，表示具堅毅性格（抗壓性高）

Q10. 儘管睡眠不足或連續工作都毫不在乎？

→若分數越高，表示抗壓性高，但可能會忘了照顧自己

註：徵才考題共 70 題，以上僅摘錄部分。

資料來源：《鄭州晚報》、臨床心理師蘇逸人

商業周刊，2010 年 8 月，第 1188 期，第 115 頁。

1960 年代，兩位心臟醫師費立德曼（Friedman）和羅森曼（Rosenman）定義了「A 型性格」的特性，他們發現容易罹患心血管疾病的人，通常具有一套共同的特質：傾向於工作狂熱、全力以赴，重視做事完美無缺，好競爭且懷有敵意，卻又害怕失敗。

之後，心理學者研究發現，具有「A 型性格」的特質，容易感受到壓力，如果他們感覺事情不在自己掌控之中，便會過分投入工作，時時刻刻保持警戒，血壓也居高不下。

相形之下，「非 A 型性格」即使在高壓的環境中，仍能不慌不忙、隨和

易相處，也沒有爭強好勝的壓力，在緊張之後，還能愉快的休息。

也就是說，富士康希望新進的員工，他們的心理素質天生就比較能抗壓，即俗話說的「神經比較大條」。

‧第 2 道程序

當通過心理測試後，心理諮詢師跟應聘者面談，以了解心智是否成熟健康，再決定是否錄用。

(三)薪水

1. 訓練期

部分員工派往深圳廠訓練，期間享有深圳的薪資待遇，每月人民幣 1,800 元。

每週工作五天（40 小時工作制），日加班時數小數 2 小時，每週至少休息一天。

回鄭州將會降為人民幣 1,500 元，這個行情跟鄭州本地平均薪資人民幣 1,000 元相比仍舊偏高，因此仍吸引許多年輕人積極想要成為富士康的工人。

2. 任職期

一名來自河南商丘的員工透露，跟深圳市比起來，由於消費水準較低，在同樣條件下，「鄭州的工資、福利待遇非常好。」

(四)勞動條件

富士康鄭州廠提供給員工的勞動條件跟其他地方大同小異。此處只說明勞工住宅部分。由於是快速緊急設廠，生產「車間」（台灣稱「工廠」）外，還要滿足工人的生活需要，給當地政府帶來很大壓力和挑戰。

1. 2011 年年初

富士康陸續興建員工宿舍，棗園小區 19 棟住宅樓和公寓完工，2011 年初讓 1.7 萬名員工陸續進駐。

2. 2011 年年底

2011 年年底，豫康新城 49 棟宿舍完工，可容納 14 萬名員工。

註　釋

①工商時報，2010 年 6 月 23 日，A10 版，彭媺琳。

②經濟日報，2011 年 3 月 5 日，A9 版，林則宏。

③旺報，2010 年 7 月 1 日，A14 版，韓化宇。

④商業周刊，2010 年 6 月，1117 期，第 68 頁。

⑤經濟日報，2010 年 1 月 28 日，A3 版，李立達。

⑥工商時報，2009 年 12 月 12 日，A9 版，彭媺琳。

⑦旺報，2010 年 8 月 19 日，A5 版，蒼弘慈。

⑧同註釋②。

⑨同註釋③。

⑩旺報，2010 年 9 月 21 日，A13 版。

⑪工商時報，2010 年 11 月 8 日，B3 版，楊玟欣。

⑫旺報，2010 年 7 月 3 日，A6 版。

⑬工商時報，2011 年 5 月 16 日，A7 版，佘研寧。

⑭工商時報，2010 年 4 月 30 日，A11 版，李書良。

⑮旺報，2010 年 7 月 16 日，A9 版，何明國。

⑯旺報，2010 年 7 月 16 日，A16 版，鄭惠元。

⑰經濟日報，2009 年 8 月 25 日，A12 版。

⑱工商時報，2009 年 8 月 5 日，A1 版，康彰榮、黃智銘。

⑲經濟日報，2010 年 11 月 16 日，A10 版，何蕙安。

⑳工商時報，2010 年 3 月 3 日，A10 版，李純君。

㉑經濟日報，2010 年 9 月 16 日，A17 版，李立達。

㉒經濟日報，2010 年 7 月 8 日，A17 版，林茂仁。

㉓工商時報，2010 年 12 月 29 日，A14 版，鄭淑芳。

㉔工商時報，2010 年 12 月 27 日，A7 版，佘研寧。

㉕工商時報，2009 年 9 月 28 日，A1 版，李書良、黃智銘。

㉖旺報，2011 年 1 月 26 日，A10 版，蒼弘慈。

㉗經濟日報，2010 年 12 月 9 日，A17 版，林茂仁。

㉘工商時報，2010 年 7 月 8 日，A9 版，鄭淑芳。

㉙旺報，2010 年 7 月 1 日，A14 版，韓化宇。

㉚經濟日報，2010 年 9 月 9 日，A15 版，李珣瑛。

㉛旺報，2010 年 7 月 9 日，A10 版，林清楨。

㉜經濟日報，2010 年 8 月 3 日，A2 版，林海、李立達。

㉝旺報，2010 年 7 月 1 日，A14 版，韓化宇。

㉞工商時報，2010 年 7 月 17 日，A9 版，李書良。

㉟工商時報，2010 年 6 月 30 日，A5 版，李書良。

㊱工商時報，2011 年 2 月 22 日，A14 版，鄭淑芳。

㊲經濟日報，2011 年 6 月 18 日，A11 版，吳父卿。

㊳工商時報，2010 年 7 月 3 日，A12 版，鄭淑芳。

㊴工商時報，2010 年 9 月 22 日，A9 版，佘研寧。

㊵經濟日報，2010 年 7 月 27 日，A12 版，林海。

㊶旺報，2010 年 7 月 17 日，蒼弘慈。

延伸閱讀

1. 李雪莉，「重慶大西進的試飛起點」，天下雙週刊，2010 年 11 月 3 日，第 120～123 頁。

2. 李雪莉，「改革創新，不照抄延海模式」，同上，第 124～128 頁。

3. 江逸之，「鄭州：鴻海最新秘密基地」，同上，第 130～131 頁。

4. 楊瑪莉、邱莉燕，「交通、人才無虞，這裡將是全球筆電重鎮」，遠見雜誌，2010 年 11 月，第 262～265 頁。

討論問題

1. 其他地區是否可以複製「重慶模式」（註：尤其是表 3.2）呢？請再舉另一個例子（例如昆山模式）來對比。

2. 惠普、富士康在重慶廠的經營目標是否有如期達成？差異原因為何？

3. 為何會在成都市設廠？好處在哪裡？

4. 武漢市人才多（人口多、大學多），為何富士康在此地設桌上型電腦組裝廠呢？

5. 富士康鄭州廠是否是匆促決策呢？經營績效如何？

4

由製造代工到設計代工
——鴻海進軍筆電設計代工

　　台灣產業在機械、模具、材料工業要更加投入，像鴻海這些年來在電子五哥中一枝獨秀的表現，跟鴻海在機械、模具、材料領域累積的深度核心能力有關。他們從 1990 年來在大陸與全球各地培養了近五千名機械、模具技工藝匠，再配合為數眾多的機械博士群，使鴻海在承接蘋果公司 iPod、索尼電腦娛樂公司的 PS2、PSP 及摩托羅拉「明」手機等品質精緻產品的製造業務，能得心應手，滿足這些挑剔客戶的要求。

　　無論在質似水晶的個人電腦射出成型半球形底座，或是手機琉璃型蓋子與內藏兩條導線的一體射出成型，鴻海的技工與藝匠部隊都能跟客戶的研發與工業設計部門密切互動，甚至在材料選用、工法、製程、治具、夾具與機械調整上給予客戶的工業設計部門許多專業指導。

　　深度的開模、機械、材料工藝，加上郭台銘親自領導，親自主導事業衝力；劍及履及，一步也不鬆懈。這是鴻海勝出的主因。

——李仁芳

政治大學科管所教授[1]

二選一

　　鴻海在 2009 年大舉切入筆電設計代工（ODM）市場，引發市場第二波「防鴻作戰」，友達（2409）董事長李光耀甚至被媒體封為「防鴻總司令」。

　　本章的重點在於「市場新進者如何切入市場」，有二個議題可考慮，一是鴻海切入筆電設計代工，一是鴻海切入液晶電視代工。基於劇情的精彩性，我

們挑選前者，因為筆電代工雙雄廣達（2382）、仁寶（2324）公司與經營者知名度很高，知名度很高主要原因來自經營績效，以營收來說，這二家公司都屬於電子五哥。

4.1 公司策略

公司策略（corporate strategy）是指公司多角化方向、速度與方式，如依過去的策略來看 2009 年鴻海筆電設計代工元年，很容易犯了以管窺天的錯誤。

如同戰爭一樣，許多戰爭（war）都是積小勝為大勝，一個一個戰役（battle）的戰果累積起來的。一次決戰，只是在過去的戰果上來個決算罷了，「一戰決勝負」反而是戰爭的結果，而不是結束戰爭的方式。

鴻海進軍設計代工之前，花了五年（2004 年 3 月迄 2008 年）作較低層次的筆電製造代工，由於有這學習的效果的累積，因此進軍設計代工才會勢如破竹。

本節詳細說明鴻海基於不得罪零組件客戶的考量，分兩階進軍筆電設計代工。

一、商機

在圖 4.1 顯示，2009 年在 3C 產品中市場，手機規模最大，筆電銷量 1.6 億台，超越桌上型電腦的 1.4 億台。

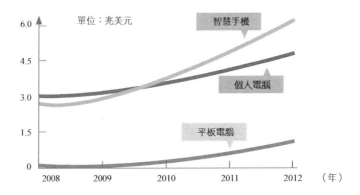

資料來源：顧能 2011.1.5　註：2010～2012 年為預估值

圖 4.1　全球三大電子商品銷售額

二、鴻海的策略

通常品牌兼代工公司都是兩面不討好，最後只好分家，2001 年宏碁分為宏碁、緯創，2008 年華碩分為華碩、和碩。同樣的，零組件公司伸腳進入組裝，一定會得罪客戶，因此鴻海依「兩利相權取其大」作為決策準則來決定進入方式。

(一)鴻海是「此消彼長」的受害者

鴻海是桌上型電腦全球最大代工公司，2004 年市占率 50%、2007 年60%、2009 年 70%。雖然市占率逐年成長，但代工量、金額並沒有成長多少。主因是 2007 年桌上型電腦已到飽和極限，銷量都跑到筆電去了，由表4.1 可略見一斑。

表 4.1　個人電腦銷量

單位：億台

年	2009	2010	2011（F）	2012（F）
(一)桌上型電腦	1.4	1.458	1.455	1.479
(二)筆電	1.6	2.1817	2.785	3.547
·傳統（常規）	1.3	1.657	1.961	2.27
·小筆電	0.3	0.357	0.314	0.267
·平板電腦*	—	0.1677	0.514	1.01
顧能（Gartner）	(0.2010)	(0.6478)	(1.034)
·蘋果公司 iPad*		0.15	0.40	0.55
合計＝(一)＋(二)	3	3.6397	4.24	5.026

資料來源：港商滙豐證券台灣區研究部，2011.4.1。

*此處根據表 8.6，以求前後連貫。

2003 年 12 月 24 日，鴻海臨時股東會中，有股東質詢，擔心桌上型電腦市場會沒有了，都變成筆電了。郭台銘的答覆是，桌上型電腦功能較多，因此市場不可能一下子就不見了。[2]

(二)鴻海暗渡陳倉

1999 年，鴻海進軍桌上型電腦的準系統製造代工，開始有整機製造能

力，筆電的技術層次比較高（例如加個網通卡），但經驗是相通的。

由表 4.2 可見，鴻海至少籌備二年，因此 2004 年 3 月，便進軍筆電製造代工業務，郭台銘的個性是攻擊型的，看著筆電商機逐漸擴大，總要想個不得罪零組件客戶的方式，替自己出師「解套」。

表 4.2　鴻海跟對手在筆電代工的進程──套用鴻海 CMMS 經營方式

價值鏈	研發（R&D）		生產			全球運籌管理	
階段	產品開發	產品設計（service）	元件（component）	模組（module）	全球組裝（mobil）	全球交貨	客戶服務全球維修
一、鴻海宣稱共同設計服務製造（JDSM）、快速模組製造服務（CMMS）		JD 指聯合設計（joint design）	這一段是 CMMS 部分				
二、設計代工	2009 年起						
(一)對手	2009 年起，筆電代工五虎開始防鴻大作戰，關鍵零組件自製或轉單。						
(二)鴻海			2010 年 10 月起，收購戴爾波蘭廠				
三、電子代工（EMS）(一)對手 (二)鴻海		2004 年 3 月～2008 年					
		筆電設計代工五虎向鴻海集團買零組件					
		這部分主要外包給志合電腦（8193）					
(三)對手：偉創力	2008 年跨入設計代工						

(三)由相敬如「賓」，到相敬如「冰」，到相敬如「兵」

產業供應鏈存在「垂直競爭」或「垂直合作」的關係，由表 4.2 可見，鴻海跟廣達間的關係依業務可分為三階段，底下詳細說明。

(四)第○階段：垂直合作階段（2004 年 2 月以前）

在 2003 年以前，鴻海扮演廣達上游（元件）、中游（模組）的角色，此

時郭台銘尊稱林百里「大哥」，尊稱廣達是電子五哥中的「一哥」。

(五)第一階段：製造代工階段（2004 年 3 月迄 2008 年）
——鴻海進入筆電製造代工階段

2003 年，鴻海嘗試透過外包給志合電腦（8193），承接筆電製造代工業務。但這會得罪廣達，在 2004 年 3 月，郭台銘跟林百里達成默契，畫條楚河漢界，鴻海作筆電製造代工，不涉足廣達的設計代工業務。

3 月 9 日，郭台銘表示：「鴻海要跨進筆電製造代工，一定要好朋友林百里首肯才可以。」郭台銘坦承，筆電代工公司已經做好久了，鴻海 2004 年才跨入，有其困難度，鴻海專長在機構件，不如一次做好一件事就好。

2004 年 3 月，鴻海進軍筆電製造代工。

1. 賣零組件比較賺

1974 年鴻海創業以來，從上游的連接器此一元件，逐漸往中游的模組做，1996 年進入下游的製造（即準系統組裝），是台灣早期電子公司的典型垂直整合作法。

郭台銘說，在 2004 年鴻海營收 4,217 億元，零組件與組裝各占一半，但零組件佔盈餘七成以上。因此，為了保住零組件訂單，鴻海寧可選擇放棄筆電設計代工的計畫，因為做一台筆電組裝的利潤遠低於賣零組件。

2. 為什麼不跟廣達打對台——鴻海賺上中游、廣達賺下游

郭台銘說明基於三個理由，從來沒有談過收購廣達。

(1)郭台銘答應過林百里不做筆電設計代工；

(2)鴻海做筆電設計代工沒有贏廣達（等）的條件；

(3)鴻海集團已經在機構、連接器、散熱模組、鎂鋁合金機殼做得不錯，跟筆電代工公司做結盟，等於是抓到了筆電的商機，為什麼要跳進打沒有把握的仗？

更何況鴻海集團還有更多更重要的事情要做，例如無縫隙的可攜式電子產品、奈米技術等等。郭台銘覺得，做筆電整機組裝，不如做零組件。所以那一塊的成長，鴻海並沒有漏掉。[3]

(六)第二階段：垂直競爭（2009 年以來）──鴻海進入筆電設計代工

2008 年年初，台股大跌，鴻海股價一度跌到 52.60 元的紀錄（只剩 2007 年高點 300 元的 18%），投資人砲聲隆隆，主因是 2008 年盈餘下滑 29%，每股盈餘衰退 39.8%，詳見表 4.3，原因是旗下最大次集團富士康國際（F.I.H.）盈餘縮水，股價只是率先反映盈餘退步罷了。逼得郭台銘只好從第二線走向第一線，並且採取多重提振經營績效措施。富士康國際沒跟上智慧型手機快速成長商機（註：設計代工能力不足），又被比亞迪電子搶單，經營績效大退步。鴻海必須另謀成長引擎，筆電設計代工、液晶電視代工成為兩個救援投手。

表 4.3　鴻海的經營績效（合併報表）

年	2007 年	2008 年	2009 年	2010 年
1. 營收（兆元）	1.7	1.95	1.963	2.997
2. 盈餘（億元）	777	551.3	756.8	771.54
3. 每股盈餘（元）	12.35	7.74	8.84	8.01

1. 我瘦，別人肥

2003 年以來，鴻海合併營收成長率目標 30%，2008 年只達到 14.5%，出現「打對折」的警訊。郭台銘知道必須快速尋求成長動力來源。進軍筆電設計代工，似乎已是不得不做的方向。

2. 神啊！再給我十年

2009 年 4 月 16 日，鴻海股東會中，郭台銘表示，鴻海股價不到 200 元絕不退休。2010 年 2 月 1 日，郭台銘接受訪問時表示，鴻海股價即使到 200 元，也將繼續領航掌舵鴻海十年，預計到 70 歲（2020 年）退休；在全球經濟驚濤駭浪的轉變過程中，鴻海的航行會很安全。[4]

(七)肥肉在這裡

由表 4.4 可見，2008 年筆電設計代工五虎營收約 2.2 兆元，全球筆電代工市占率 85%，筆電代工產業已是台灣最大的代工行業，假設表中營收八成來自筆電代工，那也有 1.76 兆元。鴻海只要吃下二成，也有 5,280 億元營收、123.5 億元盈餘。

表 4.4　筆電設計代工五虎經營績效

單位：億元

公司	2007 年營收	2008 年營收	2009 年營收	盈餘	每股盈餘（元）	毛益率
廣達（2382）	7324	7631	7500	223	5.9	4.5%
仁寶（2320）	4275	4050	6262	192	4.66	4.5%
緯創（3231）	2769	4223	5231	91	4.90	4.4%
英業達（2356）	2392	3507	3981	46	1.63	3.5%
和碩（4938）	—	3037	3280	65.72	2.95	3%
小計	16760	22448	26254	617.72		

(八)肥肉只會越來越大

筆電設計代工產業越來越大，原因之一是表 4.1 中產品生命周期的走勢。

另一是品牌公司的經營方式（business model），在 2003 年以前，品牌公司佔「研發」、「行銷」這二塊核心活動，2004 年以後，把研發外包（R&D outsourcing）的比重快速提高，詳見圖 4.2。一方面也是筆電設計代工公司想透過研發新產品去搶單，而不是採取割喉戰的紅海策略去搶單。

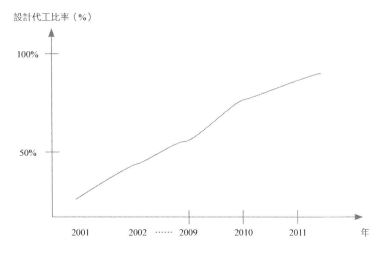

圖 4.2　品牌公司研發外包比率（舉例）

(九)有此一說

不少國際品牌公司也擔心台灣設計代工公司經濟規模越來越大,品牌公司議價能力會受到牽制,惠普、戴爾也樂見鴻海、偉創力等製造代工公司加入筆電設計代工。⑤

三、2009 年,鴻海進入筆電設計代工

由表 4.5 可見,鴻海進軍筆電設計代工最沸沸揚揚的便是 2006 年 8 月,傳聞鴻海要合併廣達,原因是林百里罹患肺癌而只好被迫讓出公司,據傳廣達總經理王震華因反對合併而掛冠求去。因林百里痊癒,合併之事「沒有開始就結束了」。

2008 年 2 月,郭台銘首度鬆口鴻海要做筆電設計代工,接著大陸山東省煙台市工廠取得戴爾等整機出貨認證。2009 年 1 月,鴻海搶廣達手上蘋果公司 MacBook 筆電訂單,詳見表 4.5。因此,外界稱「2009 年是鴻海進軍筆電設計代工元年」。

表 4.5　鴻海進軍筆電設計代工的進程

年月日	說明
2005 年	把個人電腦生產遷往山東省煙台市。
2006 年	傳聞鴻海要合併廣達。
2006 年 8 月	鴻海替索尼的 Vaio 製造代工 120 萬台(註:主要是搶和碩訂單)、聯想 150 萬台。
2007 年	鴻海筆電製造代工約 320 萬台,索尼 120 萬台、蘋果 150 萬台(主要是 MacBook)、聯想 50 萬台。
2008 年 2 月	郭台銘接受《壹週刊》記者專訪首度鬆口要作筆電設計代工,並透露接獲蘋果公司、索尼訂單。
	富士康把筆電生產集中到煙台,煙台廠產線通過戴爾等品牌公司整機出貨認證。
2009 年 2 月	尾牙上展示鴻海代工索尼公司 Vaio P。
2 月 24 日	鴻海跟惠普在土耳其設桌上型電腦廠,看好中亞市場。
2009 年 3 月	在台北市內湖區原普立爾公司(即鴻海內湖大樓)成立筆電研發部,擬招募 1,500 人。
7 月	富士康替深圳中電投資(CES)生產小筆電(大陸稱上網本),有點山寨版筆電的感覺。

表 4.5 （續）

年月日	說明
8 月 4 日	富士康跟惠普簽訂合作協議，富士康在大陸重慶市興建年產能高達 2,000 萬台的筆電生產基地，2010 年第一期投產，投資金額 10 億美元。
9 月	收購索尼墨西哥廠，取得液晶電視代工每年 400 萬台訂單，報載此對鴻海多接索尼筆電設計代工訂單多少有點幫助。
12 月 2 日	宣佈收購戴爾波蘭廠，2010 年下半年交割。
2010 年 1 月	搶下惠普平板電腦訂單、蘋果公司平板電腦 iPad 訂單。
3 月	蘋果公司 iPad 上市。
2011 年初	鴻海獨享 iPad 2 訂單。

(一)優劣勢分析

鴻海由筆電製造代工升級到設計代工，劣勢在於研發，第二～四節說明鴻海如何「補短」。本段說明鴻海的優勢。

1. 零組件優勢

2009 年 4 月 16 日，鴻海股東會中，郭台銘針對筆電設計代工業務，說明鴻海集團具有來自零組件的成本優勢，強大的垂直整合能力是鴻海搶單時最犀利的武器。

一台筆電，鴻海集團可以做的關鍵零組件已經非常多，鏡頭模組、機構件等關鍵零組件、各種膜（film），或是外觀表面塗裝（coding，俗稱電鍍），各種天線、元件（註：還有主機板、液晶面板）自製率高，有成本優勢也不會增加庫存。[6]

2. 量產優勢

鴻海投資在機器，一旦產品進入量產階段，即不是靠規格論輸贏，那麼鴻海就有優勢。因此，鴻海集團大都在該產品進入產品成長末期才入市，透過高品質但低價來搶單。

一位本土證券分析師表示，「如果鴻海有一天，筆電年出貨量達到 1,000 萬台，同業就真的要有所警覺了。」代工講究的是規模經濟，是典型的西瓜效應，訂單多的時候，就可以拿到更多的訂單；訂單少的時候，不管怎麼求人，

也未必拿得到。

從過去經驗來看，鴻海集團做什麼都是後發先進，例如 2000 年富士康國際成立，進軍手機製造代工，比佳世達慢了十年，但爆發力很強。

3. 客戶關係優勢

有本土分析師認為，客戶關係也是鴻海的本錢，「鴻海有一個利基，即跟所有大品牌公司都有生意往來。」放眼望去，全球最大的 3C 品牌公司幾乎全是鴻海客戶，長期累積下來的互信關係，對鴻海拿下筆電設計代工訂單很有幫助。

(二)衝著筆電設計代工雙雄來

由圖 4.3 可見，筆電設計代工公司雙雄（廣達、仁寶）市占率 42.8%。電子代工雙雄（鴻海、偉創力）衝著筆電設計代工雙雄來，鴻海兩大客戶（惠普、蘋果公司）也是廣達基本客戶，鴻海想快速成長，就只好得罪廣達了。至於仁寶，本來就沒什麼董事長間的兄弟情了。

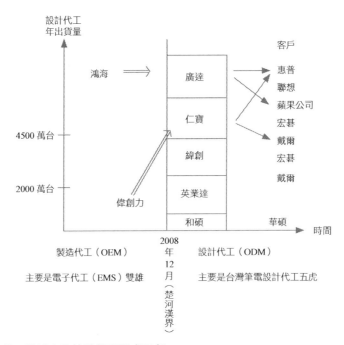

圖 4.3　電子代工雙雄攻入筆電代工五虎地盤

台灣筆電代工市占率占八成以上，由表 4.6 可見，依出貨量（2010 年市占率）二分法，分成一線公司（廣達 22%、仁寶 20% 以上）與二線公司（緯創 14%、英業達 9%、和碩 8%）。至於三線公司也有不少（例如藍天電腦），本書不討論。

表 4.6　2008～2011 年筆電品牌、設計代工公司銷量

單位：萬台

品牌公司	2008 年		2009 年		2010 年	2011 年**
	銷量	市占率	常規筆電	小筆電	（不含平板）	（含平板電腦）
惠普	2,983	20.9%	3,205	462	3,862	4,231
宏碁	2,532	17.7%	2,280	894	3,225	3,480
戴爾	1,965	13.8%	1,812	204	2,348	2,530
東芝	1,347	9.4%	1,438	108	1,908	1,932
聯想	1,032	7.2%	1,187	174	1,960	2,515
華碩	1,031	7.2%	688	553	1,689	2,012
蘋果			740	0	976	4,798
三星			304	274	993	1,910
索尼			493	70	821	805
富士通			295	17	310	305
其他			1,259	332	1,968	2,091
總計	15,000		13,705	3,093	20,060	26,510
代工公司						
廣達	3,650		3,590		5,210	5,730***
仁寶	2,562		3,795		4,800	5,180***
緯創	2,164		2,575		2,750	3,000
英業達	1,621		2,140		1,800	2,000***
和碩					1,650*	1,782
鴻海	200		350		2,200	5,200
偉創力			150～200		600	1,000

資料來源：品牌公司銷量來自顧能（Gartner），2010、2011 年來自拓墣產業研究所，
　　　　　2011.6。
　　　　　*華碩一半訂單由和碩承接。
　　　　　**依 2010.12.23 資策會產業情報研究所 MIC 市占率換算，經濟日報，A3 版。
　　　　　***依 2011 年報刊調整，仁寶 5,180 萬台電腦中，筆電 4,800 萬台、平板電腦 380
　　　　　　　萬台。

(三)宏碁大單一直不好取得

雖然宏碁一直釋出善意，想請鴻海代工筆電，但口惠而無實至。以 2011 年來說，宏碁以仁寶、緯創（3231）為主，其中仁寶取得宏碁五成以上訂單。

(四)利大於弊！

2009 年 6 月底以來，媒體盛傳鴻海進入筆電設計代工產業後，最賺錢的連接器業務，因「防鴻效應」開始失血。

「鴻海跨足下游代工也不是第一次了，」一位連接線材公司高層表示，2008 年後，鴻海切入主機板市場，起初也有主機板客戶抽單警告，但最後還是回頭向鴻海下單買元件，「他們一定有評估過、有把握訂單跑不掉，賺到的比損失得還多，才會下來做。」

用天平秤的圖（詳見圖 4.4）來舉例，比較容易一目了然。孟子說：「魚與熊掌不能兼得」，化成貨幣單位，這個決策就容易多了，一隻熊掌（註：大部分熊為保護類動物）值 1 萬元，一條肥魚值 400 元，一隻熊掌值 25 隻魚。同樣的，做筆電設計代工對鴻海來說，比較像熊掌。

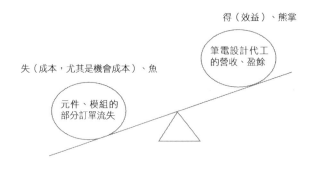

圖 4.4　鴻海「兩利相權取其重」的決策準則

(五)代價：防鴻大作戰

對鴻海集團來說，介入筆電設計代工業務的代價是零組件客戶跑單，這可分成二部分。財信傳媒董事長謝金河稱 2009 年為「解構零組件產業最關鍵的一年」。

1. 2005 年便開始防「鴻」了

從 2004 年 3 月，鴻海進軍筆電製造代工，防鴻大軍便開始啟動了。例如仁寶在 2005 年 10 月，跟偉創力在上海市嘉定馬陸園區成立機構件公司，滿足仁寶筆電和手機代工需求，這是台灣筆電設計代工公司第一次跟電子代工公司合資成立新公司。簡單的說，這是仁寶「聯合次要敵人，打擊主要敵人」之道，筆電設計代工五虎每家都在做垂直整合。

2009 年 9 月 4 日，仁寶法說會，總經理陳瑞聰證實，機殼公司巨寶（註：巨騰跟仁寶合資公司）「供應的比例快速拉升中。」鴻海雖仍是仁寶筆電機殼的重要供貨公司（占塑膠機殼四成），但 2010 年巨寶供應機殼量達五成，「屆時鴻海會占多少，就要看它的價格競爭優勢了，」陳瑞聰表示。

「電子代工公司會切入筆電設計代工市場是理所當然，我們應該調整好體質，往更高毛益的產品走，」廣達副董事長梁次震說。[7]

不過，設計代工公司旗下的零組件公司產能有限，只能算二線公司，成本、品質還是不敵一線公司（例如機殼的鴻準、可成、巨騰）。

2. 2009 年底起第二波防鴻計畫

2009 年 11 月，鴻海旗下群創（3481）宣佈 2010 年 3 月合併奇美電（3009），對手掀起第二波的防鴻計畫，友達董事長李焜耀被報派稱為「防鴻總司令」。

3. 國內外公司沾到訂單

由表 4.7 下半部可見，許多連接器等公司都收到了筆電代工五虎轉單的好處，這些公司資本額 10 億元（宣德例外）、營收頂多 20 億元，一點點訂單就吃撐了。2009 年下半年，股價狂飆一倍以上。

「這都不是一夕發生，這些設計代工公司一直在佈局，排鴻效應只是暫時的，鴻海不可能坐以待斃，」一名連接器相關公司副總說。2009 年 9 月初，報紙爆出鴻海準備祭出連接器降價策略來收復市占率。

表 4.7　筆電設計代工公司垂直整合以防堵鴻海集團

代工公司	元件	組件（模組）
廣達	IC 相關：原相 LED：研晶光電	塑膠機構件：展運、進達精密 金屬機構件：騰龍金屬、龍承精密 電池組裝：斯丹達能源
仁寶	連接器電阻：麗智、冠寶	塑膠機構件：巨寶，「巨」指巨騰，「寶」指仁寶 金屬機構件：巨寶 面板相關：華映、時緯、利豐 網通：智易 印刷電路板：博智電子、欣寶
緯創	連接器：太康精密、太達電子 線材塑膠件：協昱電子、聯益精密、德益電器	塑膠機構件：緯立，緯創跟巨騰合資 面板相關：緯晶 電池、攝像鏡頭模組：常熟浦元
和碩		金屬機構件：應華蘇州 印刷電路板：景碩 網通：亞旭 記憶體：昱聯 電源散熱：力碩、杰力科技、華信精密
英業達	連接器：宣德（5457）	機殼：跟奐鑫合資
撈到小訂單者	連接器之一（極細同軸線）：萬旭（6134） 連接器之一（內構板對板BTB、線對板 WTB、軟排連接器 FPC）：宏致（3605） 連接器之一（外部訊號連接器）：信音（6126） ·iPhone 連接器：連展（5491） ·筆電連接器：凡甲（3526） 主要供給緯創 ·消費電子連接器：維嘉（3501） ·主機板連接器：嘉澤（3533） ·電源線、訊號連接線：康維（6290）	機殼 ·可成（2474），搶走鴻準生意 ·巨騰（TDR 股） ·板騰 散熱模組 ·超眾（6230） ·力致（3483） 筆電電池 ·順達科（3211）搶走新普（6121）一些訂單

4. 品牌公司說了才算

惠普、戴爾與宏碁等品牌公司對於處理器、面板、光碟機、硬碟等價格較高的零組件，都是採自己買再推給代工公司（Buy and Sell）方式，就是由品牌公司指定代工公司下單叫貨，至於價格、數量則是由品牌公司跟這些零組件公司協議。代工公司只有在幫商店品牌客戶或白牌品牌公司代工時，才會代替這些客戶採購，但只占總採購量一成以下。

業內人士分析，要是設計代工公司（例如廣達、仁寶）可以自己決定面板，那麼廣達所投資的廣輝（3012）也不會虧損累累、2007 年賣給友達。仁寶旗下的統寶（3195）也不用併給奇美電子（3481），這是很清楚的邏輯。[8]

因此，筆電代工公司表示「轉單防鴻：很難」。至少金額不大。

四、成長速度

郭台銘想做的事，除非有技術門檻，否則一定會有「侵略如火」的效果，由表 4.6 可見，2009 年，出貨量 300 萬台，全球市占率 2.44%。2010 年，出貨量至少 1,000 萬台，全球市占率 5%。

5% 市占率是第一個里程碑，1,000 萬台是規模經濟門檻，依此速度下去，2012 年，鴻海重慶廠投產（年產能 2,000 萬台），鴻海可能坐穩代工三哥的位置。

五、成長方式

鴻海搶訂單方式，主要有二種方式，都是衝著老客戶中的大客戶，詳見圖 4.5。

(一)少量多樣的機型

不管企業型（商用）或消費型機型，高階機種由於價格高，有時曲高和寡，像 2009 年 10 月，戴爾推出全球最薄（厚度 0.99 公分）機種 Adamo，鴻海便不計盈虧地接單了。

這是第二版了（機名 Adamo XPS），第一版是由廣達設計代工的，鴻海從廣達手中搶單，目的就是作為攻下戴爾訂單的灘頭堡，甚至也宣告鴻海設計代工足以挑戰一線設計代工公司。

圖 4.5　鴻海集團取得筆電設計代工訂單方式

(二)用製造來彌補研發的不足

　　富士康肯砸錢買機器，來搶特殊規格訂單，其他公司不見得口袋夠深或是因膽量淺而不敢跟進。由於缺乏筆電資料，以 iPhone 4 代工為例，在 2010 年 5 月將展開生產時，富士康與蘋果公司卻發現，由於金屬骨架過於特別，只有一種造價昂貴、產量有限、一般專供原型製造的設備才造得出。蘋果公司研發部不肯在產品規格上讓步，富士康於是向東京發那科（Fanuc）訂購了一千多部單價兩萬美元的設備——而大多數公司只有一部。

　　蘋果公司總裁兼營運長提姆・庫克（Tim Cook）說，「郭台銘是一位凡事力求完美的強勢董事長。他是一位值得依賴的夥伴，我們有幸能與他共事。」深圳龍華廠每天生產 13.7 萬支 iPhone，每分鐘約 90 支。[9]

　　這則報導時間沒弄對，真正指的是 2007 年 7 月，蘋果公司推出 iPhone（第一代）時。因為長期愉快合作經驗，塑造出蘋果公司對鴻海有寵顧性（客戶忠誠度）。

(三)配合設廠

　　品牌公司喜歡設廠配合度高的代工公司，最好代工廠就在旁邊，鴻海從

1995 年，搶了康柏等公司的準系統訂單起，就開始「跟著客戶跑。」配合設廠需要財力，會淘汰一部分對手，也更需要耐虧損，這會篩掉更多對手。

2009 年，戴爾波蘭廠就被拿出來賣，戴爾有意把代工訂單與波蘭廠綁在一起，但代工雙雄覺得售價太高，都無意買下戴爾廠房。戴爾波蘭廠年營收 1,500 億元，占戴爾筆電營收 35.1%、桌上型電腦 28.5%。

2009 年 12 月 2 日，富士康宣布收購戴爾波蘭洛茲廠，一舉拿下戴爾在歐非中東區的桌上型電腦、筆電、伺服器和儲存設備訂單，可協助戴爾就近供應歐洲、非洲以及中東市場。2010 年下半年，支付戴爾波蘭廠的價金及移轉所有權，詳見表 4.8。[10]

表 4.8　鴻海收購戴爾波蘭廠交易

買賣方	賣方	買方
一、買賣方	Dell International Holding VIII B.V.	鴻海子公司 PCE Parogon Solutions kft。2009 年 12 月 2 日，鴻海宣佈透過子公司買下戴爾波蘭洛茲廠，此舉創下戴爾售出旗下重量級廠房的首例。
二、策略考量	戴爾在美國德州、田納西州、北卡羅來納州、佛羅里達州，以及愛爾蘭、印度、大陸、巴西、馬來西亞和波蘭洛茲（Lodz，2008 年 1 月投產）等地也都還有工廠。 戴爾表示，為了加強該公司在歐洲、中東與非洲（EMEA）的長期地位以及對該區客戶提供最佳的服務，因此把波蘭洛茲廠轉移給富士康。此項決定令該公司簡化全球的營運，並可提供客戶更高的效益，該公司繼續透過洛茲廠與鴻海生產該地區客戶所需的桌上型電腦、筆電、伺服器與儲存系統。[11]	富士康收購戴爾波蘭廠是鴻海「關鍵性戰役」！歐美兩地市場占戴爾營收比重 8 成，鴻海接手洛茲廠，對提升歐洲市場營運版圖，大有助益。 根據瑞銀證券亞太區下游硬體製造產業分析師謝宗文的分析。收購效益如下，光是戴爾業務就可為鴻海 2011 年帶來 1,500 億元，且還不包括服務其他品牌公司的額外效益。 謝宗文指出，富士康已提供戴爾 Level 6 的桌上型電腦組裝服務，在收購波蘭廠後，可提供 level 11 的全系統組裝服務，2011 年每台桌上型電腦可為鴻海帶來 16 美元營收。 此樁收購案在 2010 年下半年完成，主要效益在波蘭廠加入後，鴻海全球桌上型電腦代工比重由 60% 提高至 70%。

表 4.8　（續）

買賣方	賣方	買方
		謝宗文預估鴻海 2011 年合併營收約 2.778 兆元，加上戴爾波蘭廠的近 1,500 億元營收挹注，就可突破 2.9 兆元。戴爾波蘭廠的特色是「新廠」，而且是「營運效率非常高的廠」，假設富士康花不到 100 億元的價格收購，應該非常划算，因為假如以戴爾 2011 年 0.49 倍的股價與營收比（price-to-sale ratio）來計算，波蘭廠的收購價值 658 億元。[12]

4.2　鴻海的科技管理

做製造代工，重點在於製程技術和工廠（頂多加採購），偏重競爭優勢「價量質時」中「價」與「量」。做設計代工，重點在於研發部，偏重產品功能、設計美學，偏重「時」（產品創新性）、「質」。

一、門檻

二者間的事業策略不一樣，製造代工公司偏向採取「低成本集中策略」進而「成本領導」策略，這是鴻海的一向想法。設計代工公司偏向「差異化集中」策略（集中指的是區域品牌）到「差異化策略」。

由製造代工晉級到設計代工，需要在研發能量力求突破門檻。本節討論鴻海如何在「策略」、「組織設計」、「獎勵制度」上用力。

鴻海在進行可行性分析時，依序考慮過表 4.9 中的三個因素，本節注重於研發可行性，即研發能力。

表 4.9　筆電設計代工新進者三道門檻

層級	說明
一、市場胃納（即市場可行性）	筆電代工市場大到足以增加進入者，以 2010 年為例，全球出貨 2 億台，每年新增 4,000 萬台，足以容納另一家代工公司。 麥格理資本證券台灣區研究部主管張博淇認為，鴻海成功機會大於偉創力的。縱使鴻海沒有研發上的問題，2010、2011 年筆電出貨量 600 萬台、1,500 萬台，對設計代工公司的威脅也非常小；最後，鴻海要是能在 2012 年內躋入前三大，取代的也會是成本結構相對較差的英業達。[13]
二、研發可行性	(一)研發管理能力 　　一位外資分析師認為，鴻海 2009 年最欠缺的，就是系統整合和設計能力；舉例來說，要把所有的 IC、記憶體、連接器……等零組件，整合到筆電的主機板上，就是一門大學問。桌上型電腦的主機板只有一種樣子，筆電的主機板需要高度客製化；「把蘋果公司的筆電拆開來看，鴻海就是沒辦法做得那麼漂亮。」[14] (二)研發人員 　　由於筆電在標準化上程度比桌上型電腦低，因此幾乎每位客戶每一款機種都需要一組（150～170 人）來負責研發。設計代工業是高度知識密集的服務業性質，各家公司的研發人員數目成了衡量公司研發能力的重要指標。例如，鴻海 2009 年 12 月筆電研發人員 600 至 700 位（註：另一說有 1,500 人），前三大設計代工公司各有 3,000 人以上。即便鴻海能在 2010 年擴大規模至 1,200 位，還是需要時間訓練與整合，要到 2011 年才能拿下顯著的市占率。[15] 　　從代工趨勢來說，品牌公司釋出代工產品的技術等級也都在往上提升，過去主要是 3C 等產品，2009 年包括伺服器與軟體等都有釋出代工的機會，代工公司也必須提高自家技術水準才能配合。
三、技術研發障礙：生產可行性	鴻海為何花了多年努力才在 2008 年拿下 200 萬台訂單？英業達出貨 2,000 萬台，純益率卻只有 1.3%？因為筆電設計代工是個進入障礙非常高的領域，設計代工公司必須提供不同研發設計服務來滿足快速變化的市場需要，對電子代工公司，只要犯個小錯，就會造成客戶不信任。

二、研發能力優劣勢分析

大部分 3C 產品的技術可分為「機電光」三個領域，但是以鴻海來說，靠「機械」（俗稱黑手）起家，「電子」部分尚可，但是比不上電子本家。至於「光學」之前可說是鴻海的弱項，2006 年 12 月，合併普立爾，才能大舉進軍數位相機代工領域。

2010 年 3 月 17 日，群創合併奇美電，守著光學中「光顯示」的這一塊，從做電腦螢幕，2009 年開始做液晶電視代工，偏重代工生產。

＊研發實力的展現

2009 年 1 月 23 日，鴻海尾牙時，郭台銘拿著索尼 Vaio 的小筆電，厚 1.9 公分、重僅 594 公克，號稱全球最輕，可放入口袋。郭台銘對於能夠製造出這款全球最輕的筆電相當自豪，輕薄的鋁鎂機身材質是富士康煙台廠研發出來的技術。[16]

表 4.10　鴻海在筆電設計代工業務研發優劣勢分析

領域＼優劣勢	劣勢	優勢	鴻海事業群	子公司
一、光				
1. 3D	√，廣達、緯創是高手			奇美電（3481），是全球第三大面板公司
2. 圖型顯卡		尚可		外圍公司撼訊、麗台是二線公司
二、電子				
(一)運算				
(二)聲音（立體音響）	√			
(三)通訊		尚可	網路系統	
(四)續航力				
三、機（械）		√	精密模具	
(一)美學		√		
(二)重量（輕薄）				
1. 機殼		√		鴻準
2. 電池				新普（友好企業）

三、策略

鴻海在研發策略上採取「自主研發」方式，一向採取公司併購此一外部成長方式來彌補研發能力不足。

1. 公司併購都是報派？

2003 年 12 月 24 日，郭台銘否認鴻海併購志合、華宇或倫飛。2006 年 12 月起，多次否認要合併廣達。

2. 挖角是「一定要的啦！」

鴻海喜歡用高薪高位挖角，以 2004 年 3 月為例，由於郭台銘跟林百里的默契是「鴻海只能做筆電製造代工」。以致鴻海從緯創、華宇、大眾電腦爭取來的研發人員無用武之地，只好派作其他工作。

到了 2009 年 3～4 月，鴻海從廣達挖了一位研發協理與 60 位人員，導致郭台銘跟林百里之間關係從「相敬如冰」降到「相敬如兵」，詳見表 4.13；鴻海的高薪厚祿對許多想賺大錢的人還是有很強吸引力。

3. 研發人數目標

2009 年 1 月 23 日，郭台銘在鴻海旺年會中強調，鴻海可以撥雲見日的武器就是人才與科技創新，鴻海將加強研發能力，研發人員從約占（公司總部）員工總數的二分之一（6,000 人中佔 3,000 人），提升到 75%。[17]

4. 在中小尺寸面板的技術取得

台灣的面板公司如友達、奇美電，以往都是採用富士通的廣視角技術（VA）。日立顯示器公司的廣視角顯示技術（In Panel Switching, IPS）是蘋果公司的最愛，蘋果公司認為，廣視角顯示可讓消費者在各個方位都有著最好的可視角度，以及更好的色彩飽和度。

2010 年 7 月，奇美電跟日立顯示器簽約，取得其廣視角顯示技術，也等於拿到進軍蘋果 iPhone 與 iPad 液晶面板的門票。

2010 年 12 月 27 日，根據報載，奇美電擬投資日立顯示器公司 12.1 億美元，取得 50% 股權，日立顯示器公司藉此取得奇美電的訂單。日立顯示器在中小尺寸面板全球市占率 6.4%、奇美電 9.1%，二者合計 15.5%，足以跟龍頭日本夏普（15.7%）分庭抗禮。[18]

但是好事多磨，2011 年 6 月 30 日，報載日立顯示器可能被索尼與東芝合併，奇美電的入股可能胎死腹中。

2011 年 6 月 4 日，報載奇美電跟日本夏普（Sharp）有意合資，以共同採購製造液晶所需的玻璃基板與彩色濾光片等。

日立顯示器公司小檔案
（**Hitachi Displays**）

股權：由日立（持股 75%）與佳能（持股 25%）合資成立。

工廠：在日本千葉縣茂原市的 LCD 工廠產能規模其實不大，編號 V1 與 V2 的兩條生產線都屬於 4.5 代（或以下）的生產線。

擴廠：在 2012 年完工，產能增加一倍。

技術：在液晶面板領域中，以廣視角技術（IPS）、低溫多晶矽（LTPS）技術最為擅長。廣視角技術衍生出 FFS 面板技術，iPhone、iPod 面板即屬此種。

四、組織設計

鴻海在筆電的組織設計方面比較奇怪，可以二分法，底下再詳細討論。

1. 產品事業群是業務單位

鴻海至少有 4 個事業群是依客戶別來設計的，甚至有點「包廠」的味道，例如 2010 年 10 月以後，深圳廠專供蘋果公司生產之用。

2. 事業部級守研發

筆電代工事業部由「成本大師」戴正吳領銜，他曾經歷過二個事業群，在鴻海少人有此資歷。

(一)一級單位：事業群

鴻海有 14 個事業群，主要是依「元件」、「模組」、「系統組裝」三項來分的，其中系統組裝的事業群至少有 5 個（富士康國際是手機系統組裝），表 4.11 中有 4 個。

這些事業部名稱不容易看出詳細產品範圍，但是看了第四欄客戶名稱後，才體會出事業群是因客戶而設，一個事業群服務一個大客戶——鴻海五大客戶占營收約八成。以消費電子產品事業群來說，便是以日本索尼集團為主要客人，既做索尼的筆電，又做其子公司索尼電腦娛樂公司（SCE）的電視遊戲機（PS2、PSP、PS3 等）。

表 4.11　鴻海跟筆電代工有關的產品事業群

事業群	主管	產品	客戶
1. 數位產品事業群（IDPBG）	蔣浩良（2009 年 6 月被撤換）	產品：iPhone、部分 MacBook 組裝	蘋果
2. 個人電腦周邊事業群（PCEBG）	鍾依文	產品：主機板、機構、桌上型電腦、筆電組裝、大陸白牌小筆電 銷售：富士康通路行銷事業群（CISG） 主管：劉偉揚	戴爾、宏碁、華碩
奇美通訊	池育陽（2009 年接任富士康國際營運總裁）	產品：筆電製造代工、智慧型手機、行動上網裝置 由奇美通訊研發，有著小筆電的外表，卻採用手機的晶片組和作業系統的智慧本。 消費電子產品事業群（CCPBC）	
3. 消費電子產品事業群（CCPBG）	戴正吳	產品：PS3 遊戲機、液晶電視、筆電組裝	索尼
4. 資訊系統整合服務產品事業群（CMMBG）	簡宜彬	產品：桌上型電腦	惠普

數位產品事業群專門服務蘋果公司，包括手機 iPhone、個人電腦（桌上型、筆電）都做。

至於個人電腦周邊事業群防區包括惠普以外的個人電腦公司。

＊爭權奪利是好漢

鴻海的產品事業群主要是依客戶來劃分，各種產品全包。有了這基本了解，再來看郭台銘所主張「爭權奪利是好漢」的主張，便很容易進入狀況了！

2009 年 9 月，郭台銘在內部會議時指示，要求集團全體總動員，除了筆電事業部外，所有事業群均可全力搶攻筆電產業。[19]

(二)二級單位：事業部

鴻海筆電事業部由戴正吳領軍，2009 年 3 月，在內湖普立爾大樓建制近 1,500 名技術人員。[20]

五、獎勵制度

在科技管理時，我們把「獎勵制度」一詞用來指研發預算。鴻海的研發金額僅次於台積電（2330），在台灣居第二，國內外（主要是美國）專利核准數皆第一。專利佈局主要還在連接器等元件，專利用途主要還是防禦型（即防止別人來告，不是去技術授權的賺權利金）。

(一)鴻海就是要搶這一塊

2009 年 4 月 16 日，鴻海股東會後，郭台銘跟媒體記者們談了近二小時。由下列他的談話可見，他早就把設計代工視為策略。

「過去（尤其是 2004 年前）全世界的品牌公司都有自己的研發部，現在不一定自己設計，就像宏碁本身有品牌行銷、有通路，可是他們並沒有研發，都是外包給設計代工公司。

產品推出的速度變動非常快，如果研發不能跟製造結合，產品開發速度一定慢。所以不能全靠品牌公司自己的研發人員，趨勢是品牌公司開始把研發往外丟（註：即研發外包，註：2004 年前，惠普、戴爾也這麼做了），那麼製造代工就必須往設計代工的方向走。

最近很多客戶找鴻海，不是找鴻海製造，而是從研發、零組件開發、製造（即組裝）到全球配送維修，也就是一條龍，從頭做到尾」。[21]

(二)知道研發的重要性

2004 年，郭台銘宣佈鴻海「從製造（起家）的鴻海變成高科技的鴻海」，鴻海要走向科技的鴻海，研發是絕對少不了的；研發費用都是由郭台銘親自來審核。

你丟我撿，郭台銘看得很清楚，因此他要趕緊建立「撿」的能力。「在不景氣的時候，研發費用絕對不能砍，」郭台銘說，不景氣時縮減成本的觸角一旦伸進研發，那是殺雞取卵，「在這個時候一定要把研發經費丟進去，下一波再起的時候，誰是贏家，就是誰擁有技術。」

聯電榮譽副董事長宣明智以下列方式來形容郭台銘：「會佈遙遙的局，不做遙遙的事。」[22]

(三)研發經費

由表 4.12 可見，鴻海的研發經費金額、比率（即研發密度）逐年增加。尤其是 2008 年，研發經費成長率 54%，在全球不景氣時，鴻海還逆向操作，關鍵項目之一是筆電研發，為「2009 年筆電設計代工元年」作準備。

表 4.12　2007～2010 年鴻海研發經費

項目	2007 年	2008 年	2009 年	2010 年
(1)研發費用（億元）*	153.4	236.6	273.28	—
(2)營收（兆元）	1.2355	1.473	1.42	2.997
(3) = (1)/(2)研發密度	1.24%	1.60%	1.92%	—
(4)盈餘（億元）	777	551	757	771.54
(5) = (1)/(4)	19.74%	42.94%	36.1%	—

*這是集團或合併報表數字

4.3　2009 年，鴻海筆電設計代工元年
——鴻海想從廣達人財兩得

有好機器（鳥巢）、前景，要吸引人才近悅遠來就容易多了。由於筆電研發是團隊整合，因此挖現成的最省事，本節說明鴻海 2009 年上半年想從廣達「人財兩得」，與偉創力在筆電設計代工的進展。

一、鴻海跟廣達間的愛恨情仇

2008 年 9 月 15 日全球金融海嘯讓 2009 年全球景氣衰退，讓鴻海年年成長三成的神話破滅，為填飽產能、重振往日雄風，鴻海跨入筆電設計市場的動作加大，郭台銘跟林百里之間的關係開始產生化學變化。由表 4.13 可見，雙方的愛恨情仇，2009 年 4～11 月，兩人間的互動似乎成為電子業的八點檔連續劇。

桃園華亞園區的廣達公司

圖片提供：今周刊

表 4.13　鴻海跟廣達的關係

年月	活動
2004 年 12 月	郭台銘公開擁抱林百里。
2005 年 12 月	林百里傳出罹患癌症消息。
	郭台銘多次對外表示，林百里是我的哥兒們，鴻海絕對不會跨入筆電設計代工去跟廣達競爭。
2006 年 8 月	林百里罹患癌症時，報載他還一度考慮把廣達併入鴻海。
2007 年 7 月 9 日	廣達總經理王震華離職。（註：原因之一是反對廣達賣給鴻海）
2007 年 7 月	林百里痊癒，重新回到第一線，合併最後只差一步。
2009 年 1 月	鴻海跟廣達互搶蘋果公司筆電訂單。
2009 年 3～4 月	鴻海挖角廣達研發協理與 60 位人員。
2009 年 4 月	鴻海搶下蘋果公司 MacBook 訂單。
2009 年 4 月	林百里出席時代基金會會議時，表示：「台灣很多企業只做『me too』的事情，只會追求第一或垂直整合。」台下記者們面面相覷，大家都猜測，林百里說的「me too 企業」就是鴻海。[23]
2009 年 4 月 29 日	廣達第一季法說會，林百里說：「廣達不會跟某家公司一樣，嘴巴說不做山寨筆電，私底下偷偷做；山寨市場會傷害廣達客戶，廣達絕對不會去做山寨筆電。」
2009 年 5 月初	在廣達第一季業績發表會上，林百里「話中有話」，說了一些重話。
	1. 對手只能學廣達的方式，但是廣達未來轉型成研發導向公司，廣達已經騎馬了，對手還在騎驢。
	2. 針對電子代工公司以白牌、山寨筆電市場來作為筆電大軍練兵之用（註：林百里又把 4 月 29 日的話又再說一遍）。[24]

表 4.13　（續）

年月	活動
2009 年 5 月	為了加強筆電的研發能力，鴻海到處挖角。2009 年 4 月鴻海挖了廣達筆電一批人馬，並在廣達林口廠外紮營隨時準備繼續挖牆角。林百里面對自己辛苦培養了十幾年、甚至一度被列入重要菁英幹部培植名單的研發協理，帶著戴爾公司產品的深度了解靠鴻海，頗為惱怒，5 月發出一封告全員信：「不能把公司的重要資產帶走或拿到其他公司使用。」⑤ 廣達甚至對鴻海在筆電市場的動作進行蒐證。
2009 年 6 月	廣達把鴻海已經到手、高達數十億元的蘋果公司 MacBook 大部分（年出貨 700 萬台）訂單，硬生生地給搶回去。 林百里說，廣達是用技術搶單，不是用價格搶單。 鴻海撤換數位產品事業群總經理蔣浩良，一位外資券商分析師表示，鴻海原本寄望幫蘋果公司做出口碑，來吸引惠普、戴爾下單，「現在少了這個指標，鴻海要拿下大量筆電設計代工大單的時程，恐怕又得往後延。」㉖
2009 年 8 月 24 日	林百里在法說會上對鴻海開炮，說業界挖角很正常。被外界解讀為是暗批鴻海挖角廣達高階主管。 鴻海已跨入筆記型電腦產業，但林百里在公司內部會議中不願意提到鴻海這兩個字，而暗諷「red sea」（紅海，跟鴻海音似），「以前不做筆電設計代工，red sea 現在跳進來做，會被殺得很慘，我們已經跟 red sea 在不同層次了。」㉗ 「人員被人家挖走了，這是常常有的事情，不過挖走的都不是我們好的（員工），你看挖走的不也沒什麼成績，好像他們在抱怨說，他們在外面只做山寨筆電，沒有做真正好的（產品）。」 「如果說今天因為（挖角）造成我們很大的（衰退），那這是一個很大的題目；結果不是啊，（廣達業績）反而好啊，他們幫我們清除了一些這個（不好的員工）。」 「不過很多（被挖角的）人去後，不習慣又回來了，因為他們很怕罰站（大笑）。在我們這邊做錯了，我們副董（梁次震）人很好，叫你過來摸摸頭，我們做不好反而會得到更多關心。」㉘
2009 年 11 月 25 日	郭台銘跟林百里電視螢幕前「大和解」。

二、鴻海搶廣達訂單

　　鴻海替蘋果公司代工 iPod，2007 年 7 月，又全部承接 iPhone 組裝，因此有很悠久的關係。因此，鴻海「得寸進尺」也是理所當然的，只是蘋果公司的筆電（MacBook）大都由廣達設計代工。2009 年 1 月，鴻海以低價搶得 MacBook 大部分訂單，蘋果公司產品單價高，但製程具困難度，代工門檻提

高,也連帶產品毛益率較能維持。由表 4.14 可見 iMac 及 MacBook 系列是兩大產品線,且屬「長青」系列,跟其他品牌公司不同,蘋果公司會定期針對兩系列進行改版,讓「蘋果迷」死心塌地追隨。

表 4.14　蘋果公司產品與代工公司

代工公司	代工產品
廣達	桌上型電腦系列:iMac,三種規格,售價 1,199～1,999 美元。 筆電系列:MacBook & MacBook Pro,後者是高階商用產品,售價 2,499 美元,前者有輕薄型,稱為 MacBook Air。 消費電子:iPod
鴻海	平板筆電:iPad 手機系列:iPhone 消費電子:iPod

資料來源:法人、業界

三、鴻海搶廣達人才

鴻海在 1990 年代,有先搶得訂單再趕工設廠的事。鴻海從廣達手上攔截蘋果公司訂單後,「一不做,二不休」的,甚至連廣達的研發人才也整班挖角。

2009 年 3 月,在鴻海位於台北市內湖普立爾大樓的辦公室,出現了一張新面孔,他是鴻海從廣達挖角來的協理(註:原文為資深副總,但大部分報刊皆寫成協理)歐先生,歐協理已經帶領廣達「iPod 事業群」兩年,專門負責蘋果公司的 iPod Touch。

曾有廣達的員工在網路上留言,「歐先生又不是筆電事業群的,被挖角去做筆電,怪怪的。」其實,歐協理是不折不扣的筆電專家,戴爾公司就曾對廣達說,「如果不是歐協理接案,我們就不給廣達做。」戴爾公司的欽點打響了他的名號,帶領廣達的戴爾事業部,立下不少汗馬功勞。

「歐先生是很強悍的人,而且很目標導向。」一位熟悉廣達的人士說。

據了解,歐協理原本是自行遞辭呈,但林百里得知他是被鴻海挖角後,立刻把「離職」改為「免職」。最讓林百里憤怒的,是歐協理前往鴻海的消息原

本只有三、五人知道；但消息走漏後，廣達有近百人想跟他轉戰鴻海，最後一共離開近 60 位工程師，造成廣達內部極大震撼。林百里下達嚴厲命令，這位跳槽到鴻海的協理，未來廣達永不錄用。

年約四十歲、交通大學畢業的歐協理，在廣達的年薪千萬元以上，鴻海以給他極大的發揮空間來打動他。熟悉他的人士認為，會讓一票部屬死忠地跟著他離開，除了領導魅力，也因過去在廣達總會非常積極地為底下的工程師爭取分紅。

歐協理嚴厲要求部屬，但只要同仁有功，該給的獎賞，絕不小氣，也因此培養出部屬高度的向心力和忠誠度。[20]

鴻海挖角動作非常積極，據傳鴻海打算以客戶端為準「各個擊破」，例如想搶戴爾訂單，就積極去挖廣達的戴爾小組（70 人），檯面上鴻海盡量以不引人注意為原則。

鴻海薪資給得相當大方，舉例來說，年資二到三年研發人員的月薪四萬元，鴻海為了挖角，薪水開過 1.5 倍高價，等於是直接加薪二萬元。

鴻海的筆電研發部設在廣達附近，為了搶攻筆電代工訂單，鴻海租下位於桃園縣龜山鄉頂湖路一處機械工廠後面的小廠房，這個研發總部距離廣達只有二公里，車程不到十分鐘。

鴻海低調行事，筆電研發部沒有掛上招牌，大門還設有三重關卡，要進去必須經過攝影機辨識，感應卡還得連刷兩台不同的密碼機。

四、損兵折將

數位產品事業群總經理蔣浩良是新加坡人，被郭台銘挖角到鴻海前，已經在蘋果公司工作了十六年，負責桌上型電腦業務。在鴻海任職後，服務蘋果公司這個大客戶，為鴻海拿下蘋果公司賴以翻身的 iPod、iPhone 訂單，一年貢獻鴻海營收 10～15%。

他當紅的程度，從 2009 年 1 月 23 日，鴻海在小巨蛋辦的旺年會上就看得出來。郭台銘意氣風發地站在舞台中央，身邊站著的是四大名將：網通事業群總經理呂芳銘、消費電子事業群總經理戴正吳、蔣浩良與模具事業群總經理徐牧基。郭台銘環顧著四位，還特別說了句：「除了蔣總，其他幾位跟我一樣，都近退休年齡了。」接著，郭台銘還加了一句：「（蔣浩良）還可以再做

十年。」

2009 年 6 月底，麥格里證券台灣區研究部主管張博淇指出，廣達從鴻海手中拿回蘋果公司筆電訂單，蘋果公司只把小量的塑膠殼機種留在鴻海。7 月 16 日凌晨，富士康大陸廠區負責保管蘋果公司 iPhone 4G 樣機的員工，從十二樓住處一躍而下。據傳，他被懷疑搞丟了樣機而被媒體把樣機曝光。2009 年 8 月上旬，蔣浩良被調任為董事長辦公室特助，負責數位相框等產品的新事業部門。

部分媒體把此詮釋為鴻海被廣達搶回 MacBook 訂單的懲戒，但同業認為，品牌公司轉單是家常便飯，為此撤換總經理不大可能。比較可信的是另一個廣為流傳的說法：蔣浩良在 2008 年底為了壓低成本，在蘋果公司不知情的情況下把某項產品改用較廉價的零件，結果因該產品上市後出現瑕疵而東窗事發。[30]

*索尼是最大客戶

2009 年索尼的筆電生產訂單大抵如此分配：廣達及鴻海約占出貨八成，另兩成由索尼在日本直接製造。至於鴻海的訂單主要從和碩（2008 年元旦從華碩分割出來）搶來的。

以 2010 年來說，鴻海主要接單系列：Vaio（註：一般為全大寫，VAIO）P、E 系列，共約 200 萬台；廣達接英特爾平價處理器 Atom 的小筆電 Vaio W、Vaio CR，緯創首度打入索尼代工陣營，接低電壓（CULV）筆電；索尼自製比重略降。

五、偉創力搶攻筆電設計代工訂單

偉創力（Flextronics）是全球第二大電子代工公司，2010 年營收 277.6 億美元，只有鴻海的 27%。2007 年中，趁鴻海被廣達牽制住，分不開身，乘虛進軍筆電設計代工業務，其進程如表 4.15。主要是 2007 年 12 月宣佈以 1.92 億美元收購筆電代工四線公司（2005 年年出貨量僅 90 萬台）華宇電腦（2381），承接其大陸江蘇省蘇州市吳中廠。

表 4.15　偉創力進軍筆電代工的佈局

年月	活動
2006 年	成立筆電代工事業部，由吳江廠負責，珠海廠支援。
2007 年 12 月	偉創力以 1.92 億美元收購筆電代工四線公司華宇（2381）個人電腦事業部。
2008 年	營收 10 億美元。
2009 年 7 月 13 日	宣佈在台灣新北市板橋區成立筆電研發中心，由副總甘銘祥領軍。
2009 年 10 月	偉創力積極擴充吳中廠（4.54 萬坪）生產設備。[30]
2009 年 12 月	偉創力於匈牙利興建個人電腦廠，12 月量產，主要為聯想代工個人電腦（包括一體成型個人電腦 A300）及伺服器。 偉創力電腦事業部總經理伯格表示，「訂單無虞，但人才（註：2009 年底，大陸與板橋共 700 人）難尋」，因此積極延攬研發人才，再徵 500 名工程師，2010 年底研發人數達到 1,200 人。[32]
2009 年	營收 20 億美元。
2010 年	營收 40 億美元。
2010 年 8 月 4 日	偉創力拿下惠普 2011 年 500～600 萬台消費型筆電訂單，衝擊向來以惠普為主要消費型筆電代工夥伴的廣達，也突顯廣達對惠普訂單依賴度高的問題。
2010 年 10 月	吳中新廠 10 月投產，年產能共 2000 萬台，伯格赴重慶市考察，未來也可能跟隨客戶腳步到重慶市設廠。
2011 年 4 月	大陸江西省贛州廠（主要做電源供應器）投產。

在新北市板橋區（2009 年 7 月）與大陸江蘇省蘇州市旁吳中市（2009 年底）各設一個研發中心，電腦事業部由伯格（Sean Burke）擔任總經理，主要客戶為惠普、戴爾、聯想。

＊偉創力搶惠普小筆電訂單

2009 年 12 月 6 日，摩根大通證券指出，偉創力近期透過惠普線上競標（e-bidding）機制，搶下 2010 年 200 萬台小筆電代工訂單，每台報價 45 美元，創下業界新低紀錄。電子代工公司跟電子設計代工公司的殺價競爭將越演越烈！科技產業分析師郭彥麟指出，偉創力所拿下的這批訂單，擠壓到廣達與英業達等惠普既有的代工夥伴。[33]

2011 年，偉創力逐漸淡出筆電代工。

4.4 行銷組合與經營績效

客戶選擇設計代工公司不會只考量研發能力，也就是不會只考量「價量質時」中的「時」。因此，鴻海便可採取行銷組合和配套措施，截長補短的去搶奪客戶。

本節說明鴻海行銷組合與經營績效，在詳細說明行銷組合之前，請先看4.16，先有個全面觀。

表 4.16　鴻海筆電設計代工業務行銷組合

行銷組合	說明
一、產品策略	
(一)產品線廣度	1. 2009～2010 年，鴻海集中兵力做消費型筆電，這是因為這技術難度（詳見圖 4.6）較低，廣度也窄一些，比較容易累積訂單量到規模經濟門檻（例如 1,000 萬台）。為了衝量，連山寨（白牌）小筆電訂單也接，此外，智慧本筆電（SmartBook）訂單也接。 2. 2011 年，產品廣度拉開至企業型（或稱商用）筆電，預估占出貨量 23%。
(二)產品線深度	1. 小筆電專家：由圖 4.6 可見，小筆電、白牌小筆電，甚至平板電腦都屬於同一群（以螢幕尺寸來分），鴻海在這條產品線可說「全員到齊」。平板電腦跟智慧本筆電又是大同小異。 2. 消費型筆電：2009 年鴻海針對消費型筆電「低階」吃到「高階」（例如 2009 年 10 月戴爾 Adamo）。
二、定價策略	「天下沒有價格打不倒的品牌忠誠度」，鴻海「口袋深」（年盈餘 700 億元以上、市值 1 兆元），有實力在筆電設計代工業務打「割喉戰」。常見定價策略有二種。
(一)搭售，買一送一，這屬於策略性定價	鴻海代工範圍包山包海（3C 電子加汽車電子、醫療電子），因此很有本錢採取補貼、搭售作法。在零售商店（例如唱片行），買紅標產品再搭綠標產品，綠標產品打 8 折，便利商店常用措施是「第二件打六折」。
(二)單一產品定價	縱使只考慮單一款筆電的代工，鴻海可能採取下列二階段定價方式。
1. 削價競爭	削價競爭（比同業低二成以上），讓鴻海晉級二線代工公司，先求上壘再求得分。
2. 微利留客	等到客戶滿意後，再乘機（例如共同研發）擠下一家一線代工公司，鴻海由二線代工公司升格為一線代工公司。

表 4.16 （續）

行銷組合	說明
三、促銷策略	
（一）人員銷售	1. 郭台銘扮演超級業務員（Super Sales），負責打點惠普、戴爾、蘋果公司等董事長與執行副總裁。 2. 各事業群總經理是頂級業務員（Top Sales），總經理的天職是維持營收成長率目標（2003～2009 年為 30%，2010 年以後 15%）。
（二）價格促銷	鴻海強調「研發（設計）是免費（服務）的」。
四、實體配置策略	以大陸為例，富士康還有三個競爭優勢，即提供客戶更多附加價值。
（一）替你運	2008 年 3 月，蘋果公司跟大陸第二大電信公司中國聯通談代理，富士康提出可以替蘋果公司「製造加物流」，即出廠後直接出貨到中國聯通指定的物流中心，富士康自認運費比較便宜。
（二）替你賣	2009 年 9 月，富士康宣佈收購日本索尼公司的墨西哥廠，取得年 400 萬台的液晶電視代工訂單，報載，另一個收購案得標的策略因素為，富士康在大陸掌握一些零售店（例如旗下賽博資訊廣場、萬馬奔騰小店等），可以幫索尼銷售。
（三）替你作「廢棄物」回收利用	同樣方式，鴻海要往前吃設計，往中間吃零組件，往後要做廢棄物的回收。因為東西是鴻海做的，回收不是拿來當廢料，因為是鴻海把金鍍上去電路板，曉得再怎麼把它拿下來。全世界都在推動環保法令，這是鴻海集團可以提供的服務。[30]

一、產品策略

一開始作設計代工公司，由於研發能力有限（研發人員素質與人數），因此在代工產品的廣度一定是由少到多。底下說明鴻海 2009、2010 年設計代工的產品策略。

(一)產品廣度：筆電族群

數位匯流的結果是 3C 產品皆撈過界，通訊（含上網）變成共通功能，因此筆電一「族」的範圍很廣，詳見圖 4.6。

像手機霸主諾基亞就立誓以後人們出門，只要帶車鑰匙和手機（手機有電子錢包功能），由圖 4.6 可見，智慧型手機再做大一點點，稱為智慧本（SmartBook）或超級手機（Superphone），介於智慧型手機與筆電（尤其是小筆電間）。

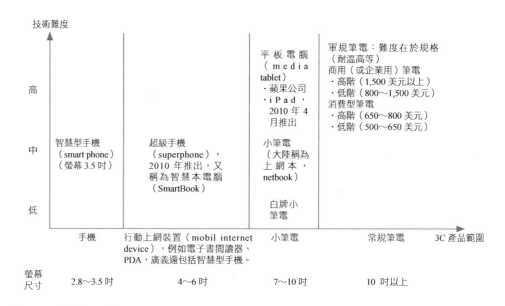

┌─────────────────────────────────────┐
│   超級手機小檔案   │
│   │
│ 市調機構 Strategy Analytics 所定義的超級手機 │
│ （superphone）為具備超大螢幕（超過 4 吋）、超快處理器 │
│ 速度（時脈大於或等於 1 GHz）的高階智慧型手機，兼具個 │
│ 人電腦運算功能。多數是高階智慧手機，2010 年銷售量約 │
│ 1,500 萬支，預估 2015 年 1 億支。   │
└─────────────────────────────────────┘

圖 4.6　筆電相關產品

常規筆電可以二分法為二小類。

1. 消費型筆電

消費型筆電是由消費者（例如大學生）去 3C 專賣店買的，單價比較低，保固期 6 到 12 個月。對代工公司來說，製程難度較低。

2. 商用筆電

這是由公司買來，配備給員工（主要是業務代表，像壽險公司），保固期間常要求 2 年，光以這項來說，代工公司製程的難度也更高。

這二類筆電又可再細分為「低階」（大部分是量販店在賣的）、「高階」（大抵在 3C 專賣店賣），從售價便可看出差別；差異處有記憶體容量、螢幕尺寸，還有一些特殊功能。

(二)產品深度

2007 年，筆電銷量 1.1 億台，品牌公司在規格上作文章，大搞差異化，常見的是螢幕尺寸，其他還有依記憶體容量等來區分。

1. 主流機型

主流機型螢幕尺寸有：12.1、14.1、15.4 吋，代工公司最喜歡接「少樣多量」的主流尺寸機型訂單。

2. 非主流尺寸

13.3、16、17、18.4 吋等，這可說是「多樣少量」的部分，要是訂單又分散，會搞得代工公司「多備料」、「多雇工」。

(三)產品組合

以實用 BCG 模式來分析鴻海筆電設計代工的產品組合，由圖 4.7 可見，鴻海想集「順子」，在各情況下皆有佈局，兼顧獲利性（搖錢樹、落水狗）、成長性（明日之星、問題兒童）。

就獲利考量，鴻海可以不接微利訂單（例如 2010 年 10 月收購戴爾公司波蘭廠），但是基於衝量的考量，只要小賺甚至小賠的訂單都接。

圖 4.7　鴻海筆電設計代工業務產品、客戶組合

(四)2009 年，接白牌小筆電訂單

在本書第五、六章中，我們說明大陸山寨手機。2008 年，富士康也有意接白牌手機訂單，但擔心品牌手機公司客戶反彈等因素，以致踟躕不前。對於

白牌筆電就覺得機不可失，2007 年 10 月 16 日，華碩推出小筆電易 PC，2008 年 5 月，宏碁推出 Aspire，後來居上，之後，戴爾、惠普等才推出。

2008 年底，大陸才開始有「白牌小筆電」（註：台海兩岸用詞不同，詳見表 4.17）推出，由於 2009 年中期以後美國英特爾不供應中央處理器（CPU），威盛電子（2388）想學白牌手機中的聯發科（2454），藉由白牌小筆電（報刊用）出奇致勝。

2008 年底，郭台銘想進軍接白牌小筆電訂單，表 4.18 是鴻海的白牌小筆電代工業務進程。2009 年底，白牌小筆電因功能沒特色、價格不夠低，出師未捷身先死，鴻海在這方面沒有斬獲。

表 4.17　兩種筆電台海兩岸用詞

筆電名稱	台灣用	大陸用詞	
		品牌公司	白牌公司
netbook	小筆電	上網本（或稱品牌本）	山寨本（本書稱為白牌小筆電）
smartbook	智慧本筆電	智慧本	

表 4.18　鴻海進軍白牌小筆電代工進程

年月	說明
2008 年底	郭台銘對於錯過山寨手機的爆發頗感扼腕，表示不再錯失「山寨筆電」市場；打算效法眼中釘比亞迪電子（手機代工業務以山寨手機起家），以白牌小筆電「度小月」，兼為筆電代工業務練兵。 2009 年白牌小筆電在大陸只有二百多萬台的銷量，但有山寨手機搖身一變，成為大陸本土最大品牌的先例，幾年之後，當地白牌小筆電品牌或許也有機會靠著鴻海的餵養，成為大陸的大品牌。
2009 年 3 月	郭台銘拍板進軍小筆電代工。
2009 年 4 月 16 日	郭台銘在 2009 年股東會後對記者說，「山寨要轉正」，也就是在大陸提供消費者合法、有保固維修等售後服務的產品。 鴻海的接單指導原則向來是「數大就是美」，白牌公司可是極度的「少量多樣」，鴻海產線、業務如何調適是一大難題。 對於此點，郭台銘的如意算盤是由鴻海打造「公板」（一說為公版）供這些「螞蟻雄兵」共用，幾十家、幾百家拼拼湊湊就是百萬台了。雖然鴻海主管私下多認為此舉過於理想化，但是郭台銘堅持要做。

表 4.18　（續）

年月	說明
2009 年 5 月	媒體與市調機構已看壞白牌小筆電的前景，原因如下。 1. 產品不夠新 　大多數的白牌小筆電，除了外殼材料及顏色有變化外，所具備的功能幾乎跟品牌公司產品並無二致，而且功能及外形也無法像白牌手機那麼千變萬化。 2. 定價不夠殺 　關鍵的是，白牌小筆電跟品牌本之間的價格差距不夠殺！例如，深圳市華強北一台十吋英特爾白牌小筆電本售價約人民幣 1,750 元，是品牌本售價的三分之二，但後者有售後服務。 　此外，大陸 3G 電信服務 2009 年 3 月開始營運，大陸大型電信業紛紛跟品牌公司合作，提供消費者小筆電補助，折抵通話費。海爾 X105 小筆電零售價人民幣 3,288 元，但中國移動補貼了人民幣 1,500 元上網費，等於消費者只要付人民幣 1,788 元就可以購得一台小筆電，這個價位跟白牌小筆電幾乎一樣，在價格上討不到便宜的情況下，消費者當然選品牌公司小筆電。 　白牌小筆電在市場端的價格競爭優勢不夠，源於小筆電的主要零件十吋液晶螢幕必須仰賴自台灣、南韓，而筆電在台韓經營了數十年，成本已非常透明，組裝一台利潤只有 5%，大約是 5～10 美元。而且筆電需要比較大的店面，對消費者來說，筆電比較像耐久品，而不太可能像手機一樣經常汰換。[35]
2009 年 7 月	3 月初富士康拍板進軍上網本計畫，7 月初完成白牌小筆電代工的大陸布局。 掌管富士康白牌小筆電代工業務的董事長特別助理**劉偉揚**表示，已經完成大陸北、中、南三區的管道佈局，「富士康製造」的白牌小筆電透過各地品牌公司，在大陸全線上市。除了現有的 3C 專賣店，還包括教育市場、手機店、電子商務等管道銷售，甚至包括電視購物頻道，還包括白牌小筆電的大本營。深圳中電投資（CES）與萬商匯實業聯合發布富士康製造的 CES 品牌筆電，這是富士康出擊白牌小筆電後，首次在有白牌小筆電大本營深圳市華強北電子商城落地，類似方式將於大陸各地推行。[36] 之前，鴻海已有能力做出採用英特爾 Atom 處理器、價格約人民幣 2,400 元的小筆電。 鴻海有高品質和低價格的雙重優勢，要搶進白牌市場易如反掌；而許多白牌公司自知打不過鴻海，也願意拿鴻海的產品來「貼牌」銷售。 在大陸的電腦商店，已可看到 QBOOK、Foxsky 等品牌的小筆電，直接就打著「富士康（Foxconn）製造」的標籤，來銷售這些小筆電。 2009 年 12 月，深圳傳出白牌小筆電泡沫化風波，鴻海只好踩煞車。[37]

(五)2009 年 12 月，接一體成型電腦訂單

2008 年，推出的一體成型（All-in-One, AIO）桌上型電腦，有些類似筆電代工，廣達原先就代工蘋果公司 iMac（1997 年就推出）與索尼的一體成型機種，所以最快拿下市場霸主地位。2009 年，聯想與華碩也都在廣達代工。2008 年，市場銷量 200 萬台，2009 年，成長到 650 萬台。平板電腦是小筆電中的高價版，同樣的，一體成型電腦也是桌上型電腦的高價版，2009 年，廣達推出的光學多點觸控技術與緯創的 3D 技術，就獲得客戶青睞，取得不少訂單。㉚

在這方面，廣達等可說撈過界了，但由於一體成型機種重點在於功能，因此鴻海遲至 2009 年 12 月才進入。

(六)2010 年 1 月接 iPad 訂單

2010 年 4 月 3 日，蘋果公司的平板電腦（Tablet PC）iPad 上市，全部由鴻海組裝，訂單量很大。

二、定價策略

對新進者來說，在達到規模經濟量之前，大都是「負毛益（率）經營」，簡單的說，必須以經營規模時的價格來報價才可能搶得到一點訂單。

鴻海採取「長痛不如短痛」的作法，比前述價格再往下殺，用超低價希望多搶一些訂單，希望能衝刺到年出貨 1000 萬台的規模經濟量。

三、促銷策略

「廣告」、「人員銷售」、「價格促銷」、「贈品促銷」是常見的消費品促銷方式，工業品的促銷範圍也差不多，以「贈品促銷」為例，鴻海一向強調「設計是免費的」，也就是客戶下單，鴻海奉贈設計服務，這從 2001 年郭台銘首度對外宣布 CMMS 模式前，就一再強調「設計免費」。

同樣的經營理念貫徹到筆電設計代工業務。

四、實體配置策略

鴻海在大陸有物流優勢，詳見表 4.16 中的相關說明。簡單的說，鴻海在品牌客戶的核心活動（研發、製造和銷售）上，多承攬銷售服務，這才是全

面解決（total solution）。到最後，品牌公司只要做好品牌、零售公司管理便可。

五、經營績效

鴻海在筆電設計代工業務的經營績效可用「風林火山」中的「疾如風」、「侵略如火」來形容，由表 4.19 可見一斑。簡單的說，最快 2011 年名列筆電代工第二名，底下簡單說明。

表 4.19　鴻海筆電設計代工業務經營績效

單位：萬台

客戶、機型	2009 年	2010 年	2011 年（F）	2012 年（F）
一、新客戶				
（一）惠普		300	900 中有 200～300 為商用。	
・上海市松江廠	√		400	
・重慶廠		6 月，第一期投產，100	500，第二期工廠投產。	1500～2000，第三期工廠投產
（二）戴爾		100	500 中有 400 為商用。	
・上海市松江廠	√		100	
・波蘭廠		10 月，接收工廠，對出貨貢獻有限	400	同左
（三）蘋果公司				
・MacBook			150	
・iPad		√ 1500	4500	√
二、老客戶				
（一）索尼	√	150	400	√
（二）華碩			600	
三、機型				
（一）消費型	100%	100%	73%	
（二）商用	0%	0%	27%	
小計	300	2100～2400	5200	
全球市占地位		第四大	第二大	第二大

(一)2010 年，第四名

2010 年，鴻海出貨量約 2,200 萬台，超越規模經濟量，主因是蘋果公司 iPad 銷量 1,500 萬台全由鴻海組裝，鴻海在筆電設計代工市占率位居第四。鴻海合併營收 2.997 兆元，大幅成長，可說拜筆電代工業務之助。

鴻海採取賠本搶單方式，一台賠 10～15 美元，純益率，−3～−4%。鴻海搶進筆電產業，讓這一區塊淪為新的殺戮戰場；本來已經很低的毛益率，因為搶單而殺得更低，詳見表 4.20。

2010 年 9 月 1 日，陳瑞聰在法說會上表示：「我也沒有好消息」，「大家一起沉淪，但仁寶沉淪比人家慢」。意思是說，仁寶這樣難看的毛益率，比起同行還來得高。㊲

2010 年 9 月 10 日，摩根大通證券亞太區下游硬體製造產業首席分析師郭彥麟認為，分析鴻海的訂單，可看出大多是惠普與戴爾等毛益率較低的機款，鴻海近期也因執行力方面的問題，流失一些索尼與華碩等毛益率較高的訂單。因此，對鴻海來說，回歸到執行力的專注會比大舉搶訂單重要。㊵

表 4.20　1998～2010 年筆電設計代工公司獲利能力（以仁寶為例）

時間	1990 年代	2000 年代	2009 年	2010 年
1. 毛益率	1999 年 15.3%	6%（2004 年第二季起），媒體戲稱為保六總隊 5%（2006 年起），媒體戲稱為保五總隊	3～4% 媒體戲稱為「茅三（3%）道四（4%）」	第二季 2.8%，媒體戲稱為「一不做，二不休」時代
2. 純益率	11.7%	3.4%（以毛益率 5% 為例）	2.8%	2.5%

(二)2011 年，爆衝年，第二名

2011 年 6 月 8 日，鴻海舉行股東會，針對筆電代工業務，郭台銘表示：「絕不退出筆電代工業務，就算全世界剩兩家，我是其中一家。」㊶

2011 年是鴻海進軍筆電設計代工的收割年，出貨量預估數字範圍很大，底下列出可能值、悲觀值。

1. 可能值

2010 年 10 月 21 日，資策會 MIC 預估 2011 年蘋果公司在筆電市占率躍升為 15.9%，而其最大代工公司鴻海受益最大，因此鴻海市占率由 9.4% 跳增至 18.67%，成為筆電代工二哥。⑫

2. 悲觀值

至少是 2,200 萬台。

(三)重新洗牌

2011 年 8 月 19 日，全球個人電腦第一的惠普宣佈分拆個人電腦事業部，並且尋求出售。一般認為這是不堪 iPad、智慧型手機的強攻猛打，標誌著「後 PC 時代來臨。筆電代工將進入重新洗牌。」

註　釋

①今周刊，2006 年 8 月 28 日，第 12 頁。

②商業周刊，2004 年 1 月 5 日，第 81 頁。

③今周刊，2007 年 3 月 19 日，第 96 頁。

④經濟日報，2010 年 2 月 2 日，A3 版，李立達、曾仁凱。

⑤非凡新聞周刊，2009 年 2 月 8 日，第 23 頁。

⑥今周刊，2009 年 4 月 27 日，第 106 頁。

⑦延伸閱讀〔10〕，第 93 頁。

⑧工商時報，2009 年 11 月 19 日，B4 版，黃智銘、陳詠丞。

⑨今周刊，2010 年 9 月 20 日，第 121 頁。

⑩非凡新聞周刊，2009 年 2 月 8 日，第 23 頁。

⑪經濟日報，2009 年 12 月 3 日，A1 版，李立達等。

⑫工商時報，2009 年 12 月 3 日，A5 版，黃智銘、劉宗熙。

⑬工商時報，2009 年 12 月 14 日，B3 版，張志榮。

⑭延伸閱讀〔7〕，第 50～51 頁。

⑮工商時報，2009 年 5 月 11 日，A9 版，黃智銘。

⑯非凡新聞周刊，2009 年 2 月 8 日，第 22 頁。

⑰商業周刊，2009 年 2 月 8 日，第 24 頁。

⑱經濟日報，2010 年 12 月 29 日，A3 版，吳國卿。

⑲工商時報，2009 年 9 月 25 日，A3 版，黃智銘。

⑳工商時報，2009 年 9 月 5 日，A1 版，周彰榮、黃智銘。

㉑今周刊，2009 年 4 月 27 日，第 103 頁。

㉒延伸閱讀〔2〕，第 104 頁。

㉓延伸閱讀〔7〕，第 50 頁。

㉔工商時報，2009 年 5 月 11 日，A9 版，黃智銘。

㉕延伸閱讀〔7〕，第 56 頁。

㉖延伸閱讀〔7〕，第 51 頁。

㉗天下雜誌，2009 年 11 月 4 日，第 80 頁，江逸之。

㉘經濟日報，2009 年 8 月 25 日，A3 版，李立達。

㉙延伸閱讀〔7〕。

㉚延伸閱讀〔8〕，第 223 頁。

㉛工商時報，2009 年 10 月 16 日，A15 版，黃智銘。

㉜經濟日報，2010 年 1 月 29 日，C3 版，李立達。

㉝工商時報，2009 年 12 月 7 日，A3 版，張志榮。

㉞同註釋⑥。

㉟非凡新聞周刊，2009 年 5 月 24 日，第 65 頁。

㊱經濟日報，2009 年 7 月 21 日，A3 版，楊文琪。

㊲工商時報，2009 年 12 月 5 日，A3 版，張志榮。

㊳工商時報，2009 年 12 月 9 日，A5 版，黃智銘。

㊴今周刊，2010 年 8 月 23 日，第 57～58 頁。

㊵工商時報，2010 年 9 月 11 日，B2 版，張志榮。

㊶工商時報，2011 年 6 月 9 日，A1 版，鄭淑芬、劉家熙。

㊷工商時報，2010 年 10 月 22 日，A17 版，呂俊儀。

延伸閱讀

1. 伍忠賢，鴻海藍圖，五南圖書公司，2009 年 3 月，二版，第 3 章第 8 節筆記型電腦代工。

2. 熊毅晰，「郭台銘痛定思痛，加入山寨大軍」，天下雜誌，2009 年 5 月 6 日，第 100～104 頁。

3. 呂宗耀，「鴻海與廣達求企業長青——兼論凡甲」，今周刊，2009 年 7 月 6 日，第 116～117 頁。

4. 李京翰、蒼弘慈，「郭台銘秘密練兵，代工蘋果小筆電爭王」，非凡新聞周刊，2009 年 7 月 19 日，第 28～29 頁。

5. 楊之瑜，「郭台銘換下接班人，親黏惠普固盤」，商業周刊，2009 年 8 月，1134 期，第 54～56 頁。

6. 謝金河，「解構鴻海——一場驚天動地的零組件革命」，今周刊，2009 年 8 月 10 日，第 128～131 頁。

7. 林易萱，「郭台銘、林百里天王決裂」，今周刊，2009 年 8 月 31 日，第 48～56 頁。

8. 陳良榕，「業績直落，郭台銘靠什麼扭轉頹勢？」，財訊月刊，2009 年 9 月，第 220～224 頁。

9. 吳偉立，「連接器『轉單效應』咁有影？」，財訊月刊，2009 年 9 月，第 228～231 頁。

10. 黃亦筠，「排『鴻』效應，筆電廠絕地大反攻」，天下雜誌，2009 年 9 月 9 日，第 92～94 頁。

11. 謝金河，「代工末路？——陳瑞聰、郭台銘的空襲警報」，今周刊，2010 年 9 月 13 日，第 130～133 頁。

12. 陳仲興，「偉創力搶布局吳中，鴻海重慶應戰」，非凡新聞周刊，2010 年 12 月 5 日，第 44～45 頁。

討論問題

1. 請問鴻海切入筆電設計代工的時機（2009年初）適合嗎？為什麼？

2. 請問鴻海如果沒有先做筆電製造代工五年，那麼進軍設計代工的能力何時會具備？

3. 請問鴻海為什麼不採取公司併購方式來介入筆電設計代工呢？

4. 以產品策略來說，鴻海進入市場的廣、深度節奏感如何？

5. 鴻海做筆電設計代工的經營績效如何？

5

價值工程的典型——大陸山寨手機

——兼論大陸手機晶片王聯發科

大陸山寨手機產業的崛起，為科技產業所帶來的啟示，就是不斷去尋找可能的新機會。科技產品往往面臨一個問題，即所提供的功能超越使用者的真正需求，這為新加入者製造一個機會，只要他們能提供一個「夠好夠用」（Good Enough）的產品，就可以跟舊加入者來競爭，並帶來新的成長機會。①

——蔡明介
聯發科董事長

■ 一箭雙雕

討論一個個案，要是有兩個個案的收穫，那可說是上上之策。在第五、六章，藉由聯發科技（2454）的手機晶片，既可滿足大陸手機公司採購、研發人員的價值工程的考量；尤有甚者，經由討論山寨手機也可以舉一反三的了解山寨 3C 產品，甚至山寨品的相關觀念。這二個學習目標，在前言中先開門見山的說明。

一、價值工程的極致表現：山寨版

價值工程（value engieening）在採購管理、研發管理（大學科目稱為科技管理）都是很重要的觀念，很多書刊都會舉一兩個用便宜零件替代貴零件的例子。

在本章中，我們以聯發科的手機晶片為例，說明董事長蔡明介在市場後進者的劣勢下，如何透過「套裝組合」，來替大陸手機公司省「時」（主要是

研發時間）、省錢，替自己打開一片天，躋身手機晶片亞軍。簡單的說，聯發科站在客戶角度「讓客戶滿意」，可說是投其所好，背後便是站在手機公司採購、研發部的價值工程考量。

二、電視新聞的焦點

山寨版一直是新聞的焦點，例如 2009 年 8 月 22 日(六)，TVBS（55 台）新聞報導深圳的山寨本（即小筆電），由於是盜版，所以售價人民幣 1,000～1,500 元，比正版低三、四成。出貨地點在深圳市華強北路，2008 年，銷量 60 萬台、2009 年 250 萬台。生產線外觀跟廣達等代工公司相似，員工穿著防塵衣帽。

由表 5.1 可見，山寨 3C 產品新聞可說是經常上媒體，「山寨」變成形容詞，例如「山寨版 Jolin」、山寨版賓士車。

表 5.1　大陸的山寨 3C 產品

年月	活動
2005 年	山寨手機
2007 年 10 月 16 日	華碩推出小筆電（Netbook）易 PC（Eee PC），大陸稱「小筆電」為上網本。
2009 年上半年	由於威盛電子（2388）複製了聯發科技支援山寨手機的方式，在深圳市跟微軟共同成立「開放式超移動產業策略聯盟」，向所有筆電公司提供基於威盛的開放移動解決方案；小筆電（大陸用詞，稱為上網本）的核心技術因而平民化，整個生產成本劇降。 一條生產線包括研發、製圖、模具、零件、採購、組裝、銷售、銀行等等，甚至包裝盒、租廠房等完整的產業鏈，只要花人民幣 50 萬元就能搞定。 山寨上網本也促使一些品牌公司小筆電價格下滑到人民幣 2,500～2,700 元，但低價競爭並沒有使山寨小筆電像山寨手機那樣持續火熱下去，小筆電在熱了 3 個月後，筆電公司已無暴利可賺，純益率約 3～5%。[2] 在亞馬遜與索尼的強力推動下，全球電子書閱讀器市場快速起飛，光以大陸市場來說，龍頭公司漢王科技單月出貨量已經突破 2 萬台，市場成型在即。 根據市調單位的數據顯示，大陸電子書閱讀器售價約在人民幣 2,000 元，售價有過高之嫌，但在 2010 年，國產品牌的電子書閱讀器售價下降到人民幣 1,000～1,500 元，每年內需銷量百萬台以上規模。
2009 年 9 月	漢王科技董事長劉迎建表示，漢王一有新的電子書閱讀器問世，馬上就會有山寨產品產出，而這些山寨品幾乎百分百的複製了漢王電子書閱讀器的外型，某種程度上，分割了漢王的市場，也傷害了漢王的形象。這樣的山寨文

表 5.1 （續）

年月	活動
第四季	化讓他感到無奈，受限於電子墨水技術無法普及等問題，山寨電子書閱讀器只有外觀可以亂真，但功能並不齊全，多半不具備中文手寫功能，在中文辨識的技術上也很不佳，多半只是外型相似而已。[3] 大陸深圳山寨業者一窩蜂搶進電子書閱讀器產業，在 2009 年底有 4～5 款的山寨電子書閱讀器問世。2010 年跨入的公司商更多了，一年可推出的百款品牌，如在山寨大本營的深圳華強北商圈就可以看到多款以「XXBooK」為名的山寨電子書閱讀器，像 1Book、DigiBook、WalkBook、BEBOOK、NUBOOK 等。 山寨業者或向元太電子採購公板電子紙，然後貼牌打上自己的商標（Logo）拿到市場銷售，或是使用津科的翰林 V3 模具生產電子書閱讀器，讓大陸山寨圈吹起電子書閱讀器風潮。
2010 年	大陸漢王等品牌公司所推出均價在人民幣 2,000 元，山寨本便宜二至三成，這讓大陸的電子書閱讀器市場在規模還沒擴大前就先行出現價格戰，但卻因此使得大陸電子書閱讀器市價快速下滑，有助於市場規模打開，堪稱電子書閱讀器發展元年。2010 年大陸電子書閱讀器市場占全球市場 2 成，而 2011 年以後，大陸取代美國，成為全球最大的電子書閱讀器消費地。[4]
4 月	2010 年 4 月 3 日，蘋果公司 iPad 開賣，拓墣產業研究所評估，iPad 在大陸恐無法占到便宜，iPad 2010 年銷售 8～10 萬台，但山寨版 iPad 將銷售 50～100 萬台。2010 年 2 月，山寨版 iPad 早已開賣了。[5] 山寨版 iPad 成本約 100 美元，只有正版的六分之一（有三款售價 499、599、699 美元）。山寨版 iPad 還把許多 iPad 沒有的功能給加了上去，例如 Wi-Fi（無線區域網路）、USB 埠，甚至還有數位相機，作業系統不論是 Win7 還是 XP 都可以，不過山寨版 iPad 少了蘋果公司著名的蘋果軟體商店（App Store）強大軟體內容做後盾。[6]

5.1 山寨 3C 產品來了

　　兩岸的語言交流情況越來越密切，2009 年起，台灣也學起大陸人，用起「山寨」這個字，很多「盜版」、「相似」的，都改用「山寨版」來形容。

　　山寨手機可說是讓「山寨」這個用詞大紅特紅的產品，這是因為手機低價、又是個人必需品，以致普及性很高。本節說明 SWOT 分析中機會威脅分析（OT analysis），第六章第一節再說明優劣勢分析（SW analysis）。不過，本節的威脅分析，是指山寨手機對合法手機業者的威脅。

一、新興市場商機

在 2001 年，美國高盛證券的研究報告中，指出「金磚四國」（BRICs，依英文順序為巴西、俄國、印度、大陸），在 2020 年後將成為全球大型經濟國，取代美日德等經濟大國的地位。從此之後，金磚四國便成為日常用語，尤有甚者，後來又有金鑽 11 國（Next-11）等稱呼。這些都指出新興市場的重要性。

在此之前，印度裔美籍企管學者普哈拉（C. K. Prahald）已用「金字塔頂端商機」來形容，重點在於 21 世紀的新市場，來自龐大新興國家往工業化國家發展過程中，因脫貧所連帶提升的購買力。這群人的個別購買力不高，但人數眾多，相形之下形成很大的金額，某種程度上，人口多寡就象徵了商機大小，所有想開發新市場的業者都必須注意。

(一)普哈拉的真知灼見

有關金磚四國等內需商機，普哈拉有詳細研究，他之所以能「見人所未見」，緣自於他的印度裔背景，在印度取得碩士學歷，工作一段期間後，才赴美唸博士、任教。

普哈拉小檔案（C. K. Prahald）

出生：1941 年。
現任：密西根大學羅斯商學院講座教授。
曾任：任教之前，在印度的電子公司上班。
學歷：哈佛大學商學博士，大學、碩士皆在印度取得。
著作：《核心競爭力》《消費者王潮》、《金字塔底層大商機》，《普哈拉的創新法則》。

(二)《金字塔底層的財富》

普拉哈從 1995 年開始思考世界經濟的金字塔底層（the Bottom of the Pyramid）的問題，到 2005 年成書《金字塔層大商機──在四十多億窮人的市場中發掘商機並根除貧困》，可說是十年磨一劍。書中，普拉哈促使讀者挑戰其固有的想法：世界上相對貧窮的國家和人們中存在商業機會。世界上最令人興

奮、成長最快的新興市場在哪裡？在你最意想不到的地方：世界經濟的金字塔底層。整體上看，在全世界四十多億窮人中蘊藏著巨大的創業能力和購買能力。

　　該書分為三部分，在第一部分，普拉哈為我們建立了一個有利於促進企業積極介入金字塔底層的思想架構，這為實現雙贏結果奠定了基礎。第二部分收錄了十二個案例，牽涉許多不同行業和不同新興國家的企業。在這些案例中，金字塔底層正發展為一個活躍的市場，並為置身其中的消費者帶來了遠遠超出產品本身的利益。第三部分是隨書贈送光碟，光碟中錄製了一些實地調查時拍攝的鏡頭和故事，以反映金字塔底層消費者的觀點和感受。

(三)金字塔底層市場四項商機

　　出生自印度的普哈拉，多年來心中始終盤旋著一個問題：對於世界上最貧窮的人（即書名所示，位於「金字塔底層」、每天花費不到兩美元、人口超過40億的那群人），公司究竟為他們做了什麼？

　　這就是普哈拉的寫作動機，普哈拉指出，企業在金字塔底層市場發掘商機有 4 大方向。

1. **有些金字塔底層市場規模很大，極具吸引影響全球企業的管理實務：**由 12 項創新原則可知，在金字塔底層市場的創新，將考驗企業必須改變管理制度以降低成本，否則就要虧大錢，包括重視機器運用效率、永續發展議題、採用新的經營方式等等。

2. **地方性的商機可轉化為全球商機：**許多地區型創新都可以向其他金字塔底層市場全面推廣。

3. **有些金字塔底層的創新，可以應用到已開發市場：**針對窮人需求所做的創新商品，有錢人也會感興趣。

4. **新興國家獲得的經驗與心得，可以運用於工業化國家。**

書名：《金字塔底層大商機》
（*The Fortune at the Bottom of the Pyramid*）
作者：普哈拉（C. K. Pranalad）
出版公司：培生出版
出版日期：2005 年 6 月

(二)山寨手機驗證了「窮人商機」

山寨手機的流行，證實了普哈拉的「金字塔底層大商機」「係金吔」。由表 5.2 可見，光以 2009 年為例，大陸銷售 2.4 億支手機中，有一半是國產貨，這 1.2 億支中有 0.35 億支是山寨手機，佔三成，或者說，山寨手機占大陸銷量 15%。

站在全球角度，2009 年全球銷量 12.14 億支中，有 1.45 億支是山寨手機，市占率 12%，2010 年略升至 12.37%。尤有甚者，2010 年山寨手機出口量 1.5 億支，約占印度、巴西等市場的五成。電視親聞特別報導，非洲幾乎全被大陸手機攻占了。

表 5.2　2007～2010 年全球手機供需

單位：億支

供需面	2007 年	2008 年	2009 年	2010 年
一、需求		12.22	12.14	13.90
（一）其他國家		9.97	9.74	11.04
（二）大陸		2.25	2.4	2.86
			大陸品牌市占率 50%	
二、供給（生產國）				
（一）其他國家		6.62	6.02	6.9
（二）大陸	5.49	5.6	6.12	7
1. 外國業者		2.26	2.08	
2. 大陸業者		3.34	4.04（占全球 34%）	
（1）非山寨		2.33	2.59	
（2）山寨	0.45	1.01	1.45	1.75
（3）山寨機出口	－	0.6	1.1	1.5

資料來源：1. 來自顧能（Gartner），2009 年 12 月 17 日，工商時報，A15 版。

　　　　　2. 主要資料來源：iSuppli，但山寨手機銷量數字較大，2010 年 2.28 億支、2011 年預估 2.55 億支。

　　　　　3. 2010 年 1 月初，大陸奧維諮詢的「2009 年大陸手機市場回顧與 2010 年展望」。

二、市場定位

套用零售業最喜歡說的老詞：「零售店關鍵成功三要素：地點、地點、

地點（location、location、location）」。同樣的，行銷學者也可以說：「產品關鍵成功三要素：定位、定位、定位（positioning、positioning、positioning）」。二者所言，可說是同一回事，以在日本青森、大間釣鮪魚來說，最重要的是選對漁場，即「地利」，如果加上「天時」、「人和」，那就無往不利了。

接著，我們以幾個角度來一層層分析山寨手機公司如何發現「新市場」。

(一)山寨手機屬於低階市場的破壞性創新

山寨手機（尤其是漂白過後的大陸品牌手機）是種殺手級應用，代表著電子產品可以做到極低價，讓低收入的農民、工人也可以使用。

1.克里斯汀生的破壞性創新

套用美國哈佛大學商學院講座教授克雷頓‧克里斯汀生（Clayton M. Christensen）1997 年提出的破壞性創新（disruptive innovation）觀念，易 PC、山寨手機屬於圖 5.1 中的「新市場的破壞性創新」（new-market disruption）。他的破壞性創新偏重的是市場面，而不是產品功能，而 X 軸偏重技術面的，他稱為延續性創新（sustaining innovation），因此在圖中，處於產品生命周期中的成熟期，此時產品改良是主軸。

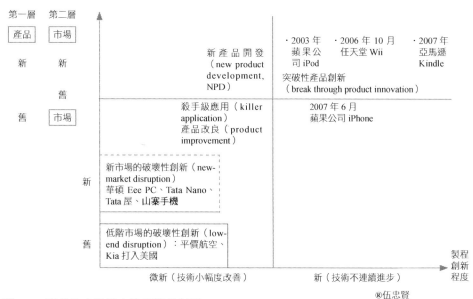

圖 5.1　產品生命周期中的各類「創新」

‧輕度使用者夠用就好：80/20 原則

2008 年 1 月，克里斯汀生在《哈佛商業評論》期刊中發表文章，點出「夠用就好」（good enough）的概念，從許多企業成功案例得到這結論，企業不見得要追求完美的產品，才能威脅到對手。如果能夠針對中低階市場（尤其是新興市場）的消費者，推出可靠、價格低廉、夠用就好的產品，將可開創出新商機。[7]

「產業龍頭公司的創新速度快過人們生活的改變速度，市場破壞者卻看出『夠好』可能是絕佳商機，」克里斯汀生在他的書中強調。

2. 新市場的破壞性創新

山寨手機屬於「低成本，新市場型」的「破壞性創新」，區隔出新市場，避免跟品牌公司正面衝突。此外，長期經營價值溪流，已具備成本、技術領先的優勢。隨著山寨手機公司進步的速度，競爭者一時很難迎頭趕上。

在 2008 年，大陸手機用戶達 6 億人，主要是平均所得以上的人群。對於正要使用及還未使用的那 4 億人（13 億人口扣除 3 億兒童），也就是平均所得以下的那群人來說，功能、外型稍遜但價格大幅降低的山寨手機提供了解答，他們願意支付人民幣 600 元購買山寨手機，而不是諾基亞的手機，是因為手機公司強調的品牌價值，對這些消費客層意義不大。

山寨手機的廣大需求，起始於偏遠農村地區離鄉背井遠赴深圳、東莞一帶電子代工公司打工賺錢的農民工。農民工不被允許擁有城市戶籍，聚落於沿海郊外工業用地的廠區宿舍內，在迫切跟同鄉農民工和家鄉通話，以及品牌手機價格遙不可及的侷限下，山寨手機市場在這裡開始崛起。

3. 山寨手機的市場定位

由圖 5.1 可見，山寨手機定位在新興國家的「新市場」，指的是不使用或輕度使用者（light user），這跟印度塔塔汽車（TaTa，一輛小車 2,500 美元）的定位滿像的，即藍海策略。大部分品牌手機公司著眼於重度使用者（heavy user）高度競爭市場區塊。

由圖 5.2 可見，輕重使用者的分水嶺在 2.75G，2.5G 以下手機，稱為功能手機（feature phone），頂多只有傳簡訊功能，顧名思義，功能手機的功能就是手機。2.75G 手機有低階智慧型手機之稱，2007 年 7 月，蘋果公司推出

的 iPhone 就屬這一級，可以上網，這類用戶倚賴手機很深，常常「玩」手機
（上網、下載電玩軟體），所以稱為重度使用者。諾基亞主攻低價手機，但售
價比金字塔底層人口願意接受的價格高一截。

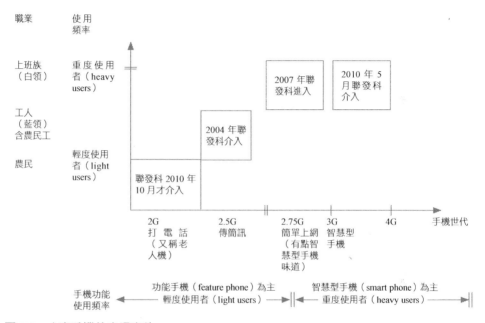

圖 5.2　山寨手機的市場定位

4. 蔡明介親身說法

聯發科董事長蔡明介對山寨「新市場的破壞性創新」有鞭辟入裡的說明：
「我在選擇產品線或科技時，破壞性創新理論往往能幫助你做出決定，尤其是
新市場的發現與破壞。聯發科的手機晶片組不只是低成本的破壞性創新科技，
更是新市場的發現者。」

蔡明介看到「大陸有個特性叫夠用就好的市場」（good enough
market），低價但不是低階科技，甚至需要更高階的技術。

聯發科剛開始幾年的手機晶片生意，是從大陸的沒手機人口開始，是從二
級、第三級、甚至第四級城市開始，人們喜歡「夠用就好」，但其實手機功能
跟諾基亞一樣好，聯發科把未消費者變成消費者。從 2008 年開始，大陸品牌
手機也從大陸出口到其他新興市場，東南亞、中東、印度、甚至是非洲。

聯發科董事長蔡明介
圖片提供：今周刊

5. 克里斯汀生對聯發科的肯定

克里斯汀生認為，想要創業，一定要想到跟未消費的市場（non consumption）競爭。通常，未消費的市場最大，如果能鎖定這個市場創業，將會有很大成長潛力。聯發科就是最好的例子，它是白牌手機的靈魂，它看到大陸廣大的未消費市場，然後提供更簡單、更便宜的產品。[8]

(二)殺頭的生意有人做

山寨手機是不合法的，但是如俚語「賠錢的生意沒人做，殺頭的生意有人做」，有殺頭風險的生意還有人願意鋌而走險，魅力來自「利之所在，勢之所趨」。

山寨手機的賺錢魅力，就如同 19 世紀英國經濟學者鄧寧（T. J. Dunning）形容資本運用的一段話：「一旦有適當利潤，資本就大膽起來；如果有 10% 的利潤，它就保證到處被使用；有 20% 的利潤，它就活躍起來；有 50% 的利潤，它就鋌而走險；為了 100% 的利潤，它就敢踐踏一切人間法律；有 300% 的利潤，它就敢犯任何罪行，甚至冒著被斷頭的風險。」即使這段話時已過了二百年之久，但是用在山寨手機席捲整個大陸，甚至海外新興市場的風潮裡，依舊非常貼切！

三、山寨「版」來了

本書討論的對象是山寨手機跟大陸品牌手機（本章特指山寨漂白後的品牌手機公司），本段說明至少有八種以上的相關名詞。

(一)分法：山寨 vs. 大陸品牌手機

　　小孩子看電影時最喜歡問「誰是好人？誰是壞人？」現實生活比這複雜許多。在大陸，手機依二個分類標準，可分為四種狀況，我們依 X、Y 軸來區分。開門見山的說，廣義的「山寨手機」指的是「不合法的手機」，這包括 Y 軸以左的 X 軸部分（即第 3 象限仿冒手機）與 Y 軸以右的 X 軸上（第 4 象限）、沒有識別碼的白牌手機中的克隆機、貼牌手機中的三碼機，詳見圖5-3。

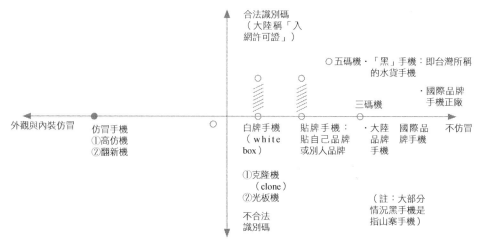

圖 5.3　大陸常見的手機用詞

(二)X 軸：仿冒 vs. 不仿冒

　　以是否仿冒來二分，仿冒手機是典型的山寨手機，在深圳市有仿冒包包，稱為 A 級包，手機也有同樣現象，至於為何稱作山寨手機，請見下面說明。

1. 仿冒情況

　　盜版手機模仿國外知名品牌的設計與商標，不做更動或稍做更動，以假亂真，以真品價格的一半或者三分之一價格出售，受害者即為諾基亞、三星電子、蘋果公司等國際知名品牌，這類仿手機占山寨手機極大比重。

　　「山寨」一詞源自廣東一帶，專指仿冒品牌「占地為王、以山為寨，不受政府管轄」。山寨手機公司各式手機皆能仿，讓當地笑稱「只有想不到，沒有做不到」。

　　這股山寨文化逐漸擴散至其他電子產品，如山寨本（即山寨筆電）、山寨電視，山寨 GPS，甚至山寨車。

小辭典
山寨的源由

「山寨」原指山林中設有防守柵欄的地方，一種有寨子的山村，也指占山為王的山區強盜、土匪，他們建立起防護，形成「土匪窩」。至於「山寨廠」最早是指 6、70 年代在香港出現，專替大公司承包塑膠花、成衣縫製的家庭式小工廠，現在「山寨」一詞已在大陸發揚光大，引申為模仿、快速化、平民化的產品，除了手機，還有山寨汽車、山寨腳踏車、山寨化妝品等。

2009 年 5 月，《金融時報》把山寨手機翻譯成 Bandit handset，Bandit 的意思就是「強盜、土匪」。

---

2. 不仿冒情況

由圖 5.3 可見，不仿冒手機還有依有沒有品牌、品牌知名度再細分成四種情況。

‧白牌手機

這是指沒有任何品牌標示的手機，以路上機車為例，便是指沒有懸掛車牌的機車。

‧貼牌手機

這是指沒有工廠的行銷型手機公司所推出的手機，常見的手機公司便是由山寨手機起家漂白（合法經營）的手機公司。

‧大陸品牌手機

本處特指山寨手機公司漂白後的大陸本土品牌手機公司。

‧國際品牌手機

(三)Y 軸是否有 IMEI 碼

國際移動裝備識別碼（IMEI）只分配給合法的手機公司，以確認生產出來手機的合法性，同時避免非法用途。

這識別碼跟人的身分證、汽車機的車牌一樣，都是一對一的關係。

1. 不仿冒手機也有可能沒有識別碼

不仿冒手機也有可能沒有識別碼，這包括下列情況。

・白牌手機中的克隆機（clone），由許多人共有一個識別碼。

・貼牌手機多數沒有識別碼。

・大陸品牌公司，其「三碼機」是指在送檢測前，先在市場試賣，價格便
宜，走小攤商、非正式管道通路。至於「五碼機」是指通過檢測後，安
全、品質有保證的國產手機，且有入網許可，大多在正式通訊店面和賣
場中銷售。

2. 山寨手機的識別碼狀況

山寨手機在識別碼方面，共有三種情況。

・沒識別碼

・像 AB 車一樣

從合法手機拷貝出識別碼，最後五碼通常是 00000，或是 12345；有的則
直接用諾基亞手機拷貝。

・買識別碼

直接向握有大量識別碼的合法手機公司購買。

IMEI 識別碼小檔案

即國際移動裝備識別碼，它有手機的身分證之稱，比較像汽
車的引擎號碼。每支手機只有一個識別碼，由 15 個數字組
成。

這識別碼銘印在機身，也可按幾個鍵後便會出現在手機螢幕
上。

識別碼是由 GSM 聯盟組織授權的中立發證機構，即歐洲設
備型號認證中心發出的。

(四)必也正名乎

山寨手機的另外一邊主要是指貼牌手機甚至大陸品牌公司，但報刊都誤植
為白牌手機，本書不擬從眾，而以「大陸品牌手機公司」來稱呼合法化的手機
公司。

四、山寨手機對大陸的貢獻

15 世紀，大航海時代，西班牙商船在無敵艦隊的保護下，縱橫四海。英國的劫掠船奉皇令，可以攻擊西班牙商船，站在西班牙的立場，這是海盜行為，才會有在英女皇維多利亞時，西班牙艦隊傾巢而出攻擊英國一役。

有此一說，英國劫掠船就是靠搶奪西班牙商船而致富的。由這角度來看，必須正視英國劫掠船的歷史地位。

同樣的，山寨手機到大陸品牌手機對大陸的貢獻既廣且深，詳見表 5.3.1 及 5.3.2。其中針對表中第一項對總體經濟的影響(一)、(三)、(四)在下二段中詳細說明。

表 5.3　山寨到大陸品牌手機對大陸的貢獻

影響層面	說明
一、總體經濟 （一）產值	山寨 3C 產業對大陸經濟的貢獻如下。 2009 年大陸通訊產業產值年增 7%，其中生產手機 6.12 億支，讓大陸躋身世界手機第一生產大國和消費大國。2010 年生產手機 7.2 億支，產銷量連莊。 表 5.3.1　華強北商圈產值 表格如下：

表 5.3.1　華強北商圈產值

產品	產值（人民幣）
筆電、小筆電、平板電腦	100 億元
手機	600 億元
MP3、MP4、DV、GPS、遊戲機、液晶電視	100 億元

資料來源：拓璞產業研究所、深圳海關

影響層面	說明
（二）出口	山寨手機在各新興市場盛行，因為山寨手機價格明顯低廉，品牌公司進入亞太、東歐、中東與拉丁美洲市場時，就必須降低單價跟山寨手機競爭。在新興市場向來擁有最大占有率的諾基亞，受到山寨手機的影響也最劇。2009 年 11 月，諾基亞公佈第三季營收，1996 年來首次單季虧損，金額 5.59 億歐元（268 億元），另一主因為 iPhone 侵蝕諾基亞智慧型手機市占率（大約 35%）。[9] 拓璞產業研究所研究員楊剛表示，山寨手機公司針對新興國家的消費者需求，設計出符合當地消費需求的產品。華強北的外貿公司還比大部分台商更懂得印度、中東、非洲與中南美洲市場，掌握第一手白牌手機產品最新商情。台商有可能在下一波的新興市場競賽中，再度淪為賺取微薄利潤的代工公司角色。[10]

表 5.3 （續）

影響層面	說明
(三)就業貢獻	表 5.3.2　華強北供應鏈的就業人口

產業別	就業人口
手機設計、組裝公司	40 萬人
零組件生產的衛星公司	400 萬人
其他 3C 產品設計、組裝公司	40 萬人
銷售、維修服務人員	20 萬人

資料來源：深圳市政府、拓墣產業研究所

影響層面	說明
(四)科技水準	
1. 優點	北美《世界周刊》稱 2008 年為「山寨元年」，認為山寨手機的流行是「草根精神、民間智慧和平民情懷」的結合。
2. 缺點	大陸手機的工業設計，被一群沒有審美觀的經銷商把持，只會不斷的抄襲，要擺脫山寨精神很難。 深圳白牌手機業者為了賺快錢，而且接模仿大品牌公司設計，喪失掉技術升級的契機，但仍有少數有自覺的業者，願意承受高風險，深植技術研發，扭轉華強北山寨產業的不良形象。[11]
二、產業經濟	山寨手機的出現對大陸本地與外國品牌手機業者可說是重傷害。
(一)進口替代	山寨手機「俗擱大碗」，能滿足一些「新客戶」，這不是國外品牌公司的「菜」。但是「山寨轉正」的大陸品牌公司所生產的本土品牌公司，在 2009 年已占大陸市場的一半（1.2 億支），可見有很強的進口替代效果。
(二)重新洗牌	2006 年位居大陸本土第一大手機品牌的聯想移動通訊，或是其他老字號的手機品牌（波導、夏新）等，都在山寨手機的蠶食下，從 2007 年開始，業績一路下滑。 聯想移動通訊 2008 年掉了三成、波導虧損了人民幣 5 億元，有些公司甚至因此退出市場。 夏新電子的破產最戲劇化，該公司 2000 年 5 月轉戰手機市場，2001 年推出的 A8 手機熱賣，2002 年盈餘人民幣 6.1 億元，每股盈餘人民幣 1.69 元，成為大陸 A 股中最賺錢的公司之一。 2008 年大陸品牌手機業者遭遇山寨手機強力襲擊，加上夏新投入 3G 手機研發，導致現金流量陷入捉襟見軸的窘境。2009 年 8 月底，夏新公佈上半年財報，營收僅人民幣 1.22 億元，虧損人民幣 1.06 億元，債務已達人民幣 26 億元，銀行帳戶均被查封。9 月中，福建省廈門市中級人民法院根據公司債權人廈門火炬集團的申請，裁定夏新電子重整，而夏新也逐步拍賣資產。[12]
三、個體	
(一)消費者	2009 年大陸通訊產業產值年增 5%，其中電話用戶 10.6 億戶、手機為 7.4 億戶，人均手機持有比率超過 50%，相當於每兩個人就有一人擁有手機，接近先進國家的普及率（60～70%）水準。

表 5.3　（續）

影響層面	說明
(二)公司	跟 2008 年比，手機用戶增加 1.4 億戶，其中有 25%（即 0.35 億戶）使用山寨手機，可見山寨手機對消費者的貢獻。山寨手機給予一些敢衝敢撞公司成立，茁壯空間。

(一)深圳華強北商圈

深圳市福田區華強北路商圈（簡稱華強北商圈甚至華強北，占地 1.45 平方公里）可說是大陸最大的電子產品交易市場。由表 5.3.1、5.3.2 可見，深圳市山寨 3C 產業對經濟（產值、就業）的貢獻。華強北路電子一條街，短短不到一公里（熱鬧處 500 公尺），每天聚集 50 多萬人，把銷售、商店與攤位（比較像光華商場內的）和工廠緊密串連，每天都在上演山寨版的消費電子展，用高速帶動 3C 產業鏈革命。

深圳也有「大陸手機城」的稱號，深圳是山寨大本營；因鄰近通往世界門戶香港，深圳也是大陸最自由、最有創意城市。

深圳的華強北商圈的明通數碼城是山寨手機的濫觴，一樓層裡至少有三百個檔口（小鋪子），玻璃櫃裡各式仿冒、變形的手機，吸引著來自全球各地的買家。像明通數碼城這樣的商場，是台北光華商場的十四倍大，而在華強北方圓二公里內，2008 年年底就有 39 棟，聚集上千家手機、筆電設計公司。根據估計，華強北每天現金流量人民幣 10 億元以上。華強北逐步形成各個功能不同的交易市場，例如專賣筆電與平板電腦的桑達電子通訊市場，銷售白牌手機的明通數碼城、專賣 MP3、MP4、DV、USB 隨身碟等小型 3G 產品的中電數碼城，及電子零組件集散地的華強電子世界。

(二)對大陸科技水準的影響

山寨手機的發展，大大幫助了大陸手機業的發展，尤其是科技水準方面。

1. 有此一說，仿冒是創新的第一步

1980 年代，台灣被美國《時代》雜誌指為「海盜王國」時，主要罪狀便是：「仿冒 Apple II 充斥全島」。當時的光華市場是仿機集散地，其中一款

「有良心，不敢仿得太像的」便是宏碁的成名作、1982 年推出的「小教授二號」。第一批小教授電腦也是在光華商場出售。[13]

由圖 5.4 可見，後進國家大抵走三階段的科技發展過程，山寨手機就是一例。

俚語	見山是山	見山不是山	見山又是山
研發階段	第一階段：模仿創新（C & D，Copy & development），大陸稱為模仿開發創新以高仿機（例如 Nckia 仿 Nokia、Hiphone 仿 iPhone）來說，稱為「傍品牌」	第二階段 小 R 大 D（research & development），偏重外型的差異化	第三階段 大 R 小 D 偏重產品功能、市場的創新，例如華碩易 PC（2007 年 10 月 16 日）、蘋果公司 iPhone 手機（2007 年 7 月）

圖 5.4　從「C & D」到「r & D」到「R & d」三階段

2. 大陸手機業的源頭

山寨群聚發生質變的重要基礎，在於聯發科培養出山寨群聚的同時，也幫大陸訓練出一批有豐富實戰經驗的年輕工程師。

半導體測試公司總經理、大陸軟體協會嵌入式軟體副祕書長王艷輝說，早年他在聯想負責研發機上盒時，全大陸沒有研發人員有能力改晶片的底層驅動程式，甚至得從美國找人，「現在會改手機底層驅動程式的人有一大把。」

他很樂觀的認為，照現在狀況演變下去，「聯發科可能把整個手機產業送給大陸了。」[14]

3. 扶植大陸手機公司

由於微軟對安裝其作業系統的手機每支手機收費 15 美元，使各家手機公司紛紛轉用免費的 Android；而 IC 設計公司把基頻晶片與應用處理器整合於一枚晶片，更使晶片價格大為減低。這些成本的大幅節省，使智慧型手機的售價快速下降。同業隨大陸中興通訊腳步推陳出新，掀起一波售價在 100～150 美元的低價智慧型手機浪潮。

大陸中興通訊執行副總裁何士友表示，跟中國聯通研發出一款低價智慧型手機，單機定價 150 美元，2010 年 6 月於全球發售，詳見表 5.4。

表5.4 高階 vs. 低價智慧型手機售價

單位：人民幣

蘋果 iPhone	**4,000**
黑莓機	1,705
諾基亞	1,083
中興通訊	1,023

4. 扶植大陸 IC 設計公司

過去幾年山寨手機市場大行其道，大量、低端的產品造就許多大陸本土 IC 設計公司崛起，憑藉著龐大內需市場，加上免除 17% 增值稅優勢，就算毛益率不到 30%，還是可維持不錯的獲利水準。

業者表示，大陸山寨或者白牌手機公司，由於主打中低端產品，因此對於成本要求甚於規格，這給了大陸本土設計業者導入機會，加上過去幾年大陸海歸派學者陸續學成歸國，導入先前缺乏的技術，天時、地利、人和，造就大陸本土 IC 設計業的大國崛起，實力已不容小覷。

展訊在 2G 及 TD 市場持續大展身手，除了 2G 晶片 6600L 持續熱賣外，TD 晶片也開始攻城略地，展訊 2010 年第四季在大陸手機晶片市場占有率已提高至 25%，業者預估，2011 年更有機會吃下三成市占。

業者表示，展訊的 6600L 晶片持續跟中興、華為搭配外銷到其他新興市場，加上 TD 晶片也開始供貨給三星電子以及摩托羅拉，是出貨量可以持續放大的主因，尤其展訊已充分獲得台積電支援，新款晶片 6610 的競爭優勢強。

聯發科 2010 年第四季毛益率首度跌破 50%、盈餘衰退 45%，展訊第四季毛益率雖從前季 44.1% 小幅下滑至 43%，但獲利則大增五成，表現相對突出。聯發科採取激烈的價格攻勢，試圖挽回流失的市場，但從兩家公司財務與財測觀察，「價格戰」對於聯發科的傷害大於展訊。[16]

表 5.5　大陸前 5 大 IC 設計公司

名次	公司	2010 年營收（億美元）	主要營業項目
1	展訊	3.43	行動電話基頻晶片
2	海思半導體	3.40	通訊 ASIC、行動電話基頻晶片、數位視訊、解碼晶片
3	瑞迪科微電子	1.92	射頻晶片
4	格科微電子	1.28	CMOS 影像感測器
5	景泰科技	1.26	類比移動電視晶片

資料來源：iSuppli

5. 山寨手機是龍行天下的典範

2010 年農曆年前，蔡明介推薦四本書，其中《龍行天下》一書，該書鳴對於大陸經濟持續崛起、並在全球經濟取得一席之地的背景與趨勢有一針見血的分析，且對於華為、聯想電腦、比亞迪以及海爾等一線公司，如何在全球取得一席之地，有相當深刻的描繪與剖析。

認為大陸企業的競爭優勢就是成本創新，也就是「以低成本的方式進行技術創新，再以技術創新的方式降低成本」，這也和聯發科開發公板（一說為「公版」）手機晶片組，帶動整個大陸手機成本降低、市場擴大的作法相當類似。

龍行天下

作者：曾鳴（前大陸雅虎總裁、現任阿里巴巴集團副總裁）、彼得·J·威廉森

出版日期：2008 年 7 月初版 1 刷

出版社：大都會文化

內容簡介：作者從微觀與宏觀面描繪大陸製造業未來 10 年的樣貌，並指出世界級的企業將在大陸誕生。

5.2 山寨手機晶片王：聯發科

山寨手機的興起有兩個條件：一是市場可行性（這是必要條件），這已在第一節中說明，另一是生產可行性（這是充分條件），本節說明聯發科如何讓大陸的白牌手機公司「美夢成真」。

一、公司

聯發科是台灣最大 IC 設計公司，投資人最喜歡的幾支股票之一，2002～2009 年，8 年內，聯發科三次登上台股股王寶座，被投資人稱為永遠不敗的股王。

位於竹科的聯發科

圖片提供：今周刊

聯發科（2454，MTK 或 Mediatek）小檔案

成立：1997 年 5 月

董事長：蔡明介

總經理：謝清江

公司住址：新竹市新竹科學工業園區篤行一路 1 號。

營收：（2010 年） 720 億元

盈餘：（2010 年） 309.61 億元

營收比重：手機晶片 80%、電視驅動晶片等 20%

員工數： 5,000 人

榮譽：2010 年 12 月，第十一屆工業精銳獎「卓越成就獎」

二、經營者與管理者

事在人為，聯發科手機晶片能坐二望一，關鍵人物有二，一是經營者，一是管理者。

(一)經營者（董事長）

2009 年 4 月，前清大校長劉炯朗問聯發科董事長蔡明介：「台灣科技業要往哪裡走？」蔡明介引用美國詩人佛洛斯特（Robert Frost）著名的詩句「I took the one less traveled by, and that has made all the difference」時說：「聯發科會一直走跟別人不一樣的路。」

1. 經營理念

光就是這句話，一語道破蔡明介的經營理念，更仔細的說，由表 5.6 可見，這位理工背景、研發起家的董事長，卻是非常行銷導向。

蔡明介小檔案

出生：1950 年

現任：聯發科董事長暨執行長，1997 年迄今。

經歷：

· 1983～1997 年：聯華電子股份有限公司（UMC）。

· 1994～1997 年：第二事業群總經理，負責包括記憶體，消費電子和多媒體產品等研發部。

· 1989～1994 年：研發部執行副總，負責電腦產品、通訊產品、消費電子產品等研發部。

· 1983～1989 年：研發部協理。

· 1976～1983 年：工業技術研究院（ITRI）電子所研發經理。

學歷

· 1971～1975 年：台灣大學電機學士。

· 1976～1978 年：美國辛辛那提大學電機碩士。

榮譽事蹟：

· 2007 年榮獲交通大學名譽工學博士學位。

· 2007 年榮獲台灣大學工商類傑出校友。

· 2009 年榮獲清華大學名譽工學博士學位。

表 5.6　蔡明介的經營理念

經營理念	說明
1. 顧客導向：蔡明介稱為「想顧客」	蔡明介經常講孟子的故事，孟子風塵僕僕去晉見梁惠王，梁惠王劈頭就問：「將有利於吾國乎？」在合縱聯盟的戰國時代，雖然這句話被解讀為上下交爭利，但用於現在的商業環境，卻是適當的一句話。蔡明介都用「將有利於吾國乎？」這句話提醒同仁，在研發產品時，必須以客戶（注：以本章來說，即大陸白牌手機公司）的觀點出發，讓產品自己賣自己，不論是推出的解決方案或是服務，唯有滿足客戶的需求才能讓大家接受。
2. 目標的訂定標準	幾年來，蔡明介得到了很好的經驗，有一個共同的原則是「不要設定太容易達到的目標」。他引用二十世紀最偉大的科學家愛因斯坦的一句話，「你在設定目標的時候，不要選擇太容易達到的目標，最好是設定你要盡全力才能勉強達到的目標，最好把勉強可能達到的目標的這個能力，最後也變成你的本能。」當然這個要求是很高的。 他認為卓越的主管，都是讓同仁瞭解企業文化及做事方式，然後給大家一個勇氣的目標。碰到問題就是一個新機會的開始，解決客戶的問題就是一步一步邁向成功。知道公司內部對工作有一個 120 分的要求目標，如果沒達到目標，至少還有 100 分，完全滿足客戶的需求。
3. 策略	當聯發科決定進入光儲存市場之初，已是晚期進入者，一些歐、美、日本同業不管是在技術或市占率都領先。聯發科的基本想法，就是不能有只做跟進者（me too）的態度，因為這樣的態度，你和這些對手的唯一競爭策略，就只能殺價，所以你必須要有創新的做法，提供滿足客戶需求的差異化效益。[17]

(二)管理者

光儲存晶片跟通訊晶片都是 IC 設計，但背後原理不同，光儲存晶片核心技術屬於「光學部分」，通訊晶片屬於「機電光」中的電子部分。

因此，發展手機晶片對聯發科來說可說「撈過界」。蔡明介相當有智慧的引用外來的識途老馬徐志強，由表 5.9 可見，分四階段「用人」。第一階段是 2001 年擔任顧問，公司跟個人「相看兩不厭」，2002 年，徐至強成為入幕佳賓，擔任手機研發部主管。2009 年 9 月，因手機晶片已占聯發科營收六成，聯發科分拆成兩個事業群，徐至強升任無線通訊事業群總經理；2010 年 8 月，徐至強功成身退，又居顧問一職。

徐至強小檔案

出生：1950 年

現職：聯發科顧問

經歷：聯發科執行副總暨第二事業群總經理（2009 年 10
月 9 日起迄 2010 年 7 月）、聯發科軟體暨系統
統顧問）。中華電腦系統工程部工程師、科勝訊
（Rockwell International Wireless Communication）工
程師、計畫主持人。

學歷：中原大學電子系、美國加州大學聖塔巴巴拉分校電機
碩士。

(三)對白牌手機的看法

蔡明介認為外界對山寨手機有很多的誤解，例如跟仿冒產品做聯想，這點
他很不同意。他對山寨手機的定義是，在正常的市場交易體制下，沒有品牌的
手機，也能夠在市場上跟品牌手機競爭，山寨機業者必須合法提供功能足夠好
的新穎手機。

深圳社科院院長樂正說，山寨手機是初級的創新，例如有的手機有八個喇
叭，水立方等稀奇古怪的外觀，甚至國際手機公司都沒有推出這麼多功能。對
於民眾來說，山寨手機可以縮短數位落差（即可以上網），提供符合農民生活
水準的消費產品，彌補低檔路線的市場區塊。[18]

(四)不要叫我「山寨手機晶片王」

「山寨」有盜版的意思，因此蔡明介對「山寨機之父」、「聯發科是山寨
手機晶片王」等稱呼都不接受。[19]

由表 5.7 可見，聯發科自認 2008 年起，白牌手機所占客戶比重低於二
成，大陸品牌手機公司占八成。

表 5.7　聯發科大陸手機晶片客戶比重

單位：%

客戶種類	2006 年	2008 年
品牌客戶	60% 以上，包括天宇朗通、聯想、波導、康佳、TCL 等。	80% 以上，包括樂金、伏得風（Vodafone）、摩托羅拉等國際品牌，與華為、中興、天宇朗通、聯想、TCL、康佳、龍旗等大陸當地品牌。
白牌客戶	40%以下	20%

註：白牌（white box）客戶包括仿冒機及不知名的品牌。

三、研發策略

在研發策略方面，聯發科採取自主研發方式來發展手機晶片，快速研發關鍵之一是找到識途老馬徐至強，一下子就走上正軌（少走冤枉路）。

(一)產品組合

由表 5.8 可看出，以下圍棋為例，聯發科先站穩一角，再進軍下一角，也就是先求產品深度再求產品廣度。

表 5.8　聯發科手機晶片的產品組合

廣度＼深度	2G		3G	4G	
規格	·通用作業系統	谷歌的 Android	·全球（WCDMA CDMA）	·大陸（TD，即 TD-SCDMA）。	LTE
對手	·展訊（Spreadtrum）·晨星（3697）二者大陸市占率20%		·高通（Qual-comm）、德儀、恩智浦（ST-NXP）。	·天碁(T3G)、晨星。	·英特爾、富士通
通訊速度	·2.75G：可上網，2010 年 1 月推出 MTC 6225 晶體，2010 年 3 月推出 MT6253 晶片。	2010 年 6 月推出 MT 6515 晶片，支援 Android 2.1 機型。	·3.75G		

表 5.8 （續）

廣度 深度	2G	3G	4G
	·2.5G： 可傳簡訊， 2010 年月推出 MT 6223，MT 6223D 晶片	·3.5G	
	·2G（GSM）： 2010 年 10 月推出 MT 6250 晶片， 對手是英飛凌 （大陸市占率 5%），主要 用途是老人手 機。	·3G ·2009 年 9 月推出 歐洲規格。2009 年 12 月，聯發 科跟高通針對 3G WCDMA 簽訂相 互授權。	·2009 年 12 月推出大 陸規格，出 貨量 600 萬 套，2010 年 出貨量約 2200 萬套， 市占率約 50%。

1. 產品深度

由表可見，聯發科先從 2.5G 手機晶片做起，取得市占率地位後，再往上打，2007 年才推出 2.75G 手機晶片。

至於遲至 2010 年 10 月才推出 2G 手機晶片，主因之一是 3 月推出新版 2.75G 手機晶片，由於產品不完美，摔了一跤。讓大陸手機晶片之王展訊（Spreadtrum）、台灣晨星（KY 晨星，3697，英文名稱 Mstar）乘虛而入，分到了 20% 的市占率。聯發科只好往下攻，以上駟對中駟之姿，搶奪英飛凌所占有的 5% 市場，可說是「沒魚蝦嘛好」。

2. 產品廣度

由表中可見，2009 年 9 月，聯發科才推出歐規 3G 手機晶片，由大陸市場進軍全球市場。高通（Qualcomm）在 3G 手機晶片站得很穩，擁有千項專利。

此外，智慧型手機的典範是 iPhone 3G（蘋果公司 2008 年 6 月推出、2007 年 7 月推出的 iPhone 是 2.75G），關鍵成功因素是「應用程式」（可說是手機遊戲）。也就是手機晶片公司還得把作業系統（詳見圖 6.1）中的軟體

開發工具包等做出來，作為應用程式開發公司的平台。困難程度比 2G 高太多；這已超出本章範圍，只能談到此。

(二)大事紀

1999 年，聯發科營收 56.6 億元，每股盈餘 15.22 元，蔡明介不想當「一代拳王」（註：IC 設計公司大都只能風光一時），要當「二代」、「三代」拳王。2000 年，蔡明介跟總經理謝清江看好手機市場，便開始進軍；台灣智慧型手機之王宏達電（2498）則於 1998 年便看好，2001 年推出 PDA 型手機，手腳比聯發科快 2 年。

聯發科切入 2G 手機晶片的進程詳見表 5.9。

表 5.9　聯發科切入 2G 系列手機晶片大事紀

年月	活動
2000 年	蔡明介看到手機的商機、總經理卓志哲（後來升任副董）決定進軍手機晶片。 「切入 2G 已太晚，做 3G 太早」。決定從 2.5G 晶片著手。從原光儲存部門借調最精銳的人才，並結合一些外部的射頻人才。
2001 年	徐至強受邀擔任聯發科顧問，2009 年 10 月 9 日擔任手機事業部總經理，他曾在科勝訊等歐美 IC 設計公司工作，專長為手機軟體，對歐美手機晶片公司發展手機晶片的過程相當熟悉，也很清楚各家公司成功及失敗的經驗。因此，聯發科手機事業可以避開各家公司踩過的地雷，順利完成使命。
2002 年	徐至強擔任聯發科手機研發部主管，研發人員由 100 人慢慢增加至 200 多人。
2004 年	把手機晶片做出來，但許多手機公司都不敢用。因為大陸手機市場一片榮景，自台灣或韓國的手機公司拿貨再「貼牌」後就已銷售長紅，沒有人願意自己製造手機。 徐至強經常赴大陸找客戶，但是找台商沒人理，找大陸公司也沒人要，山寨手機公司龍旗只是家不到十個人的小公司，徐至強拜訪時照吃閉門羹。
2004 年 11 月	一個在大陸手機業流傳的故事是，2004 年 11 月，蔡明介在深圳機場咖啡廳專程等候大陸手機公司 TCL 董事長總經理萬明堅，蔡明介只談上十幾分鐘，萬明堅就匆匆離開。
2004 年	歐美手機公司發動機海戰術，用一波比一波快的低價新手機吞食大陸市場，大陸手機公司的價格與速度完全不是對手，聯想移動通訊小虧人民幣 1 億元，促成徐至強見到了負責手機業務的聯想移動通訊總經理劉志軍（後來離職）。
2005 年	聯想移動通訊跟聯發科合作，每三到四個月就能開發出一支手機，慢慢跟大陸同業在速度上拉開距離，聯想移動通訊手機站上大陸國產手機市占率第一名。

表 5.9　（續）

年月	活動
2006 年	聯想移動通訊的成功，讓所有手機公司都找上聯發科，全成了聯發科的客戶，聯發科手機晶片出貨量超越一億套。
2008 年上半年	蔡明介說：「今日山寨，明日主流。」
2009 年 8 月	英國《經濟學人》周刊（*Economist*）以「無晶圓公司和無懼的勇氣（Fabless and fearless）」為題報導聯發科，形容「聯發科已經全面扭轉大陸的手機製造產業，聯發科第四季推出智慧型手機晶片，從大陸市場躍向世界舞台，更將改寫全球手機產業的生態。」[20]
2009 年	聯發科手機晶片出貨量 3.5 億套。
2009 年 8 月	二線手機公司樂金（LG）宣布採用聯發科 27.5 G 手機晶片。
2009 年 9 月初	歐洲最大電信公司伏得風（Vodafone，工商時報譯為沃達豐）宣佈採用聯發科 2G 手機晶片。
2009 年 11 月初	由聯發科打造出來的山寨手機產業，受到新興市場消費者喜愛，《富比世》雜誌（*Forbes Asia*）以執手機界牛耳（Battling for the Brains of Cellphones）專文報導聯發科，山寨手機吃掉歐、韓手機品牌公司市占率，成為金融海嘯後少數逆勢成長的產品。
2009 年 11 月	摩托羅拉推出 WX395 手機，採用聯發科手機晶片，是二線手機公司中第二次採用。 聯發科表示，爭取全球前五大手機公司客戶，本來就是公司內部既定目標，雖然現在有了一點新地進展，不過「只能高興一秒鐘」，公司仍繼續努力，爭取更多合作對象。[21]
2009 年 11 月 25 日	在「海峽兩岸信息產業技術標準論壇」中，針對聯發科在大陸的營運做報告，聯發科大陸區首席代表廖慶豐表示，聯發科的手機晶片以及創造獨特的手機公板方式，讓大眾都可以買得起手機，因此「以便宜的解決方案，造福更多的人類」是聯發科努力的目標，而「山寨是一種值得鼓勵的文化」！ 2008 年，聯發科在大陸整個手機產業上下游創造的產值達人民幣 1,400 億元，除了每年會創造超過 2 萬款的手機機種問世外，出口創匯金額也超過人民幣 500 億元。 廖慶豐認為，3「G」其是 green（環保）、grace（優雅）以及 grassroots（草根），如果一個產品只服務少數人，那就失去科技產品的意義，因為科技的目的就是要服務更多人類。 廖慶豐原是微軟大中華區副總裁，2008 年 7 月，蔡明介看中廖慶豐在大陸市場有完整的營運及製造相關的經驗，加上認為其領導能力和人脈有利於聯發科在大陸的佈局，邀請廖慶豐轉換舞台到聯發科，擔任聯發科大陸區首席代表。[22]
2010 年	出貨 5 億套，2G 系列 4.78 億套，3G 佔 2,200 萬套。

193

四、組織設計

聯發科手機事業太成功了，2009 年 10 月，聯發科組織一分為二，設立二個事業群，詳見表 5.10。

2010 年 8 月，由於新晶片推出不順，蔡明介親自管理無線通訊事業群，並且細分為二個事業部，由呂平幸、袁帝文擔任功能手機事業部總經理、朱尚祖擔任智慧型手機事業部總經理。

表 5.10　聯發科公司組織圖

事業群	第一事業群（影像事業群）			第二事業群（無線通訊事業群）	
占營收及獲利比重	20～30%			70～80%	
主管	謝清江		陳志成	呂平幸、袁帝文	朱尚祖
包括的事業部	光儲存事業部	數位消費事業部	數位電視事業部	功能手機（2G系列）	智慧型手機（3G 以上）
負責事項	研發及推廣光儲存領域的晶片	研發及推廣數位消費電子產品	研發及推廣數位電視晶片	研發及推廣無線通訊晶片（包括手機晶片）	
全球市占率（2009 年）	51%	DVD 播放機晶片 45%	19.1%	18%	

五、行銷組合

聯發科在手機晶片的行銷組合請詳見表 5.11，其中比較重要的是在「實體配置策略」部分，晶片屬於電子零組件，必須透過電子零件經銷公司來銷售給大陸各省市的手機公司，以本例來說，聯發科主要透過大聯大（3702）去賣手機晶片。

表 5.11　手機晶片公司的行銷組合

	其他手機晶片公司	聯發科
一、產品策略		
(一)產品功能	手機晶片公司：提供牛肉	聯發科：比較像牛肉調理包，即「系統單」晶片（System on Chip，SoC），是晶片加上軟體的解決方案（turnkey solution）。 手機公司採用了聯發科的晶片組，不需要再到處去買其他材料，只要在旁邊搭上麵條跟不同的湯頭（設計外殼，甚至直接模仿品牌），就可以直接開門做生意。
(二)研發技術門檻	手機公司要有五星級餐廳的功力，還要去找搭配的軟體公司並確保軟硬體結合在一起，不會大錯，約需半年。到了 2007 年，最新手機裡至少要有 168 種功能，換句話說，你得在 168 種功能中平衡，才能設計出最棒的手機。	「我們控制所有的東西，」徐至強說，從天線技術、微軟手機作業系統技術、系統模擬、工具開發，他都帶領聯發科事業部完成；最特別的是，他連手機公司調校手機的軟體，都幫手機公司設計好，這已經是非常下游的工作，一般晶片公司絕不可能投資在此。[23] 透過聯發科開設的中央廚房支持，所有人都有到不同餐廳、選擇不同價位與口味菜色的可能性。 聯發科降低產業進入門檻，讓所有人都可以「開廳餐」，雖然每個「餐廳」的招牌不同，但是，上游的「食材」供應公司卻都是聯發科。買了「牛肉調理包」後，每個人可以在裝潢與服務下工夫，而能創造差異化價值。不僅成本降低，「上菜」的時間會更快。 以設計一款只支援四個按鍵的手機為例，因為是給小孩使用，按「一」鍵給爸爸，按「二」給媽媽，但是這個手機要有衛星定位系統定位功能，因為等孩子上安親班或是回到家時，會自動傳簡訊給媽媽。 每天，聯發科都有 200 多個計畫在發展，隨著客戶的需求不斷改變，就要翻新。

表 5.11 （續）

	其他手機晶片公司	聯發科
(三)品質		聯發科是用 120 分的技術力，滿足客戶「便宜又好」的需求。就像是用五星級餐廳主廚的手藝，去做牛肉調理包。這打破過去大家認為，低價產品就是用低價品質的慣性。聯發科靠高分紅配股，吸納台灣很優秀的人才（2009 年平均每個員工分紅 189 萬元），並且不斷挑戰高技術，但是，目標不是推出高價餐點，而是能推出創新的平價菜色，來吸引消費者。 「我們是用上駟對上駟。」蔡明介說。當別人是用二流軍隊打低價市場時，聯發科卻是精銳盡出。聯發科都是準備好新技術，等到市場開始要起飛時，才一舉進攻，吃下市場大餅。 「我們都是用 120 分要求自己，就算沒辦法完全達成，還有一百分。」[20]
二、定價策略	1. 抽成，例如一支手機抽 3%。 2. 賣斷，一片晶片 8 美元。	平價，對手的一半以下。
三、促銷策略		
(一)人員銷售		聯發科在大陸的公司派出研發人員和維修工程師到大陸手機公司、手機設計公司去。
四、實體配置策略		詳見圖 5.7。

＊最大代理商：大聯大

聯發科晶片主要是透過大聯大（3702）才能送到大陸各級城市的手機公司，大聯大全球市占率僅次於美商艾睿電子（Arrow）、安富利（Aunet）。大陸占大聯大營收比重如下：2007 年 43%、2008 年 45%，2009 年約占 70%。

由圖 5.7 可見，聯發科手機晶片分成二種分工銷售。

大聯大（3702）小檔案

成立：2005 年 11 月
董事長：黃偉祥
總經理：同上
營收：（2010 年）2,572 億元
盈餘：（2010 年）49.65 億元

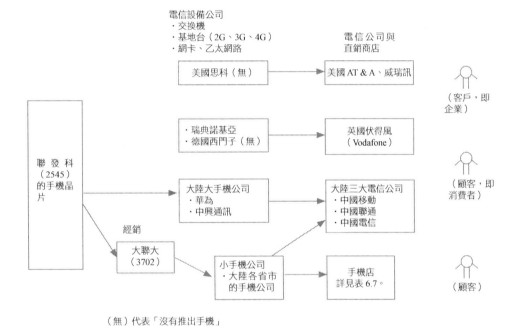

（無）代表「沒有推出手機」

圖 5.7　聯發科的手機晶片銷售方式

六、經營績效

　　2005 年時，聯發科已是全球 IC 設計公司第五大，靠著手機晶片之助，進入第二條成長曲線，更上一層樓，本段說明手機晶片對聯發科經營績效的助益。

(一)市占率

　　由表 5.12 可見，聯發科在手機（主要指基頻）晶片業的排名，2006 年還只有第七名，2009 年起居第二。

　　一般談市占率有下列二個標準。

表 5.12　2006、2010 年聯發科在手機（基頻）晶片的排名

單位：億美元

排名	2006 年	2009 年	2010 年*
1	德儀 19.4%	高通	高通
2	高通 16.5%	聯發科	聯發科
3	思智浦 5.6%	德儀	德儀
4	飛思卡爾 4.8%	ST 易利信	英特爾
5	意法 4.8%	英飛凌	—
6	博通 3.5%	博通	
7	聯發利 2.5%	飛思卡爾	
產值*	109	110	132

資料來源：iSuppli

*資料來源：*Strategy Analytics*，2011.4.20，其中英特爾在 2010 年底收購英飛凌的無線解決方案（即手機晶片）事業部（WLS）。

1. 出貨量排名

出貨量標準比較不準，因為出貨有高、低價之分，像 2009 年，仁寶「宣稱」筆電代工量大於廣達，但都是作一些低價筆電（例如消費型筆電、小筆電），因此營收只有廣達八成。同樣地，聯發科手機晶片銷量遠高於高通。

2. 營收排名

一般投資人關心的是盈餘，盈餘跟營收息息相關，因此，以營收來說，高通才是手機晶片第一名。原因很簡單，3G 晶片單價在 2G 手機晶片二倍以上。

(二)快樂一天就好

2009 年合併營收首度跨越千億元的聯發科，躋身全球第四大 IC 設計公司、前十四大半導體公司，行事一向低調的蔡明介，2010 年 2 月初，聯發科首度舉辦年終大型音樂會，並邀請藝人陶晶瑩、五月天及黃小琥跟員工及眷屬同樂，打破以往僅吃飯聚餐的尾牙慣例。

員工透露，2009 年真的忙翻了，每天上班上到晚上十一、二點，沒有周末假日的同事大有人在。蔡明介站在台上向二千多名員工及眷屬深深一鞠躬，

感謝員工們另一半的包容。

(三)財務績效

由表 5.13 可見聯發科經營績效，2009 年，拜山寨手機大幅成長之賜（表 5.2 中 1.01 億支到 1.45 億支），聯發科營收成長 27%，盈餘回到正軌。2010 年，由於 2G 晶片（主要是 MT6252）競爭激烈（在台灣最有名的對手是晨星，3697）、升級到 3G 晶片（首顆晶片代號 MT6573）又不順，因此營收滑了一跤，衰退 6.86%，是公司股票掛牌以來第二次。

表 5.13　聯發科經營績效

年	2007	2008	2009	2010
2.5G 手機晶片出貨量（億顆）	1	2.8	3.51	4.78
主力晶片名稱		MT6223（簡稱 23）	MT6225（簡稱 25）	MT6253（簡稱 53）
單價（美元）			4.5	3.7～3.8
營收（億元）	748	680	773	720
合併營收（億元）	807	904	1153	1135
盈餘（億元）	336	192	367	309.61
每股盈餘（元）	32.27	17.88	33.67	28.44

(四)一家烤肉萬家香

2008～2010 年，聯發科帶動大陸山寨手機浪潮，「一家烤肉萬家香」，山寨手機上中下游業者同步受惠；主要關聯的晶圓代工、零組件、中小尺寸面板等 13 家公司業績同步受惠，這群股票稱為「聯發科概念股」。有此一說，2009 年，在全球景氣衰退下，台積電營收僅下滑 11.2%，主要是聯發科的訂單撐著，否則會更難看，由此可見聯發科，「雨露同霑」的效益。

註 釋

①延伸閱讀〔4〕，第 96 頁。

②工商時報，2009 年 8 月 9 日，A3 版，楊春興。

③經濟日報，2009 年 10 月 1 日，A9 版，李純君。

④經濟日報，2010 年 2 月 18 日，B3 版，李純君。

⑤經濟日報，2010 年 2 月 11 日，C11 版，李立達。

⑥財訊雙週刊，2010 年 2 月 11 日，第 35 頁，林可可。

⑦天下雙週刊，2009 年 5 月 6 日，第 75 頁。

⑧天下雙週刊，2010 年 7 月 14 日，第 115、116 頁。

⑨工商時報，2009 年 12 月 17 日，A12 版，吳筱雯。

⑩整理自延伸閱讀〔11〕，第 135 頁。

⑪延伸閱讀〔11〕，第 134、136 頁。

⑫工商時報，2009 年 12 月 2 日，A9 版，李純君。

⑬延伸閱讀〔6〕，第 170 頁。

⑭延伸閱讀〔5〕，第 170 頁。

⑮工商時報，2010 年 5 月 19 日，A10 版，佘研寧。

⑯工商時報，2011 年 3 月 5 日，A3 版，張瀞文。

⑰整理自延伸閱讀〔3〕，第 94～95 頁。

⑱延伸閱讀〔3〕，第 96 頁。

⑲延伸閱讀〔5〕，第 85 頁。

⑳工商時報，2009 年 8 月 9 日，A3 版，曹正芬。

㉑工商時報，2009 年 11 月 19 日，B3 版，張志榮。

㉒工商時報，2009 年 11 月 26 日，A5 版，張瀞文、林淑惠。

㉓延伸閱讀〔2〕，第 41 頁。

㉔部分整理自延伸閱讀〔3〕，第 88～96 頁。

延伸閱讀

1. 童儀展，「山寨機火紅，誰受惠？誰受苦？」，數位時代雙週刊，2009 年 2 月，第 36～38 頁。

2. 王志仁，「山寨變現草根消費力」，數位時代雙周刊，2009 年 2 月，第 40～41 頁。

3. 曠文琪，「用敵人十分之一資源，吃下逾四成中國市場」，商業周刊，2009 年 5 月，1120 期，第 88～96 頁。

4. 林宏達，「就是他！讓聯發科變山寨手機王」，商業周刊，2009 年 10 月，1144 期，第 40～42 頁。

5. 陳良榕，「中國追兵進逼台商」，財訊雙週刊，2009 年 11 月 12 日，第 152～161 頁。

6. 陳良榕，「山寨將竄出一堆「蔡明介」與「賈伯斯」」，財訊雙周刊，2009 年 11 月 12 日，第 166～170 頁。

7. 林宏文，「蔡明介」，今周刊，2009 年 11 月 30 日，第 85～87 頁。

8. 吳曉波和章威，「二次創新，從中國製造到中國創造的必經之路？」，產業管理論壇，2010 年 1 月，第 22～36 頁。

9. 尚清林，「蔡明介衝 3G 新品動能，聯發科今年再拼獲利王」，非凡新聞周刊，2010 年 2 月 14 日，第 84～87 頁。

10. 齊立文，「《金字塔底層大商機》開發窮人市場，企業濟貧又創新」，經理人月刊，2010 年 7 月，第 130～132 頁。

11. 江逸之，「華強北，全球最短 3C 產業鏈」，天下雙週刊，2010 年 7 月 14 日，第 130～136 頁。

12. 陳來發，「三大失算，逼蔡明介親上火線」，今周刊，2010 年 8 月 16 日，第 42～44 頁。

13. 曾如瑩，「它靠一顆晶片搶下山寨半座江山」，商業周刊，1208 期，2011 年 1 月，第 79～80 頁。

問題討論

1. 聯發科不是手機公司，只是家晶片設計公司，怎會看到消費者要什麼？
  （提示：表 5.6 中，蔡明介「想顧客」的能力是怎麼來的？）

2. 在大陸很流行「先仿冒，成長後再做產品發展，茁壯後再研究」的三階段說法，請再用另一個產業（提示：1980 年汽車、2010 年的樂 Pad）為例說明。

3. 為什麼山寨手機會發生在深圳市而不是北京市（註：北京市是全球品牌公司主要生產基地，人才也很多）？

4. 山寨手機是帶動大陸手機產業的主要推動者嗎？

5. 大陸手機對大陸科技水準的貢獻如何？

6

大陸山寨手機王
——天宇朗通、中興通訊

產業史上一再出現「貌似低劣」技術所支撐的邊陲後進廠家，最後反而摧毀原先產業領袖的案例。後進的「窮人手機」業者所提出的革命口號往往就是「夠用就好」（Just enough is good enough），這變成了邊陲後進業者攻擊「精英公司」最響亮、也最撼動人心的口號。

以 2008 年大陸市場為例，2.3 億支的規模，「精英公司」的大品牌市占率不到 45%，其他市場都由山寨機（8000 萬支）與在地品牌機（5000 萬支）吃下。貧窮的農民革命背後有秀才點撥撐腰——窮人手機中，大概十支有四支的全套解決方案是由聯發科支援提供。

——李仁芳　政治大學管科所教授
今周刊，2009 年 5 月 25 日，第 14 頁。

英雄不怕出身低

本章以具體方式說明山寨手機的研發、製作與銷售過程，並以三家「山寨轉正」的手機公司來說明如何更上一層樓。

6.1　山寨手機怎麼做的——山寨手機的競爭優勢「價量時」（沒有質）

山寨手機範圍比任何仿冒品（主要是包包、手牌）的範圍還廣，仿冒品只是一小部分，更重要的是創意十足，每年推出千款機型，滿足千奇百怪的消費

者。

　　從消費者買手機的四項考量因素「價量質時」來說，手機公司透過核心能力以形塑「價量質時」競爭優勢，可說是一體兩面的。本節說明山寨手機的二項競爭優勢「價」、「時」，第二節第二段說明其一項競爭劣勢「質」。

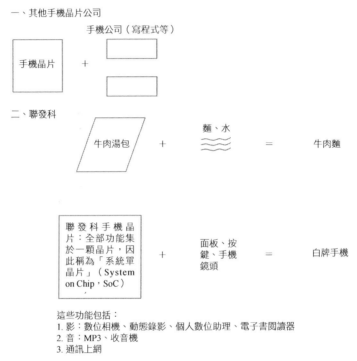

圖 6.1　聯發科手機晶片跟牛肉湯包比較

一、用牛肉湯包來比喻

　　2008 年，便利商店嘗試推「立即可時」（ready-to-eat, RTE）餐點，顧客買冷藏菜、飯，回家後微波加熱便可吃。至於量販店也有賣咖哩雞等調理包，顧客自己買（或煮）飯後，加入調理包立刻可吃。

　　用牛肉調理包來就近取譬說明聯發科在 2G 手機的晶片設計，可說一點就通了，其他手機晶片公司只做到牛肉塊，手機公司還要買胡蘿蔔、洋蔥、八角去熬牛肉湯底。哪一個比較受手機公司便不言可喻了。

二、元件 vs. 模組

套用供應鏈來說，聯發科的手機晶片從元件提高附加價值到模組。這種情況也可用散熱模組來舉例，有些筆電公司買散熱材（元件之一，例如業強6124），再加風扇、晶片，自己組裝成散熱模組，但是有些則直接向散熱模組公司（例如鴻準，2354）購買。

比較後才看得出異同，由表 6.1 可見，聯發科手機晶片比較像傻瓜相機，讓門外漢只要按鍵便可拍照。同業比較像單眼相機，拍了照必須調焦距，很麻煩，而且常常拍得模糊。底下詳細說明。

表 6.1　聯發科 2G 手機晶片的特色

解決方案	一般手機基頻晶片公司	聯發科，以 2009 年 MT6225 晶片為例
一、作業系統		這部分最高等的是蘋果公司 iPhone 的手機作業系統
(一)關鍵應用		
(二)軟體開發工具包		
(三)中間層平台		
(四)作業系統：核心部分	微軟的手機作業系統每支手機收買 15 美元（2010 年時）	主要是以微軟的「行動視窗」（Window Mobil）作業系統為主，採取該系統最有名的手機公司，是宏達電（2498），2010 年 6 月，又推出以谷歌為主的 Android 作業系統手機晶片。
二、韌體		
三、硬體		√，硬體整合，可以減少手機公司組裝公板「PCBA」成本。
(一)基頻（baseband, BB）晶片	√	√
(二)電源管理（PMU）晶片		√
(三)應用處理器（application processor, AP）		1. 音樂播放器（MP3/MP4）硬體解碼 2. 攝影鏡頭 3. 手機電視
(四)IC 周邊 1. 功率放大器 2. 記憶體		√

(一)低價晶片卻很麻煩

「如果你會設計手機,你會去找英飛凌(Infineon)這樣的公司買單一顆手機晶片,因為它的報價最便宜;但如果你不懂手機,去跟聯發科買個手機晶片,什麼都解決了!」某外資分析師如是說。

複雜一點的說,像英飛凌生產出的手機晶片,只能作為手機的元件,就跟英特爾的中央處理器晶片只能作為個人電腦的元件一樣。手機公司還要找一堆人員進行整合加工,把基頻晶片跟其他相關晶片整合一起,由於這些晶片來自不同供貨公司,因此手機研發人員必須設法寫程式把這些晶片串連一起,問題是一旦程式沒寫好,便容易有「錯」(bug)。

(二)聯發科提供完整解決方案

由圖 6.1 可見,聯發科把通訊(即基頻晶片)再加上電源管理(PMU)晶片與應用處理器(application processor, AP)等功能,融合在一片晶片中,稱為系統單晶片(System-on-Chip, SoC)成為一個模組,稱為「一次化的整體解決方案」或「公板解決方案」(Turnkey Solution,turnkey 這個字很傳神,跟汽車一樣,好像轉動鑰匙後,汽車會發動一樣),俗稱「從晶片到軟體設計」。

聯發科會設計許多種不同功能組合(例如加錄音筆功能),每種就成為公板設計(reference)。手機公司可以買所需的晶片組去開發手機。

有了聯發科的晶片組,最快只要一個月就可推出一支便宜又炫的新手機,完全顛覆了過去大型手機公司製造流程。

一般手機的研發時間為 6～18 個月,採用聯發科手機晶片的開發時間僅需 2 個月,大幅縮短產品上市週期。加上其完工率較高,基本上都有 80% 以上,手機代工公司拿到手機晶片等同於半成品,僅需稍微加工即可量產出貨,單機生產成本也可降到人民幣 500 元,詳見表 6.2。

加上聯發科有能力提供源源不斷的外派工程程師(on-site)技術支援,協助手機公司研發作業,也是許多手機公司願意使用聯發科手機晶片最主要的原因之一。聯發科計有北京、深圳、合肥與武漢及成都等五個研發據點,希望藉由據點分散,延攬各地菁英人才,提升軟體設計研發能力,大陸所設的據點,也都是以研發和技術服務考量,主要以吸納當地人才為主。

聯發科最大的優勢在於它不僅為客戶提供晶片，還把軟體平台、第三方應用、開發工具、技術方案全部提供給手機公司，基頻晶片、操作軟體，甚至液晶螢幕、相機鏡頭等元件都可以一站解決。只需要設計一個手機外殼即可成品。

「公板」（reference）這個字在晶圓代工、手機晶片中十分常見，先看英文，本意是指公司提供給客戶的參考樣式，客戶可以在此上面做些小修改，最常見的大陸品牌手機公司是以 iPhone 手機為對象去設計公板，接著再找「硬體與方案設計」公司去加大螢幕，例如從 3.5 吋變大為 3.7 吋。當然，聯發科不會推出 iPhone 手機公板，此處只是舉個暢銷山寨手機的例子罷了。

舉三反一，最容易了解新觀念，在圖 6.2 中，由上到下，我們由汽車的「共用車體」（或共用引擎）、筆電的「高仿公模」，進而讓你了解手機公板的涵意。

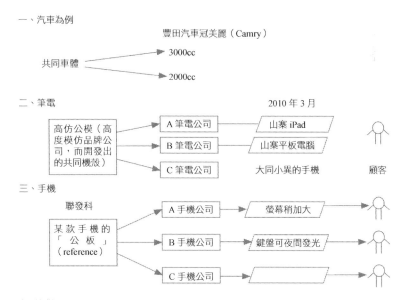

圖 6.2　公版的舉例

三、山寨手機的產品開發流程

由山寨手機的產品開發流程（詳見表 6.2），就可見山寨手機為何「又便宜」、「推新機速度」。底下分二段詳細說明。

四、山寨手機的成本優勢

全球各地皆然，地攤在租稅的項目全避開了，光這一大項就省了很多。這其實是「勝之不武」，因為立足點不一樣，可說是「打赤腳的跟穿皮鞋的競賽」。

雖然如此，聯發科的手機晶片對手機公司塑造成本優勢也是有貢獻的，第一，手機晶片比別人便宜，又因為是牛肉包的觀念，大幅減少手機公司研發成本與時間，詳見表 6.2。

表 6.2　品牌手機跟山寨手機的研發、成本差別

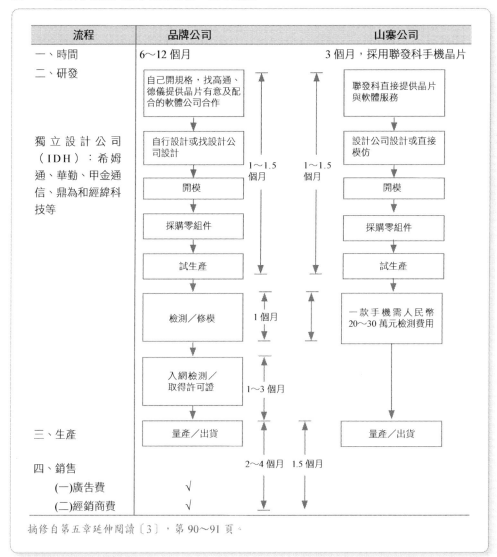

摘修自第五章延伸閱讀〔3〕，第 90～91 頁。

表 6.3　山寨手機公司跟品牌手機公司的成本差異

2009 年 7 月

價值鍵	山寨手機公司	品牌手機公司
一、手機公司		
(一)設立	無	手機公司到大陸工信部備案，要求資金人民幣 3,000 萬元，並需要有工廠擔保。
	一款山寨手機的投入資金僅約人民幣數十萬元	一款手機需要投入資金人民幣 200～400 萬元。
(二)公司所得稅（台灣的營所稅）	不繳營利事業所得稅，可說是「地下經濟的一員」。	
二、研發	主要是外觀與結構設計	
(一)費用	人民幣 5～10 萬元。	
(二)時間	30～50 天。	
三、採購		
＊原料進口關稅	手機多數零組件來自台灣，送到香港集結後，走私進入深圳，可以少掉 17% 關稅。	
四、生產		大陸工業暨信息化部（簡稱工信部）規定，手機製造公司要有人民幣上千萬元註冊資金，通過驗資、驗廠才能發出生產銷售牌照。因山寨太猖獗，大陸政府在 2007 年 10 月 12 日取消手機生產經營牌照制度。
	做模具，買零件，資金需求約人民幣數萬元。	做模具，買零件，資金需求人民幣約數萬元到數十萬元。
	手機組裝，一支成本人民幣 5～10 元。	手機組裝成本較高。
五、政府檢驗	不用品管，對外也不用付檢測費用 1. 安全性：未經過檢測，輻射量、安全性皆不保證。 　(1)爆炸疑慮：業內人士表示，不能完全免除爆炸可能性，但通常還沒有等到電池爆炸，其他功能就壞了，可能就得換一款新手機了。 2. 手機身分：照規定每支手機應該都要有 1 個識別碼，但山寨機則是多機共用 1 組。巴基斯坦發生	送樣，入網檢測：每款機種送樣需要 50 支手機，每款機種的檢測費約人民幣 20 萬元，耗時 1～3 個月。通過檢測後才能拿到「網標」，即入網許可號碼，簡單的說，就是這支手機的身分證。如此一來，這支手機才能使用國家提供的平台，通過入網審核，在市場銷售。[①] 2011 年 6 月，檢驗費用降價至人民幣 15 萬元、檢驗期間縮短。

表 6.3 （續）

價值鍵	山寨手機公司	品牌手機公司
	一起民眾手機被盜，申報遺失，電信公司依該手機身分證鎖住通訊，結果造成同時有上百名手機用戶死機，原因就是來自大陸的山寨手機，沒有申請識別碼。	
六、銷售		
(一)各省市舖貨	透過中盤商舖到各省市，再往下舖貨到各鄉鎮，經銷、零售費用比品牌公司低一些。	
(二)營業稅	無，逃稅	透過經銷商等舖貨，要繳，大陸營業稅 17%。
(三)售後服務	無，即使多數攤商說「1 年保固」，但這行業變換快，不保證找得到人負責。②	

＊原料成本省一半

　　台系零組件廠的原料來到香港，透過走私方式進入深圳，不須支付 17% 關稅（其實指的是營業稅），就是山寨軍先天的價格優勢，而山寨軍口中「不用錢的微軟」，更證實了盜版的猖獗。這東省西省，再加上選用相對廉價的聯發科的手機晶片，山寨手機的成本只有品牌手機價格的二成。

　　由圖 6.3 可見，一支高檔山寨手機的原料成本約人民幣 600 元。

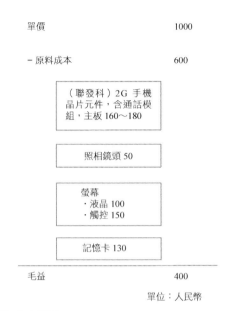

圖 6.3　山寨手機的成本結構

五、第二項競爭優勢：時

　　借助螞蟻雄兵的力量，聯發科的晶片組得以拿下大陸品牌手機 7 成的市場，他們的客戶或許名不見經傳，有時員工人數甚至還不到 10 人，但是群起而攻，咬在諾基亞和三星電子這些「大猩猩」身上，還是令人痛苦難當的。

(一)新產品問世速度

　　如果只是一味模仿，山寨文化不會如此蓬勃發展，山寨大軍最厲害的是，如何在舊有的模仿框架裡，打造出新的創意。

　　山寨手機跟品牌手機未來的成敗，光看兩者問世的速度，就知道山寨手機有多令人瘋狂！三星電子是大陸市場推出最多新機型的手機公司，一年共有 50 款，平均一個月推出近四款，緊隨其後的是諾基亞的 34 款、索尼愛立信的 19 款，及摩托羅拉的 18 款。

　　在深圳的華強北，新款機型面世的速度是以天來計算的。每天都會有三至五款新手機送達賣場，山寨手機一年的新款手機一千款以上。

1. 便宜兼創新功能

各式新奇手機更讓人眼花撩亂，配有 1.5 吋彩色螢幕的最低檔產品，只要人民幣 180 元就能買到，人民幣 200 元還可以買到有攝影鏡頭和擴充卡的手機；看起來和蘋果公司、夏普、諾基亞、三星電子、多普達（宏達電的代銷公司）一模一樣的高仿真手機（仿品牌手機），也只需正牌手機價格四分之一。就因為價格不到正廠的四分之一，所以內部具備功能和品牌手機的差異當然也就更大了，例如山寨 iPhone 無法下載遊戲軟體，內置儲存卡多半只有 1 GB，但是你可以得到品牌手機沒有的 LED 燈、甩「屏」（註：螢幕）設計等新功能，加上仿得幾可亂真的外表，只要跟得上流行，就算壞了、丟了，也不覺得可惜。

有個人風格的，例如寶馬法拉利手機、古馳（GUGGI）手機、還有仿原價人民幣 60 多萬元的 Vertu 手機，機身兩側鍍 K 金，正面鑲滿玻璃鑽，只賣人民幣 1,300 元。

山寨機什麼款式都有，產品種類多樣到出乎你我的想像，包括模仿諾基亞手機、內置剃鬚刀的手機，為印度農民客製開發在稻田裡工作可聽見鈴聲的大音量手機，以及為伊斯蘭消費者提供電子指南針指向麥加方向的山寨手機等等。

2. 量身訂做商標

在賣場內，攤商陳列外觀模仿 iPhone 的中性機（沒有商標的機型）。「下單一千台，商標隨你設計，一天後取貨。」

(二)供應鏈

山寨手機能快速出貨，必須歸功於研發面省時與生產面供應鏈完整，這可分為下列二階段，詳見表 6.4。

表 6.4　大陸白牌、山寨手機的供應鏈

分工／時間	2007 年以前，三地搞定	2008 年以後，深圳搞定
○客戶下單	客戶指的是任何手機公司（或稱「手機系統整合商」）。	
	聯發科的公板為山寨手機打下基礎，但空有公板，山寨手機等於只有骨架、沒有血肉；因此，需要有另一組人為山寨手機注入生命力，他們是龍旗、聞泰和希姆通等手機設計公司。	「聯發科的手機解決方案，打通大陸手機設計公司任督二脈之後，大家比的是開模速度與外觀件的設計能力，改變了全球手機產業的遊戲規則，」聯翔模具公司總經理俞勇分析。
一、硬體與方案設計：1 週作業時間，稱為「外觀和結構設計」（IDMD）	稱為「解決方案商（或「方案商」）」，在聯發科的某公板上予以設計，常見的設計公司在上海市。 1. 上海聞泰（Wingteck） 2. Eidolon 3. 龍旗科技（Long Cheer） 4. 上海具尚通信（Proware） 「硬體」主要指機構件。	
二、軟體設計公司（或稱手機設計公司）	主要是在北京附近，大陸最大國產手機品牌天宇朗通坐落北京，中關村、木樨園等手機批發市場日益茁壯，已成為僅次深圳的批發地。	在深圳市附近也有軟體設計公司，提供「無縫接軌」服務。
三、製造	在深圳製造。	
(一)模具公司：2～3 週作業時間	深圳的模具公司從設計公司拿到產品設計圖面，兩週內完成開模，第三週已生產出樣品機，到了第四週就可以達到五千支的量產規模，同時一邊出貨，一邊修改模具。	以聯翔模具公司為例，在深圳市寶安區松崗街潭頭第五工業區內的聯翔模具公司裡，一百多台塑膠射出成型機全年無休地生產，射出成型機發出啾的一聲，一台台全新手機機殼就這樣生產出來。「訂單太多，130 多位模具師必須早晚兩班不間斷開模，」俞勇強調。「只要是個人攜帶式 3C 產品，我們都可以開模，」俞勇提高語調地說，每天開發 1.5 款產品模具，還趕不上市場需求。雖然台灣民眾都認為郭台銘的富士康營運速度很快，但「我們還比富士康更快，」俞勇強調。

表 6.4　（續）

分工／時間	2007 年以前，三地搞定	2008 年以後，深圳搞定
(二)組裝：1 天作業時間	比亞迪電子等	整個深圳市就是一個大型 3C 工廠，每家組裝公司半個小時車程內，都涵蓋了解決方案商、工業設計公司，零組件、模具公司。
四、品牌公司	稱為「集成商」或「手機系統整合商」。	
(一)品牌手機公司		稱為「集成商」或「手機系統整合商」。 山寨手機公司「負轉正」，即漂白「合法化」，例如： ・華為、中興通訊 ・山寨轉白牌：天宇朗通
(二)山寨手機公司	很多山寨公司都只有二、三人，幾乎可說是「個體戶」。	山寨手機公司競爭越來越激烈，經營風險越來越高，一年倒閉數百家。
五、銷售 (一)內銷	在台灣稱為經銷商，即手機公司的「客戶」透過中盤商（俗稱一人皮包公司）舖貨到大陸各鄉鎮。	在華強北電子商場的巷子裡，一樓是整排的快遞公司發貨區，地面上堆滿了數百個大紙箱，待經銷商下單後，馬上由快遞公司把剛從工廠拉出來的整箱手機、平板電腦裝到車上出貨。
(二)出口	小手機公司的出口量不大，主要是陳列在賣場，華強北周邊常駐兩、三千位外籍採購商，連印度客人都會講廣東話殺價，」和強迪訊營銷總監宋重璋指出。[3]	大手機公司已派銷售小組到印度，派維修工程師去杜拜設立維修據點。

1. 2005～2007 年，三地接力

在一開始時，深圳市供應鏈不是很完整。手機公司往往必須找位於上海市的方案商（或稱解決方案商）來擔任設計公司角色，方案商把軟體設計（主要是相關作業系統）外包給北京的軟體公司。

來來往往間，一款手機約需三個月才做得出來。

2. 2008 年以後，深圳一手包

2008 年以後，深圳市已能一次搞定手機「研發、生產、銷售」，新機上市時間縮短至 1.5 個月內。華強北以綿密的手機產業鏈全球聞名，創造人民幣 600 億元的白牌手機產值。華強北的方圓十公里內，聚集上萬家解決方案設計、工業設計、零組件製造、組裝公司、3C 專賣店，甚至於連貿易公司與報關行都佈點在華強北每一棟大廈裡。「客戶不用走出大樓，就可以完成手機下單工作。」

華強北手機產業鏈分工很細，每一個環節都有上千家公司負責；客戶需要什麼服務與零組件，只要打通電話，一個小時內服務上門。

「公板產品只要三天以內出貨，量身訂做的客製化消費電子產品只要三週內，完成一千台的試量產樣品，」恩果設計總經理辜吉分析。

各國經銷商來到華強北，從一千台到數十萬台訂單，大陸業者都能夠在一個月內出貨。

(三)山寨手機工業設計過程

手機的工業設計（俗稱硬體設計）主要是機殼（這是機構件的基礎），由表 6.5 可見，山寨手機構件設計過程和天數約 1 個月。

表 6.5　山寨手機構件設計過程

步驟	所需天數	活動
1	3 天	在聯發科晶片主板基礎下，設計出一個直板機外形。
2	1 天	直板機在電腦上做 3D 模型，山寨市場有各式採用名牌元素設計出來的手機，如 LV、GUCCI、法拉利等，吸引人們的目光。
3	3 天	打出外觀手板，大致看到手機外觀。
4	4 天	研發人員完成結構手板，即相關配件要如何組裝、拆解。
5	1 天	結構手板出來後，檢討 1 天。
6	14 天	開模、壓出成形，做出 T0，可看到第一次出來的樣子。
7	7 天	修模成為 T1，約 7 天，好的模就可以直接進入量產。

資料來源：整理自延伸閱讀〔2〕，第 56 頁。

6.2 大陸山寨手機前景

山寨手機有點像《水滸傳》中梁山泊的 108 條好漢（事實上只有 36 位），政府會予以招安，也會遭到一些良民的抵制。本節說明「由負轉正」的力量。

一、政府

由表 6.6 可見，山寨手機公司在 2009 年遭受「內憂外患」。

表 6.6　山寨手機的兩道難關

第一關	第二關
一、大陸 大陸官方「查稅打假」，對非法的山寨手機公司形成沉重壓力。 二、海外 2009 年 5 月起，印度、巴基斯坦、馬爾他、韓國、台灣等地，以安全和治安死角為由，禁止大陸山寨手機進口，國際市場上掀起封殺山寨手機的潮流。 2009 年 10 月，歐洲設備型號認證中心識別只要是大陸手機公司所出產的手機，識別碼，每個機型的申請費用 2,000 美元，內含懲罰性費用。業界認為，未來像印度政府這種對山寨手機祭出圍剿動作的案例只會越來越多，而大陸山寨手機公司要外銷，恐怕只能選擇付出高額的識別碼申請費，或是乾脆漂白了。[5]	一、需求面（消費者） 1. 功能 幾位年輕上班族不用山寨機，他們用過，但沒用多久就扔了，有的因為電話答鈴聲音太大，有的則因故障順手丟了，用過的很少再買山寨手機，2009 年還有誰用山寨手機？白領階級已經沒有人用了，只有生產線的藍領工人在用。 2. 安全 山寨手機最大的問題：爆炸、電池波過強等對人體安全造成傷害。聯想移動通信的執行長呂岩表示，山寨手機是留不住顧客的，因為這些機種的故障返修率高達六成，而且山寨手機公司也沒有實驗室、沒有測試工廠、手機的輻射大，只是能打電話而已，對健康有很大的危害，所以不認為山寨手機能走到主流市場上。 3. 售後服務 恩果設計執行董事韋奇預測，山寨手機終會被自己打敗！因為品質不好，使用者感受也不好，加上沒有檢測監督，沒有售後服務，三天兩頭出問題也

表 6.6　（續）

	第一關	第二關
		找不到人負責，對消費者來講，買第一次、買第二次是新鮮，等到收入提高，就不會再買第三次。④
		二、供給面 山寨手機業者間的惡性殺價競爭，可能有一天會殺到沒有正常利潤，有些業者只好退出，新加入者有限。

(一)內憂：大陸查稅

　　2007 年起，深圳市政府開始對山寨手機公司查稅「打假」（大陸稱為雙打），2010 年 5 月下旬，連國務院也下令加入嚴格查緝，即使是大陸當地著名的手機製造公司（代購零組件與代工組裝）時代華龍與龍旗等的零組件，不論是代購或由客戶自購寄放，統統要拿出具體證明不是走私貨，才能依照料號一一放行。時代華龍等公司大受影響，原本每月穩步走堅的手機出貨量自 5 月開始銳減近半；很多營運底子不夠深厚的大陸小型手機公司，更開始讓員工放假歇業。

　　影響所及，聯發科 5 月營收月衰退率立刻拉大到 18%，當然這麼一來，以白牌手機占大宗的整個大陸手機業也大受衝擊。

　　2010 年 5 月，國務院整個查禁行動持續進行，尤其在 5 月下旬規模開始擴大，6 月初諾基亞追查高仿手機。

　　2011 年上半年，華強北手機店面約二成關門。

　　5 月底、6 月初大陸知名山寨機板卡供貨公司浙江華龍遭到國家稅務總局調查，導致 6 月以來大陸多家手機設計公司暫停營業，業者表示，部分山寨手機內建違法軟體同時涉及吸金，應該是這次大陸大舉查禁山寨手機的主要原因。⑥

(二)外國的限制進口

2008 年在大陸產出的山寨手機,因市場毛益率遭到擠壓,開始大規模轉向海外市場銷售。大陸產的山寨手機出口量,2008 年 6,000 萬支,一舉提高到 2009 年的 1.1 億支(詳見表 5.2)。外銷地點多為印度、俄羅斯、南非、巴基斯坦、南非、中南美洲、非洲等新興市場。

山寨手機售價所以能壓得很低,原因之一是無需任何產品安全檢測,因此無法透過合法管道取得識別碼。

GSM 協會董事薩尼表示:有些國家(如印度)對國家安全極為重視,不允許非法拷貝識別碼,但在其他國家相關管制的執法則極為鬆散。

2010 年 10 月,GSM 手機系統電信業者及手機公司組成的協會 GSMA,已經開始對手機公司收取手機國際移動裝備識別碼(IMEI)的費用。

薩尼表示 GSM 協會希望藉由啟動識別碼的收費機制,讓合法手機公司、管理與授權機構或代理商,今後無法任意大量包下整批識別碼,然後非法轉售。[7]

二、供需因素

市場力量也不利於山寨手機,底下詳細說明。

(一)需求面因素

「便宜沒好貨」、「一分錢一分貨」,這些俚語皆說明山寨手機只能滿足「從無到有」的某些新手機用戶,無法留得住想換機的「老」用戶。

1.品質因素

2009 年下半年,深圳市山寨手機公司已經倒了一千多家,山寨手機已不復上半年的狂熱。

博通台灣研發中心總經理高榮新認為,山寨手機或許一時間會成為市場上受人矚目的焦點,但是手機市場不只以價格決定一切,品牌力、穩定性以及安全性,這些都是山寨手機所達不到的。外加違法的疑慮,讓山寨手機姿身不明,遊走在法律邊緣,「這些產品或許爭得一時,但要能長久經營,卻有所疑問,」高榮新說。[8]

2. 功能因素：山寨手機是劣等品

白牌手機因品質低、售後服務少，再加上同業相殘（2010 年 7 月，一支手機毛益只剩一美元），終究會有極限性，產業研究機構 iSuppli 估計，2011 年會到頂 2.55 億支、2014 年 1.67 億支（回到 2009 年水準）。⑨

大陸連鎖通訊行龍頭（詳見表 6.7）迪信通（D. phone）董事長劉東海表示，雖然山寨手機過去曾經在農村市場風光一時，但是，消費者口味已經越來越挑剔了，他們不再以愈便宜愈好做為購機的首要選擇，而是價格便宜、但品質相對要好的手機才會出手採購。在大品牌公司積極推出價格便宜且品質穩定的新款機種之後，山寨手機已經從 2009 年 5,000～6,000 萬支銷量，2010 年滑落至 3,000～4,000 萬支。⑩

另一方面，大陸手機由 2G 往 3G 升級，2009 年 2G 手機銷量衰退，2010 年底 3G 用戶數 5,100 萬戶，2011 年目標數 1.5 億戶，再加上手機普及率超過 80%（9 億戶），2G 手機已於 2008 年達到高點。2011 年起，深圳華強北出現手機店大撤產情況。⑪

表 6.7　大陸通訊行

主要業者及規模	電信通路		連鎖通訊		備註
	中國移動	3 萬店	迪信通	1,200 家	2010～2016 年砸人民幣 100 億元擴大至 5,000 家店
	中國聯通	2 萬店	樂語中國	500～600 家店	中華電、神腦擬入股樂語中國
	中國電信	1 多萬店			
合計	12～15 萬店		大陸每年銷售手機規模		2 億支左右

資料來源：大陸通路商，2010.5.

(二)供給面因素，賠錢的生意沒人做

無研發成本、免繳註冊費等，成就山寨無敵低價優勢。但削價競爭卻讓利潤從 3 倍變 3 成，加上品質沒保障與市場淘汰迅速，可能僅剩 1% 自設品牌存活。

1. 薄利

山寨大軍的投機、賭博心態，讓市場陷入混沌，無法長久經營，2008 年時，只要貼上諾基亞牌子，市價就有人民幣 1,000 元，純益率 75%，但是 2009 年純益率降到三成，只能賺到人民幣 70 元，如果貼的是雜牌，純益率僅剩不到一成了！從 75% 跌到 10%，山寨手機價格的崩落，比它崛起的速度還要快。2009 年初受到不景氣影響，倒了一波山寨手機公司，其中有些是中型公司。

2. 風險

做一款山寨手機只要人民幣 300～1,000 萬元，購買所有零件都是用現金交易，所以，「如果拿到一款手機看不出是否會賣，沒有這個直覺，庫存絕對壓死你！」通常，一款山寨手機只做五、六萬支，生命週期只有二到三個月，如果三個月內沒有銷售出去，搞不好價格連打火機都不如。

深圳市潤宜科技董事長黃雙昭分析，新款手機出貨第一週，每支手機賺人民幣 80 元，第二週出現仿冒品，利潤只剩下人民幣 50 元，上市第 15 天後就只剩下人民幣 15 元，「白牌手機就像是玩期貨一樣，心臟必須要很大顆。」[12]

三、大陸政府支持　山寨漂白做品牌

在山寨文化裡，最大的特色就是市場趨勢嗅覺敏銳，高度的創新、效率、反應速度快等，但最大的缺點就是「投機主義」。對於資金背景較佳的山寨手機公司來說，長痛不如短痛，山寨業者若能挾上述優點，發展自我品牌就地合法化，是最好的解套方式，而最成功的漂白案例就是天宇朗通、偉恩等。

2009 年起，深圳市不再是複製、仿冒的代名詞，2009 年是大陸手機業的崛起年，其中中興通訊成為全球手機出貨量第七大的手機公司；而華為順利登上全球第三大行動通訊設備公司。

6.3　大陸品牌手機公司：天宇朗通、中興通訊

底下以三家手機公司為例，有些是「由黑漂白」的，像中興通訊是「先內銷再轉出口的」，都闖出一片天。

一、第一代山寨王天宇朗通

2007 年，天宇朗通在聯發科支持下，一舉推出了近 80 款手機，讓諾基亞都望塵莫及。

2009 年，第一代山寨王天宇朗通漂白了，推動品牌，第二代山寨手機王由星瑪接任，年銷 2,000 萬支。

天宇自設研發部，2009 年推出旗艦機型「天語」（K-Touch），便宜、穩定而又創新的天語手機，也迅速搶占大陸市場。遠傳電信子公司全虹企業 12 月 30 日，獨家代理引進台灣銷售。全虹商店品牌手機 utec，由天宇設計代工。[13]

天宇朗通已採用聯發科的 MT6253 單晶片解決方案，開發 3G 手機。MT6253 可減少約 30% 的布板面積，讓天宇朗通能夠研發更輕薄小巧的手機，也有更多空間用來提升手機的音訊品質，並增大電池空間，對於拍照和視頻播放等多媒體應用的支援也非常出色。

王艷輝（大陸一家半導體測試公司總經理）表示，多數人會認為天宇朗通會大成功。但天宇董事長榮秀麗是手機代理公司出身，強項在通路經營，靠的不是產品力，恐怕禁不起時間考驗。當年也曾風光一時的波導便是前車之鑑。[14]

二、台商偉恩（Z-Obee）

2002 年成立，偉恩從一家山寨手機公司，到方案供貨公司、組裝代工的系統商，直至今日的品牌手機公司，三次大變身，從山寨王轉型品牌公司的最佳見證。

王世仁靠著山寨手機掙來的第一桶金，從山寨手機公司變身品牌手機公司，獲得三大電信公司認可，也是少數同時在新加坡、香港、台灣三地掛牌的公司。

偉恩要轉型品牌，第一件事就得提高產品品質，而且還得洗刷消費者對山寨手機品質較差的刻板印象。因此，王世仁讓偉恩到新加坡掛牌上市，「大陸消費者的認知很簡單，只要你是國外公司，在證券交易所掛牌、是大陸電信公司認可的品牌，消費者對偉恩品牌的信賴度就會瞬間增加許多。」偉恩之所以能成功地在數以千計的山寨手機公司勝出，關鍵很簡單，靠著過去代理零組件

的通路管理經驗，加上轉型品牌，讓偉恩從昔日的山寨王下了梁山，2010 年達 20 萬支品牌手機的出貨量。[15]

偉恩（Z-Obee）

成立：2002 年
市值：1.7 億美元
總經理：王世仁
三年純益：
2010 會計年度：520 萬美元
2009 會計年度：391 萬美元
2008 會計年度：1,012 萬美元
註：市值以 2010 年 3 月香港掛牌時計算，會計年度截至當
　　年 3 月為止。

三、中興通訊

由圖 5.7 可見，大陸有二家電信設備公司華為（全球第三大，僅次於美國思科等）、中興通訊。挾著低價賣通訊設備之便，提供大陸、新興國家的電信公司全套解決方案，簡單的說，順便賣手機；這對靠跟電信公司合作賣手機的宏達電威脅最大。

由表 6.8 可見中興通訊的手機業務可用「一日千里」來形容，這也印證了第五章第一節中普哈拉所稱金字塔底層第二項商機。「地方性商機轉化為全球商機」。尤其 2010 年，歐美市場占出貨量六成，大陸內銷佔四成，可見中興通訊敢越級挑戰，而不是偏安新興市場。

中興通訊（ZTE）小檔案

成立：1985 年，1997 年股票上市（大陸 A 股 0063-SZ、
　　　00763-HK）
董事長：侯為貴
總經理：殷一民
營收：（2010 年）人民幣 702.63 億元
稅前盈餘：（2010 年）人民幣 43.6 億元
全球市占率：2009 年數據上網占全球第二，僅次於華為。
大陸手機設計代工：第一

表 6.8　大陸中興通訊手機業務經營績效

年	2008 年	2009 年	2010 年	2011 年（F）
一、策略雄心	2008 年 9 月 25 日，侯為貴在深圳市的公司慶祝中興生產第一億支手機時，喊出「2011 年做到全球第五，2013 年進入全球第三」的口號。		歐美占出貨量 60%，大陸內銷 40%	
二、手機出貨量（萬支）	3,650	6,000	5,180*	8,000**
三、豐功偉績	華為 3,000 萬支	全球第七大手機公司（市占率約 4%），次於諾基亞、三星電子、樂金等。歐洲有一款手機銷量 150 萬支，是大陸品牌在海外銷售最多的單款手機。[14]	歐洲銷量 500 萬支，主要透過伏得風銷售。	歐洲銷量 1,000 萬支

＊根據中興通訊網站。

＊＊旺報，2011 年 6 月 12 日，A4 版，韓化字。

(一)2007 年

低價，成為中興通訊奪取市占率的最佳利器。「我們先把量做好，把市場做大，再來求質好，然後把價格做高。」中興通訊監事張太峰認為，中興通訊要想快速擴張市占率，就得先有量。而這樣的策略，確實也成功了。

中興通訊從中低階手機開始做起，避開工業國家的手機殺戮戰場，而從消費力正逐漸萌芽的新興市場切入，2007 年中興跟印度電信公司伏得風（印度）聯手推出空機價只有 17 美元的 GSM 手機，就是最成功的例子。這款標榜操作簡單、價格低廉的手機，立刻熱賣 700 萬支，讓中興通訊快速地在印度、非洲、加勒比海等新興市場滲透開來。

(二)2008 年

2008 年中興通訊跟印度電信公司 Spice 合推 20 美元的新機，同樣受到高度好評。

(三)2009 年

中興通訊 2009 年銷量 6,000 萬支，成長率 12%，在市調公司 ABI Research 的排名中，排第七（全球市占率 4%），華為排第十，營收人民幣 603 億元（成長率 36%）、盈餘人民幣 24.58 億元（成長率 48%）；大陸營收占一半。中興推出微軟、Android 等多種作業系統，主打大陸、印度、中東、東歐市場。

(四)2010 年

2010 年 6 月，中興通訊跟伏得風合作，以 547 低價觸控螢幕智慧型手機打入歐洲市場，中國聯通採購中興通訊 X850 智慧型手機，並以中國聯通 3G 品牌「沃」上市。[16]

中興通訊手機出貨量數字由於包括代工數量，因此「人言言殊」，例如國際市場研究機構國際數據公司（IDC）的自有品牌銷量與全球市占率如下：2009 年 2,629 萬支、2010 年 5,180 萬支（3.7%），全球市占排第四，次於諾基亞（32.6%）、三星電子（20.2%）、樂金電子（8.4%），領先第五名的蘋果公司（3.4%）。尤有甚者，2010 年年底，中興通訊透過美國威瑞遜（Verizon）銷售低階手機，進軍美國。[17]

註　釋

①部分整理自工商時報，2009 年 7 月 26 日，C4 版，李純君。

②整理自延伸閱讀〔2〕，第 61 頁。

③整理自第五章延伸閱讀〔11〕，第 132～134 頁。

④延伸閱讀〔2〕，第 64 頁。

⑤工商時報，2009 年 12 月 2 日，A9 版，李純君。

⑥工商時報，2010 年 7 月 1 日，A17 版，張瀞文。

⑦經濟日報，2009 年 11 月 18 日，A6 版，游宜樺。

⑧數位時代雙周刊，2009 年 2 月，第 38 頁。

⑨工商時報，2010 年 12 月 20 日，A9 版，吳筱雯。

⑩工商時報，2010 年 5 月 20 日，A19 版，林淑惠。

⑪工商時報，2011 年 7 月 8 日，A13 版，余研寧。

⑫第五章延伸閱讀〔11〕，第 133 頁。

⑬工商時報，2009 年 12 月 31 日，A15 版，林淑惠。

⑭第五章延伸閱讀〔6〕，第 169 頁。

⑮今周刊，2010 年 7 月 12 日，第 61～62 頁。

⑯工商時報，2010 年 9 月 4 日，A9 版，余研寧。

⑰經濟日報，2011 年 4 月 13 日，A7 版，劉煥彥。

延伸閱讀

1. 賴筱凡、林宏文，「直擊山寨大本營」，今周刊，2009 年 4 月 20 日，第 94～102 頁。

2. 江睿智，「冒險者天堂適者生存，山寨可能被自己打敗」，非凡新聞周刊，2009 年 5 月 24 日，第 60～65 頁。

3. 賴筱凡，「中國通訊雙雄迅速搶占全球大餅」，今周刊，2009 年 11 月 9 日，第 122～125 頁。

4. 鍾榮峰，「山寨機改頭換面再出發」，零組件雜誌，2010 年 5 月，第 46～

53 頁。

5. 籃貫銘,「山寨轉型、升級、走品牌」,零組件雜誌,2010 年 5 月,第 66～71 頁。

6. 王光華,「中國山寨手機抄、鈔、超」,零組件雜誌,2010 年 5 月,第 54～55 頁。

7. 賴筱凡,「中國山寨王王世仁,下山學正規軍」,今周刊,2010 年 7 月 12 日,第 60～61 頁。

 ## 問題討論

1. 一次解決的方案還有哪些例子,優缺點如何?

2. 除了聯發科手機晶片外,請你再詳細察一個「一次解決方案」(turnkey solution)的案例,從頭包辦、一手搞定一定會贏嗎?

3. 舉一個實際例子,說明一款山寨手機從頭到尾的新產品開發過程與成本。

4. 如果你是山寨公司,你會決定「漂白」嗎?為什麼?怎麼做?舉一家公司為例來詳細說明。

5. 如果你是品牌公司,你該如何跟山寨公司對抗呢?

7

全球平價時尚服裝之王
Zara

　　「歷史」是我們面對未來不確定時最好的導師，透過歷史，可避開前人所犯錯誤，並學習過去成功經驗。這其中，跟人性越相關領域，「鑑往知來」更能發揮越大功用。

　　因此，政治人物必須熟讀歷史，才知如何帶領群眾走向富強，並避開錯誤政策，圍棋棋手要先背定式、棋譜，掌握前人實戰法，才能超越前人開創出自我棋路；縱使是一場棒球比賽，牢記對方每一位打者擅長攻擊位置、守備能力與投手球路，也往往成為主導戰局關鍵。

——呂宗耀

呂張投資研究團隊負責人

今周刊，2009 年 11 月 30 日，第 176 頁

研發跟生產密接的典範

　　歐美許多大學把西班牙佐拉（Zara）的經營方式納入個案研究範例，例如 2003 年美國哈佛大學商學院，其印第紡（Inditex）集團以一年賣出 4 億件衣服、每天開 1.5 家店的速度，持續在世界各地擴展版圖中。

　　透過佐拉這個個案，我們想突顯研發在搶時間方面所占的重要性。

　　挑「佐拉」有二個小限制，會讓人有些缺乏切身感。

1. 在台灣不紅

　　佐拉在台灣只有代理專櫃，櫃位不多，知名度有限。2011 年 11 月起，鑑於台灣商機，來台灣 101 購物中心 1、2 樓共 700 坪、統領商場（1 樓與地下一樓）和台北車站設直營店；另，瑞典 H&M 也鎖定忠孝東路商圈等。

Inditex（印第紡或印第紡織）小檔案

成立：1975 年，2001 年 5 月 23 日，股票上市。

董事長兼創辦人：歐德佳（Amanico Ortega Gaona，1936 年次）。

總裁兼執行長：伊斯拉（Pablo Isla，1964 年次）。

營收：（2010 年度） 155 億美元

盈餘：（2010 年度） 18.4 億美元

店數：4000 店，行銷全球 60 國。

員工數：8.8 萬人（平均一家 21 人）。

---

2. 台灣少有自有服裝品牌與零售店

台灣服裝連鎖店大都是港商，而且偏重平價服裝，像 Hang Ten、佐丹奴。

至於台灣的聚陽實業（1477，2010 年爭取到佐拉代工訂單）、儒鴻（1476）都是設計代工公司，跟佐拉完全不一樣；台灣較有名的女裝品牌是奇威（成立於 1977 年，2010 年兩岸 300 店營收近 20 億元），可惜股票未上市，缺乏資料，無法討論。香港的利豐集團（Li & Fung Limited）自稱是「全球成衣供應鏈整合服務商」，本質比較像設計代工公司，只是規模很大。

然而，印第紡「快速時尚」（fast fashion），在大陸，達芙妮女鞋如出一轍，詳見張保隆、伍忠賢著《零售業個案分析》（全華圖書，2011 年 1 月）第九章大陸女鞋第一品牌達芙妮。

7.1 佐拉的興起與成績

長江的源頭只是冰河的融冰所匯聚的小河，但是源頭水源多，再加上「江海不擇細流故能成其深」。同樣的，在今天這個時點來談佐拉多偉大，看似天經地義，但是回到 50 年前去看，就比較能體會創辦人的真知灼見。

一、公司住址

印第紡公司位於西班牙加利西亞自治區（Galicia）的拉克魯尼亞市（La Coruña，人口約 25 萬人），郊外車程 20 分鐘、只有 3 萬人口的阿爾泰修鎮

（Arteixo，有譯為阿特伊西奧）工業區內。公司內有著 300 人的設計中心，周圍還有 14 家工廠、一個物流中心。總共有 3,000 位員工的總部區域，30 年來一直像是這家企業的心臟。

二、歐德佳──女裝業的成吉思汗

歐德佳（Amancio Ortega）的出身比較像台灣的王永慶或是香港首富李嘉誠，只有小學畢業，但卻白手起家，開創全球企業。

歐德佳（或奧特嘉）創業小檔案

出生：1936 年 3 月 28 日，父親是鐵路工人。

1948 年：在拉克魯西亞市一家襯衫工廠當學徒。

1950 年：在拉克魯尼亞市擔任 Gata 服飾店（襯衫）送貨員（或業務員）。

1953 年：到一家服飾店「拉瑪雅」（La Maja）工作，後來當到店長後，歐德佳想要創業。

在拉瑪雅工作對日後的歐德佳帶來莫大影響，他發現顧客都會不自主地把眼光放在櫥窗中的女裝，這才觸動他轉往女裝市場的念頭。這是經營佐拉的理念，以及成立印第紡集團的源起。

1963 年：創業，生產睡衣、童裝，還有其他的說法，包括浴袍、女性內衣褲。

1972 年：成立 Confecciones GOA，這是因為一位客戶取消一筆大訂單，促使歐德佳成立店面來出清存貨。

1975 年：在拉克魯尼亞市富人住宅區鬧區，開了第一家 Zara 店，進軍女裝業。

1989 年：進軍全球，當年先在葡萄牙開店，接著在美國紐約市曼哈頓區第五街開店。

1990 年：法國巴黎市開店。

1991 年：推出第二個品牌。

1998 年：日本東京市開店。

2000 年：香港開店。

2001 年 5 月 23 日：在西班牙馬德里證交所 Inditex 股票上市，進軍冰島、義大利、捷克等。

2004 年：第 2000 家店在香港成立，全球 50 國設店。

2005 年：印尼、菲律賓開店。

2006 年：成立 Inditex 成衣集團，旗下有 8 個品牌，Zara 佔營收三分之二。

2006 年 3 日：在大陸上海市恆隆廣場開店。

三、1967 年去巴黎看服裝展

1967 年，歐德佳跟好友兩人從巴塞隆納搭上火車到巴黎，沒有地圖、不會講法語，住了一晚旅館，隔天還是摸到了服裝展覽場，從此他愛上巴黎，常往巴黎跑。

四、1975 年成立 Zara 店

1975 年，歐德佳設立佐拉服裝店，加入一些設計感及流行元素，因此吸引消費者願意多花點錢來買衣服，替快速時尚打下了基礎。五年內就席捲西班牙的服裝市場。

五、設分店全球化

1989 年開始全球佈局，先在葡萄牙開第一家海外分店，再到美國紐約市曼哈頓設分店，1990 年進入法國巴黎市，接著全球各大城市的分店一家家地開，營業額每年成長 10～20%，2004 年在香港、2005 年在印尼開店，2006 年成立印第紡成衣集團。

六、依性別、年齡層推出八個品牌

印第紡靠佐拉店站穩女裝市場，1991 年陸續推出七個品牌，進攻不同客層（市場區隔），詳見表 7.1，旗艦還是佐拉，佔營收三分之二。

這七個品牌，也都承襲了佐拉快速流行的原則，不論是賣內衣還是賣家飾品，都堅持每週至少送上新貨兩次。這八個名稱本身沒有意義，只是因為各自帶有些英語、義大利發音及日語發音，而增添幾分異國情調的品牌。印第紡簡直從單純的成衣業者，成為包山包海、想通吃各種年齡層市場，而且還要「賣」向全世界的「巨獸」！

表 7.1　印第紡集團的八個品牌

客層	品牌	佔 2007 年營收比重
一、女裝	1975 年 Zara	65.9%
	1998 年 Bershka，年輕女性，街頭風	9.5%
	1999 年 Stradivarius，青少女服飾	5.1%
	2001 年 Oyslo，內衣與睡衣	1.5%
二、男裝	1991 年 Pull and Bear，青少年服飾	6.6%

表 7.1　（續）

客層	品牌	佔 2007 年營收比重
三、童裝（0～16 歲）	1991 年 Skhuaban	2.3%
四、混合	1991 年 Massimo Dutti，高雅的都會、精緻路線	7.9%
五、家飾	2003 年 Zara Home，六成是桌巾、棉被等家飾織品	1.2%

七、歐德佳是西班牙首富

2001 年 5 月 23 日，印第紡股票上市，歐德佳身價 60 億美元，成為西班牙首富，在《富比世》雜誌上，入選為 2010 年全球排名 9 名，資產 250 億美元。

八、全球最大服裝零售公司

印第紡 2005 年首度超越瑞典 H&M（Hennes & Mauritz）公司，奪下歐洲最大服飾零售商冠軍。2009 年度，印第紡年營收 146 億美元，一舉超越美國蓋普（Gap 或 GAP）的 142 億美元。雖然雙方差距不大，但印第紡表示，首次勝過蓋普意義重大，成為全球服飾零售業的新龍頭。

詳見表 7.2，旗下最大品牌佐拉營收為 87.64 億美元，占集團營收六成。[1]

表 7.2　歐美三家平價服裝公司經營績效　　　　　　　　　單位：億美元

公司	年度	2007	2008	2009	2010
印第紡（Inditex）	營收	115	132	146	155
	盈餘	14	17.5	17.55	18.4
H&M	營收	78.35	88.53	101.39	108.48
	盈餘	13.59	15.29	16.38	18.68
蓋普（GAP）	營收	157.63	145	142	146.64
	盈餘	8.37	9.67	11.02	12.04

1 歐元：1.4 美元

九、全球品牌價值最高的服裝品牌

在英國市調研究機構 Interbrand 2006 年的「全球百大品牌」調查結果中，西班牙的國民服裝品牌名列第 73 名（品牌價值 42.35 億美元），比 2005 年進步四名，勝過價格高貴的愛馬仕（第 81 名）、卡蒂亞（第 80 名）、蒂芬妮（第 82 名）、普拉達（第 96 名）、阿曼尼（第 97 名）與寶格麗（第 98 名）。佐拉在台灣也深受第一名模林志玲的喜愛，2005 年 8 月她在大陸發生墜馬意外、11 月痊癒後復出的記者會，身上穿的就是佐拉牌服裝。

十、打得蓋普換總裁

蓋普被打得營收節節敗退，只好走馬換將，在歷經半年空窗期，2007 年 8 月找來加拿大人墨菲（Glenn Murphy）擔任總裁兼執行長，取代普萊斯勒，他在 2006 年的年薪高達 1,540 萬美元。

蓋普旗下三大品牌與市場定位如下。

1. Old Navy，著重講求時尚的年輕媽媽；

2. 香蕉共和國，適合穿著正式的上班族；

3. GAP，占公司營收四成，主要是休閒服飾，例如牛仔褲、毛衣和針織店。2010 年 9 月，推出上班用長褲，但 GAP 面臨定位（男女通吃 vs. 女性）、服裝特色（中性 vs. 特色）等拉扯，以致業績不振。[2]

蓋普公司（Gap Inc.，大陸稱為蓋璞）小檔案

成立：1969 年，在美國舊金山市開第一家店。

總裁兼執行長：墨菲（Glenn Murphy，1962 年次），2007 年 8 月接任，曾任加拿大最大的連鎖藥局 Shoppers Drug Mart 的執行長暨董事長。

市場定位：高品質、基本款服裝，例如牛仔褲、卡其褲和 T 恤。

品牌：旗下品牌有 GAP、Old Navy 和香蕉共和國（Banana Republic），電視廣告都會襯以流行音樂和舞蹈鏡頭，代言人包括瑪丹娜（Madonna）、藍尼‧克羅維茲（Lenny Kravitz）、莎拉‧潔西卡‧派克（Sarah Jessica Parker）和喬斯‧史東（Joss Stone）等知名藝人。

市場地位：美國最大服裝公司（在美 1,400 家店），全球第二大。

7.2　市場定位與服裝設計

發明之王愛迪生曾說：「天才是 1% 的天賦，99% 的努力」，同樣的，在企業經營大抵可說：「成功來自 1% 的策略，99% 的執行」。藉此突顯執行才能使美夢成真。

本節說明佐拉價值鏈上核心活動如何做到「快狠準」中的「準快」，這順序很重要。

「準」便是「做正確的事」（do the right thing），既準又有效率則稱為「效能」（effectiveness）。

「快」是指「用正確的方法做事」（with the right methods），「快」俗稱「有效率」（efficient）。

一、定位

定位（positioning）指的是吃市場中那一塊，或產品賣給那些客層。以釣魚來說，即在那一（些）漁場下竿，在魚多的漁場下竿，是釣多釣少的差別；在魚少的地方下竿，是釣有釣無的問題。由此可見「定位」的重要性。佐拉定位在 20～35 歲的大學生畢業後工作十二年內的年輕女性；她們追求時髦、喜新厭舊，可說是重度使用者（heavy users），在此，「重度」指的不是每次消費金額，而是買衣服的頻率。

(一)跟得上流行的腳步

許多婦女都希望像名模、明星一樣穿戴入時，又或因工作需要，必須極重穿著，但高檔名牌服飾只有少數人有能力支持，低價成衣卻又可能上不了檯面，於是既有時尚風格、售價又平易近人的速食時裝，就成了這個客層的救星。就像隱形眼鏡的鏡片使用後可以每月拋、每日拋，跟名牌服飾像極了的速食時裝，畢竟不是名牌，穿過十次，隨時淘汰也不心疼。

速食時裝不是佐拉獨創的生意，但就像 iPod 之於 MP3 播放機，佐拉在速食時裝市場上的優勢對手很難追上。道理在哪裡？

時尚服裝產業永遠光鮮亮麗，但或許很少人會知道，多數時裝公司都面臨了利潤急劇萎縮的問題，近三分之一的時裝根本賣不到原價。道理很簡單，

名牌價格抬得高不可攀,但經典款年年都有,基本配件永不缺貨,精打細算的婆婆媽媽、姊姊妹妹們非等到名牌服飾換季打折、清倉拍賣,或百貨公司舉辦週年慶,否則不輕易出手。也因此,當佐拉創下 85% 商品照標價賣出的紀錄時,歐洲時裝業大受震撼。

(二)優衣庫是日本版的佐拉

平價時裝各國或多或少都有,像日本平價休閒服飾店「迅銷」(Fast Retailing)公司,旗下連鎖店「優衣庫」(Uniqlo)跟佐拉的角色很像。迅銷公司 2009 年度(2009.4～2010.3)盈餘約 680 億日圓,成長三成。

不過,香港平價休閒服裝佐丹奴、Hang Ten 只有「平價」,倒沒有「時裝」特色。

(三)大前研一對佐拉的肯定

日本知名管理學者大前研一,2006 年著作《M 型社會》,探討全球化後,中產階級將大幅減少,許多人將淪為中下階層,但是消費者又要求多一點奢華感,因此平價奢華(affordable fashion)是消費主流之一。

佐拉是企業求生的新典範,原因是,價格不到名牌的二成,但卻具有品質與時尚感。更重要的是,它的快速更新,在短短的三個星期內,店裡面的服飾幾乎汰舊換新。

在日本東京市六本木商圈的人大多屬中高所得階層,世界知名品牌都集中到六本木來,其中最讓年輕女性趨之若鶩的地方之一就是佐拉服裝店。

二、贏在「快速上市」

到底是什麼樣的魔力,讓平價的佐拉成為名模林志玲的最愛之一?更讓全球追求時尚的女性為之瘋狂?

「就是創新與彈性!」印第紡在公司網站上把經營祕訣公諸於世,就是「高度的垂直整合」,本處說明「新裝快速上市」的「創新」一項。[3]

(一)產業典範:「服裝秀─下單─上市,花半年」

法國、義大利服裝秀上展示的新裝,消費都最快要等半年,才能穿上身。

一般服飾公司的服裝上市,以夏裝為例,其流程如圖 7.1 所示,新裝發表

（模特兒走秀）的目的，是給全球各地經銷商看的，公司等他們下單，接著公司生產，在 5 月夏裝上市之前的 1～4 月，產量佔八成，夏裝上市後，賣得好時，再追加 20%。否則，要是賣不掉，只好在季末（8 月）降價求售，這部分常佔營收二、三成。

2010.9	2010.10	2010.11	2010.12	2011.1	2011.2	2011.3	2011.4	2011.5	2011.6	2011.7
51 天				構思服飾類別的概念、布料的挑選						
	16 天			簡報設計概念和尋求意見						
		10 天		新裝發表						
		31 天		採購計畫批准及布料訂購						
		46 天		布料測試及實驗室浸泡等等						
		56 天		原型開發、等待批准、確認規格						
			51 天		服飾零售商、訂貨早、各尺寸樣品					
			91 天		生產、條碼、包裝					
								5 天	出貨	

原始資料來源：取材自 Dutta，2004 年。本書把 2004、2005 年更新為 2010、2011 年。

圖 7.1　一般服飾公司夏裝的甘特圖

(二)佐拉的七項經營理念

佐拉七項經營理念，依價值鏈順序，我們重排如下。

1. 不創造流行，但是掌握流行；

2. 快，消費者必須立刻買得到；

3. 變，不重複生產同樣產品；

4. 採取近距離代工（Near-Souring），「快」與「流行」才有利潤；

5. 做垂直整合模式的最後堅持者；

6. 平價奢華，大膽跟路威、古馳作鄰居，即把店開在精品服裝店旁；

7. 重金打造櫥窗，以店面營造品牌形象。

(三)新裝比對手快五個月上市

佐拉突破時尚界的六個月新裝上市速度，革命性地把供應鏈周期縮短為二到三週，立下時尚界產品創新、設計與上市時間的新典範。

英國媒體替佐拉創造一個新名詞：「麥時尚」（McFashion），又稱為快

速時尚,在時尚一字前面加上麥當勞的 Mc,取其快速的意思;也就是說,佐拉提供的是速食時尚,不是要穿長久的。

速度是「麥時尚」品牌的不二法門,雖然沒有如同路威等精品般精緻的車工,但佐拉七項核心理念的第二條,就是「快,消費者必須立刻買得到」。

古馳集團總裁波雷(Robert Polet)表示,佐拉經營方式正在創造新時代的消費頻率,這不僅影響服飾時尚業,也改變所有市場的常態。所有的時尚業者都必須密切觀察、並且學習佐拉,因為消費者正深深地受到佐拉教育,正期待快速即時的時尚。

(四)快又正確的價值鏈

佐拉的「以快取勝」是設計、生產、物流搭配無間的成果,詳見表 7.3,底下分項詳細說明。

表 7.3　佐拉跟 H&M、蓋普在新裝時效上的掌握

價值鏈	佐拉	對手(H&M、蓋普)
一、定位	佐拉寧願跟隨潮流。它的目標是以平實價格提供多樣選擇。	引導服裝時尚潮流,但必須冒險。
二、核心活動 (一)設計 　1.創意來源	設計師經常到紐約、巴黎、米蘭參觀服裝秀,觀摩時尚趨勢,並立即透過 PDA 把訊息或已完成的設計款式傳回公司,讓公司掌握設計、選布料、估算成本和上市的時機。	跟大牌設計師合作,例如瑞典的愛馬仕找了香奈兒(Chanel)和芬迪(Fendi)的老師拉格斐(Karl Lagerfeld)、英國麥卡尼(Stella McCartnye,披頭四成員保羅麥卡尼之女)等明星設計師助陣。
2.時間	從設計草圖到上架銷售,佐拉只需兩週時間就可完成。	平均 3 個月
3.數量	1.2 萬件(2005 年)。	蓋普 6,000 件。
(二)生產	佐拉把最流行的商品留在西班牙生產,T 恤等基本單品才委外給成本較低的代工公司製造,主要是亞洲和土耳其。 廠長德莉雅・蕾・巴雷路(Delia Rey Barreiro)表示:每日出貨 4.7 萬件。	對手競相要求代工公司大量生產,佐拉卻刻意控制產量。

表 7.3　（續）

價值鏈	佐拉	對手（H&M、蓋普）
(三)物流	物流主管：蘿芮娜（Lorena Alba）表示：要是亞洲業務能順利拓展，會在亞洲另設物流中心。	
(四)業務　1.廣告　2.店址	以寬廣、極簡風格的商店，以及靈感來自伸展台的服飾，來建立品牌。總裁伊斯拉說：「店面就是我們的廣告，我們把省下的錢花在選擇精華地段開店。」佐拉在全球最昂貴的街道設點：紐約第五大道、東京銀座、巴黎香樹麗舍。	

　　由表 7.4 可見佐拉跟對手在經營活動的異同，底下簡單說明。

(五)瑞典 H & M 相比

　　瑞典的平價時尚服裝公司 H & M，在台灣知名度不高。

　　由於全部委外代工且為了省錢，採取海運方式運輸，H & M 如何彌補運送速度不足呢？秘訣就在分析銷售數字的能力與應對的速度。每週公司的設計部都會分析從世界各地匯集而來的銷售時點數據。假如出現了暢銷商品，便會馬上準備設計相似的商品；針對賣相不好的商品則立即修正後續系列商品的出貨時間與數量，甚至也會根據氣象預測等考量來進行修正。

H & M（Hennes & Mauritz）小檔案

成立：1947 年

總裁：皮爾森（Karl-Jshan Persson），2009 年上任。

公司住址：瑞典

營收：（2010 年度）108.48 億美元

盈餘：（2010 年度）18.68 億美元

店數：30 個國家，2,000 家店

員工數：5.3 萬人

H & M 大事紀

1947 年	在瑞典偉斯特羅斯（Västerås）開設第一家店鋪「Hennes」專賣女性服飾
1952 年	「Hennes」在瑞典的斯德哥爾摩市開幕
1964 年	首家海外店鋪在挪威開幕
1968 年	收購「Mauritz widforss」，開始販賣男性服飾與童裝，並把公司名稱變更為 Hennes & Mauritz
1974 年	在斯德哥爾摩證券交易所股票上市，年營收（含附加價值稅）為 55.3 億瑞典克朗
1976 年	首家北歐以外的海外店鋪在英國倫敦開幕
1980 年	進軍德國市場，這是該公司最大市場
1990 年代	擴張歐洲各國的店鋪據點，法國是該公司第二大市場
1993 年	年營收（含價值營業稅）首次突破 100 億瑞典克朗，瑞典是該公司第三大市場
1998 年	開始網路銷售
2000 年	美國第一家分店在紐約市第五大道開幕，合併年營收突破 300 億瑞典克朗
2004 年	開始與各界頂尖設計師合作，合併年營收突破 500 億瑞典克朗
2006 年	開始在中東透過加盟體制展店
2007 年	首度進軍亞洲，在上海與香港開幕
2008 年	首次進軍日本，在東京開設 2 家分店
2009 年	合併營收突破 1,000 億瑞典克朗（註：1 瑞典克朗折合 4.2 元）

資料來源:《日經 Business》

(六)佐拉跟 Esprit 相比

邢李㷧做成衣代工起家，從亞洲代理美國服飾品牌 Esprit 崛起，原本就擅長跟亞洲的百貨公司、賣場及開放加盟店合作。

2002 年買下原本思捷環球創辦人手上的股份，擁有 Esprit 品牌的全球所有權之後。靠著思捷，2003 年 2 月底，邢李㷧第一次登上《富比世》億萬富豪排行榜時，身價 18 億美元，思捷股價港幣 15 元。思捷股價來到港幣 60 元附近，思捷股價會大漲，是因為他做對了兩件事：一是擴大歐洲百貨公司、購物中心的加盟專櫃；二是流行服飾設計以基本款為主。

由表 7.3 可見佐拉跟思捷的異同。

在《商業周刊》2005 年〈兩岸三地一千大上市櫃排行〉上，思捷 2004 年營收排名第 99，是兩岸三地最大的服裝品牌連鎖業者，也是獲利最高的服飾

業者。邢李㷧名列 2006 年《富比世》華人財富排行榜第 14 名，身價 28 億美元（912 億元）。

思捷環球控股（Esprit）小檔案

資本額：5.15 億元（港幣）

交易市場：香港交易所、倫敦證交所

代號：00330-HK

董事長：邢李㷧，娶了台灣女明星林青霞

產品：男女裝、童裝、青年服飾、內衣，運動系列、鞋子及
　　　配件外，還包括手錶、眼鏡、首飾、香水、寢具及浴
　　　室用品等授權產品。服飾方面則分 ESPRIT，以及訴
　　　求 18 至 25 歲年輕消費者的品牌 edc by esprit 等。女
　　　裝佔六成，在台灣有 100 家店。

(七)跟大陸最大女裝品牌「白領」比較

2010 年，大陸市場占全球精品（大陸稱為奢侈品）工業營收的 25%，到了 2013 年，大陸會超越日本。

問題是，市場雖然大，但歐美精品業者卻摸不著消費者的需求。因此，在大陸，就存在有人透過行銷手段把二流歐洲品牌，創造一流品牌印象。

因為大陸菁英比起歐美、台灣消費者的品味還不足，不過，已經有品牌意識，因此太高級或高價的名牌，他們未必有真正的鑑賞力，但本土品牌又無法滿足他們。當多數的大陸本土業者只會打價格戰，苗鴻冰嗅到「領先半步」的商機。

巴黎高等經濟商業學院「國際奢侈品品牌管理 MBA」課程的執行長麥禧德（Danis Morriset），2005 年在上海舉辦的大陸奢侈品高峰會中指出，大陸中產階級正快速崛起，改變由國際品牌占據的精品市場格局。中階的本地品牌可以藉由吸取國際設計理念，但用更有競爭優勢的成本崛起。這是大陸本地精品業者的機會，也說明「白領」崛起的背景。

<blockquote>

白領集團小檔案

成立時間：1994 年

董事長：苗鴻冰

市場地位：在大陸高級成衣市場的市占率超過 10%。

</blockquote>

「白領」能成功，關鍵在於它的半步理論。2006 年 8 月底，苗鴻冰接受《商業周刊》記者專訪時說：「把品牌的品味領先消費者半步，只能半步，連一步都不行。要讓消費者看得到，又不會覺得離自己太遠。」大陸服飾報總編輯孫毅分析：「國外品牌的設計離大陸消費者太遠，大陸大多數品牌又偏向大眾化。這半步，恰到好處。」

苗鴻冰的競爭優勢就在於，他永遠領先大陸業者半步。他說：「我有真絲的時候，別人沒有；等到別人開始做，我們的產品開始提供精美的包裝；等到別人跟進時，我開始推出紳士級的服務，」苗鴻冰說。

1994 年創業以來，苗鴻冰每天都巡店，聆聽顧客的聲音。老闆如此，店員（大陸稱為服務員）如此，設計師更要傾聽。

苗鴻冰的智慧不只在懂得領先半步，他在成功後展現了更大智慧。當被問到，平常最難的決定是什麼？他思考了半晌回答：「決定哪些事情不要做。」「有時候真的決定不出來，會讓我猶豫的，我就不做。」至今，「白領」不做男裝，不投資業外。④

表 7.4　佐拉跟對手比較

經營活動	佐拉	H&M	Esprit* （2006 年）	大陸的白領**
一、經營區域	在全球開設超過 4,000 店面，其中四分之三以上在歐洲。	歐洲（依序為德國、法國和瑞典）、北美。	歐洲為主（德國占公司營收 48%），亞洲市場占 9%，隨著大陸市場快速翻揚，為了搶攻大陸市場，思捷跟大陸的華潤集團合資成立華潤思捷。	重心在大陸北部，不到南方開店，原因是「南方氣候不夠分明，不利服裝產業發展」。

表 7.4　（續）

經營活動	佐拉	H&M	Esprit* （2006 年）	大陸的白領**
二、定位	佐拉把自己定位為快速的流行跟隨者（fashion follower），而不是創新者，其服裝設計強調提供顧客廣而快速改變、較高的流行內涵、合理但不過度的品質、且相對低價的商品，即「穿十次（便不再穿）的衣服（clothes to be worn 10 times）」。 歐洲近年吹起快速時尚風，女性購買的衣服件數更多，但實際穿著的次數卻變少。根據英國 Verdict Research 的調查指出，1995 年以來服飾平均價格下跌了 34%，但同期間女性購買衣服件數增加了一倍。這個趨勢代表的是，消費者的購買行為逼著服飾業者必須不斷加快新品推速度。這就是佐拉能夠崛起的重要原因。	從女性、男性、年輕人或兒童，甚至從飾品到鞋子，應有盡有。H&M 擁有滿足全家需求的服飾。	邢李㷧把思捷的定位設定在「非時尚頂端」的流行品牌，以消費客層最大的基本款為主。為了維持百貨公司、購物中心等賣場加盟的意願，邢李㷧得讓思捷的服裝銷售順暢，一方面不能讓思捷的服飾太過時尚，以免造成百貨專櫃產品滯銷；另一方面又要兼顧流行趨勢，不能被市場流行的速度淘汰。 為了經營這些大型零售店通路，得先給這些通路挑選合適的服飾後，才能出貨，因此思捷的供貨周期被迫拉長到四個月，這看似增加了思捷的庫存風險。	只做「女裝」，不做男裝。 一個本土高級女裝的新興市場：35～45 歲，有知識地位、喜歡低調奢華的女性客層。大陸總理溫家寶夫人、全國婦聯主席顧秀蓮等官夫人都是顧客。 苗鴻冰認為，只要有能力提供領先半步的商品與服務，就能定價高一倍。 「就因為他不是設計師，所以能夠跳出來，以顧客的眼光去看產品。」大陸男裝品牌「依文」總裁夏華說。 「白領」的設計師定居義大利、北京和上海，材料主要以義大利和法國為主。

表 7.4　（續）

經營活動	佐拉	H & M	Esprit* （2006 年）	大陸的白領**
三、工廠	佐拉的佈局幾乎是「一條龍」的設計，涵蓋從設計、製造、物流到零售店面行銷等價值活動，為了即時反映消費者需求，在西班牙擁有自己的成衣工廠，堅持 50% 的服飾必須自行生產，以即時反映市場上最新流行的服飾設計。這使得佐拉只要兩個星期就可以把衣服送到專屬零售店銷售，品牌形象因此快速擴張。	遍佈全球的十六個生產基地，負責與外包公司進行密切的生產合作以精準掌握供貨的時機。利用適時、適地、大量下單的生產方式，的確提供不少強而有力的優勢。而且沒有商社等中間業者，也可以省下大筆成本。 代工公司中有七成位於大陸、孟加拉、印度等亞洲，但店鋪網又集中在歐洲及北美，因此為了節省運輸成本多選擇船運，卻也因而耗費比較多的時間。 從各代工工廠運來的商品，有兩成是直接送往各店鋪。八成則留在被稱為「call off」的倉庫管理，再依銷售狀況配送到各店鋪。	思捷的成衣製造全部委外代工（在亞洲），反應速度原本就不能跟有工廠的業者相比。 就在大型賣場銷售力道，以及產品銷售的速度順暢下，思捷的平均庫存天數，從 2002 年的平均 34 天，到了 2005 年已經降到 22 天。思捷成衣上架速度只要兩個星期，比佐拉的 35 天還要短。	在「白領」，產品的創作者──設計師，需傾聽顧客心聲。一方面，苗鴻冰提高他們的視野，給予他們優於同儕的待遇，譬如開高級轎車、住豪宅。「白領」有庭園、劇院與博物館，「要是不身歷其境，怎能設計出符合消費者品味的衣服？」苗鴻冰說。另一方面，他也提撥每套衣服營收的 1%，做為設計師的獎金，「這讓他們不只想設計出美的衣服，還要設計出實穿的衣服。」透過企業資源規劃系統，設計師可以即時看到店面銷售數字，知道自己設計產品銷售的狀況，就算是首席設計師，也需要輪班到店面去觀察顧客的需要。
四、物流	有二座有效率的物流中心，於三天內配貨到店面，其中 25% 的貨品甚至採用空運。	在歐洲、北美及亞洲等設置十個物流中心，例如：日本川崎市有一個。此外，位於設有漢堡市的物流中心要負責配送到德國、		

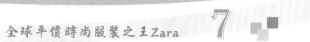

表 7.4 （續）

經營活動	佐拉	H&M	Esprit*（2006 年）	大陸的白領**
		荷蘭、奧地利等 4 家店。		
五、行銷組合 (一)產品策略	佐拉每年大約要生產超過一萬種不同顏色、材質和尺寸的品項。店面非常重視產品的「新鮮感」，小量進貨的商品在展示架上放得很稀疏，商品在店裡銷售的時間只有一個月，很容易造成客戶「馬上買，否則晚一點就看不到這件商品」的感覺。	曾找過流行天后瑪丹娜、名設計師麥卡尼（Stella McCartney）、川久保玲等人設計服飾。2011 年 2 月 3 日，推出瑞典時裝部落客克林（Elin Kling）為該公司創造一系列簡約服飾。宣稱每天有 1,300 多種款式（含尺寸）新品進入店內，一年 52 萬款。平價，女性襯衫 1000 元、男性襯衫 1500 元。	例如，思捷總共有十二個服飾產品線，當中有三成是基本款產品（basic fashion）、五成是流行產品（mid-fashion），剩下的才是時尚產品（high-fashion）。	大陸服裝行業協會統計，女裝品牌的平均壽命為 2.5 歲，每年服裝市場上約有兩千多個品牌被淘汰，等於每天有六個品牌消失。「大陸女裝潮起潮落，『白領』卻非常穩健，」燕莎百貨總經理萬文英如此觀察。「我還有個三分之一理論，去確保整體服裝品味的輸出。」苗鴻冰說。「白領」每年推出的三分之一產品，是延續去年熱賣的產品；第二個三分之一，則是把一些基本款再去修正改良，維持品牌風格；第三個三分之一，則是最時尚與流行的款式，這等於替「白領」做些嘗試，可以拉抬品牌流行感覺。在大陸最高檔的北京燕莎百貨裡，「白領」的銷售額居本地千種品牌之冠。大
(二)定價策略	詳見圖 7.4。			
(三)促銷策略	為了保持反應速度，堅持直營店的策略，不跟任何百貨公司、賣場或加盟店合作，以維持其品牌格調，H&M 也是如此。	店頭促銷或廣告宣傳的金額，以營收的3～4% 為上限。		
(四)實體配置策略 1.直營	91% 直營，以保持市場反應速度。	直營店佔九成，加盟店佔一成。	1.自營店 2.加盟店	

表 7.4　（續）

經營活動	佐拉	H&M	Esprit* （2006 年）	大陸的白領**
2.店址	9% 是加盟店或合資企業。 市區鬧區的精品店區	就是店鋪必須位於「黃金地段」。以日本東京市第一家店為例，位於銀座七丁目，店在帷幕大樓地下 1～3 樓，賣場約 300 坪。	歐洲的百貨公司，不容易拉佐拉等流行服飾品牌進駐，思捷成了最好的選擇。思捷跟這些賣場合作的方式是，一旦衣服下訂之後，庫存就屬於銷售通路所有，大大減低了思捷的庫存風險。	陸高級女裝市場平均定價在人民幣一千元，「白領」卻有條件從人民幣兩千元起跳。 在銷售面，苗鴻冰洞悉「奢侈品牌消費者買的是服務的奢華感，而不只是一件衣服」的業者。因此，他率先提出生活概念店，清一色聘用身高 178 公分以上、年紀 26 歲以下的男服務人員。他們會站在離妳 35～45 公分之處，提供意見，當顧客詢問產品質料時，這些男店員不會手忙腳亂地去翻衣服標籤，而是可以隨口背出。
3.網路銷售	2010 年 9 月，在歐洲推出網購，2011 年擴展到美日韓。	1998 年起，在德國等七國推出網購生意，蓋普在 1997 年推出，2009 年佔營收 7.7%。		

*資料來源：整理自吳修辰，「服飾獲利王」，商業周刊，2006 年 7 月 24 日，第 110～112 頁。

**資料來源：曾文，「只領先『半步』，才恰到好處」，商業周刊，2006 年 9 月 16 日。

三、贏在起跑點：正確又快速的服裝設計

　　佐拉服裝設計速度很快，竅門在於「拷貝與發展」（copy & development, C&D），「拷貝」指抄襲精品服裝秀的部分款式，再加上參酌歐美知名女藝人的衣服去「發展」。因此服裝「設計」（電子業稱為研發）可做到「準

快」，詳見表 7.5，底下詳細說明。

表 7.5　印第紡春裝產品開發程序

「行銷管理」 課程六步驟	「研發管理」 課程 C 系統	負責單位	2010.12.27～2011.1 這五週為例*
·構想蒐集（idea collection）	C0 構想階段（proposal phase）	董事長或業務部或行銷企劃部	1 天，服裝設計與品質 在紐約或巴黎時裝表演會，設計師當場以素描或數位相機拍下，傳回公司。
·構想甄選（idea screening） ·商業分析（business analysis）	C1 規劃階段（planning phase）	董、總、業務副總、設計等 店專員	1 天，設計獲得批准
·產品的工程發展（engineering development）	C2 設計階段（R&D design phase）	設計部	3 天，設計原型
	C3 樣品試作階段（sample pilot run phase）		1 天，布料的調度
	C4 工程試做階段（engineering sample pilot run phase） C5 試產階段（product pilot run phase）		10 天，C4～C5
	C6 量產階段（mass product phase）	製造部	
·產品上市		行銷企劃部	

*修改自經理人月刊，2006 年 6 月，第 152 頁圖 4。

(一)構想蒐集

　　佐拉不創造時尚潮流，而是撿現成的，由於同業服裝秀到上市須花 5 個月，佐拉派出設計師去巴黎、紐約看秀，然後用 PDA、手機等方式立即把新款服裝傳回西班牙的公司。

　　設計人員關注音樂界、電影圈、電視圈名人的動態，找尋可能冒出來的新時尚。此外，他們還不放過各個商店、區域、國家的時裝款式，以免錯失異軍

突起的新流行。

此時，業務部的店專員（store specialist）根據她們在第一線的觀察，提供包括服裝款式、顏色、質料，以及消費者較能接受的價格等方面的建議，讓設計師的作品更貼近顧客需求，以開發出適合於不同市場的風格。[5]

(二)資訊回饋——消費者迅速反應

整個流程始自潮流觀察者回報公司：例如白色洞眼（布料上有許多小洞的白色棉布）即將流行。佐拉分店經理立即做電話調查，證實所言不假，於是設計中心 300 名設計師便開始作服裝設計。

在大陸上海和北京的佐拉分店因銷售成績不錯，加上亞洲人身材不同於西方人，設計師們也常到大陸跟店家討論，掌握消費者喜好。佐拉這種追求產銷速度和時尚新款的風格，被比喻為蕃茄理論的經營手法，無時無刻不在追求新鮮度，讓顧客滿足。

(三)構想甄選

設計部設計出的樣式，由業務部負責挑選，佐拉的業務部跟所有零售公司一樣，分成三級，詳見圖 7.2。重點是，業務部跟設計部的辦公室連在一起，方便彼此溝通。

設計部一年提出 4 萬款新裝提案，業務部挑出 1.2 萬款去進一步設計，再出貨，通常任何一個款式都只有 3 種尺寸和 3 種顏色。

1. 合署上班

為了鼓勵資訊共享，行銷主管、設計師、生產專家都集中到公司，而不像蓋普設計師位在紐約、行銷主管在舊金山、生產在亞洲的方式。

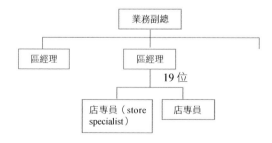

圖 7.2　印第紡公司業務部的組織設計

2. 麥迪奇效應

開放式辦公室比較能夠鼓勵資訊共享,服裝設計部(佐拉稱為設計中心,底下簡稱設計部)有三個長方形大廳,分別負責女裝、男裝、童裝。跨部門設計小組在完全打通的大廳裡工作,這樣做能促進員工頻繁討論、無意間聽到身旁同事交談、親眼觀察某人在做什麼事情。如此一來,員工對整體市場情況瞭若指掌,也知道自己的工作在整體任務中扮演什麼角色。

這個像義大利佛羅倫斯市在 14、15 世紀,商業與銀行的麥迪奇家族養一堆藝術家,互相學習與激盪,促成了歐洲文藝復興,稱為「麥迪奇效應」(The Medici Effect)。

(四)商業分析

商業分析是由店專員負責,她們從過去的銷售趨勢,再參考當時的時尚發展(尤其是帶領時尚的藝人像歌星和明星)。

(五)產品的工程發展

八個品牌的產品皆來自公司的設計部。

1. 新款

新款服飾商品從設計到送貨至門市需要 5 週。

2. 舊款小改款

如果只是修改既有的品質,最短只需要兩週。因此,佐拉可以即時因應在當季期間銷售良好的流行品項,並且停產銷售欠佳的。藉由持續不斷地補貨和更新服飾系列,同時以高度密集、周期短暫的方式製造商品,佐拉因而得以避免滯銷品囤積。

(六)下單生產

佐拉下單給附近不到四十公里左右的四十幾家工廠,染色、布料、製造都集中在一起。

(七)產品上市

新品第一次的配送量是由公司決定,第二次才是由各店根據顧客的反映下單。

1. 試銷

佐拉先製造一點點貨，每店十多件，試探市場反應，再決定是否大量生產。這讓佐拉擁有其他服裝品牌缺乏的致勝能力，「快速且精確的反映顧客偏好。」

2. 試銷後，店經理決定

佐拉還利用內部市場機制，鼓勵各店分享資訊：公司每星期兩次讓店經理自行決定進什麼新貨品。店經理知道哪些產品在自己店裡最可能暢銷，因此她們所下的訂單等於是貢獻最關鍵的資訊——什麼產品將會熱銷。這樣的內部市場機制，使得店經理們有強烈分享資訊的誘因，因為她們的紅利多寡跟店營收高度相關，訂購暢銷產品能提振店業績，而她們分享的資訊，則有利於整個公司的營運績效和趨勢分析。

試銷後，顧客反應良好，才趕製供貨，反應不佳的款式立即進行修改。

店面跟公司的聯絡方式從傳真、電話、到 2000 年以後全世界都用 PDA 連線，「店經理用 PDA 訂貨，他們可以從 PDA 上看到設計部衣服的款式與顏色。」

店經理透過 PDA，接收每小時更新的詳細銷售資訊和補貨狀況。公司的跨部門小組（包括設計師、業務主管、採購）埋頭分析店面傳回來的每日銷售和存貨數字，不斷更新他們對市場的看法，並發掘推出新產品的機會。

業務主管和設計小組每週跟所轄區域的店面直接溝通，以確保資訊可靠無誤。

佐拉只有一成的店是加盟經營，跟同業動輒九成加盟店猶如天壤之別。佐拉的高階主管發現，加盟店跟佐拉員工之間存在緊張與誤解，反而不利於公司的溝通。[6]

3. 舊品下架

每天各店都要回報銷售資料，店專員就要分析哪些好賣、哪些不好賣，決定哪些增產、哪些下架。

店內每次一進新品，便一定要淘汰舊貨，把新品集中在最顯眼的位置促銷，吸引顧客目光。當發現量減少了，顧客開始要貨，店員容易知道哪些新款很暢銷；賣得好的衣服，設計師就會改變布料或顏色再出貨。以店內女裝大衣

角落，一款灰色的及膝雙排扣毛料大衣已經在店裡賣了一個月了，先後換過黑色、深藍與深灰三種顏色；能賣上一個月的衣服，就算是長青款式了。

賣不好的衣服，因為進貨量不多，通常也只剩下兩、三件，庫存極低；店會先汰換收在儲藏室裡，再退回去公司，從此下架。

佐拉在每一季開始之前，只會投入商品生產的 15～25%，等待當季開始之初，則會提升至 50～60%，其餘的生產量則會等到當季期間，才會視銷售狀況即時生產製造。營收中，減價商品占 15～20%，詳見圖 7.3。

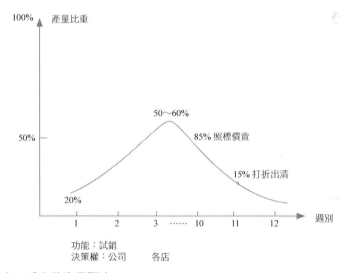

圖 7.3　佐拉在一季中的產量配比

4. 跟便利商店新品上市程序一樣

外國公司的作法，用本國公司的作法來比較；不同行業的作法，也可「就近取譬」，這對學習有很好效果。

佐拉的經營方式並沒有多大標新立異之處，跟台灣的便利商店推出新品幾乎一模一樣。

(1)新品上市促銷期

以 2009 年 9 月主打的麵包為例，二週為單元的新品上市促銷期，每店下單量由公司決定，賣不掉的部分由公司行銷費用吸收，重點是要讓想嘗鮮的顧客都買得到，如此才能發揮電視廣告的效果。

(2)促銷期後

過了促銷期後，由各店自行決定訂購量，一般都會少訂一些，例如一天可能銷 50 個，店長就訂 42 個，不會訂 60 個，因為售價 20 元的麵包，毛益才 5 元；但是如果沒賣掉，就損失 15 元，賣三個才能抵得上廢棄一個麵包。

(八)重點在人，不在資訊系統

想要把錢花在刀口上的高階主管都在問，哪一種資訊系統可以助自己一臂之力，是商業智慧（busiress intelligence, BI）嗎？企業資源規劃系統？還是顧客關係管理？

倫敦商學院教授薩爾（Donald Sull）在英國《金融時報》的部落格中指出，其實這個問題一開始就問錯了，他以佐拉為例。

佐拉的經營需要良好的資訊，然而他們花在資訊系統上的錢只有對手的四分之一。在資訊技術領域，評估投資與否的數據多半是資訊部人力占總員工比例，以及資訊系統支出占營收比例，但是佐拉並不在乎這些數據。直到 2004 年，該公司還用老舊的磁碟片記錄現金收入資訊，用撥接數據機把資料傳送給公司。之後，才花 3,000 萬美元於資通訊（ICT）系統上。

佐拉沒有使用任何軟體業者強力推銷的軟體，佐拉的成功，來自高階主管把焦點擺在他們需要什麼資訊來幫助經營。[7]

7.3 採購、製造與運籌

時尚服裝的生產速度的要求比 3C 產品有過之無不及，佐拉採取垂直整合方式，且集中在公司附近，以壓縮時間，追求時效。為了追求時效，可能得稍為多花一點錢。

一、採購：布料

在原料採購上，為了快速，佐拉只在西班牙、義大利與法國等鄰近三國採購布料，不在其他國家。此外，一年前各式各樣的布料早就都採購好，擺在設計部附近的倉庫裡，設計部一需要什麼布料，馬上可以調出來。

二、生產速度也快

製衣是勞力密集行業，所幸，西班牙所得水準在歐元區算中下，印第紡又在西班牙偏遠地區，工資更低。此外，佐拉的服飾大都是襯衫、上班套裝，不像婚紗那麼耗工，因此生產速度會很快。

(一)速度比成本重要

印第紡執行副總裁海蘇斯（Jesús Echevarría）表示：「我們思考的不是成本有多貴，而是利潤有多高？快速反應就是我們的利潤來源，這時候成本就不是第一考量，」在公司旁邊就還有 14 座工廠，外圍兩小時車程內的代工公司無數，雖然西班牙工資（註：2010 年，平均月薪 2000 美元）比大陸（270 美元）高很多，「但快最重要。」工廠出貨的速度非常快，下訂單 10 小時後就可交貨。⑧

印第紡認為，外包比較適合在高度標準化的產品；為了要讓上萬款產品隨時能夠有效調整，需要高度的整合，自行設廠顯然會有更好的掌握。

(二)近地生產

服飾業是最全球化的產業之一，在 20 個國家裡約有 2,360 萬工作者。隨著西歐國家的勞動成本不斷上揚，勞力密集的製造工作已經日漸委外至新興國家。在印度和大陸，紡織業工人的時薪可以低到 60 美分，然而歐美時薪則是高出了數倍，例如在北非為 2 美元、東歐為 3 美元、西班牙為 8.5 美元、義大利 15 美元。

然而印第紡在西班牙設計、生產、配送，高度垂直整合的結果，使其設計、生產、上架週期壓縮到短短的十五天，以賣往英國的產品為例，工廠出貨後四十八小時即可抵達倫敦各店鋪，貨既送達，當天即可上架銷售。

佐拉不想跟低價產品競爭，所提供的流行服飾是帶有高度設計內涵的。如果把服飾系列的生產委外至亞洲地區，就無法以夠快的速度把產品運送到各個門市。藉由在距離歐洲市場較近的地區生產，公司可以在產品滯銷時，立刻停止生產。一旦缺乏這種快速的因應措施，公司就無法在品質、價格和時尚之間保持良好穩定的關係，而這正是顧客所預期的。

由於印第紡 75% 營收來自歐洲，因此，由表 7.6 可見，自製與外包中歐

表 7.6　流行服飾自製與基本款外包

生產決策	說明
一、自製占 50%： （在西班牙，一説還包括葡萄牙、摩洛哥，要是此説正確，那下述歐洲指的是東歐國家）	自製主要是時效性高的流行款，時尚服飾是高附加價值的時尚品項，則會持續在接近歐洲市場的地區生產。 由公司旗下 14 家自營工廠所製造，地點均設在阿爾泰修鎮附近。為因應工廠的製造工作，布料來自子公司 Comditel；半數左右的布料在採購進來時都是灰色的（即尚未染色的），好讓公司能夠在每一季期間，隨著色彩趨勢的變化而即時做出回應。染料的來源則是轉投資的 Fibracolor 公司。
二、外包占 50%	稱為第三方（third parties）、協力公司，外包主要是不受流行影響的基本款。
（一）歐洲 30%	在歐洲，主要是在葡萄牙與非洲的摩洛哥（跟西班牙只有一海峽之隔）。
（二）亞洲 13.5%	在亞洲（例如大陸）生產的都是一些流行元素最少的基本品項，或衣櫃裡的「必備款式」，例如 T 恤、女性貼身衣物和針織毛衣，即時效性低的，在大陸生產的成本比歐洲低。只找幾家代工公司，所以訂單量既大又穩定，因此印第紡通常是個頗受歡迎的好客戶。
（三）其他 6.5%	例如非洲。

洲比重合計 80%，供需地區很吻合。

(三)生產流程

以自製來說，印第紡的一件洋裝生產流程詳見表 7.7，仔細說明如下。

1. 織布

這由子公司 Comditel 負責。

2. 打板

設計部決定採用哪些布料，設計款式、花樣、繡花等，設計圖跟工廠連線，一設計完，工廠打板師傅立即打板。

3. 裁布

根據打板師傅的板型由機器去自動裁布。

4. 縫紉

布料裁切後，按服飾各部位的布片分袋包裝，送往自己工廠或委外代工。例如以洋裝來說，代工公司縫製白色洞眼的 V 字領繫腰帶洋裝。

表 7.7　印第紡的製衣流程

製造過程	說明
一、織布 　1.染色 　2.壓模	把大部分的原料織布轉化為產品，一方面公司可以直接控制原料提供、製造、剪裁與最後的成品呈現；另一方面也縮短了服裝成品出爐的時間，讓佐拉可以快速反應市場需求。
二、打板	光是西班牙境內就設有 14 家高度自動化的工廠，裡面的機器人，可以每天二十四小時不停的壓模、裁布並染色。
三、裁布	由電腦與機器（手臂）負責。
四、縫紉	勞力密集的服飾縫紉工作，多半委外給數約 500 家的當地外包公司，再由後者聘用女性縫紉工。印第紡通常是他們唯一的客戶，而且是在彼此沒有簽訂任何書面契約的情況下合作。印第紡付給這些代工公司的費用，只要是同一種類型的服飾，就都是統一價格（例如，一條褲子是 5 歐元，一件夾克是 15 歐元），並且預期這些代工公司要在非常短的前置時間內就完成所託，應變速度也要非常快。代工公司向印第紡領取預先準備好的布料，屬於來料加工型。
五、送回公司配銷中心	公司品管後出貨。

5. 品管

在 Stear 廠內，有 140 位女員工，主要工作是品檢、貼標價牌或整燙，成衣來自附近的代工公司。女廠長德莉雅・蕾・巴雷洛（Delia Rey Barreiro）的挑戰有二。

1. 不斷的降低成本，以符合公司的平價奢華定位

「2003 年，歐德佳拿一件大陸做的長褲到我的廠房來，跟我說，我們的長褲售價 19 歐元，現在這件褲子大陸做的，仿的很像，只賣 9 歐元！你有沒有辦法降低成本到可以賣 9 歐元？」這就是德莉雅經常面對的壓力。

2. 生產非常有效率，以符合公司一週換兩次新品的快速流行

德莉雅表示，廠長的職責之一是全力壓縮生產週期，調度代工公司的產能與進度。

Stear 廠實施兩班制：早上 8 點到下午 4 點、下午 4 點到晚上 12 點，40 家代工公司也平均每天得交兩次貨給 Stear 廠。因為，當接到設計師的版型開始，她只有三天到一星期的時間就要完成生產。

「我們的責任就是加快生產速度，來配合佐拉的快速流行。本廠在三天內產出一批女用長褲，外包公司則需要在三天到一星期內趕上進度！」做為支撐快速流行的幕後英雄，時間的壓力，德莉雅有深刻體驗。

德莉雅表示，董事長雖然身為西班牙首富，卻會跟任何一位員工聊天，還經常巡視廠房，跟她一聊就是兩小時，絲毫沒有大老闆的架子，這也是讓她甘心為集團付出的原因。

趕貨、出貨，幾乎是德莉雅生活的重心（註：她 15 歲就進工廠，從作業員做起），有時她也會很累，也會有負荷不了壓力的時候；但只要想到董事長指示的「不能說不」，熱愛工作的她，為了佐拉的快速流行，還是繼續往前，不斷探索成衣業的速度極限。[9]

三、全球運籌

佐拉的運籌管理非常有名，如果你在探索頻道上有看過快遞公司優比速（UPS）物流中心的檢貨、裝機作業，佐拉不遑多讓，詳見表 7.8 說明。

＊把運費加入產品售價中

隨著佐拉營業版圖離西班牙越來越遠，它可能喪失速度優勢。因為，佐拉無視於全球化，不論產品在哪裡生產，一律從西往牙出貨。亞洲與美國的分店日益增加，想維持每週補貨兩次，將日益複雜、耗費成本。

哈佛大學商學院教授吉瑪瓦說：「他們離開西班牙越遠，競爭優勢越弱。只要佐拉維持只有一個生產和出貨基地，經營方式就會受限。」

佐拉採取調漲售價來解決這個問題，離西班牙越遠的分店，售價越高；例如，佐拉在美國的售價比在西班牙多了 65% 左右。[10]

表 7.8　佐拉的運籌管理

地點	說明

表 7.8　（續）

一、工廠到成品倉	本廠完工的洋裝經過品管、打標後，經由地下室隧道運到發貨中心，再配送到紐約、東京等地。
二、成品倉：配銷中心	1. 配銷中心：二座，其中一座 15.125 萬坪。 1999 年時，佐拉把全世界分成兩個時區，一個白天、一個黑夜，凡接到訂單後，10 小時內就要出貨，物流中心 24 小時運作，只有星期天休息。 2. 撿貨 在配銷中心裡，商品品項的分類挑選和配送，都是利用光學讀取設備，以每小時 6 萬件的速度進行。
三、運輸	服裝出廠時都已標價，也貼上完整的目的地標籤，從倉庫到出海關都能由資訊系統追蹤確認。 在經營上有許多獨到見解，例如為了搶時效，工廠出貨不是熨平裝箱的狀態，而是一件件標好價、編好碼、套好衣架的衣服，雖然運費貴了點，但這些衣服一進店門，馬上就能展示。 (一)歐洲 　　分門別類之後，服飾商品接著就被裝上貨車，運送到全歐洲各個不同的據點（約占所有貨品的 75%）。 (二)歐洲以外 　　至於必須運送到更遠據點的產品，則是透過空運（約占 25%）。 　　在這整個過程當中，服飾商品都是利用條碼進行追蹤。出貨情形通常近乎零缺點，精準度高達 98.9%，耗損率（shrinkage）低於 0.5%。 　　佐拉從西班牙的發貨中心向每個市場出貨，歐洲分店 24 小時可送達，美洲、亞洲分店不會超過二天。 　　空運費用高於船運費用，不過佐拉付得起。 　　每週出貨 260 萬件的快速物流、鋪貨至歐陸以外的地區一律空運、72 小時貨到保證，創造了極速供應鏈的競爭優勢。

7.4　行銷策略

　　會做沒有什麼了不起，會賣才了不起。生產管理（採購、製造、品保）與物流不是目的，只是手段，商品必須賣出去才能為顧客、公司創造價值，因此，在本節中，我們討論佐拉的行銷策略。

一、市場定位

　　由圖 7.4 可見，佐拉定位在「中品質，中價位」的市場區隔，有點類似家用品中的「無印產品」。

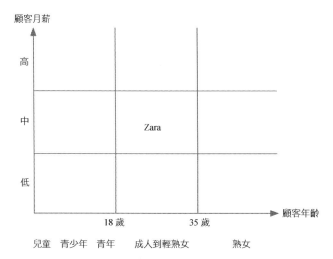

圖 7.4 佐拉的市場定位

二、產品策略

佐拉贏在「快速的少量多樣時尚服裝」，底下拆開來詳細說明。

(一)快速時尚

印第紡發言人表示，集團經營成功之處，在於能以最短的時間改變商品，提供顧客想要的東西；所以搶先機比控制成本更重要。

當名牌時裝公司砸大錢辦時裝秀，但五個月後衣服才上架，佐拉各地店鋪已經陳列成排風格近似的服裝，因此消費者老是覺得佐拉新貨不斷。

佐拉每年推出的新款式服裝超過 1.2 萬款！是蓋普的一倍，佐拉存貨很少，銷售差的款式，大概一週就會下架，不需要打折或是大拍賣，低庫存讓佐拉的成本比其他服裝品牌更低。佐拉汰舊換新速度，更意味著顧客永遠不會感到厭倦。

這樣的表現，連對手都大表讚嘆。LVMH 投資基金主管皮耶特（Daniel Piette）曾表示，佐拉可能是世界上最具新意、最厲害的零售業者。

(二)少量多樣，顧客不用怕撞衫

佐拉不補齊既有的服裝款式與尺寸，偏重新款服飾，從而營造出門市裡的服飾數量有限、很快就會缺貨的觀感。顧客光顧門市的頻率很高，以瀏覽新款

式；就全球各地的門市來說，每位顧客平均每年進佐拉店買 17 次，遠高於對手的平均 4 次。此外，消費者上門後，其購買意願也更高，誠如一位高階主管解釋道：「佐拉的目的不在於刺激消費者一次大量購買，而是要他們經常性地消費，而且每次走進佐拉店，都能找到新款式。」

印第紡的處長路易‧布蘭克（Luis Blanc）說明佐拉如何營造出一個即時性的環境：「我們想讓顧客了解到，如果他們喜歡某件衣服，就必須馬上購買，因為到了下個禮拜，店裡就再也找不到該件衣服了。這一切都是和營造一個稀有性和機會錯過不再有的氣氛有關。」

「顧客在看到服飾商品缺貨時，真的會心生滿足感，因為如此一來，他們就可以很有自信地認為，其他許多顧客也穿著相同服飾（即撞衫）的機會就微乎其微了。」

佐拉的成功之道在於打破所有零售定律，對服飾店來說，暢銷產品缺貨是很糟糕的事，但佐拉鼓勵偶爾缺貨，讓產品產生獨特性。「我們不要大家撞衫，」伊斯拉說。每週新品進貨兩次，所以顧客會常光顧。「如果你看上一件衣服，當下不買，就別想回來買了，因為賣掉了，」1983 年次的學生伊莉莎白說。

在店內尋寶的二十五歲行政助理達娜說：「在蓋普，每件衣服都一模一樣。」這是全世界各地佐拉迷的心聲。「你不會跟別人打扮得很像，」馬德里的佐拉常客，1972 年次的建築師瑪蕊拉說。

佐拉時裝採少量生產，但店員一點都不擔心產品斷貨，因為永遠有同色系或類似設計的產品供消費者選購，同時少量有限量供應的魅力，消費者唯恐遲疑間就錯過購買機會，看了喜歡的通常會馬上買走。也因此，佐拉才能有 85% 的商品照原價售出，且平均只有一成的衣服賣不出去，比率為時裝業界平均值的一半。[11]

三、定價策略——帶動平價精品風

佐拉採取平價策略，讓買不起名牌或不願花那麼多錢的消費者得到滿足。一般時髦的知名服裝品牌，售價都頗高，佐拉產品既掌握流行風潮，價位只有高檔服裝的一、二成，可以打動消費者對流行的期望，卻不至於望而卻步，這

跟 2004 年在台灣崛起的 85 度 C 咖啡店有異曲同工之妙。從圖 7.5 可見，以長銷的襯衫為例，佐拉採取中庸策略，蓋普等採取優勢策略。

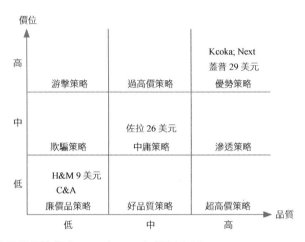

圖 7.5　佐拉的品質與價位組合──以 2006 年襯衫為例

(一)價格很硬

印第紡刻意壓低生產量，營造該店獨家銷售的錯覺，吸引顧客經常上門。因此，他們不需要像對手般地用五折價去消化庫存。

此外，跟上流行的腳步，也讓佐拉可以抬高定價。

消費者負擔得起的價格有助於刺激消費，而佐拉的商品經常被稱之為可穿上 6～10 次的衣服。

(二)因地制宜

佐拉依各國市場的不同而有差別定價，不是依據成本加上毛益為基準（絕大多數的競爭者都是採用這個公式）。在西班牙，佐拉的產品是低價位，但是在美國、日本和墨西哥，佐拉走的是奢華時尚款式的高價路線。在法國，佐拉的定價略高於在西班牙，因為法國消費者比大多數其他歐洲消費者更願意花更多錢在流行服飾上。

四、促銷策略

佐拉比較不注重廣告與折價促銷，因此本段從服裝發表會、店頭櫥窗設計

為主來說明。

(一)新品發表會

美國一般成衣品牌，一年至多只能辦三次新品發表，佐拉能辦十二到十六場新品發表會。

(二)店面櫥窗展示

本段的重點在於把店面櫥窗設計視為一個「設計、生產」活動，來說明佐拉如何「準快」的進行櫥窗設計。

1.櫥窗展示的重要性

在佐拉的經營哲學裡，店面就是佐拉的一切，所有要跟消費者溝通的訊息，都呈現在店裡面的櫥窗、燈光、擺飾裡。很少花錢登廣告的佐拉，就靠店面來營造自己的品牌形象。

「我們把廣告經費都轉移到租最好地段與裝潢店面去了，」海蘇斯說。

2.中央集權的櫥窗設計

公司有一群 40 多人的建築師與室內設計師小組，從櫥窗設計、家具、燈光、海報、衣服擺設，統一全世界 4,000 家店面形象。在店面櫥窗設計上仍會依春夏、秋冬，分兩檔打造整體形象，平均約兩年就會歇業一個月，來一次大改裝。

就以 2006 年冬季的櫥窗為例，櫥窗設計師保羅·恩格拉岱（Paklo d'An-glade）說明店內牆面上大型照片是怎麼拍出來的，這一季的櫥窗，一致都是黑色基調，搭配矮櫃上的小配件，及沉思般的模特兒；店內可以看到一對對的男女模特兒，以巴黎街頭、書報攤、咖啡座等為背景的一幀幀充滿法國意象的黑白照片，裝飾著整片牆面。

這些作品的幕後推手就是保羅，「這次秋冬的主題就是巴黎的都會羅曼史！」[12]

在表 7.9 中，我們以冬季主題為例，春夏主題的照片拍攝時間為 5 月，其餘時間同理可推。

表 7.9 店面設計流程

「研發管理」 課程 C 系統	負責單位	活動與時程*
C0 構想階段 （proposal phase）	店面設計部與 服裝設計部	9 月，保羅跟設計部設計師討論春夏或秋冬預計 會推出的新品。 保羅認為，組織扁平，沒有隔間的開放式辦公 室，有利於跨部門合作，立刻溝通、當場解決問 題，才能增加效率，做到快速流行。 保羅的部門就位於設計部之內，讓他隨時可掌握 門市服飾的最新趨勢與主題。
C1 規劃階段 （planning phase）	店面設計部	10 月，保羅會發想主題。
C2 設計階段 （R&D design phase）	同上	主題拍照，11 月中，拍照花 2 週，找來頂尖攝 影師與兩、三位模特兒，出外景拍攝 12 到 14 組 主題照片。
C3 樣品試作階段 （sample pilot run phase）	同上	
C4 工程試做階段 （engineering sample pilot run phase）	同上	公司地下一樓的試驗店，有 25 個櫥窗，讓 40 位 店面設計人員隨時實驗最新的流行想法。外面的 店面要怎樣裝潢、衣服如何擺設，都先在這裡決 定，全世界門市的形象是一致的。
C5 試產階段 （product pilot run phase）		
C6 量產階段 （mass product phase）	營業部（即全 球各店）	公司每週送貨兩次到各店，其中一定包含新品， 以及前幾週賣得好，但經設計師稍做了變化或換 了顏色的商品。 送貨前，公司會透過電子郵件，傳送新品與舊貨 在店內該如何擺放搭配的照片，給各店參考。

*資料來源：主要來自遠見雜誌，2006 年 12 月，第 207、208、218、219、221、222 頁。

(三)蓋普的作法大同小異

在 1980 年代創造休閒風潮，引領休閒服飾走上國際時裝伸展台的蓋普公司，從 2001 年開始，銷售情形江河日下。

蓋普為了救亡圖存，已經嘗試過「削減開支、整頓人事和縮小債務」等等手段，2006 年期望藉由提供一種「更親切、更溫和的購物體驗」，來帶動業

續成長。「我們以前狂熱地執著於以更好的產品來帶動顧客流量，」蓋普的財務長拜倫·波利待（Byron Pollitt）表示，「現在我們自信可以用老式的親切手法贏回顧客的心，一季一季來。」

蓋普休閒服飾店要模仿星巴克咖啡館的氣氛，負責營造購物環境的是蓋普的「品牌門市體驗」（Brand Store Experience）副總裁克里斯多福·賀夫耐吉（Christopher Hufnagel），以及他手下的二十名男女同仁。「我們跑遍世界各地去看看別人是怎麼做的，並親身經歷一下不同的消費體驗，」賀夫耐吉指出，「我們觀摩的對象並不僅侷限於零售業。」

因比，倫敦酒吧外寫著菜單的黑板，讓賀夫耐吉和他的手下聯想到在每個試穿室門口也掛個小黑板，讓店員寫上他們所服務的顧客姓名；英國瑪莎百貨公司（Marks & Spencer Department Sotre）巨大且色彩鮮豔的牆壁圖案，激發了蓋普在店裡掛上巨幅壁畫的主意，並且每季更換畫作。甚至連美國太空總署甘迺迪太空中心（NASA Kennedy Space Center）一位熱心的導遊，都提醒了他們重新重視員工訓練的重要性。賀夫耐吉強調，這一切的改變和努力，就是要讓「一個巨大的品牌變得小而親切。」

美國證券分析師對於蓋普的新計畫採保留態度，券商 SG Cowen & Co. 的零售業分析師蘿倫·列文坦（Lauren Cooks Levitan）指出：「舒適的購物環境並不能提升差勁的產品，但是卻可以跟優質產品相得益彰。」[13]

五、實體配置策略

在公司內，是製造業，在佐拉店內，則屬於服務業中最大項的零售業，這稱為服裝專賣店（speciality store retailer of private label apparel, SPA），本段說明佐拉的店址、直營等決策考量。

(一)搭順風車

旗艦店址大都設在都市精品區，搭順風車，讓顧客覺得佐拉的服飾屬於「平價奢華」、「高檔貨」。

印第紡每跨入一個新市場，就先設立大型旗艦店創造知名度，接下來才開設各品牌的小型店，商店數量達到一定密度，即足以構成規模經濟並增加毛益。

印地紡的廣告費用很少（占營收 0.3%、對手約 3.5%），因此店就是最重要的行銷工具，大部分店都特意裝潢得像時尚精品店。

(二)店內佈置

各店的風格一致，面積很大，儼然是服裝超市，但對顧客的選購服務甚為周到，顧客可以一次挑選數件衣服到試衣間試穿，試衣間十分寬敞，講究情境布置，讓顧客有愉快的心情選購。

(三)直營店

佐拉相當清楚「時間是服裝製造中最重要的重點，這比製造成本更為重要，惟有如此才可以減少庫存風險！」所以它調整自己，把商店門市視為市場探測的風向球，除了販售商品，也須每天回報顧客反應、喜好與需求讓設計部了解，設計師即可預測並因應顧客千變萬化的需求。公司更只需要十到十五天，就可以從設計一款新裝到推出販售，這就是佐拉堅持全球門市直營的原因，有 91% 是直營店，其餘則為加盟店或合資企業。

註 釋

①經濟日報，2008 年 8 月 25 日，A9 版，蘇依元。

②工商時報，2010 年 6 月 6 日，C9 版，蕭麗君。

③商業周刊，2006 年 1 月 23 日，第 128～129 頁，林君宜。

④商業周刊，2006 年 9 月 18 日，第 64～65 頁。

⑤天下雜誌，2006 年 9 月 13 日，第 172～173 頁。

⑥奈馬利·庫馬與蘇菲·林谷莉，「快速、少量、多款、平價，全球注視的時尚服飾品牌 Zara」，經理人月刊，2006 年 6 月，第 141～154 頁。

⑦編輯部，「資訊品質決定你的競爭力」，世界經理文摘，2009 年 9 月，第 92～98 頁。

⑧遠見雜誌，2006 年 12 月，第 210 頁。

⑨遠見雜誌，2006 年 12 月，第 221 頁。

⑩今周刊，2006 年 9 月 4 日，第 142 頁，周宜靜。

⑪今周刊，2006 年 9 月 4 日，第 142～143 頁，周宜靜。

⑫遠見雜誌，2006 年 12 月，第 208 頁。

⑬商業周刊，2006 年 2 月 20 日，第 130～131 頁，彭浩偉。

延伸閱讀

1. 鄭心媚，「Zara，歐洲竄起最快速的平民服裝」，今周刊，2005 年 11 月 21 日，第 114～116 頁。

2. 張鳳，「把衣服當水果賣，流行常保鮮」，商業周刊，1088 期，2008 年 9 月，第 98～103 頁。

3. 張鳳，「這家公司工讀生升到人資長」，商業周刊，1203 期，2010 年 12 月，第 126～130 頁。

4. 哈佛商業評論，2010 年 1 月，第 114～126 頁。

討論問題

1. 以圖 7.1 為基礎，舉一家公司一款服裝為例來說明。
2. 以表 7.3 為基礎，去拿其他家公司跟佐拉相比，或拿另二家公司比一比。
3. 以表 7.4 為基礎，去拿其他公司跟佐拉相比，或拿另二家公司比一比。
4. 以圖 7.5 為基礎，拿另一家公司來比一比。
5. 以表 7.9 為基礎，拿另一家公司來比一比。

蘋果公司 iPad 成本分析與供應鏈

　　公司推出產品，總是會聆聽顧客的說法，但是，最重要的是要了解顧客用你的產品做什麼工作？企業用「幫助顧客完成什麼工作？」（jobs-to-be-done）這個角度思考，並且分析、觀察消費者從購買、使用到擁有的經驗，然後根據這些經驗整合公司活動，就能提高成功機率。而且，競爭者也很難模仿。

　　從統計來看，企業透過維持性創新來競爭，成功機率只 3%，如果是採取破壞性創新，破壞市場領導者，成功機率會增加 35%。假如是根據顧客要完成的工作來思考產品，成功機率提高三倍。也就是說，公司推新事業，採取破壞性創新，提供消費者更簡單便宜的產品，來完成他想要的工作，會大大提升成功機率。[①]

——克里斯汀生（Clagton M. Christensen）
美國哈佛大學商學院講座教授

■ 8.1　iPad 商機

　　想了解 iPad 的成本結構與供應鏈，必須先了解 iPad 是什麼？未來發展如何？在第一節中，我們從歷史回顧角度，先分析蘋果公司為何會推出 iPad，再一步一步分析 iPad 對小筆電、電子書閱讀器的衝擊。

蘋果公司的 4 條成長曲線

　　看一個產品的成功，必須了解其董事長、公司策略，尤其外界常把賈伯斯跟蘋果公司劃上等號。

依產品別，把蘋果公司 1976 年來劃分為四「階段」（或稱成長曲線），由此可見蘋果公司推出革命性產品是有跡可循的，本章主角 iPad 平板電腦只是其中一項，帶領蘋果公司第四階段成長，詳見表 8.1。

蘋果公司小檔案
（Apple Inc.）

成立：1976 年，2007 年 1 月，公司名稱由蘋果電腦公司改為蘋果公司。

地址：美國加州庫比提諾。

董事長兼執行長：賈伯斯（Steve Jobs）。

營業項目：個人電腦（桌上型電腦、麥金塔，占盈收的一半，筆記型電腦 MacBook，2008 年 1 月上市）、音樂播放器（iPod 系列，2001 年 10 月上市）與音樂銷售（iTunes，2003 年 4 月上市）、手機（iPhone，2007 年 7 月 29 日上市）。

年度營收：2007 年 240 億美元，2008 年 325 億美元，2009 年 429 億美元、2010 年 652 億美元。

年度盈餘：2009 年度 82.35 億美元、2010 年 140.13 億美元。

榮譽之一：美國巴隆金融周刊 2011 年美加第四大企業
美國股票市值第一大公司（3,100 億美元左右）

表 8.1　蘋果公司四條成長曲線

成長引擎	時間	產品
一、第 1C：個人電腦	1998 年	桌上型電腦 iMac 的外殼是半透明的塑膠，有藍綠橙紅紫五種顏色；機身是弧線造型，顯得胖嘟嘟的，十分可愛。外型是賈伯斯讓 iMac 人性化的第一步，為了讓外型更加別致，研發人員特地請教糖果公司的包裝專家。
二、第 3C：消費電子	2001 年 10 月	音樂播放器（MP3）iPod，此時功能只不過是一部漂亮的數位隨身聽。
	2003 年 4 月 28 日	推出線上音樂商店 iTunes，從世界五大唱片公司（環球、華納、EMI、索尼、BMG）拿到 100 萬首歌曲的合同。每次以 0.99 美元銷售一首歌，它得向唱片公司上繳 0.65 美元。 由於它是第一家，也是唯一一家聯合了全球五大唱片公司的線上音樂商店。iPod 加 iTunes 才形成一種文化現象，迄 2010 年 8 月已售出 2.75 億台。

表 8.1　（續）

成長引擎	時間	產品
三、第 2C：通訊	2007 年 3 月	推出第一代網路電視（IPTV）蘋果電視（Apple TV），售價 299 美元，銷路差。
	2010 年 10 月	推出第二代蘋果電視，售價 99 美元，預估年銷 1,000 萬台，但因單價低，因此獲利貢獻度約 1%。
	2007 年 7 月 29 日	推出智慧型手機 iPhone（2.75G），造成操作上的轟動。
	2008 年 5 月	推出手機的線上應用程式商店「蘋果軟體商店」（App Store），iPhone 由手機變成手持遊戲機功能，iPhone 才大大暢銷。
四、第 1C：個人電腦與消費電子	2010 年 4 月 3 日	筆電中的平板電腦（Tablet PC）iPad，年營收破百億美元。

8.2　董事長賈伯斯

　　董事長賈伯斯跟沃茲尼克（Steve Wozniak）創辦蘋果公司，1985～1996 年，因個人電腦經營不善，退出經營層。1997 年，重登董事長之位。

賈伯斯小檔案
（Steve Jobs，有譯為喬布斯）

出生：1955 年 2 月 24 日，美國加州山景市。

現職：蘋果公司董事長執行長。

經歷：1976 年賈伯斯跟沃茲尼克（Steve Wozniak）在自家車庫中創立蘋果公司，1977 年蘋果二號問世，奠定個人電腦硬體根基，在高中時曾在惠普實習，畢業後曾在電玩製造公司擔任技術員，設計電玩。

學歷：美國里德學院（Reed Colledge），就讀一學期。

　　1976 年，賈伯斯跟 1950 年次的沃茲尼克在賈伯斯家的車庫裡成立了蘋果電腦公司。1977 年推出的蘋果 2 號具有 4K 記憶體，用戶使用電視機作為顯

示器,這就是第一台在市場上銷售的個人電腦。1980 年 11 月,蘋果公司股價上升至 22 美元,賈伯斯和沃茲尼克一夜之間變為百萬富翁,成了全美國青年的偶像。

一、技術推動型創新

技術推動型創新(technology-push innovation)是指由技術突破以推出新產品和/或服務;在電影中常見的是藝術電影,在流行歌曲便是創作歌手。

然而一旦缺乏市場導引,則可能會變成閉門造車的生產導向,行銷學教授、大師李維特(Theodore Levitt)於 1960 年形容此為「行銷近視症」(Marketing myopia)。

產品、生產導向的技術推動產品叫好不叫座,常見原因有三,底下詳細說明。

1. 消費者沒「欲求」(desire),例如平板電腦。
2. 消費者有「欲求」,但是荷包負擔不起,以致沒有需求,例如協和號飛機。
3. 消費者有需求,但是產品不合用,例如賽格威電動車。

(一)2003 年時平板電腦不切實際

個人電腦已是成熟產業,全球桌上型電腦市場成長率也趨緩,在商用市場已趨飽和下,家用市場的成長力道明顯大於商用市場;而且在筆電持續擴大搶占桌上型電腦的效應下,桌上型電腦公司積極尋覓開拓新市場,New PC 應運而生。

平板電腦、Desknote、迷你 PC、液晶電視四大產品項目是最被看好的「New PC」產品,面對個人電腦成長面臨瓶頸,新 PC 時代來臨,全力突圍而出。

2003 年 11 月,宏碁跟微軟攜手合作的全球首款雙用平板電腦(Tablet PC)Travel Mate C100 推出。宏碁集團董事長施振榮當起代言人,強力促銷平板電腦。售價 7 萬元的平板電腦,優點是可以在螢幕上用光筆手寫輸入,主要市場是不擅長鍵盤中文輸入的高階主管。問題是,這些金字塔最上層的人大部分不用隨攜身帶電腦,因為都有秘書、助理代勞。所以平板電腦做不起來,

不是售價問題，而是找錯對象了，2003 年只占個人電腦 1%，市場一直打不開來。

(二)2010 年 4 月，iPad 改變所有的錯

2010 年 1 月 27 日，賈伯斯展示觸控式平板電腦 iPad，有人批評是大型 iPhone 3GS 手機，但至少抓到一個重點：價位平民化、最低價 499 美元（約 16,000 元）、頂級（3G 通訊功能）為 829 美元（26,000 元）；可以作為電子書閱讀器用，其功能詳見圖 8.1。

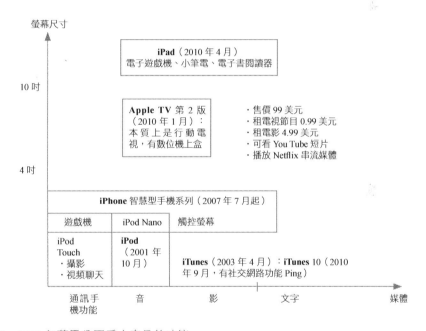

圖 8.1　2010 年蘋果公司重大產品的功能

這個圖有個很重要分類方式。

1. X 軸（人體感官）

人體有五種感官，但是能用在傳播的主要是視覺、聽覺，簡單的說，即影（像電視、DVD）、音（像廣播、CD）。額外把文字從影中分出來，是因為文字（尤其是數字）常涉及運算功能（例如試算表）。

269

2. Y 軸（螢幕尺寸）

螢幕尺寸涉及閱讀方便性、攜帶性，像 iPhone 螢幕 3.5 吋，iPad、小筆電主流 10 吋，看東西才清楚。

二、上市時程

蘋果公司產品一般都在 7～10 月上市，以搶攻歐美 12 月的聖誕採購旺季。iPad 上市時程耽誤到了，本來想在 2009 年推出，只好延到 2010 年才上市，拖太久又怕夜長夢多。最後敲定 4 月 3 日，先在美國推出，蘋果公司是美國公司，在美國擁有主場優勢，藉此造勢特佳。

分波上市有很多原因，研發生產上因素把第一波（美國）當試銷，用來找問題，行銷上考量「缺貨」策略的運用，藉物以稀為貴，「奇貨可居」來形塑賣點。第二波大都選歐洲與日本，這是基於市場購買力考量，第三波才是亞洲，詳見表 8.2。

表 8.2　2010 年 iPad 上市時程[1]

月日	活動
1 月 27 日	賈伯斯在舊金山的新產品說明會，從紙袋拿出 iPad。
4 月 3 日	第一波銷售：美國 iPad 在紐約市第五大道蘋果門市首賣，前一天開始就吸引上百位排隊人潮。
5 月 28 日	第二波銷售：啟動全球上市計畫，同步在加拿大、日本、英國、義大利、德國、澳洲、西班牙、瑞士販售；光在日本第一天就吸引 1,200 人在東京市銀座店漏夜排隊，只為了搶一台 iPad。
7 月	第三波銷售：奧地利、比利時、香港、愛爾蘭、盧森堡、墨西哥、荷蘭、紐西蘭與新加坡。
12 月	第四波銷售，例如台灣在 11 月 30 日開始銷售。

三、iPad 是什麼

iPad 跟小筆電比較像，但由於數位匯流的關係，許多電子產品都「跨界」（俗稱撈過界），多多少少都具有其他功能，iPad 第二強的功能是電子書閱讀器，詳見表 8.3。

(一)市調機構的定義

　　市調機構為了研究產業（銷量、產值），必須把產品分類，像國際數據公司（IDC）就把平板電腦歸類為筆電的一種。

表 8.3　iPad 是什麼

2010 年 4 月

蘋果公司的說明	外界的看法
賈伯斯說：「iPad 要成為真正革命性的新產品，光是優異的電子書閱讀工具還遠遠不夠，它還必須好得多。」蘋果公司銷售事務副總裁班尼奧夫（Marc Benioff）說，「我認為 iPad 是新麥金塔，我真的這麼認為。大家不會再想使用麥金塔。我想，一旦發現這了不起的小東西竟有如此妙用，大家不會再使用筆電。」 蘋果公司在 iPad 上主打三個新程式，都是麥金塔 iWork 辦公室軟體的新版：Pages（文字處理）、Number（電腦製表）、Keynote（說明軟體）。在麥金塔電腦上，iWork 跟微軟的 Office 軟體競爭。[2]	一台 iPad，可以是電話、電子書閱讀器（雜誌書）、遊戲機、筆電、隨身聽、電視台，美國《新聞週刊》以「Everything」來形容 iPad，它改變你看待電腦的方式，iPad 可以變成你的個人電視，報紙、書架，很快的它會成為有線電視業者，從 iTunes 上租電視頻道。 iPad 是一種多用途且價格合理的媒體消費裝置，能輕鬆播放影片、音樂或照片，因此從家用與行動裝置的角度來看，iPad 問世挑戰了小筆電市場。 拓墣產研所長陳清文表示，過去的電腦戰場是一場「硬體大戰」，主戰場在於硬體功能的求新求變。平板電腦帶來「載體大戰」，電腦公司必須把硬體、軟體、內容與服務做到完美的結合，組成最優越的平台與載體。過去電腦是生財工具，像 Office 軟體成為上班族必備，被視為「資料創造的生產力」。 手機遊戲軟體開發公司 Gameloft 創辦人吉列蒙（Michel Guillemot）也強調，iPad 將是遊戲硬體進化過程的第四次革命，而前三次里程碑分別是電腦、遊戲機、智慧型手機。[3]

平板電腦小檔案

平板電腦（Tablet PC）並不是創新發明，2003 年 11 月惠普、戴爾、宏碁（2353）等公司均曾推出，宏碁所稱的 Travel，但均採英特爾 x86 系統，且具微軟完整作業系統。市調機構國際數據公司指出，2010 年的平板電腦是指螢幕 7 吋以上，具有觸控螢幕、聯網能力、輕薄設計及安謀（ARM）中央處理器，主要採取 Android 版作業系統。

(二)華麗辭藻

專家喜歡用抽象名詞來形容產品，像平台、載體等用詞，由表 8.3 可見，這是蘋果公司內外常見的對 iPad 的形容詞。

2010 年 1 月賈伯斯發表 iPad 時曾大肆宣揚 iPad 是「既神奇又具革命性」的產品，且 iPad 配備的 9.7 吋彩色觸控式螢幕還能支援包羅萬象的多媒體功能，從玩遊戲、看影片、閱讀電子書到瀏覽網頁應有盡有。

2011 年 3 月 3 日，推出 iPad 2 說明發表會時，賈伯斯宣示，2011 年是「iPad 2 年」。2010 年 4 月至 12 月，iPad 賣出 1,500 萬台，為蘋果公司貢獻了近百億美元營收。他說：「我們從未擁有起飛這麼快速的產品，我們的市占率高達 90%。」[④]

(三)iPad 的功能

採用大易分解法最容易了解一個產品的多個功能，由表 8.4 可見，我們一一分解了 iPad 的功能，再加以詳細說明，限於篇幅。我們決定把 iPad 跟 iPad 2 作比較，你可以遮住 iPad 2 的那一欄，然後放進小筆電、電子書閱讀器的內容來比較。

表 8.4　iPad 軟硬體功能

功能	iPad		iPad 2
推出時間	2010 年 4 月 3 日。		2011 年 3 月 2 日
一、筆電功能	iPad 專用的蘋果公司 iWork 文書軟體應用程式，每套價格為 9.99 美元。		
(一)中央處理器	1GHz A4 處理器		採用雙核心 A5 處理器，運算效能快一倍。
(二)筆電功能			
1. 電子郵件			
2. 網頁瀏覽	個人部落格的網友留言和公司臉書網站。		
(三)螢幕	9.7 吋		9.7 吋
	採用非寬螢幕的標準解析度顯示器，藉此降低零件成本，而且這種螢幕能適應各種用途，且橫向直向均可。		
(四)記憶體	支援 Wi-Fi	同時支援 Wi-Fi 與 3G	同左
64GB	699 美元	829 美元	
32GB	599 美元	720 美元	
16GB	499 美元	629 美元	
	採取加固態硬碟（SSD），以減輕重量。		
(五)續航力	不支援奧多比（Adobe）Flash，主因為 Flash 會拖累上網搜尋速度。待機 10 小時，足夠一整天的使用量，讓使用者不再需要帶電源線出門，從硬體中解放出來。		同左
(六)多工功能	不允許，即使用者一邊上網、一邊聆聽音樂，但卻不能同時執行多個程式，主因應為蘋果公司擔心多工會讓電池快速被榨乾。		同左
	iPad 少了記憶卡與 USB 插槽，也沒有可替換式電池，卻因此更為輕薄堅固。		
	雖然未提供隨身碟插槽，但可另外購買蘋果公司提供的其他轉接線，便可以轉接 SD 卡、投影機。		
	像繪圖軟體 Brushes，就能讓 iPad 變身為功能極強的繪畫用平板電腦。		
二、電子書閱讀器功能	在這部分，是跟 AT & T 獨家合作，用戶每月付 15.30 美元資料處理費，可以享受電子書服務。		
(一)內容：即雲端書城	有獨家為 iPad 製作的專屬雜誌，打開 iPad 的《連線》（Wired）雜誌和《中國國家地理雜誌》，點進《連線》的文章，出現的不只是靜態的文字，一段訪問文章還附加一段視頻影片，或是谷歌地圖，告訴你這張照片，是在巴黎的哪一條街上拍的。		同左
	再點入《中國國家地理雜誌》，照片品質不錯下載這本，只花了 20 元。		

表 8.4 （續）

功能	iPad	iPad 2
(二)電子書閱讀軟體	影音檔的多媒體互動，iPad 可調整字體大小、螢幕亮度，甚至可以如實體書籍般勾畫重點、整理重點大綱，也可以利用掃描的方式上傳書至 iPad 中。	同左
(三)螢幕 　1. 色彩 　2. 光源 　3. 解析度	彩色 LED 1024×768（高解析度，HD） 26.2 萬畫素	1～3 同左
4. 廣視角技術	平面切換（IPS）技術，來自日立顯示器公司	三星行動顯示器公司的 Super PLS 技術
(四)重量	厚度 1.34 公分 680 公克（Wi-Fi 版），一般電子書 340 公克。	iPad 3 為 0.88 公分 590 公克
三、通訊功能 　(一)速度 　　1. 通訊速度	沒有無線手機功能。 3G，指的是本表一(四)中「同時支援 Wi-Fi 與 3G」	3.5G
2. 上網速度	2.75G，指的是本表一(四)「支援 Wi-Fi」。 Wi-Fi	3G
(二)續航力 　　1. 語音通訊	10 小時（Wi-Fi 版） 沒有支援語音通訊功能，可用 Skype 功能來彌補。點開 iPad 的網路電話程式「SIP」，只要撥公司分機，就能直接和同事溝通，到國外出差的時候，打分機也一樣能找到同事。因為是網路電話，網內互打，不用花一毛錢。	10 小時
2. 藍芽	2.1 版，能連結蘋果公司無線鍵盤或耳機。	
四、作業介面 　1. 觸控	具有多點觸控輸入功能，相同的，就算是新手，iPad 直覺式的操作方法也能很快上手。	同左
2. 作業系統 　3. 中文	iPhone OS 3.2 支援多國語文，螢幕顯示有正體中文。	iPhone OS 4.1（2010 年 9 月 2 日公佈）
五、附加功能 　1. MP3，即雲端收音機，點唱機，甚至 KTV	蘋果公司線上音樂商店 iTunes 的歌皆可下載。	同左
2. 數位相機（萬畫素）	沒有，不配備前置鏡頭，無法支援 iChat 影像電話功能，所以無法「自拍」、「視訊會議」。使用者能從數位相機直接上傳照片至 iPad。	√，照相功能，有前後 2 個鏡頭，能拍照、

表 8.4　（續）

功能	iPad	iPad 2
3. 網 路 電 視（IPTV），大陸稱為聯網電視	蘋果公司 2010 年 9 月 2 日推出蘋果電視（Apple TV），即雲端電視台。 打開 iPad 上的網路電視，點一下「TVUPlayer」這個程式，可收看 TVBS、非凡等電視，瞭解媒體最新報導。除了台灣的媒體，這個軟體讓你還能收到全世界一百多個頻道，卻不用付一毛有線電視月租費，「這個軟體，只要 5.99 美元，」要更好的畫質，還可上網購買高解析度節目。	錄 影 和 視 訊 通 話，內 建「Facetime」視訊軟體。 圖像處理效能比 iPad 增加8倍。
4. 遊戲機	蘋果軟體商店（App Store）上 40 萬電玩軟體皆可付費使用。 有人形容 iPad 是大型 iPhone 3GS 或 iPod Touch，由於連接埠跟 iPhone 通用，iPad 也能使用 iPhone 的充電器等其他配件，其耳機插孔，還有衛星定位、加速器、麥克風與喇叭規格，也跟 iPhone 相通。 不過手持遊戲機售價較便宜，遊戲挑戰性高。	

四、iPad 對其他產品威脅

表 8.5 簡單說明 iPad 對小筆電、電子書閱讀器的「威脅」。

表 8.5　iPad 跟小筆電、電子書比較

產品	iPad	小筆電	電子書閱讀器
一、產品功能	兼具小筆電與電子書閱讀器功能，蘋果公司推出 iBookstore，跟 Penguim、Macmillion、Simon&Shuster、Hachette Book Store 與 HarperCollins Publishers 等五大書商達成協議，在 iPad 上銷售電子書，軟體的威力更強。 以 iPhone 為基礎，（2011 年 2 月）至少有 35 萬種軟體。	沒有電子書閱讀器功能。	沒有小筆電功能。
二、售價			
1. 美元	499	466	489
2. 台幣	16,000	14,900	15,648

小筆電 2008 年賣了 1,278 萬台，2009 年，成長 1.5 倍，達 3,265 萬台，2010 年只成長一成。可見平板電腦對小筆電造成霎間急速現象。

　　研究機構 NPD 資料顯示，2010 年年終購物季美國小筆電銷售量大跌 38%。

　　Sanford C. Bernstein 分析師薩柯納基（A. M. Sacconaghi）表示：「小筆電的賣點在攜帶方便與低成本運算，但消費者發覺小筆電犧牲的性能遠大於優勢。」小筆電需求萎縮主要還是性能不足所致。[5]

　　由表 8.6 可見，2010～2015 年平板電腦銷量預估，2011 年，銷量超越小筆電，簡單的說，小筆電進入衰退階段。以 2012 年來說，平板電腦在筆電中滲透率 28%，大幅取代常規筆電。

表 8.6　平板電腦銷量估計

單位：萬台

年	2010	2011 (F)	2012 (F)	2013 (F)	2014 (F)	2015 (F)
(1)全球*	1667	5100	10100	17000	20000	24000
(2)iPad	1500	4000	5500	7480	8000	9000
(3) = (1)/(2) iPad 市占率	90%	78.43%	54%	44%	40%	37.5%
(4)小筆電*	3363	2750	2610	逐年小幅減少		
(5)電子書閱讀器	1080	2000			7200	

*2012 年以後數字參考 HIS iSuppli, 2011.3.5，顧能（Gartner）公司估計值更高，例如 2011 年 6,500 萬台、2015 年 2.94 億台，Display Search 跟 iSuppli 相近。

五、iPad 也傷到常規筆電

　　以蘋果軟體商店做為 iPad 殺手級運用的基礎，iPad 打得小筆電趴在地上，連常規筆電成長空間也被壓迫。

　　2011 年 3 月 31 日，位於新北市汐止區的宏碁傳出總經理兼執行長蔣凡可‧蘭奇（Gianfranco Lanci）離職的消息，一時震撼了業界。有人說，他是第一位因為 iPad 上市而下台的執行長，也有人說，他是第一位因為賈伯斯下

台的執行長。但壓倒蘭奇的,不是賈伯斯個人,也不是硬體 iPad,而是蘋果軟體商店,其中大多數的軟體,僅要價 0.99 美元,甚至免費。

宏碁股價重挫,董事長王振堂宣布宏碁進入第三次重建;常規筆電業一片愁雲慘霧。

2011 年 8 月 19 日,惠普宣佈分拆個人電腦事業部,並且有意出售,三星電子有意收購,連全球市占第一的惠普都感受 iPad 等的威脅。

六、iPad 打遍天下無對手

同業眼睜睜看著它獨占市場一年,主要是在等夠強的作業系統。2011 年 3 月底起,才有一堆類 iPad(iPad like)上市。但是蘋果公司搶先在 2011 年 3 月推出 iPad 2,搶佔市場。

顧客在店內試用 iPad
圖片提供:今周刊

平板電腦的 3 大作業系統詳見表 8.7,2011 年市占率如下,至於亞馬遜的 Kindle 佔 1%、其他(例如惠普的 WebOS、RIM 的 QNX)占 6%。

表 8.7　平板電腦的 3 大作業系統

作業系統	2010 年	2011 年	市占率(F)
一、蘋果公司:iPhone OS （即:iOS）	主要也是以 iPhone 的 作業系統發展而來。	2 月推出。	78%

表 8.7 （續）

作業系統	2010 年	2011 年	市占率（F）
二、谷歌公司 Android 系統	試溫	主力 Android 3.0 版，5 月才推出。	14%
三、微軟公司：Windows Phone（或簡稱 Windows）	勉強從智慧型手機作業系統中修改而來，Windows 7 是 2010 年 10 月 11 日推出的。	Windows 8（簡稱 Win 8），這是專為平板電腦而設計的，其運用的平板電腦於 2012 年 12 月左右推出。	2%

Android 小檔案

谷歌所推出的行動電話系統平台，早期由谷歌開發，後由開放手機聯盟（Open Handset Alliance）開發，適用於手機、平板電腦等使用的作業系統，手機公司採用此系統時不需付費。

8.3 iPad 材料成本與供應鏈

拆解 iPad 讓我們可以了解其營業成本、供應鏈。了解成本結構後，依 ABC 原則，才比較容易抓大放小的進行供應鏈管理。

此外，了解成本結構後，依「80：20 原則」，才比較能抓重點的進行成本管理。iPad 2 的成本結構跟 iPad 相近，但新聞性較低，因此本書仍以 iPad 為對象來討論。

一、逆向工程（即拆解）

蘋果公司對其供貨公司一直保持諱若莫深的保密政策，讓蘋果公司的產品顯得更為神秘，更吸引玩家想要對內部零件一探究竟。外界分析師想知道 iPad 的零組件供貨公司為何，以分析對供應鏈的影響。

蘋果公司經常會把供貨公司的商標抹去，打上自家的商標。iPad 開賣，玩家網站 iFixit 一天內就把拆解報告刊上網路，詳見表 8.8。

表 8.8　兩家對 iPad 進行拆解的公司

公司	iSuppli*	玩家網路 iFixit**
說明	iSuppli 等市調公司都會進行拆解，為的是評估 iPad 這類電子產品的生產成本，推算毛益率。	iFixit 是一家教導民眾如何自行動手修理、更換零件的網站，也是一家為客戶提供電子產品拆解報告的公司。這種拆解公司提供的報告可用來進行專利訴訟，以及研究對手的技術。
	負責 iPad 拆解分析的 iSuppli 首席分析師瑞斯韋勒（Andrew Rassweiler）表示，針對 3 款 iPad 進行拆解分析，結果顯示 16GB 容量的 iPad 材料成本近 260 美元，相當於其零售價 499 美元的 52%，成本占售價比率與 iPhone 3GS 等蘋果公司經典產品類似。售價 599 美元的 32GB iPad 原料成本約 289 美元，而售價 699 美元的 64GB iPad 材料成本約 348 美元。	為了在第一時間把 iPad 的拆解報告刊登上網，iFixit 安排了三組人馬在美國三地排隊搶購，就近準備好熱融槍、吸錫器、各式規格起子與其他工具，買來 iPad 後開機就進行拆解。iFixti 共同創辦人之一索爾斯（Luke Soules）說，iPad 比他預期中好拆，「如果我指甲留長一點，這次拆解會更容易」。

資料來源：*整理自工商時報，2010 年 4 月 8 日，A9 版，陳穎芃。
　　　　　**整理自經濟日報，2010 年 4 月 5 日，A3 版，陳家齊。

資料來源：經濟日報，2010 年 4 月 8 日，A7 版，簡國帆。
圖 8.2　iPad 的重要組件與成本

二、成本結構

在表 8.9 中，我們列出 2.75G、16GB iPad 機型（售價 499 美元）的成本率。

表 8.9　iPad 2.75G、16GB 機型成本率

	美元	%
單價	499	100%
一、營業成本*		
・材料	250.6	50.22%
・直接人工	9	1.80%
・製造費用		
二、毛益率（最高）	239.4	47.98%

註：不包括軟體（例如作業系統 iPhone OS）、授權費、權利金。

(一)材料成本率 50.22%

表 8.9 中材料成本為 250.6 美元，詳見下面說明。

(二)毛益率 45%

由表 8.9 可見，iPad 毛益率約 48%，假設作業系統（這是蘋果公司自行研發 iPhone OS 稍微修改）、授權費、權利金佔營收 3%，iPad 毛益率約 45%。

三、這樣記供應鏈

電子產品（甚至任何產品）的供應鏈有了很簡單的表達方式，易懂則易記，其架構詳見表 8.10，此處以 iPad 的硬體部分來舉例說明。

(一)Y 軸（表 8.10 中第 1 欄）：技術領域

電子產品的硬體部分至少涉及「機電光」三個領域，在表中第一欄，我們依據技術難度由上往下分成「光電機」。以其中「機」來說明，這部分難在「模具」與「表面處理」（電鍍只是其中一部分。機械部分最常見的稱為機構件，主要指機殼（機殼也有塑膠的，不限金屬）。

表 8.10　iPad 零組件成本與供應鏈

技術領域 ＼ 供應鏈	零件（俗稱上游）	組件（俗稱中游）	組裝（俗稱下游）
一、光：光學部分，主要指光顯示，其次指光儲存與光輸出入（例如數位鏡頭）	*觸控螢幕 驅動晶片：1.8 美元 供貨公司：德儀 報派：聯詠 *周邊控制晶片 晶片：2.3 美元 供貨公司：博通 *背光模組 報派：瑞儀 鏡頭：大立光（3008）	1. 面板：65 美元 占材料 25.9% 供貨公司：樂金顯示器（LGD）、三星行動顯示器（SMD）、精工愛普生 iPad 2 增加友達 2. 觸控螢幕（模組）：30 美元 佔材料 12% 供貨公司：勝華（2384）、宸鴻（3673）	iPad 全由鴻海負責「系統（或成品）組裝」。法人評估，蘋果公司強調產品製程穩定，不輕易更換代工公司，但為避免單一代工公司出貨風險，會增加第二供貨公司，第二供貨公司的出貨時間較晚；且數量比重較低。 iPad 2 由鴻海一家組裝，2011 年營收貢獻度 11～12%。
二、電：電子部分，主要指電子零件與模組	3. 快閃記憶體（NAND）：29.5 美元，占材料 11.77% 供貨公司：三星電子 5. 微處理器：（包括 A4 處理器和繪圖處理單元）：19.5 美元，占材料成本 7.78%。 供貨公司：P. A. 半導體 *電源管理晶片：21 美元 供貨公司：Dialog 半導體 印刷電路板（主機板） 報派：南電、健鼎 *軟板 報派：台郡（6269）、台電工（8039）、嘉聯益（6153）	4. 電池模組：21 美元 佔材料 8.4% 供貨公司：Amperex、新普（6121）、順達科（3211） *WLAN、藍芽、射頻模組：8.05 美元 供貨公司：博通（Broadcom）	

表 8.10　（續）

技術領域 ＼ 供應鏈	零件（俗稱上游）	組件（俗稱中游）	組裝（俗稱下游）
三、機：機械部分，俗稱構件	*音效晶片 1.3 美元供貨公司：Cirrus Logic 被動元件 報派：國巨、乾坤（台達電旗下） 鍵盤等周邊配備 報派：達方、濱川 連接器：正崴	機殼：10.5 美元 報派：鴻準、可成 散熱模組 報派：力致、雙鴻、超眾、業強、能緹	

表中 1……5 代表佔原料成本的大小順序

(二)X 軸（表 8.10 中第一列）：供應鏈

一般以「投入－轉換－產出」這樣「左進右出」方式來表現產業供應鏈，這可分三段。

・零件（component）

零件比較像數學中的單一元素集合，常見的例如電源管理晶片。

・組件（又稱模組，module）

組件比較像數學中的多元素集合，由二個（以上）零件組成，而能發揮一特定功能。常見的散熱模組是由小電風扇、散熱片等所組成，可以想像成浴室的抽風機。

・系統組裝（assembly）

美國人喜歡把系統掛在嘴上，系統組裝聽起來很文言，白話的說則為「成品組裝」。

四、材料成本結構

2010 年 8 到 9 月，各家新聞台詳細報導台北市新生北路景觀工程、花博，一盆花成本、運輸、維護成本各多少，可說是材料成本的全民教育。

iPad 是由民間公司推出的電子產品，是一體成型的，可不會公佈各零組件成本，原因如下，但「有問題便有解決之道」。

(一)因為有守密條款

第一種方法是零組件供貨公司坦白從寬，但這是條死巷子。因為所有電子公司針對客戶相關事宜都會以「不予評論」方式來答覆，在公司財務報表中，允許以 ABC 等方式來表達，以保護其商業秘密。

另一方面，買方（客戶）也會跟供貨公司簽守密協議，違約會有嚴重罰則。因此，供貨公司連蘋果公司是否是其客戶都不會答覆，更不要說承認接「幾百萬台訂單」。

(二)iSuppli 的逆向工程

市調公司中 iSuppli 為了提供更有價值的資訊，採取拆機方式，把 iPad 等產品拆解開來（teardown analysis），透過放大鏡，看出哪些零組件是由誰生產的。

想訂購這方面服務可於：

電子郵件：info@suppli.com

電話號碼：+1.310.524.4007

表 8.10 中的成本數字便是 iSuppli 所提供的，只是依我們的架構來呈現罷了。它拆的是表 8.3 中最便宜（499 美元）的那一機型：2.75G、16GB。

1. 無名英雄

由於「不能洩露客戶機密」，再加上產品上面不能打公司名稱，因此許多零組件公司都成了「無名英雄」。在表中，我們以「報派」稱之，每次報刊大談 iPad 概念股時，一定會把這些公司列入。

2. 幕後英雄

許多元件上面沒打供貨公司名字，可說是「幕後英雄」，下面舉一個例子說明。2010 年 8 月 19 日，安恩科技（IML, 3638 TW，存託憑證）召開法說會，總經理張寧三證實，電源管理 IC 透過面板客戶（註：樂金顯示器）間接打入 iPad 供應鏈，期望未來在平板電腦產品可望有進一步斬獲。他強調，安恩在技術上已獲得大型面板公司（三星行動顯示器、奇美電、友達、樂金顯示器、夏普）肯定，不輸 Maxim、德儀。[6]

(三)觸控面板佔材料成本最大

由於 iPad 觸控螢幕經過蘋果公司特別設計,因此螢幕成本相當於同尺寸小筆電螢幕的兩倍。

由材料成本結構可看出產品的強項,由表 8.11 可見,iPad 的使用者介面(一般稱為輸出入裝置)占材料成本 43.7%,幾乎一半成本都在此。iPad 的強項就在「好用」,以人機界面(UI)為主,主機板和其他晶片都是為了滿足使用者輸入和內容顯示而設計的。為了讓 iPad 完美呈現觸控螢幕功能,因此在螢幕控制方面一共使用 3 顆晶片。

表 8.11　占材料成本比重

比重	關鍵模組	一般筆電	iPad
80%	1. 處理器	運算功能	內容顯示 ・處理器 19.5 美元 ・占 7.78%
20% 原則	2. 輸出入裝置 （簡稱使用者介面）	鍵盤 5%	觸控螢幕 109.5 美元,占原料 43.7%,包括下列各項: ・面板 65 美元占 25.9% ・觸控螢幕模組 　30 美元,占 12% ・觸控螢幕驅動晶片 1.8 美元 ・觸控螢幕處理器 2.3 美元 其他 10.4 美元（例如背光模組）

其他筆電則強調運算,由此以「中央處理器」(CPU)為主,這項成本最貴,而英特爾市占率占八成。偏偏強調走自己路的賈伯斯,不會用微軟的作業系統、連帶的就不會用英特爾的中央處理器。

(四)哪些國家撈最多

供貨公司的國家比重,符合 80:20 原則,底下詳細說明。

1. 美韓占六成

南韓公司在 iPad 原料方面贏最多,其次是地主國美國的公司,這倒是滿合理的。

‧南韓公司占 45.45%

南韓公司主要是南韓面板雙雄，樂金集團旗下樂金顯示器（LGD）拿到了面板訂單，占材料成本 25.9%。三星電子拿到第三（NAND 快閃記憶體）、第五（微處理器）訂單。其中微處理器是由蘋果公司旗下 P.A. 半導體公司提供，但都是由三星電子代工。

‧美國公司占 14.07%

拆解之後，iPad 的主要晶片都焊接在一塊 4 英寸寬、1 英兩重的電路板上。其中最顯眼的是兩片三星電子的 NAND 快閃記憶體。蘋果公司的 A4 處理器就位在記憶體旁邊。

蘋果公司在晶片部分幾乎都找美國的晶片大公司，主要是博通、德儀。

2. 台灣公司占二成多

iPad 材料中，台灣公司占二成多，其中占比較大的為第二大材料項目觸控螢幕（模組），占材料 12%，第一波出貨由勝華、宸鴻得標。台灣公司得標項目主要在「機」這部分，例如機殼（鴻準、可成）、連接器（正崴），泛鴻海集團多少撈到一些零組件訂單，以零組件的獲利來支持組裝業務的削價競爭，達到「（鴻海）紅字接單，（鴻海集團）黑色出貨」的目標，這也是鴻海集團一條龍（垂直整合完整度同）的優勢。

五、直接人工成本率 1.8%

美商高盛證券亞洲科技產業研究部主管金文衡表示，iPad 的獨家代工權由鴻海拿下，面對和碩搶單搶得兇的市場傳聞，顯然鴻海在代工品質上或價位上還是受到肯定。[7]

郭台銘指出，「iPhone 和 iPad 這麼漂亮的東西，只有鴻海做得出來。」

鴻海做 iPad 組裝，每台收入 9 美元，佔 iPad 單價 1.8%。

至於 3G 款中最低價 16GB 機型，售價 629 美元，鴻海代工收入 10.2 美元，佔 iPad 單價 1.78%。

簡單的說，蘋果公司抓來料加工成本率 1.8% 左右。

8.4 iPad 的台灣零組件供貨公司

iPad 的零組件最大贏家是南韓、美國公司，台灣公司只佔材料成本 20%。但是隨著產品邁入成長、成熟期，成本的重要性日增，台灣公司就越能打入供應鏈。本節說明蘋果公司對供貨公司的要求，及舉三家公司來說明為何其脫穎而出。

一、全球商機

在 LED 液晶電視、電子書閱讀器、平板電腦以及 Win 7 換機潮等題材帶動下，2010 年全球零組件市場規模 1,102 億美元，成長率 23.4%。

二、這蘋果不好咬

蘋果公司的訂單很大，但「蘋果」卻不容易吃得到，主要是蘋果公司對供貨公司要求很嚴格（俗稱難搞），在表 8.12 中第 2 欄，列出的是供貨公司普遍的抱怨，背後也就是蘋果公司的要求；第 3 欄列出供貨公司的對策。

表 8.12 蘋果公司訂單供貨公司因應之道

核心活動	供貨公司抱怨	因應之道
一、研發		
(一)守密	保密條款太過嚴苛。蘋果公司對供貨公司的保密程度要求甚高，一旦洩密，就可能被抽單，2010 年 7 月發生蘋果公司施壓廣達，狀告記者的事件。	廣達就專為蘋果公司設立「戰情中心」，對外不得透露任何資訊，負責不同客戶的同事，也不能互相交流，「永遠只有蘋果公司小組的人知道他們自己在做什麼。」這句話雖簡潔，卻道盡代工公司為了服務蘋果公司，把保密機制做到滴水不漏。
(二)共同研發	配合研發卻不採用。蘋果公司希望供貨公司配合研發新技術，資本支出先投入，然而未被採用的新品總比採用多。	「蘋果公司要的東西都是最新的，你有沒有本事給，這是關鍵。」匿名的電子公司總經理說，為了要開發蘋果公司指定的產品，經常先行投入大筆資金，最後效益不見得成正比。另一位電子公司主管忍不住抱怨，「常常要你研究這個、那個，最後我們做出來了，蘋果公司卻說要再看看。」

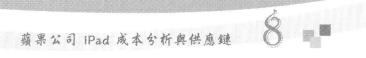

表 8.12　（續）

核心活動	供貨公司抱怨	因應之道
	配合設計費盡心力。 1 年只出 1 機的蘋果公司，設計過程不斷更改，供貨公司也得要有彈性隨時跟著改。	以觸控螢幕的保護玻璃公司正達為例，在最關鍵的兩百天裡，成功達到蘋果公司的要求，把玻璃厚度從一釐米降到 0.5 公釐，但蘋果公司繼續要求 0.4 公釐的玻璃。
二、採購	疑難雜症一肩扛起。 蘋果公司相當重視供貨公司的問題解決能力，要是料源或是研發遇瓶頸，供貨公司都得立即提出解決方案，不然恐遭轉單。	
三、生產 　（一）價	售價昂貴毛益過低。 蘋果公司產品單價雖高，但單一零組件、代工組裝價格卻都不高。	有一家接 iPhone 手機天線的連接器公司，跟本書作者表示，有些蘋果公司訂單沒接，主要是規格特殊又量少，占自己工廠很大產能，很不划算。
（二）量	支援擴產不得異議。 一旦 iPad、iPhone 4 大賣，蘋果公司就要求供貨公司必須大開產能，支援訂單需求。 在每張蘋果公司訂單簽約時，裡面都有一項附屬條款，要求供貨公司必須要有隨時把產能增加 20% 的能力。	為了保留這 20% 產能的空間，供貨公司心中都有一份產能調整計畫，因為蘋果公司隨時可能要求你比原先預估還高的出貨量，交期也可能隨時縮短，端看供貨公司怎麼拿出本領來因應。
		2010 年初，當市場還在引頸企盼 iPad 問世之際，正達的南科廠已經緊鑼密鼓地加緊衝高良率，因為他們很清楚，一旦上市，追在後頭的出貨壓力可能塞爆生產線，所以擴產計畫在確定拿下蘋果公司訂單後，就不斷地進行。同樣地，2009 年就開始整建江蘇常熟生產線的新普，為了接下大單，準備了一半的產能在等著生產電池，「面對蘋果公司，新普願意無上限的配合生產。」這就是新普的實力。 2010 年下半年起，富士康積極把河南省鄭州市與四川省成都市打造成專門生產 iPhone 4 與 iPad 的重鎮，全力把周邊配合供貨公司集結，就是為鞏固富士康研發及系統組裝實力。

生產管理實務個案分析

表 8.12　（續）

核心活動	供貨公司抱怨	因應之道
(三)質	品質要求超級挑剔。 即使薄度多 0.1 公釐，甚至些微色差，都不符蘋果公司要求。 蘋果公司產品精密度要求高，不好生產，導致良率提升，產能損失不少，讓原本吃緊的產能更是雪上加霜。	蘋果公司的企業文化，在賈伯斯身上顯露無遺，尤其深植在每位蘋果公司員工身上，但賈伯斯對產品內容，細節吹毛求疵到極點。 蘋果公司跟每家台灣電子公司的合作都非常密切，在工廠裡常遇見蘋果公司員工，他們必須隨時掌控每一顆零組件的生產進度、品質，「往好方面想，他們是在幫你，我們反而還得感謝他們。」正達總經理江嘉斌說，2009 年訂單最慘澹的時候，是蘋果公司盯著他們把東西做出來，才有後面打入 iPad 供應鏈的甜美果實。
	以薄膜式（film type）的觸控模組為例，薄膜跟玻璃的厚度（貼合精度）誤差值是 ±0.05 公釐（mm）。	2009 年，廣達為了生產超薄筆電 MacBook Air，廣達設立無塵室等級生產線之後，陸續接了新款 iMac、MacBook Pro 機型。
(四)時	更動交期長短不定。 交期經常被壓縮，視銷售、研發進度，交期也有可能延後。	負責提供 iPhone 4 關鍵晶片的設計公司曾私下透露，為了嗑下 iPhone 4 這口蘋果，被要求三個月後就得交貨，這對於前置期長的晶片設計公司來說，無異是一大挑戰，「但你就是要一天 24 小時、一週 7 天，不停不休的做，直到產品交貨為止。」
四、品保 (一)認證	要想接單先受訓半年。 由於蘋果公司對產品品質要求高，因此要接蘋果公司訂單前半年，供貨公司人員還必須先受訓半年，獲認證才開始出貨。	在電子業裡，傳誦著一個說法，要做蘋果公司的生意，得先到蘋果公司受訓半年。例如廣達負責蘋果公司的小組，就要先赴美受訓半年，得到蘋果公司認可後，才能接蘋果公司的業務。雖然無從考證，卻真實反映出蘋果公司在每個環節的謹慎，製程、設備得經由蘋果公司指定，就連人都要蘋果公司認證。

表 8.12　（續）

核心活動	供貨公司抱怨	因應之道
(二)服務	隨 call 隨到免理由。 蘋果公司一通電話，供貨公司人員就得拎著公事包飛美國，卻常講沒三句話就被斥回。	要做蘋果公司生意，得二十四小時待命，不管哪個環節出現問題，供貨公司董事長得在第一時間知道，甚至有一家電子公司還為了蘋果公司建置獨特的「警報系統」，不管董事長身在何方，他都是警報訊息的第一個接收者；晶技的超級客戶服務，用最柔軟的身段，贏得蘋果公司持續下單。

資料來源：整理自延伸閱讀〔15〕，第 67～68 頁。

三、三家公司的對策

上有政策，下有對策，台灣公司的優勢在於技術、資金（設備），這二項是硬實力，較容易靠砸大錢、挖角而取得。但台灣公司在工廠管理方面的軟實力，表現在外的便是「彈性」（尤指產能）、靈活（尤指交期）。本段以零件、組件三家公司的對策，舉例說明如何超越蘋果公司的要求。

四、石英元件公司晶技

晶技在全球只是第五大石英元件（主要功能跟石英手錶一樣，是為了計時）公司，但卻能成為蘋果公司一級供貨公司，關鍵成功因素之一在於「超級客戶」服務。詳見表 8.13 中說明。

表 8.13　三家供貨公司如何讓蘋果公司滿意

核心活動	晶技（3042）	宸鴻（3673）	新普（6121）
一、研發		2010 年 9 月，宸鴻在廈門的研發人員人數約 500～600 人，在持續招募新血之下，2011～13 年公司砸下 15 億元、在台北市內湖成立研發中心，將招募百餘名研發人才，負責研發觸控面板核心技術。	「我們跟客戶都簽有保密協定的，蘋果公司的東西我不能多談，但是以消費者來說，用過蘋果公司的產品之後，我懷疑誰能跟它競爭。」新普董事長宋福祥說。

表 8.13 　（續）

核心活動	晶技（3042）	宸鴻（3673）	新普（6121）
	產品設計的階段要跟蘋果公司窗口（即對口單位）接洽，晶技在研發上紮根，「要是沒有好品質為前提，根本不用談服務。」所以，晶技不斷地在新產品上推陳出新，把石英元件越做越小，研發關鍵只有一個，「你得去看客戶要的是什麼。」像蘋果公司這樣走在電子產品流行尖端的公司，要的東西一定要是最新的，包含產品趨勢走向小型化，給蘋果公司的產品一定要是最小的、精密度最高的。「一直從 2520、2016 到 1612（石英元件規格），他們要什麼，我們很明白，都是先開發起來等他們。」晶技總經理林萬興說，電子產品生命週期短，如果等到客戶開口再開始研發，一定跟不上超級客戶的腳步。	在技術能力上，宸鴻公司成立時即定位為觸控技術供貨公司，主要產品為玻璃投射電容觸控模組。由於 iPhone、iPad 觸控技術專利權屬於蘋果公司，為了掌握觸控玻璃的鍍膜蝕刻製程相關技術，宸鴻透過持股百分百子公司新加坡控股公司 OTH，跟美國 Optera 公司合作，轉移 Optera 的專利權至宸鴻，2010 年底完成。投射電容觸控模組良率的瓶頸有兩個地方。一是前段的觸控感應器（touch sensor），這部分要以客戶的需要來做。一是觸控面板貼合服務，包括觸控感應器與保護外蓋、軟板貼合、觸控模組與液晶面板貼合。每一款手機規格，會有不同的良率，初期可能只有七成，然後逐步提升到九成時，手機的機型可能已面臨淘汰，一切就要重新再來過。螢幕尺寸越大，貼合動作產生失誤的機率就越高，良率普遍較小尺寸低，提升獲利難度較高。	新普全力配合蘋果公司的需要，蘋果公司為了預防旗下產品電池起火事件發生，決定把全系列筆電改採鋰聚合物電池，而不是主流的鋰離子電池。當時，這種鋰聚合物電池沒有標準產品，所以對電池模組公司的設計能力是一大考驗，如何在有限空間，讓最多鋰聚合物發揮功效，才能滿足 2008 年起對於筆電長效使用的需求。這樣的服務精神，在 2010 年陸續獲得豐厚的回報，首先是在蘋果公司中最大量的 MacBook 上，新普打破由順達科一家獨吃的局面，甚至可望成為最大供貨公司。在 iPad 部分也是如此，平板電腦看似平凡，規格、技術上也都屬於低階技術，但過去之所以其他公司的平板電腦都宣告失敗，無法做到輕薄、長效能就是兩大關鍵因素。新普的研發小組費盡心思，最後終於在 iPad 輕薄的體積中，塞下能維持 10 小時運作的電池容量。除了技術、規格之外，iPad 開發的最大問題是，還要面對蘋果公司的「任性」，這才是對所有 iPad 供貨公司的最大考驗。iPad 歷經二年

表 8.13　（續）

核心活動	晶技（3042）	宸鴻（3673）	新普（6121）
			的研發，原來蘋果公司有意在 2009 年初就推出，但為了追求完美，上市時間一再延宕，直到 2010 年 4 月 3 日才登場。這期間，新普還是讓產能及開發人員待命。宋福祥說，等待絕對是值得的，接蘋果公司訂單也等於是練功。有了這些經驗，幾乎所有有意推出平板電腦的公司都找上新普。
二、生產 (一)價 (二)量	客戶都會有未來一年的產品藍圖（roadmap），提供給供貨公司每一階段的訂單預估，「可是你不能期待每件事都會按照產品藍圖走，尤其產品上市後，訂單預估更是隨時都在變。」像是 iPad、iPhone 4 在 2010 年上市以來，全球熱銷到缺貨，供貨公司更是被追著跑，不只產能要跟上、交期都要更靈活。這就是超級客戶最難伺侯的地方，你永遠都無法預料到下一刻他會開出什麼要求。到生產階段就必須跟客戶指定代工公司合作：面對龐雜的客戶結構，林萬	宸鴻在 2005 年底，被蘋果公司選為合作夥伴，花了兩年的時間共同開發出 iPhone 玻璃投射電容觸控模組，已接近完工量產最後的階段。在 2007 年 6 月 29 日在美國開賣，蘋果公司卻遲遲未下訂單，江朝瑞卻毅然決然在 2007 年 1 月，先投資 10 億元圈地設廠，既贏得訂單也贏得蘋果公司的信任。 2010 年，觸控產業前景佳，市場需求不斷成長。宸鴻投入 94 億元擴廠，2011 年 200 億元，主要是前段製程，自製率目標：觸控感應器由 10% 增至 70%、玻璃蓋板由 20% 到 70%，約可在這 2 個元件方面增加毛益率 2 個百分點。	新普從來就不是靠低價搶單，因為擅長生產流程管理，所以總是可以替客戶安排約三成的彈性產能。另外 2009 年，一批訪客在宋福祥帶領下，參觀新普位於江蘇省常熟市的新廠，當時訪客都對整座工廠有近半生產線空置感到訝異，訪客認為新普一定是拉到蘋果公司，大訂單即將到手，才會預留這些產能來應付客戶需要。面對大家的詢問，宋福祥堅持不肯透露半點訊息，直到後來產品上市答案才揭曉，原來這都是為了蘋果公司保留的產能；而這張大訂單就是 iPad。

表 8.13 （續）

核心活動	晶技（3042）	宸鴻（3673）	新普（6121）
	興把負責超級客戶的每位工程人員，都訓練到有獨立作戰的能力。 「對付超級客戶，你就要有完整解決方案，要有各種配套。」邏輯上聽起來很簡單，但做起來卻很不容易，以蘋果公司為例，代工公司太多，iPhone 4 與 iPad 在鴻海組裝，但 MacBook、iMac 等是廣達代工。 並不是每件事都盡如人意，像蘋果公司要求的 1612，就不是晶技每條生產線都能適用量產，因此，在林萬興的腦袋裡，隨時都有一套計畫可應變，「雖然無法每條產線都能做 1612，可是我的生產線可以改，這就是配套，萬一超級客戶要求超出預估，我就要有計畫來配合調整。」 工廠產能 ‧桃園縣平鎮市 ‧大陸浙江省寧波市 ‧大陸重慶市 （2010 年新建）	宸鴻公司市占率與產能	

宸鴻公司市占率與產能

項目	2008 年		2009 年		2010 年	
	出貨量（億片）	產值（億美元）	出貨量（億片）	產值（億美元）	出貨量（億片）	產值（億美元）
(1)宸鴻	0.22	3.88	0.38	5.7	2.4	20.55
(2)全球觸控面板模組	4.68	36.42	4.83	36.59	7	62
(3)市占率	4.7%	10.65%	7.87%	15.58%	34%	33%

核心活動	晶技（3042）	宸鴻（3673）	新普（6121）
(三)質	把質量做到最好。	玻璃投射式電容採用鍍膜蝕刻的半導體製程，須在無塵室進行，觸控電路寬約 30 微米，任何刮痕或落塵都會影響到產品良率，宸鴻良率約 85%。	

表 8.13　（續）

核心活動	晶技（3042）	宸鴻（3673）	新普（6121）
(四)時期	要有最具彈性的交期。	投射電容觸控模組的特色是有保護外蓋，每一款手機只要外型不同，外蓋就會不同，所以觸控感應器也不同，因此必須靠一定的經驗累積。	
三、品管			
(一)認證			新普設置國家檢驗等級的實驗室，所有客戶新產品都可以在新普內部測試，新普大舉縮短認證時間，對客戶來說就是提高生產流程效率，幾次機種轉換之後，新普就開始超越對手，成為提前出貨的第一選擇供貨公司。
(二)服務	A 級客戶有專案經理（account manager）提供一站購足服務。		
(三)質		iPad 2 保護玻璃厚度 0.6 公釐（iPad 0.8）、ITO 玻璃 0.4 公釐（iPad 0.5 公釐）	

資料來源：整理自延伸閱讀〔5〕、〔16〕、〔17〕。

晶技（3042）小檔案

成立：1983 年 12 月
董事長：林進寶（哥哥）
總經理：林萬興（弟弟）
公司地址：台北市北投區中央南路 2 段 16 號 4 樓
營收：（2010 年）96.7 億元
盈餘：（2010 年）11.90 億元
營收比重：石英體 80%、石英晶體振盪器 18%
地位：台灣最大石英元件公司、石英元件全球排名第四（市占率 8.6%），前三名都是日本公司。

五、觸控螢幕模組之王：宸鴻

觸控螢幕是 iPad 與 iPhone 硬體上最大賣點，觸控螢幕（模組）類股（詳見表 8.16 第 4 欄）是 2010～2012 年台股最夯類股之一，有必要詳細說明。

(一)技術種類

由圖 8.3 可見，觸控技術有五到六種，2006 年以前手機觸控螢幕熱裡以電阻為主，洋華光電和介面就屬於此類，但電阻在操作的靈敏度不如電容，詳見表 8.14。

表 8.14　兩大類觸控面板的優缺點

功能與成本	電阻式	電容式
一、功能		
1. 觸控	單點 可採用尖筆（stylus）輸入	多點觸控（multi-touch）但難以用筆輸入
2. 透光性	最高可達 93%	
3. 彩色		
4. 耐磨		√
5. 重量		
6. 電磁干擾		√
二、價格		
(一)成本	低	高

√ 代表有此優點

(二)電容觸控技術 2010 年成主流

2007 年 7 月，蘋果公司推出 iPhone 之後，投射電容觸控技術因無須施壓於螢幕上，且具多點觸控功能，因此造成產品熱賣，促使其他手機公司也跟進效仿。觸控面板擴大至更大尺寸的產品，如一體成型電腦（AIO）、平板電腦、教育與培訓、公共資訊看板等。

由圖 8.3 可見，2010 年電容式超越電阻式，成為一枝獨秀。

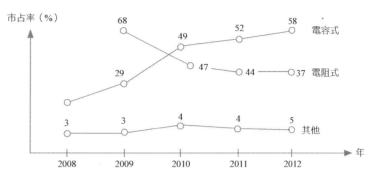

其他包括：光學式、電磁式、表面聲波式、紅外線遮斷式

資料來源：參考 Display Search，2010 年 8 月。

圖 8.3　各類觸控技術的市占率

(三)電容式再分類

電容式觸控螢幕粗分為二種，詳見表 8.15，其中玻璃投射式電容（projected capacitive touch panel, PCT）較清晰，缺點是成本略高。

表 8.15　兩種電容式觸控螢幕模組

因素	導電膜印刷 （ITO film printing）	玻璃投射式電容 （Project Capacitive Touch Panel, PCT）
一、技術	使用導電膜的手機由於需要貼二到三層導電膜，容易折射造成影像模糊。	投射電容技術是在透明玻璃上做出 X、Y 兩條軸線，藉由手指的碰觸產生電容數的變化，然後再經由電腦運算得出位置，這技術說起來容易，做起來很難，重點在於良率。 看照片和影片時較為清晰，透光率較佳。
二、成本		高二成

(四)觸控螢幕模組產值

由圖 8.4 可見，觸控螢幕模組市場規模快速成長。

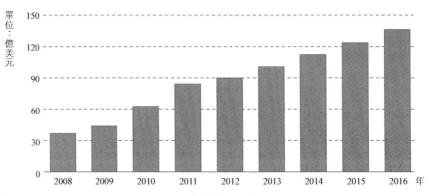

資料來源：DisplaySearch, 2011.1. 註：2010 年後為預估值

圖 8.4 全球觸控模組產值

(五)叫我第一名

數位相機手機造就 2004 年起大立光電的榮景，觸控螢幕的流行，捧紅了率先佈局的宸鴻光電科技公司，底下說明其事業佈局。

宸鴻光電科技（TPK Holding, 3673.TW）小檔案

成立：2003 年 5 月，控股公司 TPK Holding 2005 年登記在開曼群島，2010 年 10 月在台灣上市。

董事長：江朝瑞

總經理：孫大明（曾任摩托羅拉台灣地區董事長暨總裁，大陸區首席代表）。

公司地址：大陸福建省廈門市

營收：（2010 年）596 億元

盈餘：（2010 年）47.42 億元，每股盈餘 23.03 元，毛益率 16.80%。

股東：江朝瑞及董監事持有 5 成股權，其他則為新加坡政府的 10%、德國 Balda 的 20% 及群光（2385）的 2% 等。

員工：2 萬人

地位：2009 年玻璃投射電容觸控模組全球銷量市占率 50%。

1.合資成立

江朝瑞兄弟早年設立錄霸公司，經營博弈機台起家，1999 年轉型為觸控

顯示器公司，看上了小尺寸觸控面板的商機，2003 年 5 月，江朝瑞找上了全球第二大手機外殼公司德國 Balda 合資成立宸鴻光電科技，2004 年選擇在福建省廈門市火炬高技術產業開發區落腳，成立宸鴻科技（廈門）。

2. 經營班底

宸鴻能夠在短短三年內跳躍式的成長，是一群業界高手的結合。

(1)董事長

身兼資本家與創業家董事長江朝瑞。

(2)總經理兼執行長

由創投業者方國健推薦，由孫大明擔任總經理，諸多創投界的老前輩對孫大明都有相當的信心，認為他管理能力執行力超強，對客戶談判能力一流。

(3)技術長

張恆耀從 1994 年開始研究觸控螢幕。

(4)財務副總

財力副總劉詩亮曾任職花旗銀行、日月光和福雷電財務長。

3. 2005 年，雀屏中選

在 2005 年，宸鴻被蘋果公司選為觸控螢幕供貨公司。2007 年 1 月 8 日，iPhone 發表，觸控螢幕的保護外蓋採用塑膠材質，發表會結束後，賈伯斯把樣機放在牛仔褲的口袋裡。到了 2 月底，賈伯斯拿出來看時，發現出現刮痕，要求宸鴻把塑膠換成玻璃，且要在四個月內如期上市銷售。

「那時真的是做到一把眼淚一把鼻涕，準備了兩年四個月，一夕之間努力全泡湯。」在外人看來，換材質似乎是很簡單的一個動作，但對宸鴻來說，把保護外蓋從塑膠換成玻璃，會增加玻璃對玻璃貼合的難度。玻璃對玻璃貼合（硬+硬），很容易就弄碎，造成成本上揚，不像軟材質+硬材質，貼不好、有氣泡，只要壓一壓就行了。

宸鴻在 6 月投產觸控模組，一開始良率竟然只有 7%，做出來 242 片，整個管理階層的信心幾乎跌到谷底，然而在技術人員日夜趕工下，7 月良率就快速提升到七、八成，讓所有人鬆了一口氣。宸鴻表示，「很感謝蘋果公司合理的磨練和信任。」

宸鴻表示，觸控面板不是有產能就做得出來，雖然 2011 年同業都規劃要

倍增產能，不過，要把產品做出來，把良率提升到賺錢的水準，這才是門檻。

業內人士說，宸鴻的高營收、高盈餘與高技術門檻，讓對手很難在短期內超越。勝華轉做觸控面板，花了兩到三年，才讓手機觸控面板，達到賺錢的水準，螢幕越大，觸控面板良率提升越不易。

這都延長後進者學習的曲線，使得宸鴻的龍頭地位很難在短期內被撼動。[9]

4. 擴大客戶層

為了壯大規模及長期分散客戶，接著引進了第二家客戶宏達電。

另一方面，又拒絕蘋果公司和宏達電入股，跟客戶維持有點黏又不會太黏的關係。宸鴻的客戶數也從 2007 年的蘋果公司一家，2008 年增加到五家，2009 年增加到 31 家，三大客戶分別為蘋果公司 49%、三星電子 16% 和宏達電 14%，2010 年，除了諾基亞外，八大智慧型手機公司都是宸鴻的客戶。由表 8.16 可見，宸鴻產能快速成長，2011 年預估資本支出 203 億元、營收 1,350 億元與盈餘 130 億元，每股盈餘 56.1 元。[10]

表 8.16　觸控螢幕模組供應鏈

價值鏈	元件 例如 ITO	觸控螢幕模組		觸控螢幕（模組）概念股
		前段	後段	
一、宸鴻： 　旗下共 　11 家公 　司	(一)ITO 玻璃 宸陽光電 月產 200 萬片 ITO 薄膜	(一)觸控感應器 （Touch Sensor） 代工公司：和鑫 光電（彩晶旗 下） (二)保護外蓋、表 面玻璃（cover glass）： ・威鴻（廈門） 光學，公司位 於海滄 ・祥達（廈門） (三)彩色濾光片達虹 （8056），2011	(一)玻璃對玻 璃貼合 （glass of glass）： 這方面的 機檯公司 「得睿」 （一說德 瑞）已被 宸鴻收 購。	・宸鴻是 iPad 與 iPhone 觸控面板 第一供貨 公司，2010 年營收 596 億元，爆 炸性成長 219%，蘋 果公司占營 收 75%。 ・蘋果公司 iPad 觸控面 板第二供貨

表 8.16 （續）

價值鏈	元件 例如 ITO	觸控螢幕模組		觸控螢幕（模組）概念股
		前段	後段	
		年 6 月底，向友達購入，4.5 代線 2011 年 5 月投產，8 月 16 日入主後，改名為「達鴻」。	(二)PET 薄膜電容觸控模組 寶宸（廈門）光學科技公司	公司勝華，其東莞的新產能在 2010 年 9 月陸續開出，開始供貨給蘋果公司等公司，單月營收挑戰 100 億元。
二、其他公司	(一)薄化玻璃（0.11 公分以下） ·正達光電：鴻海旗下 ·美商康寧 ·日商旭硝子等 (二)ITO 日商薄膜台灣公司；單層：迎輝（3523）、嘉威（3557）等 (三)導電玻璃（ITO 玻璃）： ·睿志達光電：台達跟宸鴻合資公司 ·正太 ·冠華	(一)感應器 濾光片公司轉型。 ·和鑫（3049），彩晶（6166）旗下，5 代線 (二)觸控 IC （依股本大小排列）： ·矽統（2363） ·義隆電（2458） ·偉詮電（2436） ·盛群（6202） ·聯陽（20.22） ·原相（3227） ·禾瑞亞（3556）		·奇美電（3481），4.5 代線 下列為觸控螢幕概念股 ·勝華（2384），以 10 吋來說，月產 50 萬片 ·洋華（3622），2011 年第一季，3 吋月產 1600 萬片 ·介面（3584） ·凌巨（8105），2010 年進軍，年產能 200 萬片

5. 提升技術

觸控面板仍採用觸控感應器玻璃與保護玻璃兩種貼合在一起，成為觸控面板模組，2012 年將改採單片玻璃解決方案（把感應器玻璃與保護玻璃整合成一片玻璃），並採用在 iPhone 5 等產品上，宸鴻是單片玻璃的領導者，將持續吃下蘋果公司訂單，推升業績不斷成長。

六、筆電電池公司新普

新普是全球筆電的電池供貨公司，獲得訂單的必要條件是技術、生產管理，充分條件是宋福祥陸續透過私募，引進了蘋果公司最重要的兩大筆電代工公司廣達與鴻海。

新普（6121）小檔案

成立：1992 年 4 月

董事長：宋福祥

總經理：同上

公司地址：新竹縣湖口鄉八德路 2 段 471 號

營收：（2010 年）383.82 億元

盈餘：（2010 年）33.29 億元

營收比重：筆電電池組 100%、市占率第一

8.5　iPad 的軟體開發公司 ──以芬蘭「憤怒鳥」為例

在本書中，大部分的章節都是以大公司為討論對象，在本節中，恰巧有「小卒立大功」的機會，因此特別舉芬蘭電玩軟體開發公司的例子，來說明他們如何「通過（蘋果公司）審核，獲得（顧客）青睞」。

台灣電玩軟體開發公司的產品，左下為憤怒鳥玩偶

圖片提供：今周刊

蘋果軟體商店小檔案
（Apple App Store）

・2007 年 2 月開放軟體開發公司可以為 iPhone 開發軟體。

・2008 年 5 月推出線上蘋果軟體商店。

分成二種：工具型（像憤怒鳥）、服務型。

・app 有譯為「微服務軟體」。

・application program：軟體，有時直譯為「應用程式」，developer 軟體開發公司。

一、商機

硬體商機有限，電玩軟體商機無窮。

1. 商機

由表 8.17 可見線上電玩軟體的商機，以 2011 年來說，幾乎地球上每一人（70 億人）一年下載了一個。線上電玩軟體 2011 年產值約 119 億美元，其中手機、平板電腦是新興的載體。

2011 年 6 月，蘋果軟體商店有 40 萬個軟體，只有 7.5 萬個專為 iPad 設計的，但是賈伯斯認為至少比 Android 市集（Android Market）強（註：2011年 3 月 15 萬個軟體）！[11]

表 8.17　線上電玩軟體市場潛量

年	2009	2010	2011（F）	2012（F）	2013（F）
1.下載次數（億次）*	25	81.54	177	500	—
2.營收（億美元）**	13.7	21.7	38.8	68.8	97.8
(1)蘋果軟體商店**	7.7	17.8	29.8	47.2	61.3
(2)其他	0.6	3.9	9	21.6	38.5

*資料來源：美國顧能（Gartner）

**這是拓墣產業研究所數字，2011 年 8 月 21 日。

二、蘋果公司對軟體開發公司的要求

蘋果公司對軟體開發公司的軟體採事前審核方式，軟體開發公司必須遵守審查條件，詳見表 8.18。

表 8.18　線上軟體的要求與對策

	蘋果公司要求	軟體開發公司對策
一、開發工具	2010 年初蘋果公司表示，將不接受以其他公司的工具開發的軟體，包括奧多比（Adobe）公司的開發工具（例如 Flash cs5）。2010 年 9 月 9 日，蘋果公司表示，放寬 iOS 作業系統在軟體開發工具限制，提供軟體開發公司更多彈性，且仍能維持個人資料安全標準。2010 年 8 月一家手機安全業者聲稱可以蒐集並傳輸個人資料，包括行動號碼與識別碼（IMEI），谷歌已停止提供此類部分軟體。	軟體能力需求 （下表） 資料來源：商業周刊，2010 年 9 月，1189 期，第 114 頁。 1. 程式設計師 蘋果軟體商店上的軟體都是以 Objective-C 語言為主開發的，要寫出可以執行的程式，必須熟悉如何精細的控制記憶體，因為蘋果公司分配給每一個程式的記憶體都很小，一不小心，整個機器就會當機。

軟體能力需求

職稱	內容	資格	薪資
程式設計師	開發 iPad、iPhone 專用語言程式	熟悉蘋果公司架構，懂 objective-c 程式語言	估計接案每月報酬約在 7～15 萬元
介面設計師	開發觸控操作介面	對圖像和資訊敏感，有設計操作介面的作品和經驗	同上

表 8.18　（續）

	蘋果公司要求	軟體開發公司對策
		2.介面設計師 益科總經理表示，設計一個軟體，就像做室內設計，介面設計師負責規劃使用者使用軟體的主方法，「這是整個軟體開發中，占成本、時間最多的部分。」 用手指操作，多半是按鈕這個動作，如何引導消費者自然而然的從這個點按到下個點，引導他做出設計師的選擇，就是設計師的功力。例如，iPhone 的待機畫面上，當畫面鎖住時，解鎖的文字也會由左而右，漸次發亮，暗示消費者把手放上去，做出由左往右移的解鎖動作。[12]
二、審查	蘋果軟體商店過去的審查過程封閉，向來不斷遭到軟體開發者的批評。相較之下，谷歌對於線上商店並沒有專職的審查人員。 2010 年 9 月 9 日，蘋果公司公布蘋果軟體商店的審查說明書，以幫助軟體開發公司更了解審查軟體的程序，希望讓審查過程更加透明。[13] 蘋果公司不允許的軟體如下 ・跟蘋果公司的業務或利益相衝突； ・成人遊戲； ・非法。	蘋果公司的審查條件之一，就是會不會讓系統當機，如果功力不夠，被蘋果公司抓出問題，或是用到蘋果公司禁止開發者使用的功能，就算軟體寫出來，也無法上架。

三、手機電玩軟體第一名的「憤怒鳥」

　　2011 年 1 月 22 日，蘋果公司公佈「蘋果軟體商店」下載次數 100 億次，每天 1,100 萬次，付費下載前十名。詳見表 8.19。

表 8.19　蘋果軟體商店前十付費軟體

排名	程式名稱	種類	價錢（美元）
1	Angry Birds HD 憤怒鳥高畫質版	遊戲	4.99
2	Penultimate 隨手筆記本	文書處理	0.99
3	Pages 電子書頁	文書處理	9.99
4	Angry Birds Seasons 憤怒鳥聖誕節版	遊戲	1.99
5	Cut the Rope HD 切繩子	遊戲	1.99
6	Weather HD 天氣預報	生活	0.99
7	Fruit Ninja HD 水果忍者	遊戲	2.99
8	World of Goo HD 咕球世界	遊戲	0.99
9	Pirates vs. Ninjas vs. Zombies vs. Pandas PNZP 大亂鬥	遊戲	0.99
10	Keynote 簡報大師	文書處理	9.99

資料來源：Distimo，截至 2011 年 2 月

四、關鍵人物

一家公司的成功，至少要有三位關鍵人物，由表 8.20 可見，芬蘭羅威歐公司（Rovio Mobile）的關鍵成員就有三位。

2003 年還在就讀赫爾辛基科技大學的尼可拉斯，和兩名同學參加由諾基亞和惠普贊助的一項手機電玩遊戲開發比賽，結果贏得冠軍。這三名大學生於是成立公司，取名為 Relude。

2005 年 1 月，因為有總裁兼執行長邁克・希德（尼可拉斯・希德的堂哥）父親入股，改名為羅維歐公司。

表 8.20　芬蘭羅維歐公司關鍵人物

職位	人物	能力
總裁兼執行長	邁克‧希德（Mikael Hed），優點是商業敏銳度	經歷：在父親的公司歷練過 學歷：美國紐奧良市 Tulane 大學商學士
研發長	尼可拉斯‧希德（Niklas Hed）	經歷：2005 年 1 月起，經營 Rovio Mobile 公司 學歷：赫爾辛基大學
顧問	維斯特巴卡（Peter Besterbacka）	

羅維歐公司（Rovio Mobile）小檔案

成立：2005 年 1 月
總裁：邁克‧希德（Mikael Hed）
副總裁：尼可拉斯‧希德（Niklas Hed）
公司住址：芬蘭首都赫爾辛基市郊外艾斯博（Espon）鎮
員工：100 人

五、關鍵能力

　　羅維歐公司並不是初試啼聲便一炮而紅，而是歷經網路線上、手機遊戲四年半的磨練。他們替美商藝電、Namco、Digital Chocolate 等遊戲公司做外包開發的產品；共設計出了 51 個電玩遊戲，包括「極品飛擊」、「蹦蹦球大冒險」。

　　2008 年 9 月 15 日，金融海嘯襲來，全球景氣蕭條，羅維歐公司訂單大減，2009 年員工由 50 人裁到 12 人，只剩創業元老尼可拉斯沒換過。他找回創辦人之一的堂哥邁克重掌總裁一職。邁克決定走自有品牌，然後鎖定蘋果軟體商店替 iPhone 設計電玩。他的如意算盤是這樣：「雖然蘋果軟體商店的競爭很激烈，但換個角度想，要是能在此上成功，我們勢必能夠把電玩遊戲再進一步推廣到其他智慧型手機及電腦。」

　　2008 年年末，多數公司員工提出的點子不是太複雜、太簡單就是太無聊。

跟其他遊戲的複雜玩法相比，「憤怒鳥」（Angry Birds）的程式設計或許不是最好的，要寫出一個類似「憤怒鳥」玩法的遊戲程式，一點也不難，但為何「憤怒鳥」能受到全球上億人的喜愛？

　　「我們在起步的階段，就把運氣成分降到最低。」邁克說，在紮實的根基底下，最重要的還是第一步的創意。

　　表 8.21 中，第 1 欄是行銷管理書上的新產品開發過程，第 2 欄是科技管理書上的新產品開發程序（俗稱 C 系統），第 3 欄中「憤怒鳥」電玩軟體開發活動只花了 4 個人、8 個月、35 萬元就完成了。

表 8.21　「憤怒鳥」電玩程式開發程序

行銷管理「新產品開發步驟」	新產品開發程序（C 系統）	2009 年	活動
構想蒐集（idea collection）	C0 構想階段（proposal phase）	1 月	遊戲設計師利沙洛（Jaakko Lisalo）有一晚在家中忽然有了靈感，用 Photoshop 軟體畫了一些身體圓滾滾、濃眉大嘴、表情誇張的小鳥。
構想甄選（idea screening）	C1 規劃階段（planning phase）	3 月	電玩定位很清楚，公司要做的是一款專為 iPhone 量身訂作的小遊戲，「就算只有幾分鐘的時間，也能讓使用者從中獲得樂趣。」要的就是一款所有人都玩的遊戲。
			電玩遊戲要令人上癮的首要法則是：簡單好玩，但不容易過關。公司開會時，大家都愛上這幾隻鬥雞眼的小鳥。
			「很多人問我，到底為什麼鳥要憤怒？一個簡單的角色卻能激起人對它的好奇，這就是『憤怒鳥』的魅力。」邁克第一次看到公司成功的曙光。
			尼可拉斯表示，「我就覺得想要玩這款遊戲。」但是，那時大家還沒想出這些小鳥要怎麼玩遊戲。
			利沙洛選擇小鳥作為主角，是因為牠有許多品種，易於擴充。
商業分析（business analysis）			「你可以根據自己狹隘的眼光去開發遊戲，然後祈禱人們會購買。但我們不想依賴運氣。」公司行銷長海加里（Ville Heijari）指出。

表 8.21　（續）

行銷管理「新產品開發步驟」	新產品開發程序（C 系統）	2009 年	活動
產品的工程發展（engineering development）		4 月	「我們決定要用『憤怒鳥』這個角色後，才開始著手替它設計遊戲。」 這款遊戲主題很輕鬆：貪吃的豬頭偷走鳥蛋，小鳥憤怒之餘奮不顧身用彈弓把自己投射出去，以攻擊豬頭所在的房子及堡壘搶回鳥蛋。五隻不同顏色的小鳥各具特異功能，例如，黃色小鳥最拿手的是加速，藍色小鳥最厲害的是分身術，黑色小鳥則是轟炸。 小鳥需要對抗敵人，而 2009 年豬流感蔓延，人心惶惶，綠得令人生厭的豬就這麼誕生了。那為什麼要用彈弓？因為每個人都知道它要怎麼玩，所以你直覺地丟出小鳥去砸東西，簡單到幼稚園小孩都懂。 「憤怒鳥」完全掌握這些規則，在看似簡單的遊戲背後，有著精密的程式設計，內建的「物理引擎」，讓遊戲中每件物品均依照重力、速度、質量動作，使石頭、玻璃、木材、鋼鐵等材質出現逼真的運動。
	C3 樣品試作階段（sample pilot run phase）		羅維歐公司不斷設計各類結構讓小鳥去摧毀。
	C4 工程試作階段（engineering sample pilot run phase）		為了保持玩家的熱度，2009 年底剛推出時有 63 個關卡。
市場測試（market test）	C5 試產階段（product pilot run phase）	11 月	羅維歐公司展開公測或盲目測試（monkey test）
	C6 量產階段（mass production phase）		
上市行銷		12 月	「憤怒鳥」在蘋果軟體商店上架，快速成為最受歡迎的手機遊戲。

六、把產品線豐富起來

羅維歐公司深知消費者喜新厭舊,因此有節奏的發展相關產品,詳見表 8.22。

表 8.22　羅維歐公司的產品發展階段

成長階段	I	II	III	IV
一、期間	2009.12	2010 年 3 月「憤怒鳥」電玩下載 1 億次	2011 年 1 月先在 PSP 上推出迷你版電玩	2011 年
二、基本商品	專業科技,不斷開發新關卡以挽留玩家			
(一)基本商品	只有 63 關	新增 147 關,平均每 3～4 週便增加 15 關。		2011 年 5 月跟諾基亞合作,推出「近距離無線通訊」(NFC)版的「魔法憤怒鳥」遊戲。[14]
(二)核心商品		推出主題版,例如 2010 年有情人節、萬聖節和聖誕節版。在情人節版本,小鳥們要爆破巧克力盒和粉紅愛心。		
(三)延伸商品				2011 年 4 月,在美國福斯公司 3D 電影「里約大冒險」中客串演出,有 45 個關卡,劇情是憤怒鳥們被綁架到一座魔法城市,要一路躲避捕獵者並且搶救出電影中的主角,創下手機遊戲主角登上大銀幕的首例。羅維歐公司推出《Angry Birds Rio》。

表 8.22 （續）

成長階段	I	II	III	IV
三、產品	商業策略高明，專注於建立品牌，而不只是單一遊戲。			
1.手機	√	√		
2.平板電腦		√		
3.桌上型電腦			√	
4.電視遊戲機			√ 任天堂 NDS 和索尼電腦娛樂公司的 PS3、PSP，未來希望延伸到 Xbox 等。	2011 年 5 月 11 日，谷歌的 Chrome 瀏覽器可以免費下載「憤怒鳥」，Chrome 用戶 1.6 億戶。
5.電視				√ 動畫「憤怒鳥動物世界」（Angry Birds Anination）
四、商店	慎選合作夥伴，可收事半功倍之效。			美國 Roku 公司跟羅維歐公司合作，2011 年 8 月，在網路電視機上盒（STB）內，可收訊憤怒鳥動畫短片。[15]
	·蘋果軟體商店	·同左 ·谷歌 Android 市場 ·諾基亞 Ovi 商店	·3 月 22 日獨家上亞馬遜 Android 市場	
五、周邊商品				羅維歐公司網站也推出小鳥絨毛娃娃以及 iPhone 手機保護套等商品。 2011 年，美國玩具公司美泰兒（Mattel），在 2 月的紐約國際玩具展推出「憤怒鳥」的紙板遊戲，五月上市。

資料來源：整理自延伸閱讀〔19〕，第 81～82 頁。

七、經營績效

羅維歐公司靠「憤怒鳥」電玩經歷「實至」、「名歸」、「利至」三階段的經營績效，底下簡單說明。

(一)實至

2009 年 12 月，「憤怒鳥」上市，24 小時內下載 100 萬次。

2010 年，下載 5,000 萬次，是各線上軟體商店銷售排行第一，iPhone 玩家每天玩 100 萬小時。

2011 年 3 月達到一億次下載，而號稱史上最受歡迎電玩遊戲之一的俄羅斯方塊（Tetris），花了二十年才達到這項里程碑。

(二)名歸

任天堂的「瑪利兄弟」曾是陪伴六、七年級世代長大的電玩，網路安全公司 AVG 科技在 2011 年 1 月底公布一項調查，根據他們訪查美、加、歐、日和紐、澳等國的 2,200 位母親，兩歲到五歲的小孩，十個之中有兩個會玩智慧型手機遊戲，但只有一個會自己綁鞋帶。

羅維歐公司自豪地說，「憤怒鳥」在谷歌的搜尋次數已超越米老鼠，比米老鼠還紅。「憤怒鳥」成為 Android 市集的年度遊戲之一，邁克也獲提名為 Android 年度風雲人物。隨著 2010 年迷上「憤怒鳥」的幼稚園小朋友們逐漸成長，這個品牌有朝一日將有機會超越迪士尼的老招牌。

這家芬蘭公司規模雖小，卻已被視為繼諾基亞之後，芬蘭的科技之光。

(三)利至

這款遊戲為羅維歐公司創造源源不絕的營收，2010 年營收如下。

1. 蘋果軟體商店

在蘋果軟體商店中，「憤怒鳥」有二個版本，售價 4.99、1.99 美元，下載次數 1,200 萬次，扣除商店抽佣三成，羅維歐公司至少收入 2,520 萬美元。

2. 廣告費收入

在谷歌的「Android 市集」（2009 年成立）上，下載 500 萬次，雖是免費的，但是廣告費收入每月一百萬美元。

(四)股東財富

2010 年時,羅維歐公司的員工人數也從 27 人變成 40 多人、2011 年 5 月 100 人,也打算在 2012～2013 年股票上市,員工數 300～400 人,2011 年市值 85 億美元。

註 釋

①天下雜誌,2010 年 7 月 14 日,第 115 頁。

②延伸閱讀〔2〕,第 135 頁。

③經濟日報,2010 年 8 月 26 日,A19 版,曾仁凱、魏興中。

④聯合報,2011 年 3 月 3 日,A3 版,莊蕙嘉。

⑤工商時報,2011 年 2 月 15 日,A7 版,陳穎芃。

⑥工商時報,2010 年 8 月 20 日,B3 版,呂俊儀。

⑦工商時報,2010 年 9 月 28 日,B1 版,張志榮。

⑧工商時報,2011 年 2 月 24 日,A3 版,謝艾莉。

⑨經濟日報,2011 年 2 月 8 日,C1 版,蕭君暉。

⑩經濟日報,2011 年 7 月 6 日,A5 版,張志榮。

⑪聯合報,2011 年 3 月 3 日,A3 版,陳立儀。

⑫摘修自延伸閱讀〔9〕,第 112 頁。

⑬經濟日報,2010 年 9 月 10 日,A7 版,賴美君。

⑭工商時報,2011 年 5 月 4 日,A8 版,顏嘉南。

⑮經濟日報,2011 年 6 月 2 日,A7 版,劉利貞。

延伸閱讀

1. 張保隆、伍忠賢,科技管理實務個案分析,五南圖書公司,2010 年 1 月,第九章美國創新 No.1 的蘋果公司 2007 年 iPhone。

2. 陳曉夫譯,「iPad 真能攻下商務市場?」,今周刊,2010 年 4 月 12 日,第 134～136 頁。

3. 陳仲興，「iPad 大革命」，非凡新聞周刊，2010 年 6 月 6 日，第 68～73 頁。

4. 游玉琦，「iPad 變彩色電子書遊戲機逾 16 萬種應用軟體讓你選」，非凡新聞周刊，2010 年 6 月 6 日，第 86～89 頁。

5. 張弘昌，「宸鴻獲利三級跳，具問鼎股王實力」，今周刊，2010 年 6 月 28 日，第 143～145 頁。

6. 林宏達，「何薇玲為何拋棄 PC？」，商業周刊，2010 年 9 月，1189 期，第 98～99 頁。

7. 曾如瑩，「高盛報告，揭開 iPad 魔力」，商業周刊，2010 年 9 月，1189 期，第 100～106 頁。

8. 曾如瑩，「跟著平板機 5 年成長 10 倍」，商業周刊，2010 年 9 月，1189 期，第 109～110 頁。

9. 林宏達，「3 種 iPad 人年薪百萬起跳」，商業周刊，2010 年 9 月，1189 期，第 112～114 頁。

10. 林宏達，「台灣小公司變蘋果軟體王」，商業周刊，2010 年 9 月，1189 期，第 116～118 頁。

11. 林俊劭，「遊戲兄弟檔，十四個月賺破億」，商業周刊，2010 年 9 月，1189 期，第 119～120 頁。

12. 朱致宜，「從電子書到平板電腦，深入佈局下一波觸控技術」，零組件雜誌，2010 年 9 月，第 26～29 頁。

13. 陳威州，「電子書為何選擇電磁式觸控技術」，零組件雜誌，2010 年 9 月，第 31～33 頁。

14. Milanen, Carolina，「iPad 對行動裝置與媒體之影響」，零組件雜誌，2010 年 9 月，第 46～47 頁。

15. 賴筱凡，「他們如何讓賈伯斯買單？」，今周刊，2010 年 10 月，第 64～68 頁。

16. 賴筱凡，「晶技用 S 級服務摸透蘋果的心」，今周刊，2010 年 10 月，第 74～76 頁。

17. 黃智銘，「新普把接蘋果訂單當練絕世武功」，今周刊，2010 年 10 月，

第 78～81 頁。

18. 賴筱凡，「正達關鍵兩百天，拿下蘋果大訂單」，今周刊，2010 年 10 月，第 70～72 頁。

19. 杜彼得，「新芬蘭之光：憤怒鳥暴紅傳奇」，財訊雙週刊，2011 年 3 月 3 日，第 80～82 頁。

20. 吳美慧、賴筱凡，「蘋果、三星、宏達電將三足鼎立局面？」，今周刊，2011 年 4 月 11 日，第 92～96 頁。

21. 賴筱凡、林宏文，「誰打敗了宏碁？0.99 美元」，今周刊，2011 年 4 月 11 日，第 79～90 頁。

22. 江睿智，「江朝瑞寬厚重情義、因緣聚足好人才造傳奇」，非凡新聞周刊，2011 年 4 月，第 78～83 頁。

23. 劉建宏，「宸鴻技術領先業界 3 年、帶旺蘋果觸控族群長多」，非凡新聞周刊，2011 年 4 月，第 84～86 頁。

24. 詹子嫻，「優必達跨平台遊戲夯，Mag V 線上雜誌台灣 No.1」，非凡新聞周刊，2011 年 4 月 24 日，第 90～95 頁。

討論問題

1. 蘋果公司的平板電腦 iPad 煞到誰？

2. iPad 跟 iPad 2 的成本結構、供貨公司有何不同？（註：iPad 2 三星電子集團大量被減單）

3. 宸鴻的競爭優勢可以維持到幾時？

4. 宏達電如何在智慧型手機上跟蘋果公司一博？（註：2011 年，宏達電設立「內容長」一職）

5. 芬蘭羅維歐公司的成功是運氣還是實力？

台塑的採購管理

最要緊的是要生存、不能生存，就不能發展。

要什麼條件才能生存？條件有多高，就照計畫做，就會把事情做出來。①

——王永慶

豐田式管理揚名全球，台塑管理則揚威於台灣甚至大陸。台塑管理起自於採購管理，以透過層層把關的採購制度，消極的避免採購人員貪污舞弊，積極方面則是降低採購成本，台塑公開招標的採購制度，不僅許多公司列為標竿學習對象；連政府（例如行政院環境資源部）也去取經。

> **台灣塑膠（1301）小檔案**
> 成立：1954 年 10 月
> 創辦人：王永慶、王永在昆仲
> 董事長：李志村
> 總經理：林健男
> 集團營收：2010 年 2.1 兆元與盈餘 2,500 億元。
> 營收：（2010 年）1944 億元
> 盈餘：（2010 年）46 億元
> 營收比重：PVC 21%、HOPE 10%、EVA 8%

台灣的經營之神：王永慶

日本是 1970 年代亞洲最活躍的海外設廠國家，松下電器（Panasonic）便是其中之一。

1960、1970 年代，松下在南亞、南美、澳洲等地設廠，貼著「National」標籤（當時尚無 Panasonic）的電視、收音機等家用電器大軍，迅速攻占北美和歐洲家庭的客廳，成為最具指標性的「Made in Japan」商品。松下創辦人松下幸之助，因此在日本贏得「經營之神」（經營の神樣）的封號。

1982 年，1947 次的日本學者安室憲一來台演講，講題是「新興工業國家企業對海外投資之戰略」。當時成立 28 年台塑集團，已跨足塑膠、纖維、醫療與教育等領域，營收突破 10 億元。為解決原料缺乏的問題，實現垂直整合策略，王永慶 1978 年決定赴美設廠，躋身台灣的公司的領先群。

「王先生真是台灣的『經營之神』啊！」這位台灣企業家的果敢與擔當，讓安室憲一想起了當時已 84 歲高齡的松下幸之助。安室憲一當年賦予王永慶「經營之神」的封號，竟就此成為台灣人對王永慶的共同記憶。

王永慶小檔案

出生：1917 年 1 月 18 日～2008 年 10 月 16 日。
曾任：台塑集團創辦人。
學歷：新北市新店區直潭國小。
名譽：台灣經營之神。

9.1 永遠買到最低價

一、採購對盈餘的重要性

台灣大學國企所教授兼副校長湯明哲在 1995 年一月回台籌設長庚大學管理學院，每星期都到台塑聽取高專、特助解釋台塑企業制度達一年半，對王永慶經營理念有相當程度了解。

　　湯明哲指出，王永慶發現「賺錢不對稱」，賣東西時要多賺一毛很難，但買東西要少花一毛較容易，因此對採購成本「抓得緊」。

　　以六輕發包種樹為例，發包前對於邊坡要種什麼樹比較容易活、可減少維護成本、要挖多少公尺等，相關人員都研究好了，承包商就無法亂來。此外，台塑相關企業很多工程是「包工不包料」，水泥、鋼筋等都由台塑自己買，包工無法偷料（套用偷工減料一詞）。[②]

二、總管理處採購部

　　台塑集團的管理制度是先從原料成本降低開始，創辦人之一的王永在，1954 年指示營業部設立「採購小組」，依採購績效來發放獎金，並頒佈「嚴懲收取回扣」規定。

　　台塑在 1968 年進行組織設計的改變，成立台塑關係企業總管理處，其下設總經理室與共同服務部門，詳見表 9.1，把集團各公司的人事、資材、工程和財務等事務集中統一管理。

　　總管理處成立後，隨即實施「責任中心制」，讓各公司自動自發降低各種成本，搭配「利潤中心制」的財務控制，以營運績效跟薪資、獎金相互連結。

　　總管理處對降低採購成本的貢獻，至少有二種說法。

1. 省 5～20%

　　各事業單位經過經營改善之後的節約，以及總管理處檢討資材採購金額不合理退回重新審核，每年可減少 5～20% 的採購成本。

2. 省 23%

　　台塑網公司、台塑生醫董事長、台塑總管理處副總經理王瑞瑜說，台塑集團一年採購金額高達 1,800 億元，跟 1999 年以前相比，得標金額降低 23%、折合 414 億元，不比集團內單一公司賺得少。[③]

表 9.1 台塑總管理處組織圖——以企業活動為基礎

價值鏈	台塑總管理處內的單位		
一、策略管理	總經理室的職掌有六，各以一組負責： 1. 制度制定、電腦化　　　　4. 專業單位經營改善 2. 業務稽核　　　　　　　　5. 專案改善 3. 工程與採購發包驗收案審核　6. 企業共通性員工訓練		
二、核心活動 　(一)研發 　(二)生產 　　1. 採購	採購部： (1)化學材料組 (2)電儀設備組 (3)機械設備組 發包中心： (1)管理組 (2)一般組	(4)一般材料組 (5)醫療器材組 (6)鋼材管件組 (3)營建組 (4)機電組	(7)催交專案組
2. 生產 　(三)業務	營建部： (1)工程處 1～4 處 ・麥寮管理部 ・海外事業管理部	(2)海外工程處	(3)企劃處
二、支援活動 　1. 人資管理 　2. 資訊管理	外勞管理組 資訊部： (1)台北電腦處	 (2)大陸電腦處	 (3)應用處
3. 財務管理	財務部：(1)台幣資金組　(2)外匯交易組　(3)風險管理組 　　　　(4)出納組　　(5)股務組　　(6)大陸資金組		
4. 其他	法律事務室、秘書室、大樓管理處		

*各部部本部設有經理室

資料來源：伍忠賢，傳承，五南出版公司，2008 年 12 月，第 113 頁表 3-4。

(一)統購以享受數量折扣

　　王永慶深深了解，買賣雙方是相互對立的，賣方想要賣高價，買方想要買低價，怎樣才能讓雙方互蒙其利呢？王永慶認為，我給你的訂單量夠大，讓賣方可以達規模生產，就可以降低成本，進而降低售價，達到雙贏。

　　＊長庚醫院的例子

　　台塑集團旗下的長庚醫院是醫界厲害的採購高手，只要是超過 2,000 元以上的物品，縱使是一台咖啡機，也要經過採購部的比價，其他大小工程更如

此。

　　由於長庚醫院規模大、分院多，聯合採購的優勢拓展了議價空間，而且長庚醫院在採購昂貴的醫療儀器時，不僅會找代理商來報價，同時也會循慣例向國外原廠請求報價，所以，在國際價格清楚、數量又大的優勢下，長庚醫院至少能比同業節省 10～15% 的採購成本，讓長庚醫院贏在起跑點。

(二)付款阿莎力

　　有些公司在付款時刁難賣方，財務部人員要人家送禮物或其他賄賂，才可以快速付款，有些公司是最後付款時，董事長還要再看，再議價一下。有的供貨公司會說，我為什麼要讓你欺侮，有的供貨公司把這個成本反映在售價上，大家都保留一些，供貨公司就不會把真實價格反映出來，也就是下次報價時，自然會把被買方苛扣的金額加上來。一旦買方經營有什麼風吹草動，大家都會抽腿，人家為什麼要賣東西給你呢？因此，這樣付款方式無法保持跟供貨公司的合作關係。

　　王永慶不希望一些公司的陋習在台塑出現，因此規定在付款的過程中，台塑對於每一個部門的作業時間都有嚴格規定，付款一定照制度，6～7 天內錢一定要匯到供貨公司帳戶，不能慢。外面的人都說：「賣給台塑是在換現金。」意思是說，品質、交貨沒有問題，馬上就可以拿到錢。[④]

(三)內控以避免採購舞弊

　　台塑針對採購管理有下列「四把鑰匙」以防止弊端。

　　1. 採購部負責採購物料的單價；

　　2. 資材部負責驗收物料的數量是否正確；

　　3. 品管部負責品質是否異常；

　　4. 財務部負責採購物料的金額給付。

　　台塑付款最準時，供貨公司交貨沒有問題，馬上就付款。王永慶常強調的「電腦管制四支鑰匙」，第一支是，採購人員負責輸入電腦價格；其次是收料的人驗收品質無虞後，把數量鏈入；第三支是，會計人員核對前兩者的價格與數量正確與否，確認無誤後，通知財務部付款；最後是，財務部把錢匯進供貨公司，完成付款手續。

9.2 採購中

台塑的採購作業流程詳見表 9.2，底下詳細說明。

表 9.2　採購作業管理──以台塑集團為基礎

管理活動	說明
一、採購前	
(一)決定採購量	採購部在給定採購期間內，可以依市況、商業習慣決定採購量。
(二)請供貨公司報名	採購部主動尋找，包括上網公告；反之，有許多主動的供貨公司也會來詢問如何參加投標。
(三)品質認證	由品保部的零件承認組負責供貨公司零組件品質是否符合資格，比較像比賽中的資格審查。
(四)實地查核	即看廠。
(五)打分數	篩選出合格供貨公司，分二階級：初賽、複賽。
(六)建檔	由採購人員透過「公司目錄」等請求供貨公司來認證，合格後列入合格供貨公司檔。
二、採購中	
(一)對供貨公司通知	於詢價截止二日後辦理開標，依報價金額高低列印「比價表」和「採購記錄表」，交由發包中心進行議價後決購。
(二)投標	1.公開投標。 2.議價。
(三)決標	價格標依最低價者得標，最有利標由買方斟酌選出得標者。
(四)交貨	要是供貨公司逾期未交貨，電腦列印「催交單」交採購部催交組催交。
(五)付款	供貨公司交貨後，收料檢驗合格後，供貨公司發票送會計部辦理付款，電腦查核付款金額是否正確，正確者即透過財務部把貨款匯入供貨公司銀行帳戶，金額異常者，即出表處理。
三、採購後	1.對供貨公司。 2.對採購人員：詳見表 9.4。

一、申購

各部門的申購案可分為下列二種。

1. 非例行採購

非例行採購是指年度包裹核決外的採購案，需要申購單位寫請購單，400萬元（舉例）以下事業單位核權，400萬元以上由總管理處採購部核決。

2. 例行採購

針對例行採購，採購人員只要從企業資源規劃資訊系統中產生採購（或發包）的需求，訊息會自動傳到交易平台，自動展開採購流程。

3. 從材料編碼到電子採購

許多公司都有材料編號系統，但多以生產所需材料為主，至於非生產性材料成本，牽涉到事務費用，必須掌握此部分成本，才能落實成本管理。

台塑集團的材料編號是透過八年時間來建立起 12 大類材料編號系統。

二、申購案核駁

總經理室下的資材、工程營建與工程機電審核組，針對工料進行合理分析，發現工料採購價格過高，會要求發回重新議價，每年四萬件採購申請案，5～10% 的案件會被退回重新申請。2005 年一整年，總管理處總共退回 3,689 件採購申請，降低了 7,800 萬元的工料採購預算。

三、採購前：供貨公司篩選

採購部人員搜尋各種原料的供貨公司，依篩選條件篩選後，建立供貨公司資料庫。主動權操之在自己手上，如此採購時，才會出現完全競爭。

(一)通知供貨公司投標

主動通知供貨公司來投標這個動作很重要，採購的發包中心不能以「已貼上網」來一語略過。

1. 供貨公司主動上網看

網際網路出現後，台塑把所有採購流程都搬到網路上去，任何一家供貨公司只要上到「台塑網電子商務」網站，就可以看到上百件最新的招標公告。如果要投標，只要下載詢價單和請購規範等資料，填上報價，然後用電子郵件回寄。

只要符合條件的供貨公司，都可以來報價，報價最低的人一定有優先議價權。

台塑企業資訊系統提供台塑關係企業內現有往來供貨公司與客戶（主要是指經銷商）線上即時查詢服務，及經銷商線上下訂服務。

2.台塑主動通知

資訊系統會對完成上網登記領標的供貨公司以一對多（One to Many）的方式進行「推送」（push）詢價圖面及工料表，要是供貨公司未開機，供貨公司可以逕行於任何時段下載工程圖及工料表。

工程發包案件比照電子採購系統方式進行電子工程發包，工程案設計完成後，企業資源規劃資訊系統會依據工程工料表自行展開計算預算金額，依據預算金額遴選供貨公司，把工程設計圖及工料表等資料，由發包中心以高速掃圖機把設計圖掃瞄成為影像檔，經由衛星傳送。

四、投標

供貨公司的投標內容要到開標時間才可以開封，這個時間鎖由發包中心在資訊系統設定，發包中心、資訊部人員皆無法事前偷瞄。

五、決標：最低價得標

台塑集團採購不設底價，最低價者得標。電腦開標時，會自動選擇最低價者得標，而且，電腦早已由三十萬筆的原材料行情中設定好預定採購價格，要是投標者皆高於預定價。則台塑集團會向兩家最低報價的公司詢價，互相比價，低於預定價者可得標。

供貨公司發現無法得標，會自行分析每次得標結果都是報價往下降一、二成，下次想得標就必須下殺報價二成，自然而然台塑集團每次採購價格往下降。

9.3　採購招標方式的沿革

隨著時間的經過，招標、投標的方式，由早期的郵寄，1998 年起，改為上網。但是公開比價的本質並沒有改變，底下詳細說明。

一、人工作業

政府或是一般企業採購往往要透過採購人員蒐集供貨公司投標書，等到開標日才開標。不肖採購人員往往趁著職務之便偷看標書、洩露標價或是聯合供貨公司來圍標。

王永慶看到採購圍標、綁標弊案叢生，1984 年時，他發明了一套公開、透明與數據化的採購系統，總管理處採購部設置三十一格鐵製的投標信箱，按照每月日期，一天一個信箱，不管是總管理處要開給供貨公司的採購發包規格，或是供貨公司要投標，一律透過鐵箱。

總管理處是由不知情的工讀生收到投標書後，按照開標日期投遞到對應日期的信箱內。開標日一到，統一開標，完全杜絕採購人員經手投標書和舞弊的可能性。

實施鐵箱投標之後，每次開標後，採購部必須記錄下列三筆資料。

‧前一年最低價；

‧前半年最低價；

‧每家供貨公司投標報價。

以採購管理來看，台塑成功把所有的採購資料數據化，建立一套即時物價資訊系統，掌握原材料的行情，因此能夠大幅降低採購成本，這套物價紀錄與即時分析，使每項產品都有清楚價格和成本分析。

二、網路投標

1990 年末期，電子商務逐漸興起，一般公司都先從「企業對企業」（business to busisness, B2B）電子商務先做起，台塑線上採購系統分成二階段發展。

(一)第一階段：衛星上網

1998 年，台塑集團推動六輕工程工期，開始把衛星技術引進採購系統。六輕一座石化廠少則上百張，多則上千張工程圖，發包採購前要輸出工程圖，郵寄給所有的承包公司，每月成本 327 萬元。

總管理處成立六人專案小組，研究出利用衛星直撥服務傳送工程圖給承包公司，承包公司安裝了衛星天線（小耳朵）接收，每月衛星傳輸費用和成本攤提只要 30 萬元，是郵寄方式的十分之一，鐵箱投標也因而走入歷史。即使是美國的子公司，透過台灣的網站，一樣可以統一採購。

(二)第二階段：台塑網科技公司

2000 年，台塑集團成立台塑網科技公司，建置網路交易（或採購）平

台。2001 年，進一步以寬頻網路取代衛星，讓供貨公司在網路上競價。不管衛星或網路，台塑集團採用美國軍方採用的加密系統，開標前各份標單全是亂碼，連程式員都不能解碼。開標當天，也由電腦選取得標公司，不透過人，也無從舞弊。

台塑網路交易平台剛開始只有 200 家供貨公司，為了輔導供貨公司加入台塑的網路交易平台，2001 年起，總管理處派出專員在台北、雲林麥寮和高雄仁武三地，每月一次輔導 200 家公司，2004 年，供貨公司家數突破一萬家，2006 年，已有 1.5 萬家供貨公司。連要採購一根鐵管，都有 80 家供貨公司報價，彼此之間競爭激烈，也讓台塑集團採購成本不斷降低。

總管理處本來有 120 位採購人員，網路化之後，一個採購人員一個月可以處理一千多件採購案，人力卻精簡三分之一，節省的人力（約 550 萬元）與交易成本（約 1,500 萬元），合計 2,000 萬元，縮短採購準備天數四天半，突顯台塑電子市集超強的節流功能。

表 9.3　台塑電子交易市集交易型態

交易型態	說明
一、網路採購	作業主要處理材料、機工具、設備的採買
二、網路發包	處理工程、營建、設備維護等案件的招標
三、網路標售	作業負責處理企業內可轉用料件的轉賣，由標售商會員彼此競價購買
四、貨物運輸承攬	著重於企業內貨品運輸案件的招標

階段一：Buying power 雪球效應
做法一：鎖定大型買方、VIP 會員

採購量越大，採購數量越多，電子交易市集會越熱絡。台塑集團有九成採購都在電子交易市集進行，已達經濟規模，且因成本降低、得標案件價格下降，成本效益更明顯，自然吸引上下游供應鏈加入採購的行列。

台塑網提高交易量的方式有三：1. 鎖定大型買方；2. 會員跟會員之間互相尋求報價議價；3. 建立 VIP 會員採購機制，針對 VIP 會員，提供其他資訊技術服務，以提升其採購管理 e 化能力。

追求合理化的精神運用到電子交易市集，供貨公司在出貨一星期內收到電匯款，而且「先付後審」的付款優惠，也讓市集人氣暢旺。

階段二：供應端良幣驅逐劣幣
做法二：營造公平公正的競標機制

營造良幣驅逐劣幣的經營環境，台塑網套用台塑集團供貨公司管理辦法，除了供貨公司入會必須經過內部徵信外，凡是供貨公司的案件報價率太低，或是報價總是過高，或未得標比率太高，以及交貨不準時、品質不良者，自動會被列入黑名單。在優勝劣敗的自然淘汰下，自然留下較具潛力的供貨公司。

為了維持公平公正的競標機制，買方以「公開詢價」方式，除了透過管理資訊系統自動挑選幾家有競爭優勢的供貨公司，向這幾家供貨公司詢價外，並且把標案件放到電子交易平台的採購公告上，讓其他供貨公司也可進入公告查詢。

供貨公司的「報價不公開」，也是建立公平交易環境的必要條件，報價資料全部在「關貿公司」的網站資料庫裡，除了透過電子憑證加密和防火牆，以阻絕駭客入侵外，報價資料必須要等到開標日當天，資料才會轉入資訊系統，由買方評審小組透過必須的流程進行篩選。

階段三：成本效益的吸引力
做法三：滿足大型企業的採購需求

台塑網的得標價格降幅 23% 的效益，讓統一和鴻海慕名請益。兩者主要是利用「網路發包」的機制，在線上進行工程發包案，統一企業導入台塑工程管理企業資源規劃系統，把工程專案從委託受理到工程發包、施工組裝、估算驗收整個串聯起來，一方面達到工程管理的一貫性，另一方面也得以掌控工程進度。

其目的是整合旗下所有公司的採購需求，再以統包公開招標，「以量制價」把成本壓到最低，其效益就連 2004 年加入台塑網電子化市集的鴻海集團也大大讚揚。僅是包裝紙箱費用，把原本分開採購變成統包後，鴻海一年就省下上千萬元。

某些大公司擔心在電子交易市集上，可能會讓供應鏈和價格曝光，台塑網考慮企業需求，也有封閉系統可以選擇。

階段四：供應鏈的金流效應

做法四：加速訂單轉現金

成功的電子交易發展成「訂單轉現」，以滿足供貨公司的營運資金週轉需求。

台塑網把「訂單融資」的功能架上，承包公司可以自由選擇此項功能，以取得高的現金流量，台塑集團的訂單可說是「鐵單」，銀行很樂意把其做為融資擔保品，承包公司或供貨公司可以訂單向銀行辦理較優惠的融資方案，取得低利貸款。

本平台採取「先付後審」的方式，方便評鑑良好的中小型的工程運輸承包公司，可以先收到錢，再經過審核，方便其現金周轉。

9.4　採購作業的流程

一、收料、驗貨作業

在交貨期限前，供貨公司把台塑訂購物料送達資材組，資材組收料人員根據收料單及送貨單資料點收貨物品名及規格是否正確，點收完成後則進行驗貨程序，驗貨分工、權責如下。

1. 一般物料

由資材組人員進行檢驗。

2. 特殊物料

物料送往品管部檢驗處進行檢驗。

檢驗完成後，送採購部主管簽核，簽核完成後，把資料彙整送交會計部，再由財務部進行付款及出納作業，並完成整個採購作業流程。

二、付款

供貨公司送貨來，由資材部點收，並把點收數量輸入電腦。同時，會計部也會收到供貨公司寄來的發票，會計部只要負責把發票上的金額輸入電腦，電腦就會自動去查核數字有沒有錯，沒有錯，就由財務部直接匯款出去，不需要簽核報准，所以外面那些採購舞弊都不會在台塑發生，這套運作方式就是台塑集團的採購「四支鑰匙」。這對供貨公司也有很大的好處，它一方面易查詢

10

華碩如何處理庫存損失

從 2002 年的獲利衰退後，過去幾年來，華碩一路都走得很順，在產品開發與銷售方面衝得很快，非常地積極，因此對成本控制做得很少，華碩董事長施崇棠曾說：「毛益率高的公司，都很難精實。」過去我們也有這樣的問題，許多管理還做得不夠好，這是我過去兩個月來，不斷在思考以及改善的問題。有遇到問題，才知道如何應對，這是大家都學習到的重要經驗。

——沈振來
華碩總經理兼執行長
今周刊，2009 年 1 月 19 日，第 56～57 頁

看錯邊最著名的例子——華碩 2008 年第四季虧損

2009 年 1 月 8 日晚上六點多，一則公告悄悄登上台灣股市觀測站，華碩宣佈出現成立 19 年來的首度單季虧損，法人估虧損達 30 億元，這與原本預估第四季將賺 40～50 億元，中間的落差至少 70 億元，震驚市場。隔日，股價開盤也應聲跌停（即 30.45 元，2008 年 5 月 2 日，股價高點 101 元）。

30 億元怎麼虧的？九大外資一起調降華碩目標價，股價接連摜破低點，顯示市場已明顯對華碩失去耐心。

本章以這個庫存損失的案例，來說明原因、後果，與華碩如何改變所有的錯。

一、有關華碩

華碩是全球個人電腦主機板市占第一大的公司，2010 年約 3,000 萬片（華碩加華擎，不含代工）、筆電全球約第四名（市占率約 16.67%，其中小筆電佔 600 萬台）。

其他如顯示卡等全球市占率也數一數二。

由表 10.1 可見華碩的經營績效，由於 2008 年元旦一分為二，華碩營收一下子減少 3,400 億元，跑到和碩國際（4938）去了。

華碩電腦（2357）小檔案

成立：1990 年 4 月
董事長：施崇棠
總經理：沈振來
營收：（2010 年）3,212 億元
盈餘：（2010 年）164.8 億元
營收比重：筆電 69%、其他 31%
員工數：2 萬人

表 10.1　華碩經營績效

單位：億元（四捨五入）

年	2004	2005	2006	2007	2008	2009	2010
營收	781	1798	3860	5899	2494 分家	2325	3212
盈餘	151	174	239	331	206	125	164.8
每股盈餘（元）	5.91	5.1	5.64	7.32	3.88	2.94	26.72*

*2010 年每股盈餘大幅增加之故在於減資。

二、公司經營者

2007 年底，華碩因分家（華碩分生出和碩國際），沈振來升任總經理兼執行長，華碩檯面上有「三人」共治的氣氛，底下說明。

(一)董事長施崇棠

施崇棠打響 Asus 的品牌知名度,在台灣,跟宏碁 Acer 相庭抗禮,素有「雙 A」之稱。

施崇棠小檔案

出生:1952 年 8 月 12 日。
現職:華碩電腦董事長。
曾任:宏碁系統電腦事業群總經理。
學歷:交通大學管科所碩士、台灣大學電機學士。
功績:把華碩推上全球第一大主機板供貨公司。

---

*最佩服企業家的前十名

《天下雜誌》每年 10 月公布「十大標竿企業家」名單,由表 10.2 可見,施崇棠落在第 5～8 名間。2007 年第五名時,最受尊崇的能力:(1)前瞻性的策略思考和創新能力,(2)良好的管理能力與經營績效,(3)塑造明確的企業經營理念。但 2010 年,施崇棠首次掉到前十名外,被嚴長壽等取代了。

表 10.2　企業家最佩服的企業家排名

企業家	2004 年	2005 年	2006 年	2007 年	2008 年	2009 年
郭台銘	3	2	1	1	2	2
張忠謀	2	3	2	2	1	1
王永慶	1	1	3	3	3	—
施振榮	4	4	4	4	4	3
許文龍	5	5	5	6	5	10
施崇棠	**8**	**7**	**6**	**5**	**6**	**8**
李焜耀	—	8	7	—	—	—
高清愿	7	10	8	7	8	9
張榮發	—	—	9	9	—	—
嚴凱泰	10	6	10	8	7	6
鄭崇華	—	—	—	10	9	5

*資料來源:《天下雜誌》,2009 年 10 月 21 日,第 189 頁。

華碩董事長施崇棠展示小筆電

圖片提供：今周刊

(二)副董事長曾鏘聲

華碩副董事長曾鏘聲是施崇棠的國高中同學、妹婿，1997 年，施崇棠興起進軍筆電的念頭，但是遭到當時的業務副總李聰榮極力反對，彼此產生嫌隙，於是，施崇棠找上人在加拿大已經退休的曾鏘聲，請他負責筆電的業務工作。

曾鏘聲，有著法家思想，管理嚴謹，對於業務行銷部門設下諸多管理措施。2007 年底，升任副董事長。

曾鏘聲小檔案

出生：1950 年。

現職：華碩電腦副董事。

曾任：華碩電腦業務部總經理、陽明資訊創辦人。

學歷：德州休士頓大學企管碩士、交通大學電子工程系。

(三)總經理兼執行長沈振來

華碩共歷任三位總經理，最早是創辦人童子賢，隨後由施崇棠接任，2007 年底則是沈振來接掌。家人都在國外的沈振來，一個人住在台北市內湖區，早上九點不到，就進華碩上班，一直工作到晚上十一、十二點是常有的事情，在華碩服務超過十五年，企圖心一向很強烈，「非常衝，很敢定目標，所有事情都親身參與。」是同事眼中共同的印象。

其工程師的背景，當年從宏碁離開，加入華碩投身主機板研發，一路做到產品規劃，後來更協助施崇棠，負責華碩垂直整合的工作，同時掌管液晶面板、動態隨機存取記憶體（DRAM）等主要料件的管理，除了不管通訊產品和筆電外，其他華碩自有品牌產品，他幾乎都有涉獵，2008 年大紅的易 PC，更是他的傑作。不僅如此，像是程建中（2008 年出任和碩總經理）、華碩投資長蘇豔雪等重要人才，也是經由沈振來之手，引薦給施崇棠。

沈振來小檔案

出生：1960 年。
現職：華碩電腦總經理兼執行長，2007 年底升任。
曾任：華碩最佳開放平台（AOPP）事業群總經理、副總、
　　　碩發二處協理。
學歷：台灣大學電機系、電機研究所碩士。
功蹟：2007 年 10 月 16 日，讓易 PC 上市。

10.1　華碩面臨史上最大單季虧損

華碩一向是電子業中的績優生，以學生來說，就是每科 90 分以上（拿 A）的那一型，一旦有一次考試不及格，那肯定是班上的大新聞。

本節說明 2008 年第四季華碩虧損的大事紀，詳見圖 10.1 及表 10.3 的說明。

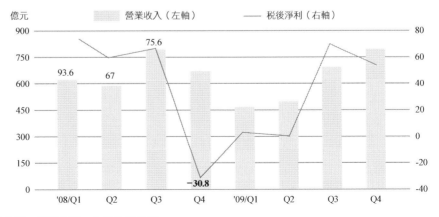

資料來源：華碩電腦、大華投顧整理

圖 10.1　華碩營運表現

表 10.3　華碩 2008 年第四季虧損大事紀

2008 年	說明	2009 年	說明
9 月 15 日	美國雷曼兄弟證券倒閉，掀起全球金融海嘯。	1 月 8 日	公佈 2008 年第四季財報，虧損 28 億元。沈振來寫電子郵件給員工，強調「正面思考、精實思維」。公司宣佈董事酬勞由 2,900 萬元減為 1,000 萬元，副總級以上主管減薪三成，員工薪資不變。
10 月第一～二週	沈振來對業務展望還很樂觀。		
10 月第三週	沈振來在俄羅斯舉行經銷商會議，發現景氣超差。	1 月 9 日	施崇棠、沈振來在美國拉斯維加斯市參加消費電子展（CES），說明補救之道。
11 月初	對進貨踩煞車，庫存達到最高峰，從此之後，庫存逐漸消化。	1 月中	庫存才控制住。
11 月中	中央採購會議，沈振來對庫存採取緊迫釘人方式，把庫存管理列為事業單位的關鍵績效指標之一。	1 月 17 日	華碩尾牙，施崇棠強調落實「六標準差」讓公司的管理更精實。
		2 月	庫存恢復健康水準。
		4 月 1 日	在台北市的關渡，慶祝 20 周年慶，宣布公司三分天下（分成三個事業群）。施崇棠指出，這次組織變革以精實為本，把研發、製造、行銷與服務整合起來，讓組織更有效率與反應力。[1]
12 月 8～9 日	華碩內部的全球業務會議（GSM）中，檢討是否還要做桌上型電腦的電腦螢幕此一業務。	4 月 30 日	華碩法說會中，沈振來表示第一季本業仍虧損 31 億元，不過業外有 14 億元匯兌收益及轉投資獲利挹注，第一季稅後小賺 4.54 億元，每股盈餘 0.11 元，庫存已降至 220 億元健康水位。[2]
12 月	12 月庫存水準比 11 月減少 15%。		

一、連外資也看走眼

2008 年 9 月 17 日，港商野村證券把華碩投資評等從「中立」調升至「買進」，野村證券台灣區研究部主管曾雅蘭指出，由於出貨數據並沒有改變，第三季獲利「出槌」的機率低，也就是說，野村證券很看好華碩，詳見表 10.4。

表 10.4　2008 年 9 月 17 日野村證券對華碩（未分家前）財務預估[3]

年	2007	2008（估）	2009（估）	2010（估）
營收（億元）	7553	8058	8994	10149
淨利（億元）	276	269	297	344
每股盈餘（元）	6.94	6.47	7	8.10
股東權益報酬率（%）	17	14.2	14.3	14.9
股價淨值比（倍）	1.3	1.3	1.2	1.1
本益比（倍）	9	9.6	8.9	7.7

二、2008 年 9 月

2007 年 10 月 16 日，華碩以易 PC 這款小筆電一炮而紅，由於產品銷售超過預期，結果造成缺料（電池、機構件）問題，訂單與產能的缺口高達四成。2008 年下半年華碩喊出每個月要出貨易 PC 一百萬台，2008 年 9 月 15 日，美國雷曼兄弟證券倒閉，全球掀起金融海嘯，銀行自顧不暇，對企業緊縮信用，消費者也勒緊腰帶。這些問題在東歐地區，尤其是烏克蘭、俄羅斯特別明顯，而這些地區，正是華碩在歐洲業務的主要根基，有六成的營收都來自這邊。[4]

當所有人都縮手，華碩卻還繼續大量備貨，而且，備貨數量不是先滿足現有訂單，而是備足現有訂單的一倍。第三季末，華碩庫存情形嚴重到要在上海市一帶租個倉庫專門放貨，工廠在蘇州市、上海市。

三、總經理沈振來的說法

沈振來表示，2008 年 10 月第一、二週，從業務的回應觀察，對景氣還很樂觀，耶誕節買氣應該不會下滑。

零組件公司表示，沈振來預期年底易 PC 的銷售力道強勁，不僅幫忙備料，華碩也超額買進包括 7.7 吋液晶面板（這部分占 11 億元）、固態硬碟（SSD）與記憶體等關鍵零組件。

華碩有部分產品交給緯創代工，但如今景氣不佳，緯創會要求看到訂單，才願意幫華碩備料、生產，不能只給預估數而已。

反觀有如親兄弟的和碩，因為主要客戶索尼、戴爾、蘋果公司訂單都已失去，願意幫華碩備料生產，但是，景氣反轉後，卻造成華碩在和碩高達 100 億元的庫存。雖然以華碩一季八、九百億元的銷售額來看，這樣的庫存還可以接受。

　　華碩的液晶螢幕比較特殊，自己負責設計，還負責向面板公司買料，再交由代工公司。液晶面板主要以海運（台灣到上海市）為主，從組裝公司到成品倉庫得花費四到五週，再加上前期備料，以及後期兩週在倉庫的時間，前後最精簡的庫存週數，也得有九到十週。

　　但是 10 月第三週，沈振來前往俄羅斯召開經銷商大會時，開始察覺不對勁，訂單開始下滑，之後景氣越來越差，發現重要的東歐客戶沒錢進貨。「完全超過我的預期，」他表示。

四、2008 年 11 月

　　11 月上旬，庫存達到最高峰（450 億元），直到中旬，華碩各地業務才回報，終端銷售不如預期，華碩才停止買料。

　　沈振來每個週末都加班，把各類別庫存搞清楚，也對庫存品質作一掌握。華碩新成立庫存管理小組，沈振來親自盯庫存，原本由各事業部自行管理庫存的做法，改由沈振來每週檢討一次。中旬，中央採購會議開始對於控制庫存採取更保守的做法，庫存管理列為事業部關鍵績效指標，不容許再犯錯。

五、2009 年 1 月

　　2008 年 12 月的庫存比起上個月，已經再減少 15%。

　　一直到 2009 年 1 月中才把庫存量控制在安全水準之內。[5]

六、虧損分析

　　以外人來看，套用 2007 年第四季的盈利率 4.9%，華碩 2008 年第四季該賺 25.8 億元，但實際是虧損 27.98 億元，預算「誤差」（或缺口）53.78 億元；這又可歸因為二大來源，參見表 10.5 及表10.6。

(一)庫存跌價損失 29 億元

　　庫存跌價損失 29 億元的數字來自 2009 年 2 月 12 日華碩法說會。[6]

表 10.5　華碩 2008 年第四季虧損三個原因

內外說法 損失原因	華碩說法	證券分析師評論
一、匯兌損失 　(一)出貨報價的匯 　　兌損失	筆電事業群占華碩獲利接近 50%，在 2008 年第四季營業利益卻是負的，華碩對此的解釋是內部報價出了問題。 施崇棠說，與其說是庫存，其實第四季的歐元匯率來是一個大元兇，對毛益率影響高達約 10 個百分點。而這跟過去華碩缺乏面對匯率劇烈變化的經驗有關。業務在接單報價時沒有預期到。[5]	
(二)應收帳款匯兌 　　損失	至於出現 10 億元的匯兌損失，華碩主管坦承沒有進行匯兌避險，想不到應收帳款經過兩個月後，歐元貶值造成嚴重損失，「真的很白痴！」[7]	
二、存貨 　(一)電腦螢幕所需 　　面板 　(二)易 PC 所需面板		電腦螢幕事業部營收占公司營收 2%，但該事業部這次損失居然有 10 億元，「一個小事業部，怎麼損失那麼大？」

表 10.6　華碩 2008 年第四季虧損原因分析

單位：億元

	(1)預算水準*	(2)實際	(3) = (1) - (2)
	25.8 = 527 億元×4.9% 2007 年第四季純益率 4.9%	−27.98	53.78 1. 匯兌損失 24.78 　　匯兌損失比率 = $\frac{24.78}{527}$ = 4.7% 2. 庫存跌價損失 29 　　庫存跌價損失占平均庫存水準 = $\frac{29}{411}$ = 7%

*註：假設維持 2007 年第四季的純益率 4.9%。

簡單的說，要是沒有這 29 億元的損失，華碩還有 1.02 億元的稅前盈餘。

由表10.6第 3 欄可見，29 億元的庫存跌價損失約占平均庫存水準的 7%，比率看似不大，問題是分母太大了。

(二)匯兌損失 24.79 億元

匯兌損失來自報價時太低、應收帳款匯兌損失，皆來自華碩歐洲市場的歐元貶值；匯兌損失占營收比率 4.7%，約等於歐元貶值幅度。

(三)10 號公報的衝擊

華碩帳上主要存貨（桌上型電腦螢幕和小筆電面板）大跌價，所以一定會出現存貨損失，再加上發生在 2008 年第四季，為了配合 2009 年元旦實施的「10 號公報」，改採新制。

由於華碩的存貨損失金額大，而且戲劇性高（華碩自成立來，惟一一次單季本業虧損），再加上會計處理準則修訂，因此成為 2009 年 1 月此類新聞的頭條。

---

10 號公報小檔案

10 號公報是規範存貨處理的會計準則，金管會決定，從 2009 年 1 月 1 日起適用，有幾個重要性質。

· 存貨採取逐項認定，每項計算存貨價值，有跌價者，跌價部分列為跌價損失。

· 存貨價值依「成本與淨變現價值孰低」方式衡量。「淨變現價值」指銷售價格減去銷售費用和加工成本。

· 存貨損益改列在銷貨成本，當有存貨損失時，毛益率降低。

10.2　存貨的風險管理──兼論匯兌風險管理

存貨有價格風險，既然有風險，就可以套用表 10.7 中的風險管理二大類、五中類的管理方式來管理，詳見表中第 3、4 欄，底下詳細說明。

表 10.7　華碩的存貨風險管理方式

大分類	中分類	原因分析	解決之道
一、風險分散	(一)風險隔離	2009 年 1 月 9 日，施崇棠表示：「華碩的庫存規模接近百億元，主要是面板及部分易PC 機種等。電腦螢幕事業部因管理失誤，產生極大的面板庫存。」	在 2008 年 12 月的全球業務會議中，也一度討論是否還要繼續做「電腦螢幕」，然而基於持續經營白牌市場策略考量，決定還是要做下去，但會朝中高階產品發展。[8]
	(二)風險組合		
	(三)損失控制	2009 年 1 月 9 日，沈振來表示：「華碩因以通路業務起家，各項產品習慣採少量多樣策略，機種太多太複雜，是造成此次庫存水位過高的主因。加上過去主要擔任主機板事業部主管，多年來總是在拼研發、衝業績，忽略在金融風暴下，歐元匯率變動因素以及報價策略。」	2008 年 11 月，沈振來開始對各項業務緊急踩煞車（即去化庫存），但為時已晚。2009 年 1 月展開產品線整合及組織整合，月底有初步結果。[9]2009 年 4 月 30 日，華碩第一季法説會中，公布經營績效，沈振來表示，庫存已降至 220 億元健康水位。[10]
二、風險移轉	(一)迴避：轉嫁給賣方	沈振來説，華碩分家前由於自己有龐大生產資源，因此在庫存管理上，都是由公司本身背負。再加上主機板零組件較少出現劇烈變動，因此分家後，華碩沒有第一時間把庫存管理進行改革，也是這次庫存燙傷華碩主因。[11]	採取「供貨公司管理庫存系統」。
	(二)風險移轉		

一、存貨損失控制——除三害之一

損失控制指的是「止血」，常見的是踩煞車，既然面板庫存過高，那就「只出不進」，等庫存降到正常水準再進貨。

(一)存貨目標：庫存天數 45 天

一艘航空母艦轉個彎需要 4 公里，同樣的，沈振來想降低存貨水準到

「庫存天數 45 天」。⑫

　　他急踩煞車,但存貨水準只會慢慢降下來,要是你對「庫存天數」沒啥概念,可從表 10.8 中第 1 欄 (3) 中看,2008 年 11 月的存貨夠華碩做 2.56 個月(約 77 天)的生意了!

表 10.8　華碩的存貨水準

存貨 ＼ 年月	2008 年 11 月	12 月	2009 年 1 月	2 月	3 月
(1)存貨(億元)	450	382.5	360	—	220
(2)庫存天數	77	66	55	—	50
(3) = (1) / 月營收	2.56×	2.17×	2.67×		1.63
		527/3 = 175.6		月營收 = 季營收 / 3 = 404/3 = 135	

庫存天數=存貨平均銷售天數=平均存貨／日營業內

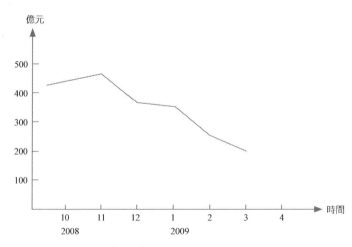

圖 10.2　2008～2009 年華碩的存貨水準

(二)簡化機型

　　外資認為,華碩庫存主要有面板、DRAM 及部分易 PC 機種,華碩內部

也指出，易 PC 上市後雖然獲得市場肯定，但機種太多樣，也是造成庫存的主要因素。2009 年 1 月 9 日，華碩易電腦事業處總經理胡書賓，在美國拉斯維加斯消費電子展（CES）接受訪問時表示，由於全球市價買氣低迷，易 PC 等低價電腦仍是今年的主力產品，以 10 吋為主力機種，並會透過簡化機種來控制成本。⑬

施振榮強調，「在艱困的時候，創新是更重要的，你要有更不一樣的產品，另外要趁這個時機，把成本、庫存降下來，艱困時更是練功的機會，創新要更精準，機型要變少、更精準。」

(三)共同零組件

2009 年 8 月 25 日，華碩舉行法說會，沈振來表示，「經過金融海嘯的震撼教育，讓華碩領悟到庫存管理的重要性，現在每週定期檢視庫存。」

華碩庫存上半年已大致消化完畢，營運逐漸回到正軌，包括美林、高盛、麥格理和瑞銀等外資券商紛紛調升華碩的投資評等。

華碩從 2008 年像「銀豹」般的不斷推出新機種，到 2009 年改採「巨獅」策略，並簡化產品線，由「機海戰術」轉為「精兵政策」，零組件盡量共用，以利庫存管理。小筆電上半年只推出兩款貝殼機，機種簡化讓資源聚焦，加上產品對了、價格對了，「少樣才能多量」。⑭

二、風險迴避：轉嫁給賣方

華碩針對面板等庫存的價格風險管理，也採取部分風險迴避措施。

(一)大權一把抓的後果

過去，面板採購工作都由沈振來負責，操作尚稱有效率，但是當沈振來升任總經理後，他忙於筆電、主機板、易 PC 等業務，再加上電腦螢幕已經是成熟產品，所以對於液晶螢幕的庫存管理不像過去專注，只有每季檢視營業數字。因此，當液晶面板價格快速下跌時，包括面板與電腦螢幕的庫存，華碩自己都得承擔跌價風險，是這次造成虧損的主因。

(二)這攤只好自己扛

2009 年 3 月，華碩內部舉行了好幾場會議。會議成員除了施崇棠外，還

有華碩、和碩的高階主管。會議的主軸，原本是因應 2008 年第四季的華碩虧損財報，檢討分家成效。

為了分攤庫存虧損，華碩內部提出一個「三三三」計畫：三分之一的庫存虧損，由和碩吸收，三分之一由其他供貨公司吸收，三分之一才由華碩自己吸收。華碩高階主管認為是「共體時艱」、「大家是一起替母公司財報而努力。」和碩高階主階則覺得：「母公司就是把過期便當（庫存）塞到我這邊。」「有本事怎麼不拿去鴻海（華碩另一代工公司）？」、「如果要把兩邊利益和在一起，那幹嘛分家？」⑮

(三)風險迴避：轉嫁給賣方

沈振來跟代工公司調整合約，跟代工公司建立供貨公司管理庫存系統（VMI），未來五週海運的時間，代工公司可以分擔風險，華碩只須承擔前期備料與後期倉儲，共約四週時間，「雖然在業界早已實行此系統，但我們過去沒有建立，這次我們會全盤檢討，把重要的料件，都跟供貨公司建立此系統，共同承擔風險。」

供貨公司管理庫存系統
（vendor management inventory, VMI）

這是指多數零組件交由代工公司或是零組件公司負責，2009 年 1 月底起，華碩由鴻海代工的筆電開始小量出貨，華碩也會開始測試新的供貨公司庫存管理模式，沈振來說，歐洲市場於 2 月開始上線。也由於此系統的實施，華碩海運比重將提高，因此產品上市時間可能會拖長。

2009 年 1 月，施振棠決定第一季就丟出三成易 PC 的訂單交給廣達和鴻海代工，由於代工公司須自己負責備料，庫存的風險便可以轉嫁，宏碁最大的代工公司也不是緯創而是廣達。⑯

2009 年 4 月 30 日，沈振來說，一體成型桌上型電腦（All in one, AIO）已委外代工，筆電有一個機種由鴻海接單。第二季會再加入一至二款筆電外包，未來易 PC 也打算委外代工，希望第四季達到委外釋單達三成的目標。⑰

三、匯兌風險管理：集中管理──除三害之二

施崇棠說，華碩要採集權管理（sum management），由各子公司在接單時作完整考量，財務人員也會加以支援，新制度已經逐步構建完成。[18]

華碩導入全新的企業資源管理系統（ERP），對於 2008 年肇事的庫存、備料、匯率等管理，掌握更加精準。[19]

10.3　培元固本的改革措施：做好管理

一家分行的出納當天結帳時，發現短缺一元，一般人直覺的解決之道是：「從自己錢包拿一元去補」。分行一旦出現錯帳，有可能是 12 個櫃檯中至少一個櫃檯行員繳款出了問題，而「一元」的差額往往不是少向顧客收一元，有可能是多筆交易加加減減的結果。「抓帳時間可長可短，短則三分鐘，長則三小時，到晚上七點才下班」。但這只是平帳，剩下的問題是：為什麼會出錯？以後如何避免犯同樣或類似錯誤？

同樣的思考方式也在華碩出現，華碩採取系統性（即管理活動）的培元固本的改革措施。本節依麥肯錫成功企業 7S 的順序依序說明。

一、目標：一流公司

施崇棠從 2001 年 11 月起，持續地宣稱華碩只是二流公司，也就是希望同仁不要自滿，更希望透過崇本務實的研發、思考方式，能夠思考透澈（think through），一次就做對事情。

施崇棠是一個會從源頭找問題的人，2005 年 11 月，華碩內部推動精實革命，希望找出執行細節的問題。在那次「革命期間」，施崇棠接受《商業周刊》記者專訪時說：「緊急的時候，救火的事情先做，救火之後，我們做精實六個標準差，每年都要去找真因（問題的源頭）。」

2008 年第四季的跌跤，使華碩看似仍是二流公司，由表 10.9 可見，華碩於 2005 年 11 月實施六標準差制度，目的就是「第一次就作對」（即把失誤率降至百萬分之六），但仍然沒用，因此華碩又採取一些措施，此即本節內容。

表 10.9 施崇榮對公司經營能力的分級

公司等級	境界	代表性公司	華碩的升級思想與措施
一流	1. 思考透澈（think through），一次就做對事情，這樣才最快。	1. 美國英特爾、通用電器集團（GE）、日本豐田汽車。 2. 英特爾跟對手有何不同？它就是一次想清楚，雖然通常會承諾得稍微保守一點，可是最後它生產出來的產品品質很穩定。第二名的公司講的更動聽，總想一些方法去打擊第一名的公司，但難免會犧牲一些東西，如穩定度，或無法信守承諾。	
二流	1. 二流公司大家都十分繁忙，但只是救火。 2. 企業公民行為，即員工間彼此像鄰居般，大家都有意願互相幫忙、補位。	華碩	1. 華碩企業崇本務實，崇本便是思考透澈。 2. 華碩在 2005 年 11 月實施精實六標準差制度，目的在於預防、解決問題。
三流	公司內部派系林立、搞小圈圈、玩政治，裡面鬥來鬥去。		

資料來源：整理自《天下雜誌》，2001 年 12 月 1 日，第 64、75 頁；伍忠賢，華碩馬步心法，五南圖書公司，第 322～325 頁。

二、策略

2009 年 1 月 8 日，華碩財務長兼發言人張偉明指出，華碩已提出一系列調整方案，包括降低存貨並嚴控庫存，以及控制營業費用（營業費用降 10%，即減少 25 億元費用支出）、人事成本，徹底改善營運流程，務求精實；同時持續強化產品差異性，創造新需求並提高毛益率，並加強報價正確性，實施報價避險，降低匯率波動對盈餘的影響。[20]

(一)少角化

華碩存在產品線過多的問題，沈振來仿效前美國通用電器集團董事長執行長傑克・威爾許改革方式，把將不具競爭優勢的事業單位進行合併。[21]

傑克・威爾許小檔案

出生：1935 年 11 月 19 日。

現職：美國通用電器（GE）公司顧問。

經歷：1981～2003 年，擔任美國通用電器公司董事長兼執行長，綽號「中子彈傑克」。

功蹟：1999 年《財星》雜誌尊稱為「世紀經營者」。

數一數二原則，指集團電子公司：事業部必須符合下列條件。

1. 在行業內數一數二；
2. 比產業水準高的權益報酬率；
3. 具有明顯的競爭優勢；
4. 能充分利用通用電器集團特定的槓桿優勢。

(二)「除三害」之三：電腦螢幕事業部先蹲後跳

2008 年底金融風暴席捲，電腦螢幕事業部因面板跌價而面臨較大的壓力，並造成虧損，當時外傳華碩裁撤該部，華碩也並未特別澄清否認。不過，歷經一年的調整，該部協理邱耀輝表示，2009 年出貨量約 300 多萬台，市占率有所突破，登上全球第 10 大電腦螢幕品牌。2010 年訂下 3 至 6 成銷售成長目標（即 400～500 萬台），市占率向上挑戰。華碩推出多款新產品，包括採用 LED 背光的液晶螢幕（滲透率 10% 以上）、3D 螢幕、內建 TV 調頻器的螢幕，以及無邊框的液晶螢幕，多走時尚高質感路線，平均單價略高於同業。這些都是高價格敏感的產品，但華碩願意多付一點錢買料。

華碩 2010 年獲消費電子展創新獎的五項產品中，其中一項就是液晶電腦螢幕，該款螢幕採用環形戒臺設計，這種設計在 3C 專買店很吸睛，曾被國外媒體譽為「全球最漂亮的電腦螢幕」。[22]

台北電腦展中的華碩攤位

圖片提供：今周刊

三、組織設計

在組織設計方面，採購漸由地方分權轉回中央集權，但真正的組織重整幅度更大。

(一)要有人負責

華碩 2008 年第四季出現虧損，主因是庫存過高，內部流程管理出現問題，華碩內部出現檢討部分績效不佳主管的聲浪。[23]

(二)2009 年 4 月 3 日，三分天下

2009 年 4 月 1 日，華碩在台北市關渡企業總部慶祝 20 週年，宣示啟動組織改組，施崇棠、曾鏘聲、沈振來宣示華碩進入「3J」（三人的英文名字首字皆是 J）共治新時代，詳見表 10.10。

前述「降低營業費用 25 億元」，主要來自縮減事業部，由 12 個縮減到 6 個，上面仍然是三個事業群，依產品上中下游區分為：零組件（主要是主機板、VGA 卡）、系統（筆電）與手持（主要是手機）事業群。由於組織縮編，受影響人數 400～500 名員工。[24]

表 10.10　華碩三個事業群

事業群	督導	執行（事業群總經理）	行銷（依產品別）
手持：手機等	施崇棠（董事長）	洪宏昌	林宗樑
零組件	曾鏘聲（副董事長）	筆電：許先越	
系統事業群	沈振來（總經理）	易電腦：王炳欽之後換 為胡書賓。	陳彥政

四、獎勵制度

單季虧損甚至年度盈餘沒有達成，會影響員工調薪、紅利，但這都是因為高層「看走了眼」，不能找員工「一起死」。華碩的獎勵制度是既然「肉食者謀之」，那就「廟堂之士」來扛責任，透過罰薪方式，頂多只能省個 2 億元，對 30.8 億元的虧損可說「九牛一毛」，但至少代表有人負責，可以讓基層員工的怒氣平緩一些。

罪己詔

為了負起經營績效不如預期的責任，2009 年 1 月 8 日，華碩公布副總級以上高階主管減薪 3 成，並調降董事酬勞 6 成以上，以示負責。

2007 年董事酬勞為 2.06 億元，減幅六成後，董事酬勞在 1 億元以下，平均每位董事酬金從 2,900 餘萬元，減至 1,000 萬元。

為了預防員工不安，2009 年 1 月 8 日沈振來表示，除了高階主管減薪外，不考慮其他的減薪計畫，也不會有裁員或實施無薪休假（註：2009 年 1～4 月，全台約 20 萬人放無薪假），對於人員過多的事業部將會實施部門轉調，讓需要人力的單位能夠在不增加公司總人力的情況下，得到人力資源。[25]

五、企業文化

「移風易俗」並不是能立竿見影的，「看走眼」（高估）可能是能力問題，更可能是「驕兵必敗」的自傲心態（另見第十四章第三節豐田汽車召回的根本原因）。通俗說法之一是「螺絲鬆了」（不過這常指基層怠於執行）。

本段說明「內行看熱鬧」，華碩內外都看到華碩有「驕兵之氣」，與華碩的因應之道。

(一)外界認為華碩有驕兵氣息──三次狼來了

2006～2008 年華碩連續三年都沒達到目標，2008 年，華碩三次調降目標，有關筆電及易 PC 的出貨量一降再降，詳見表10.11。

高盛證券亞洲區科技研究部主管金文衡認為，華碩這次跌倒的主因就是「過度高估自己（over-ambitious）的產品策略」，2008 年初華碩預估主機板、筆電、顯示卡年出貨成長 13%、63%、13%，此外，易 PC 出貨上看 500 萬台等，金文衡當初就認為「有點太樂觀」，加上第四季財報又出現虧損，2008 年 12 月底，他在發給客戶的報告中寫著：「這已經是華碩 2008 年以來第三次無法達到預期，嚴重打擊投資人信心。」產品及創意都很好的華碩，實際上暴露出來的，卻是缺乏風險管理與執行力！[26]

表 10.11　華碩 2008 年成績單（合併報表）

銷售	年初目標	實際情況
營收	3,000 億元	2,494 億元
主機板	2,500 萬片	約 2,200 萬片
筆電	660 萬台	約 570 萬台
易 PC	500 萬台	372 萬台*
獲利	280 億元	164.57 億元
釋單比重（筆電）	約三成	約一成
和碩釋股比重	約三成	0

資料來源：華碩，2008.12.10，經濟日報，A11 版。

*2008 年宏碁 481 萬台，2009 年華碩 660 萬台、宏碁 812 萬台。

(二)對手的看法

眼睛只往前看，後果就如漢朝文人袁康在《越絕書》中提到：「好船者溺，好騎者墜，君子各以所好為禍。」會滅頂者常是善泳技的人；會落馬者常是好騎術的人。成功者比一般人更容易高估自己，也因此，其錯判情勢的可能性與誤差值也比一般人來得大與高。

華碩因為太過典範，三個階段的成功，可能讓高階管理者也容易有「華碩品質，堅若磐石」的自信與堅持，迷戀成功。

易 PC 每月皆達不到 60 萬台的目標，宏碁一位高層即指出，當備料比實際銷售量多出四成，一旦又碰上零組件價格下跌，會是一場天大災難。

「備料到訂單數叫合理，備料比訂單多兩成叫樂觀，備料到現有訂單的一倍，等於你有一倍的暴露風險，這叫莫名其妙的樂觀。」一位華碩工程師不諱言的說。

滙豐證券台股研究部主管王萬里認為，華碩對易 PC 太過樂觀了，沒料到景氣反轉太快，備太多料的下場就是走不掉。[27]

(三)施崇棠的看法

施崇棠認為華碩向來是一家個性樂觀積極、忙著賺錢的公司，一直到 2008 年 10 月，他們還在全球市場猛衝，但這波景氣下來又快又猛，華碩踩煞車的確踩得太慢了。這也不能全怪景氣，2008 年第三季營收 783 億元、第四季營收約 680 億元，這個數字還可以接受。問題是，歐元對美元匯率貶值太快，華碩又因對歐洲通路商報價策略失誤、庫存管理也沒有做好，才會出現那麼大的虧損。

總之，雖然一直強調精實管理，但其實並沒有做得很好。[28]

(四)從教訓中學習

花 30 億元的代價去學習，代價好高，但或許這也可以讓內部真正震撼，以後在執行上做得比較紮實。

(五)20 週年慶中

2009 年 4 月 1 日，華碩 20 週年慶，施崇棠在給員工的一封信中指出，2008 年第四季的虧損不能拿金融海嘯當作藉口，華碩成立以來歷經多次挑戰，「沒有一次比當前這次挑戰更大。」如果精實革命做得成功，華碩就該能應付外界的變化。施崇棠期許，華碩的「盟主」要肩負更大的責任，把「緊急又重要」的事以及「不緊急但重要」的事融合地毫無縫隙，此外，必須思考為何華碩速度比別人慢，為什麼過於強調人本反而成了缺點等。施崇棠期許華碩人要有常山蛇（2002 年推動的流程管理）的效率與反應力，再造華碩下一個二十年。[29]

> **盟主**
>
> 2006 年起，華碩實施「六標準差制度」，在蘇州廠，開了一個專案，包括庫存管理、物流管理等，專案計畫主持人稱為「盟主」，是全職的。

五、用人

「我們確實對於經營管理的人才比較欠缺，尤其是全球供應鏈、外包管理等，」2009 年 1 月中旬沈振來在接受《今周刊》記者專訪時坦言。

(一)高階主管的能力不達？

沈振來說，華碩主管幾乎都是把心力放在產品創新上，滿腦子想的只有怎樣透過技術超越對手。「對總體經濟預測很粗糙，幾乎是沒有。」

「在景氣低迷時，一些基本面的問題就全都浮出來了。」問題是，「華碩幾乎沒有碰過景氣低迷。」

「毛益率高，會讓一個公司（只）想著怎麼賺錢，不會想怎麼防止虧錢。」沈振來坦承，華碩一直很積極，只想著不斷往前衝，連他自己，即便身為總經理，都有八成的時間是看產品，其他時間才看業務和其他。

「金融風暴是原因，但不是藉口！」、「要會創新，也要會做風險管理。」沈振來坦承。[30]

施崇棠表示，華碩出現虧損，他身為董事長，必須對投資人有所交代，當然相當難過，但他也視這個挫敗為個人與企業的「修練」，只要未來經營能力能夠改善、走出虧損，也是一種學習與成長。[31]

(二)彼得原理犧牲者？

沈振來接任總經理一年，華碩經營績效不如預期，沈振來說，要運作一個公司，比過去僅擔任事業群總經理所需要的眼界要大得多了，「我原是很好的事業群總經理，但我的確沒有把公司總經理的職位做好」。不過從這樣過程，可以持續進步，對華碩重回成長還是相當有信心。

彼得原理　小檔案
（The Peter Principle）

「彼得原理」是出自於美國學者勞倫斯‧彼得（Laurence J. Peter）所寫的一本書，彼得根據他的個人經驗和個案分析，歸納出「彼得原理」這個大型公司常犯的通病。

彼得原理指的是在一個層級分明的公司中，在原有職位上工作表現良好的人會被升遷到更高一級的職位，直至到達他所不能勝任的職位，每個職位都有被不能勝任的員工占據的傾向。

因為公司時常以「升遷」做為獎勵員工的手段，但是卻未考慮員工是否已做好準備。一旦被升遷的員工本身的學習成長太慢或是沒有足夠的訓練、不能適應管理工作，就會對新任的職位無法勝任，而出現「小才大用」的狀況。

2009 年 1 月 9 日，沈振來分析自己有下列三個主要問題。

1. 對筆電產品外觀設計還是反應太慢；

2. 像是電腦螢幕這類中型事業部沒做好管理之責；

3. 作為公司總經理，對產業預測能力還是不足，衝業績心態過分積極，忽略橫向整合等，才會導致 2008 年第四季出現這些問題。㉜

(三)亡羊補牢

　　施崇棠發現高階主管「力有未逮」，一定有採取強化本職學能的方法，限於資料，我們只能點到為止。以鴻海來說，總裁郭台銘講了好幾年交棒，但發現無人可接，2008～2010 年自台灣大學等三家大學借用三位企管系教授，進行為期三年的高階主管接班訓練。

六、領導型態

　　行軍打戰，士氣很重要，在大一管理學中，非常強調公平理論。作對，就要有賞，有錯，也要有罰。華碩的突槌，向外都在看施崇棠會不會像三國時代「孔明揮淚斬馬謖」。施崇棠一肩把責任扛下來了，他的看法比較偏重「路遙知馬力」，投手才剛上場投一局，不能用一局的輸贏來定投手的能力，而是要「看長不看短」。

(一)沈振來：我都不好意思去找他……

沈振來表示，「在危機發生時，他沒說什麼，我更內疚：我覺得他在看我怎麼處理跟面對這個難題。」

「剛開始我都不好意思去找他……」後來，他幾次召開會議，檢討怎麼補救的方案，才硬著頭皮，主動邀請施崇棠參加。㉝

(二)人沒用錯

施崇棠表示：「我覺得人才一定是最重要的，做管理的人，一家公司如果要拚到第一流的時候，你要知道去避免缺點造成的危險，但是你如果要贏的時候，公司一直在教那個魚怎麼飛翔，那個鳥怎麼游泳，那公司不會贏的啦！所以要魚的本質是什麼，他游到最快，鳥飛到最快，並不是叫你知道說這隻鳥有什麼缺點，而是盡量把他擺到能發揮優點的地方。沈振來很積極，就應該讓他發揮。也才接第一年啊，沈振來執行力很強啦。我的觀念就是這樣子，選對的人進來，然後全力支持他」。

「董事長對總經理的領導，要帶心，那就是信任。因為沒有信任的話，連那些績效指標都沒有用了啦，最後他就開始玩數字，是不是這樣？」㉞

七、領導技巧

在領導技巧方面，施崇棠、沈振來利用多次時機，鼓舞員工士氣，不可因一時挫折而懷憂喪志，底下依時間順序排列。

(一)施崇棠說安慰的話

2008 年 12 月 8～9 日，華碩的全球業務會議（GSM）上，施崇棠鼓勵大家已經做得很好，選擇當一位「安慰長」。

2009 年 1 月 9 日，在美國拉斯維加斯的消費電子展中接受記者專訪時，再次強調此點。他強調：「我最在乎的是員工的士氣，我覺得整個情況已在改善，大家也有痛定思痛的決心，但景氣變化不是公司能夠掌握，我覺得大家確實非常努力，當然我們也需對投資人有所交代，我想給管理階層一年的時間，讓華碩恢復應有的水準，應該相當合理」。㉟

「現在比賽還沒有結束，有信心能很快轉虧為盈。」

(二)沈振來對員工精神喊話

2009 年 1 月 7 日，沈振來在第一時間以「正面思考、精實思維」為題，發出內部信鼓勵全體員工。他舉 2002 年啟動寧靜革命造就華碩日後高成長為例，期勉華碩員工，危機就是轉機。2002 年曾經是華碩最慘澹的一年，當時不僅主機板出貨量被技嘉、微星及精英拉近，盈餘由 2001 年的 162 億元大幅下降至 2002 年的 100 億元。施崇棠在那一年開始推動了**常山蛇**及**巨獅計畫**，進行策略管理的改革，以逐季改善的獲利重建華碩人的信心。因此沈振來期勉員工，雖然這次景氣蕭條短期不易改善，但是過去做得到，相信今天也做得到，危機往往也是轉機，經過這些磨練，華碩將會擁有更佳的體質。

對於華碩後市，沈振來對於 2009 年 3 月後陸續登場的 OMEGA 等筆電新機種寄予厚望，以中階價位搶攻市場，出貨 800 萬台目標達陣的最大寄望，營運可望重回軌道。㊱

巨獅計畫小檔案

施崇棠是跟南少林的形意拳（虎拳—猴拳—鶴拳）等的支持者，喜歡以動物來替其計畫命名。

巨獅計畫是指主機板市占率全球第一，如同巨獅般占地盤。

「常山蛇」語出孫子兵法，指的是「常山蛇陣」，首尾能兼顧，例如管理人才跟研發人才的輪調。

(三)2009 年 1 月 17 日，尾牙

2009 年 1 月 17 日，華碩舉辦分家後首度的尾牙，跟往年都在台北市中正高中舉辦尾牙不同，華碩尾牙場地選在世貿一館，席開 500 桌，找來員工以及重要合作夥伴與會。不過由於去年業績表現不好，華碩刻意取消往年的大規模抽獎（例如最大獎是價值 80 萬元的汽車，共 4 位），最高獎僅約 10 萬元，表演節目也是由同仁或是華碩長期公益贊助的團體（例如中正高中舞蹈團、偏遠山地國小學生表演）。

施崇棠說，分家（華碩品牌與和碩代工）第一年並沒有如預期的好成績，

希望同仁可以平心靜氣去面對失敗。之後才能扭轉困境,把華碩打造成數位世代最受推崇的科技品牌。

施崇棠以《哈利波特》作者 J. K. 羅琳在哈佛大學畢業典禮中,以「失敗的益處」演說為例來勉勵同仁,失敗會是人最自有的經驗,就像是自己剝光一樣來認清自己,卻也可以徹悟自己最堅強的自有意志。

華碩在 2009 年更加強調「六標準差」的落實,施崇棠表示,公司還有很多不夠精實的地方有待改進,誠實面對之後才可以脫胎換骨,因此要公司執行六標準差的各盟主、紫帶都可以幫助公司落實六標準差。㊲

套用喬治・蕭(George B. Shaw)的話:「人類的智慧不在於經驗多寡,而在於處理經驗的能力」。

華碩集團分家小檔案

因身兼品牌與代工,造成代工下單客戶心存疑慮,2008年,華碩分拆,華碩負責品牌,和碩負責代工業務,營收約5500 億元。

2010 年 7 月更進一步,華碩「出清」對和碩持股,和碩股票上市,完全獨立。

(四)2009 年 9 月 14 日

2009 年 9 月 14 日,施崇棠有感而發,表示 2008 年底面臨公司成立以來最大挫敗,但華碩的創新力、技術力還在,經過生聚教訓,華碩逐漸脫胎換骨。

沈振來說,這次教訓讓華碩學會除了產品「創新」之外,「管理」的重要性,華碩每週、甚至每天檢視通路庫存,對於應收帳款也都是小心以對。㊳

八、重返榮耀

2010 年華碩尾牙首度移師南港展覽館,施崇棠回顧 2009 年尾牙,他用「失敗的好處」來期勉華碩員工可以走出 2008 年失敗的陰影,他相當滿意員工 2009 年的表現,尤其在過去較弱的庫存與匯率管理上,華碩都得到了長足進步。

他期許華碩的價值流（value stream）更貫徹，從供貨公司到自己的庫存，最後到客戶端，都要貫徹華碩品牌的價值流。[39]

表 10.7 中第 3 欄中，2008 年 12 月時，一度討論採取「隔離」方式來管理面板存貨的跌價風險。2011 年再來看，還好當時只是「說說而已」，2010 年華碩電腦螢幕銷量 370 萬台（全球市占 2.3%），2011 年目標 450 萬台（全球市占 2.8%），偏重專業機型，不走殺價戰。[40]

註　釋

[1] 工商時報，2009 年 4 月 2 日，A4 版，楊玟欣。

[2] 工商時報，2009 年 5 月 1 日，B3 版，楊玟欣。

[3] 工商時報，2008 年 9 月 18 日，B3 版，張志榮。

[4] 今周刊，2009 年 1 月 19 日，第 58～60 頁，林宏文、高育元。

[5] 工商時報，2009 年 1 月 11 日，A7 版，黃智銘。

[6] 工商時報，2009 年 2 月 13 日，B3 版，楊玟欣。

[7] 財訊月刊，2009 年 2 月，第 153 頁。

[8] 經濟日報，2009 年 1 月 11 日，A2 版，林貞美。

[9] 經濟日報，2009 年 1 月 11 日，A2 版，林貞美。

[10] 工商時報，2009 年 5 月 1 日，B3 版，楊玟欣。

[11] 工商時報，2009 年 1 月 11 日，A17 版，黃智銘。

[12] 工商時報，2009 年 2 月 13 日，B3 版，楊玟欣。

[13] 經濟日報，2009 年 1 月 10 日，A9 版，林貞美。

[14] 經濟日報，2009 年 8 月 26 日，A2 版，曾仁凱。

[15] 商業周刊，1152 期，2009 年 12 月，第 41 頁，曠文琪。

[16] 財訊月刊，2009 年 2 月，第 152 頁。

[17] 工商時報，2009 年 5 月，B3 版，楊玟欣。

[18] 工商時報，2009 年 1 月 11 日，A7 版，黃智銘。

[19] 經濟日報，2009 年 10 月 27 日，A4 版，曾仁凱。

[20] 工商時報，2009 年 1 月 9 日，A4 版，楊玟欣、黃智銘。

㉑工商時報，2009 年 1 月 11 日，A7 版，黃智銘。

㉒工商時報，2010 年 1 月 7 日，A5 版，楊玟欣。

㉓經濟日報，2009 年 1 月 10 日，A9 版，林貞美。

㉔工商時報，2009 年 2 月 13 日，B3 版，楊玟欣。

㉕工商時報，2009 年 1 月 9 日，A4 版，楊玟欣、黃智銘。

㉖商業周刊，2009 年 1 月，1104 期，第 122 頁。

㉗商業周刊，2009 年 1 月，1104 期，第 107～108 頁。

㉘經濟日報，2009 年 1 月 11 日，A2 版，林貞美。

㉙工商時報，2009 年 4 月 2 日，A4 版，楊玟欣。

㉚商業周刊，2009 年 1 月，1104 期，第 108 頁。

㉛經濟日報，2009 年 1 月 11 日，A2 版，林貞美。

㉜工商時報，2009 年 1 月 11 日，A7 版，黃智銘。

㉝商業周刊，2009 年 1 月，1104 期，第 118 頁。

㉞商業周刊，2009 年 1 月，1104 期，第 116、118 頁。

㉟經濟日報，2009 年 1 月 11 日，A2 版，林貞美。

㊱工商時報，2009 年 1 月 8 日，A4 版，黃智銘、楊玟欣。

㊲工商時報，2009 年 1 月 18 日，A7 版，黃智銘。

㊳經濟日報，2009 年 9 月 15 日，C3 版，曾仁凱。

㊴工商時報，2010 年 2 月 7 日，A3 版，黃智銘。

㊵經濟日報，2011 年 4 月 13 日，C4 版，曾仁凱。

討論問題

1. 存貨管理究係中央集權抑或地方分權好？難道是戴佩妮所唱的「兩難」嗎？

2. 以表 10.7 為架構，分析華碩針對匯兌、原料庫存風險是否有對因下藥。

3. 供貨公司管理庫存系統（vendor management inventory）到底是資訊系統，還是買賣雙方共同分擔存貨跌價損失的機制？

4. 以表 10.9 來說，你覺得華碩是幾流公司？

5. 找一家有巨額原料庫存的公司，套用本章分析方式去分析。

11

德國寶馬的生產線員工
延壽計畫

　　「德國製造」讓德國盤據世界第一大出口國的地位許久，直到
2008 年前才被大陸超越。由於德國不是依靠廉價勞工與生態破壞作為
出口優勢，而是講究研發與升級，依然贏得裡子。

　　相較於英美忙著把製造業生產線丟到海外，早早轉型為服務業主導
的經濟發展模式，德國仍深耕工業實力。

　　德國的綠能科技已居領先地位，而傳統製造產業如化工、汽車、精
密機械、醫療設備照樣屹立不搖。

　　「我們將引領一波新工業革命，」這是德國西門子執行長羅旭德
（Peter Löscher）在 2009 年接受《金融時報》記者訪問時所發出的豪語。

——吳挺鋒

天下雙週刊，2010 年 7 月，第 50 頁。

■ 見獵心喜

　　挑選符合教科書該章內容的著名公司個案有時像中樂透獎，2010 年 3 月
《哈佛商業評論》上一篇報導德國巴伐利亞機械製造公司（BMW，俗稱寶
馬）生產線資深員工的延壽計畫，人老「身」不老，透過人體工學等改善生產
線設備，讓資深員工「寶刀未老」。有了這篇文章做支柱，再加上我們努力找
到的配合資料，便成為本章探討的範疇。

　　這個個案對老年化社會延長退休年齡（例如 65 歲甚至 67 歲）有很大意
義，相對於針對年輕（或一般）員工提高生產力來說。本案更有著對「人老力
衰」的員工更多尊重，肯定其生命價值。

這個個案還有個管理上重點，即工業工程方面人體工學的改善工作設備（詳見表 11.7、圖 11.4），然而主餐還須配菜（湯和沙拉、麵包）與甜點水果的配合，才能成為大餐，表 11.4 從全面、系統角度，來面面俱到的看問題，不致掛一漏萬。

由於寶馬跟賓士（Benz）汽車有雙 B 之稱，是高級汽車的代名詞，報導雖少，但讀者的詢問度卻很高。

一、巴代利亞機械製造公司簡介

德國寶馬位於德國巴伐利亞邦（即 BMW 中的 B 簡寫的由來），公司位於邦首府慕尼黑市，一些工廠位於慕尼黑市附近，例如本個案的丁格芬廠。

巴代利亞機械製造公司小檔案

成立：1916 年
董事長：雷瑟夫（Norbert Reithofer），2006 年上任。
總經理：同上
公司地點：德國巴伐利亞邦慕尼黑市
營收：（2010 年度）604.77 億歐元
盈餘：（2010 年度）32.3 億歐元
年銷量約 140 萬輛車
員工數：10.7 萬人

二、探索頻道

「探索頻道」（Discovery）至少對寶馬做過三次專輯。

一次專門介紹寶馬的總廠，採取綠色建築加上人性空間，空間寬敞，廠內中央處有綠色植栽，從天窗上引進日光，既有利員工賞心悅目，又可調節廠內空氣和濕度。

另一次專門介紹寶馬在美國的汽車組裝廠，先提到引擎是來自德國寶馬的引擎廠，也介紹了引擎的組裝，以跑車引擎為例，採工匠技師的藝術化組裝過程（詳見圖 11.2），技師會在引擎上烙上自己的名字，並以高品質汽車自豪。進而介紹寶馬汽車的量身訂做。

第三次專門介紹寶馬跑車生產。

■■ 11.1　BMW 的公司沿革

1913 年，創辦人卡爾拉普（Karl Rapp）與古斯塔歐圖（Gustav Otto）在慕尼黑市的第一座飛機場旁邊，成立了巴伐利亞飛機製造廠（Bayerische Flugzeug Werke; BFW），到了 1917 年更把工廠改名為巴伐利亞發動機製造股份有限公司（Bayerische Motoren Werke），並以藍白相間的螺旋槳圖案代表飛機引擎製造工廠的標誌，這就是寶馬的起源點。

由於第一次世界大戰結束之後，德國跟列強簽定凡爾賽條約，禁止發展飛機等與軍事相關的產業，在合約被迫中止的困境下，寶馬為了尋求出路，開始思考如何轉型，才轉向發展摩托車引擎。

1922 年，寶馬成功設計出史上第一輛整合水平對臥引擎與輪軸傳動的原型機車，到了 1923 年，只花了五週的時間便製造出寶馬第一輛排氣量 500cc 的 R32 摩托車款，並於柏林的德國摩托車展上公開亮相。憑著把飛機引擎移植到摩托車引擎上的經驗，展現優越的品質與性能，震驚德國近 130 家的摩托車同業，也奠定寶馬在摩托車產業上的地位。

一、出國去比賽，拿冠軍回來

賽道上的表現，往往是衡量汽車公司研發能力最重要的指標之一，因此 1924 年，寶馬派出旗下工程師參加柏林舉辦的公路錦標賽，首度出戰即拿到錦標賽冠軍，也讓寶馬連續贏得其他德國當地比賽，成為當年度的總冠軍車廠。

1925 年時，寶馬開始研發汽車，並跟德國北方的艾遜力（Eiscnach）汽車公司展開密切合作，為日後進軍汽車市場打下最重要的基礎。1928 年，寶馬以 1,600 萬馬克合併了艾遜力汽車公司，並推出 DA2 車款上市，一登場就大受好評，三年內大賣近 2 萬輛。

寶馬旗下第一輛完全自製的汽車 3/20 PS，於 1932 年研發成功亮相，又被稱作 AM 4（Ausfhrung Munchen 4），也就是慕尼黑生產、四檔變速的意思，由於這款車型在當時極速可達每小時 80 公里，讓寶馬在巴登巴登（Baden-Baden）舉行的優雅汽車展中獲得優勝。1933 年，寶馬推出最具關鍵代表性的 303 車款，1.2 公升搭載直列式六汽缸引擎，最大輸出功率 30 匹馬

力，不只性能表現優越，更開創了兩項直至今日寶馬仍維持的傳統，包括直列式六汽缸引擎，以及車頭採用著名的「雙腎」水箱護柵造形。

1935 年，寶馬推出了 326 頂級車款，立刻被世人認定為是當時最先進的大規模產量汽車，這也是第一個把車身殼體與車架焊接在一起的寶馬車型。之後到了 1940 年時，寶馬又推出獨特的敞篷跑車和雙門轎跑車，把超輕車身上的薄鋁車皮直接固定在鋼製管狀承載構架上，使雙門轎跑車的實際公路整備重量僅為 780 公斤，最高時速達到 220 公里。

二、搭載合金引擎，全球第一

好不容易以跑車奠定的尊榮地位，卻因為 1945 年二次大戰結束，寶馬再次面臨了同盟國禁止製造的限制，在德國的生產據點不是遭到充公就是被破壞，除了機器已經無法使用，就連最關鍵的設計圖也遺失，讓寶馬遭遇到成立以來最大的危機。

靠著經銷商的幫助，寶馬好不容易才熬過長達三年的禁建令時期，直到 1951 年戰後第一輛新車款 501，才在法蘭克福車展上亮相，儘管設計和風格相對來講較為古典，但卻贏得「巴洛克天使」的稱號。外形出眾，也是全球第一輛搭載輕量化合金引擎，並且量產的創新車種，馬上就成為在 1950 年代最引人注目的車款之一，再度證明了寶馬在汽車技術上不斷創新的領先地位。寶馬大 5 系列 1972 年才問世。

三、柴油引擎技術，全新革命

寶馬發展史上最重要的革命，就是進入競爭激烈的柴油汽車市場的決策，開發新一代引擎，率先問世的是 1983 年 6 月推出的寶馬 524td，把柴油引擎技術的優點跟寶馬典型的動態性能結合，創造出了排氣量 2.0～2.7 公升，搭載直列式六汽缸的寶馬渦輪增壓柴油引擎。

BMW 3 系列
寶馬最經典車系，從 1975 年至今全球熱賣超過 1,100 萬輛。
售價：約 179～278 萬元。

1994 年、2003 年，寶馬分別收購了英國知名的 MINI 與勞斯萊斯（Rolls-Royce）品牌，把產品線與品牌多元化，也讓寶馬快速攻搶全球汽車市場，並且從 2002 年開始，連續七年創下全球銷售量突破 100 萬輛的佳績，並且連續四年成為全球豪華汽車市場銷售的龍頭。

四、2010 年度經營績效

戴姆勒 2010 年賣出 117 萬輛賓士汽車，年增 15%；福斯汽車旗下的奧迪賣出逾 109 萬輛車，主因大陸銷售量年增 43%，詳作者註。

UniCredit 的分析師許督澤表示，寶馬全新（第 6 代）5 系列的需求熱烈，使得寶馬更添戰力，再加上 Mini Countryman 運動休旅車需求強勁之賜，146 萬輛（2007 年為 150 萬輛）穩坐全球豪華汽車市場盟主寶座。

德國仍是寶馬最大市場，賣出 26.6 萬輛車（年增率 3.1%），美國以 26.58 萬輛居次（9.9%），大陸排名第 3，賣出 16.9 萬輛車（86.7%）。

寶馬股價上漲 85%，為德國 DAX 指數表現次佳的成分股，股價盤中 58.99 歐元。

五、2011 年

寶馬推出 6 系列雙門轎跑車的新車款，就增加 4 門款式；並引進新的前輪驅動技術，取代其過去專有的前後動力系統技術。增加其小型車，去爭取新客戶。2011 年出貨量目標為突破 150 萬輛。[1]

六、2020 年遠景

寶馬董事長兼執行長雷瑟夫（Norbert Reithofer）設下到 2020 年的年銷量 200 萬輛的目標。要提高銷售量就要推出成功的新車款，要在 2012 年後切入新領域。

寶馬擴大 BMW 6 系列和 Mini 的生產線，並生產適合城市通勤的電動汽車。這一切的目的都是要守住其豪華車的市場，不讓福斯旗下的奧迪、保時捷、藍寶堅尼和賓利等多個豪華品牌進擊。尤其奧迪已發下豪語，要在 2015 年取代寶馬的龍頭地位，詳作者註。[2]

作者註：大陸為了防止公務用車太招搖，禁用雙 B 車，官員找德系奧迪汽車充數，以致奧迪異軍突起。

11.2 市場定位與產品

寶馬汽車的腎形水箱罩是代表性外觀,一向以馬力大、加速快、煞車快聞名,在台灣,跟賓士汽車大都為老闆階層使用不同,寶馬汽車的車主很多都是公司管理階層、專業人士(例如律師、醫師)。本節說明寶馬的市場定位與產品策略,這對其生產管理有很大影響。

一、市場定位

在達特茅斯大學塔克商學院(Dartmouth College's Tuck School of Business)教策略管理學的李察・達凡尼(Richard A. D'Aveni)於 2007 年提出「效益—價格定位圖」。

在圖中加入更多資料,就更容易看出重新定位產品的機會。圖中加入的指標有:銷量變化、暢銷車款、退出市場的車款,如此就可看出中型汽車市場競爭比較不激烈的市場區塊,也就是未來可著力的良機。

(一)1993 年

如圖中橢圓形虛線所示,1993 年,美國中型汽車市場中,有三個次區塊競爭較不激烈:昂貴低檔、廉價低檔、高檔。

(二)1999 年

各家汽車公司迅速在這些利基市場推出更多車款,因此到了 1999 年,三個區塊都變得相當擁擠。甚至連中檔市場區塊的競爭都很激烈,因為豐田冠美麗(Camry)稱霸這個市場。

二、產品策略

寶馬從小型車(3 字頭,1500~1800cc)、中型車(5 字頭,2000~3000cc)、大型車(7 字頭,3000cc 以上)的車型都有,此外還有跑車,產品線可說很完備。

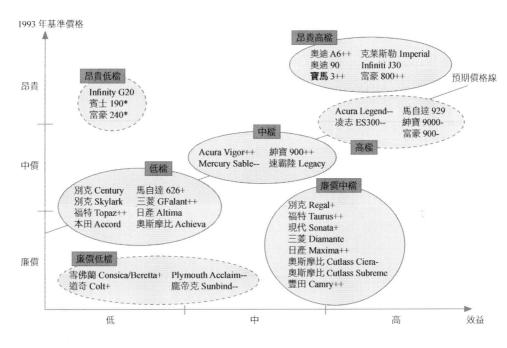

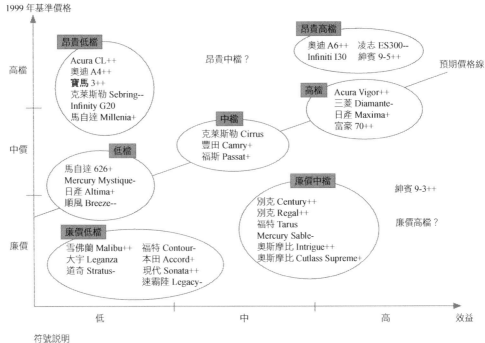

符號說明

+	＝年度銷售輛數上升 3% 至 10%	黑體字	＝每年銷售十萬輛以上的暢銷車款
++	＝年度銷售輛數上升 10% 以上	*	＝廠商在該年已停產的型號
-	＝年度銷售輛數下降 3% 至 10%	( )	＝競爭較不激烈的區塊
--	＝年度銷售輛數下降 10% 以上		

資料來源：李察・達凡尼（2007），第 69 頁，表 3。

圖 11.1　寶馬汽車的 1993、1999 年市場定位

(一)2009 年以前，以柴油引擎拚生態汽車市場

在 2005 年起的高油價時代，寶馬主推柴油汽車，強調柴油引擎更省油、更省錢（超級柴油油價比 98 汽油每公升約便宜二元）。這在車界是少數拚柴油汽車的。

(二)在推出電動汽車方面，寶馬「來得早，不如來得巧」

在接連數年推出電動概念汽車之後，一些汽車公司認定電動汽車已經可以進入消費市場攻城掠地，不再只是實驗室裡栽培的花朵。

2009 年 9 月中旬，德國法蘭克福市二年一次的全球車展中，寶馬發表 Vision Efficient Dynamics 概念車，使用可插電充電的柴油發電動力引擎。[3]

2011 年 6 月，寶馬跟碳纖維公司 SGL 合作，2012 年推出碳纖維車體的電動汽車，碳纖有量輕（鋼的一半）、耐撞優點。[4]

三、品牌管理

2010 年 7 月，寶馬大中華區總裁史登科（Christoph Stark）接受《天下》雙週刊記者專訪，指出寶馬成為全球豪華房車銷售的第一名的原因，詳見表 11.1。

表 11.1　寶馬的品牌管理

品牌價值主張*	說明
一、軟性訴求，即品牌圖像（brand imagery）	品牌力強，寶馬大量投資以建立一致的強勢品牌，進而塑造顧客必買的情感因素，寶馬的車讓消費者有情感吸引力，消費者看到就想要開，想要擁有。
二、硬性訴求 ＝(一)×(二)×(三)	透過技術不斷創新領先，快速攻略車市，優越引擎動力與極美外形，讓全球車迷愛不釋手，2003 年起，連續七年全球銷量破一百萬輛，奠定豪華房車龍頭地位。
(一)工業設計推動的設計美譽	寶馬的車很一致，消費者看到一輛車，就立刻知道這是 BMW，不論設計、聲音、感覺，都很一致。 2009 年起，大陸成為全球最大的汽車市場，所有的汽車公司都盯著大陸市場，並且要發展在地的大陸策略。在大陸做生意要成功，在地化最重要。寶馬還因此特別推出一款為大陸客製化生產的汽車，只在大陸製造（註：2004 年在遼寧省瀋陽市設廠）、銷售，所用的零組件，也是在地供應。
(二)工程技術	比消費者先一步看到趨勢，我們總是著眼先進科技，例如安全和舒適、樂趣以及環保。以環保為例，寶馬進行電動汽車計畫，2009 年在美國、德國和英國幾個城市試驗 Mini E 電動車，2010 年年底，在大陸一些城市實驗，這是跟大陸汽車技術研究中心、國家電網與發改委一起合作的案子。

表 11.1 （續）

品牌價值主張*	說明
(三)產品創新	之所以要進行這麼大規模的實驗，是想了解消費者真正的駕車習慣，例如，開多少距離、多少小時、在哪裡充電等等，消費者的需求到底是什麼？實驗中所得到的經驗與數據資料，都會應用在下一代商品化的電動汽車。寶馬實驗氫能汽車，這種汽車排放的是水和水蒸氣，還沒有量產。 製造一代比一代更環保省能的汽車，已經成為汽車產業繼續發展的核心能力。許多年前，寶馬開始嚴肅思考，每一代汽車、每一種引擎，都要有更好的效能、安全，更重要的是，要更省油。寶馬因為起步早，現在被認為是全世界豪華房車中，最環保的汽車品牌。每一代車款都能節省 5～20% 的能源。 在 2013 年，寶馬會推出「超大城市汽車」（mega city vehicle）的豪華電動汽車系列。寶馬相信，豪華汽車一定要有綠色的元素。

*資料來源：伍忠賢，華碩馬步兵法，五南出版，2007 年 1 月，第 155 頁圖 6.5 第 1 欄。

**資料來源：整理自天下雜誌，2010 年 7 月 14 日，第 162～163 頁，蕭富元、熊毅晰。

11.3　流程分類

美國達特茅斯大學塔克商學院二位教授霍爾和詹森（2009）年，把生產流程分成圖 11.2。

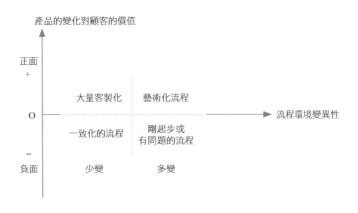

資料來源：修改自霍爾與詹森（2009 年），第 98 頁表 1。

圖 11.2　生產流程的分類

一、一致化的流程

標準化流程可以減少產出的變異，假如公司的目標是產出少數幾種完全一樣的產品或服務，最適合採用這種流程。在這類情況下，不應該容許任何員工自行判斷，鋼鐵、汽車、消費金融服務，就是普遍運用一致化流程的例子。

二、大量客製化

用科學化流程管理產出的變化。有些公司的「接單後組裝」（Assemble-to-order）便屬於這類，像是戴爾公司的個人電腦，或寶馬的「訂製」汽車專案等。雖然可能的組合有許多種，寶馬宣稱有 1.3 億種的組合，但僅限於組裝預先設定的元件。大量客製化是指兼顧客製與量產，但如果是顧客要求真正的客製化（例如「我要一台布面機殼的粉紅色電腦，搭配我的辦公室。」），就做不到了。

根據寶馬的統計，每位顧客在訂車之後，至少會改變心意一次。因此，為了滿足每一位顧客極為挑剔、善變的需求，寶馬生產線的應變能力可以讓顧客在汽車進入生產線的六天前，都可以要求變更設計與配備的程度，使得從同一條生產線中出廠的汽車，沒有任何一輛是完全一模一樣的。

在「探索頻道」中的「製造的原理」，曾有一集說明美國寶馬的組裝廠的「量身訂做」，主要還是座椅（約有 70 位員工負責），鑲胡桃木等車內裝潢（簡稱內裝）、車外顏色（與開天窗）等，至於汽車機械部分則不能動。

至於本章所介紹的變速箱生產線，則屬於一致化「標準化」流程。

三、剛起步或有問題的流程

這種流程的產出往往不符合顧客要求，產品採用全新的材料、技術或設計時，常會出現流程失控的現象。在這類情況下，管理者應該思考控制產出變化是不是可行或值得。如果無法控制變化，但可以說服顧客喜歡變化，解決之道就是採用藝術化流程。如果顧客不願容忍變化，公司就應致力了解變化的起因，並且建立標準流程。波音就是以這種方式，處理第一架碳纖維複合材料機身的商用機「787 夢幻客機」，波音公司利用試駕，了解如何把機身的製造流程標準化。

四、寶馬的大量客製化流程管理

對愛車族來說，擁有一輛寶馬是許多人的夢想。因為，就像寶馬的品牌口號「極致駕馭工具」（The Ultimate Driving Machine）一樣，駕駛寶馬汽車，讓人有一股說不出的快感。寶馬的造車工藝挑動了所有愛車族的敏感神經，也滿足了顧客極為挑剔的需求，讓寶馬的品牌形象歷久彌新，在各種品牌價值排名中，也一直名列前茅。

「豐田是靠製程，寶馬是靠產品致勝，我們的車完全是為顧客量身訂做的，」寶馬董事長兼總裁雷瑟夫對《時代》雜誌記者強調。量身定做對毛益率利大於弊。「產能規模與成功，並不能劃上等號。」而且，「寶馬不會為了削減成本，犧牲提供顧客想要的汽車的能力。」

為了實現「大量客製化」（mass customization），寶馬從生產線的配置、員工工時、勞資關係到與供貨公司關係的所有管理層面，都盡可能維持最大的彈性。

(一)員工管理

寶馬跟員工達成協議，打破傳統固定工時的限制，以生產需求來決定。萊比錫廠就根據生產需求，一週的工作時間 60～140 小時。為了要有效的運用員工，員工排班也不是一天兩班或三班制，而是有 300 種組合，讓人力可以發揮最大的效能與應變能力。

為了做到大量客製化，寶馬透過「網絡化管理」（networking）以維持最大彈性。從員工第一天上班開始，寶馬就鼓勵各部門員工建立跨部門的人際關係，積極培養跨部門合作與討論的氣氛與習慣，讓管理高度的人際關係網絡化。雖然制定目標、策略仍是由上至下，但員工可以自由組成跨部門小組，找到最佳方案達成目標。

「好的公司都有很好的跨部門橫向溝通能力，這就是寶馬致勝的原因，」寶馬財務長克勞斯（Stefan Krause）對美國《商業周刊》記者表示。

為了確保複雜的生產過程不出錯，寶馬鼓勵員工提供改善意見，因為只有讓員工覺得自己可以造成改變，高度客製化的生產管理，才會比較容易實現。每位員工在加入公司後，很快就會學習到，提出新點子，是最重要的事。「在

寶馬,因為違反規定而尋求主管原諒,比得到允許還容易,」前寶馬公關主管葛爾(Richard Gaul)表示。要在不失控的混亂邊緣,不斷激發創意,是 21 世紀汽車產業必須要掌握的能力。

雖然網絡化管理比較容易激發創意,但很多大公司擔心這種管理方式,極易造成混亂,會有創意與紀律之間的兩難。但對寶馬這種以創新為目標的公司來說,允許某種程度的混亂是必須的。

(二)供貨公司管理

寶馬非常重視跟供貨公司的溝通。以座椅為例,為了溝通方便,寶馬讓供貨公司直接在寶馬的工廠組裝座椅。不但可以節省運輸時間、成本,增加速度與可靠性。而且,只要 20 分鐘前通知,就可以馬上組裝一個客製化的座椅。問題出現時,也可以馬上討論解決。

11.4 生產線員工延壽專案——透過人因工學提高生產力

以前,有一項調查得到技術工人的生產力高峰在 43 歲,此時體力雖比小伙子差,但累積經驗的貢獻會勝過體力下降。本節針對寶馬一條 42 個人(二班制,一班 21 人)的變速箱生產線,以平均年齡 47 歲的員工組合,來研究如何「留不住青春但留住生產力」。

第四、五節主要以法國楓丹白露的歐洲工商管理學院(INSEAD)洛克等四位教授的文章(2010 年)為基礎。這篇文章是產學合作的個案分析,四人職位如下。

- 克里斯多夫・洛克
  歐洲工商管理學院教授。
- 費邊・史汀
  歐洲工商管理學院的博士後研究員,以及該學院產業卓越獎(Industrial Excellence Award, IEA)競賽的管理者。
- 尼可勞斯・包爾(Nicholaus Bauer)

寶馬德國丁格芬動力傳輸廠副總裁兼廠長。

‧赫爾穆特‧毛爾曼（Helmut Mauermaun）

丁格芬動力傳輸廠經理。

一、問題解決程序

企業管理是廣義的問題解決程序的運用，後者一如萬用鑰匙可以打開大部分的鎖，這是回復基本（return to basic）的基本功。以這角度來看本案就可以一目了然，詳見表 11.2，先看整座森林全貌，再來詳細看樹，就不會「因木失林」了。

表 11.2　寶馬提升高齡員工生產力的解決問題程序

解決問題程序	說明
一、規劃	
（一）問題	隨著工廠成立時間越久，在終身雇用情況下，員工年齡也變高，中高齡員工從事體力工作的生產力可能會下降。
（二）目標	員工「延壽」，即員工變老，但是希望生產力「歷久不衰」，一如一些美國戰艦採取延壽計畫，裝上新的戰管系統，艦體雖舊，但是武力升級，戰力跟新出廠戰艦不相上下，如此一來，老戰艦服役期間由 40 年拉長為 60 年。
（三）構想：替代方案	「2017 生產線專案」執行的許多構想，都是工作場所實體的調整，用來減少員工身體的疲累，進而降低員工請病假的可能性。總的來說，這條生產線在設計和設備方面，改善了 70 項可提升每個工作站人體工學的小地方，詳見表 11.7，列出其中一些改變和成本。
（四）決策	每位員工都得到五點的「預算」，可以投票給各個構想；這個簡單的做法，會產生一張排好優先順序的行動清單，供專案小組參考。「沒有一個構想是從上面來的。管理者和班長刻意放棄控制大權：我們不評估、不批評，也不駁回任何一項構想。員工排出他們心目中的優先順序，」毛爾曼說。
二、執行	
（一）試做	1. 安裝可調式放大鏡，能幫員工區分小零件，舒緩眼睛的疲勞，並減少錯誤。
	2. 有些措施，兼顧到人體工學和品質上的要求。工作站安裝可調整高度的桌子，能配合每位員工的身高，減輕背部的壓力。它也有助於同一班次中的工作輪調，因為桌子可以迅速調整，讓接手的員工很容易適應。
	3. 在幾個工作站安裝特殊座椅，讓員工們可以坐著工作，或是短暫休息輕鬆一下。引進的第一種款式是理髮椅。員工試坐後，在一名工

表 11.2　（續）

解決問題程序	說明
（二）定案	程師的協助下，改進了椅子的形狀和材質，用皮面取代容易讓人流汗和磨擦不適的塑膠面。接著，他們跟一家特殊座椅製造公司共同開發新座椅，一張椅子 46,200 元。 4. 新的木頭地板，加上能因應體重的鞋子等做法，減低了員工關節的壓力和靜電刺激。 管理階層願意快馬加鞭執行員工提出的構想，進一步增強員工的接受程度。 一位課長說：「有個工作站的員工裝了木頭地板後，員工提出的構想大為增加。起初，鄰近的生產線人員嘲笑這樣的做法，但才過一天，就明顯看出有很大的助益。工作了一整天後，你的膝蓋不會疼痛。這讓我們看到，「2017 專案」真的可能有意義。」 之後，由員工接手，專案小組轉而把重心放在執行他們的構想上。專案小組找來一位人體工學專家、一位安全長，以及一位流程工程師，以提供支援，但大部分事情都靠員工自己動手，有些甚至用到他們自己的時間。他們越來越以參與這項專案而自豪。
三、控制	
（一）績效評估	詳見表 11.8，結論是「花小錢、動腦袋」，輕易達成員工「生產力」延壽目標。
（二）修正	詳見§11.5 二，即擴大推廣此專案到寶馬全球各廠。

二、找出問題

寶馬設在下巴伐利亞邦丁格芬（Dingolfing）的變速箱廠（該公司稱為動力傳輸廠），有 2,500 名員工。

該廠的問題之一在於到 2017 年時，員工平均年齡將從 2007 年的 39 歲增為 47 歲。由於年紀較大的員工，請病假的時間較長，而且一般來說，他們必須更加賣力，才能維持原來的產量，如果任由人口結構變動產生強力衝擊，這座廠勢必無法執行公司的策略；也就是無法藉由技術以及生產力的大幅改善，來提升競爭優勢。

有這種憂慮的公司，不只寶馬一家，大部分已開發國家的公司董事長、政治人士和勞工經濟學者，都擔心勞動市場人口結構變化的後果。這些國家的年長勞工，所占比率越來越高。以美國為例，65 歲以上人口的比率，從 2000 年

的 12.5% 增為 2020 年的 16.6%，德國從 16.4% 增為 21.6%，日本從 17.1% 增為 26.2%。這會是醫療等費用很高的趨勢：在工業國家，65 歲以上人口的醫療保健費用，約為三十到五十歲人口的三倍。處理這個問題的傳統做法，包括優退或調職，但都是「死胡同」（不通），只好被迫面對問題來解決，詳見表 11.3。

表 11.3　在德國處理員工高齡化的不可行方案

方案	說明
一、鼓勵優退	遣散年長員工，或是強迫他們提早退休。
（一）對國家	對整個國家來說，這當然也不是可行之道：1980、1990 年代，一波又一波的提早退休潮，導致退休公民相對於在職公民的比率升高，退休金的籌措更加困窘。
（二）對寶馬	對寶馬之類的公司來說，優退不是可以考慮的選項。寶馬就是以「可靠的雇主」之名，贏得員工對公司的向心力。
二、調職	把年長員工調往體力負荷較輕的工作，但如果接替他們位置的年輕員工數不足，方法就不可行了。
（一）對國家	就整個國家來說，調職也不是解決之道，因為這樣的措施會被解讀為歧視。 寶馬是下巴伐利亞邦最大的雇主，遣散或轉調年長員工的任何決定，都會導致政治嚴重後果，並使問題「泛政治化」。

三、解決之道

尼可勞斯‧包爾（Nikolaus Bauer）是變速箱廠（寶馬稱為動力傳輸廠）廠長，他擔心隨著員工年齡漸增，生產力似乎不可避免只有滑落一途。於是，為了跟年長的員工繼續共事，並解決生產線上問題，決定重新設計工廠的工作空間，推動「2017 生產線專案」（又稱為「全為明天」），在 2007 年 6～11 月，跟彼得‧朱席克（Peter Jurschick）、赫爾穆特‧毛爾曼（Helmut Mauermann）兩位生產線經理共同發揮創意，發展由下而上的生產力改善方法。

(一)工人年齡跟生產力曲線

這份報告利用標準化問卷「工作能力指數」（Work Ability Index, WAI），評量員工的能力是否能配合特定工作的要求，並且把配合的程度計分。

分析後軸生產部一百位員工和其工作的適配性後發現，平均生產力分數一如預期，隨著年齡升高而下降，但每個人的差異也隨之擴大：有些員工的生產力維持不變，其他人卻大幅下滑。幸虧有了這些發現，朱席克和毛爾曼推動本專案時，知道生產力不一定會隨著年齡增長而下降。

(二)人因工程原則

在機檯等機器設備的設計時，應考量人體工學，即為操作機器的員工考量，儘量考量其人性需求，即不要太累、不要太重複甚至不要太無聊。

(三)組成試驗生產線

在這段期間，這條生產線的二位課長岡瑟・席塔德勒（Günther Stadler）和克特・狄克特（Kurt Dickert）跟許多員工進行一對一面談，向他們解說先導生產線，不是給從事部分工時的退休前員工輕鬆工作。它有遠大的生產力和品質標準要達成，跟其他生產線並沒有兩樣。他們也喚起員工的榮譽感：「嘿，我們需要藉重你們的經驗和技能，來做好這件事，這對本廠的未來十分重要。我們可是賭上自己的飯碗！」

最後，專案小組說服了生產線內既有的 20 名員工留下來，又調了 22 個人到這條生產線，保證一年後可以回到舊單位。2007 年 10 月，這條生產線兩個班次的工人組合，反映了廠方預估的 2017 年員工年齡結構。

(四)抽樣：組成先導生產線

為了找到解決方案，朱席克和毛爾曼選了工廠中的一條生產線，展開先導計畫。設想模擬員工平均年齡 47 歲的生產線的運作情況，實驗設計詳見表 11.3，特地挑選更多高於 45 歲的員工來此生產線，這條先導生產線的勞工平均年齡 47 歲，詳見圖 11.4，符合 2017 年時的樣貌。

表 11.4 實驗對象性質

5W2H	說
·成立（When）	本生產線成立於 2003 年。
·成品（What）	中軸汽車的後軸變速箱。
·員工數（How much）	42 位員工，屬於人數少的生產線，2007 年產能為每班每日 440 部變速箱。 2008 年目標為 500 部。
·位置（Where）	該生產線位於廠中央。
·工作性質（Which）	屬於勞力密集的。
·課長（Who）	共二位，即共二班，一班人數 21 人（不含課長）。 1. 岡瑟·席塔德勒（Günther Stadler） 2. 克特·狄克特（Kurt Dickert）

(五)變革管理——員工參與流程改造

朱席克和毛爾曼為了防止反對聲浪的出現，徵詢了廠內職工委員會（Workers Council）的意見。後來證明，這不只是聰明的政治手腕，也是讓此專案獲得成功的務實行動。職工委員會建議專案小組參考公司以前針對員工生產力所作的一份研究報告，這份報告確立了一個基本架構，在五個層面進行變革，這個架構純屬紙上談兵，但專案小組因此比較了解，為了改善年長員工的生產力，需要著手處理哪些課題，了解生產力問題出在哪裡。

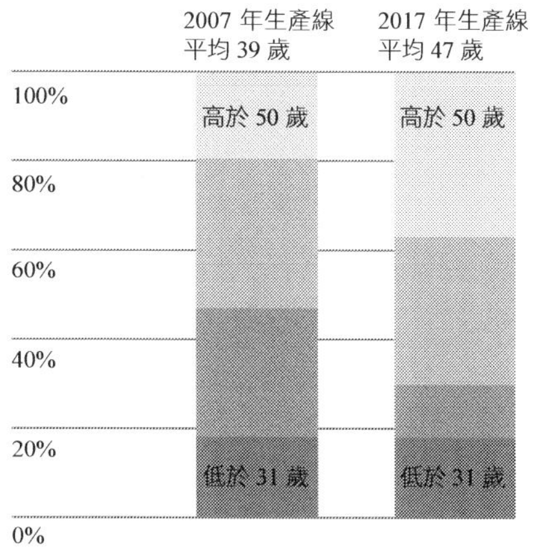

資料來源：克里斯多夫·洛克（2010）第 126 頁表 1 先導生產線

圖 11.3 2007 年跟 2017 年生產線員工年齡分佈

　　席塔德勒和狄克特在資深管理人員和工程技術部人員支援下，跟員工共同開發出一套提升生產力的變革措施，詳見表 11.5。

表 11.5　提高員工生產力需考量的五個層面

層面	說明
一、變革流程	1. 透過參與式管理，以避免排斥「非我族類」（not-invented-here）的任何變革（change）； 2. 調整管理流程，詳見圖 11.2。
二、職場環境*	這是本章的重點。 ・廠區內新增健身房、休息室，甚至擺上盆栽與躺椅，連牆壁都漆成暖色調。 ・照明也提升，方便視力退化的老技工。 ・考量員工上了年紀後，作業速度比一般員工慢約三分之一，由機械臂化協助的工作份量也告增加。 ・活動式的工具小車也讓員工不必緊張地四處找尋工具。 ・「放鬆室」則是以往廁所的升級版，員工不必再偷溜去抽根菸。
三、職能	增進員工職能。
四、健康管理	這項專案配合全公司的提升同仁健康專案而展開，2007 年 11 月，公司舉辦資訊日活動，主題是個人營養與健康管理，丁格芬廠 19,000 位員工中，有一萬名以上參加。專案小組對員工實施自我健康檢查：經常運動等習慣可得正分，抽菸或者過胖等則得負分。 接著，席塔德勒和狄克特舉行一系列的研討會，請員工描述他們覺得哪裡疼痛，以及要如何改變生產線。這些研討會敦促員工為本身的福利和整個專案負起責任。小組認真看待員工提出的每一項構想，讓員工們覺得安心，可以自由自在地進行腦力激盪。小組鼓勵員工把想法寫在卡片，然後釘在一塊板子上。這種溝通方式相當討喜。一位員工這麼說：「持續改善計畫的舊表格，要求我們寫很多東西。填寫那些表格真要命。我以前可是農夫呢。寫東西對我來說很難。」⑤ 上工前得做彎腰、甩肩等延展體操。 在餐點貼上色籤，提醒員工健康飲食。
五、退休政策	廠內有治療師與醫生，專門替老員工治療病痛，並教導適當的運動方法。

＊資料來源：整理自註釋⑤與商業周刊，1216 期，2011 年 3 月，第 13 頁。

(六)搬開路上的石頭

起初，本專案遭遇強大的阻力，很快就被戲稱為「養老員工」的生產線（或阿公線）。也使在這條生產線內的年輕員工擔心，一些生產力較差的員工進來，會對自己不利；廠內其他地方的年長員工則擔心，萬一調離原來的安樂窩，送進先導生產線，他們的生產力恐怕會大為下降。

在許多員工看來，這項專案似乎就像另一件由上而下交辦的任務，他們別無選擇，只能遵照作業流程規定的改變去做。席塔德勒和狄克特也有擔心的事情：公司可能認為年長員工的能力較差，而調低作業速率和績效目標，並把資訊系統降級。

(七)資訊化過程管理也是採變革管理方式

由表 11.6 可見，在 1990 年代時，寶馬採取功能型資訊系統（functional information system），底下以汽車設計部為例，說明其性質。

表 11.6 公司資訊系統所使用資訊技術的類別

類別	定義	特性	實例
企業型資訊科技	規範業務流程的資訊科技	1. 強制全公司實施配套措施。 2. 指定身分，並且設定任務和順序。 3. 規定資料的格式。 4. 強制採用。	企業資源規劃（ERP）、顧客關係管理（CRM）、供應鏈管理（SCM）等軟體
網路型資訊科技	能夠促進人與人互動，但不設定互動條件的資訊科技	1. 不強制實施配套措施，但允許配套措施逐步建立。 2. 不指定身分，或者不設定任務或順序。 3. 接受多種格式資料。 4. 不強制使用。	電子郵件、即時通訊、共同創作網頁、部落格、混搭程式
功能型資訊科技	協助執行個別任務的資訊科技	1. 不需要任何配套措施就能採行。 2. 配套措施齊備後，效果更好。	模擬器、電子試算表、電腦輔助設計（CAD）、統計軟體

資料來源：安德魯‧麥克菲（2006），第 136 頁表 1。

1990 年代末期，寶馬的設計部主管克里斯‧班格（Christ Bangle）希望設計師除了紙、黏土和木材外，也使用電腦輔助造型（computer-aided styling, CAS）軟體。

班格聘請電腦輔助設計專家跟設計師並肩工作，但設計師還是不怎麼願意使用軟體。有一天，班格宣佈電腦輔助設計小組必須在三個月內拿出成績，否則要把他們的電腦賣掉。他並沒有強迫設計師配合，而是向電腦輔助設計專家和模型師傅施壓。

這些人果然使出渾身解數，幫助設計師使用軟體，並且規劃新的設計流程。班格曉得，他不能逼迫部屬採用軟體，也不能奢望配套措施會自行出現。當然他可以稍微逼他們一下，但是他必須讓他的單位自己去發現新的工作方式。

(八)改變工場設施，以提升生產力

員工們針對工作場所的設備，做了七十項改善建議，以減低身體的疲累和發生錯誤的機率。加上幾個小時的維護時間（實例詳見表 11.7），總成本才四萬歐元（詳見表 11.8）。

表 11.7　寶馬藉由人因工程改善員工生產力的方式

措施	效益	成本（1 歐元折 41 元）
斜角顯示器	‧減少眼睛疲累 ‧維護時間兩小時	無成本
電腦螢幕字體放大	‧減少眼睛疲累，並把分類錯誤降到最低 ‧維修人員在正常時間內維護	無成本
放大鏡	‧減少眼睛疲累，並把分類錯誤減到最低	小於 41,000 元
可調整工作桌	‧緩和身體疲累，並便利同班次的人員輪調 ‧在正常時間內進行維護	無成本
大把手抓取工具	‧減少手臂的疲累 ‧跟大學生專案合作	無成本

表 11.7　（續）

措施	效益	成本（1 歐元折 41 元）
可堆疊運送容器	・緩和身體疲累，並便利同班次的人員輪調 ・新產品上市時，已改良了容器	無成本
手動起重機	・減少背部疲累 ・配合某大學的碩士論文而安裝，總成本跟該校分攤	小於 41,000 元
理髮椅	・可短暫休息，以及調整身體的緊張部位，員工可以站著或坐著	小於 41,000 元
整形外科鞋	・減低腳部承受的壓力	小於 82,000 元
木頭地板	・減低膝蓋的緊張和靜電刺激	小於 205,000 元

資料來源：同圖 11.1，整理自第 127 頁表 2，2017 人體工學。

(九)粗輕活搭配

除了設備的改變，又輔以工作實務上的改變。這條生產線引進同一班次在各工作站間的工作輪調，以平衡工人身體的負荷，詳見圖 11.4。起初遇到一些阻力，一位員工這麼說：「我本來全盤反對。你難免會認為，在你之前操作同一部機器的那個人，不像你做得那麼好。但我們很快就發現，工作時間過得更快，看得更清楚旁邊的人是怎麼工作的，而且真的會互相幫忙。」

工作站 A
溫和／適度的疲累
每班次最多六個小時
組裝傳動凸緣和齒輪

工作站 B
體力負荷最重
每班次最多三個小時
搭配工作載體和軸承固定座

工作站 C
體力負荷最輕
每班次最多六個小時
組裝後差速齒輪箱蓋

資料來源：同表 11.2，第 129 頁表 3

圖 11.4　最佳人體工學輪調制

此外，有位物理治療師開發出一些肌力和伸展運動，最初幾週，他每天跟員工一起做，引來其他的生產線工人訕笑，使得「2017 生產線」上的許多人很不情願做運動。席塔德勒從那群人中，找了一位自告奮勇、願意當領導人的員工，情況才有了突破。這位自願者跟同事溝通，在休息時間一開始吸引他們的興趣，也跟他們一起運動。

管理人員認為，為了維持生產線上年長員工的生產力，分析了各個工作站身體疲累的程度。A 是溫和或適度的疲累，B 在體力上最吃重，C 最不吃力。最後作成的決定是：員工可整個班次待在工作站 A，但就在 B 和 C 之間輪調，以減低受到傷害的可能性。

11.5　專案控制

「自古無場外的舉人」，一個先導生產線的專案便是「由小看大」，由抽樣的實驗，來看試驗結果是否更好，本節討論控制二大部分：績效評估和修正（回饋）。

一、績效評估

專案的成敗大部分取決於「效益成本分析」（benefit-cost analysis），通俗的說法便是「划不划算」（即投資報酬率），由表 11.8 來說，本專案可說「花小錢賺大錢」，也就是「一本萬利」的投資。

二、修正

寶馬讚譽「2017 生產線」是生產力和高品質的典範，後續的專案在德國萊比錫、奧地利斯泰爾（Steyr）、美國的汽車組裝廠中推動，目標是 2008 年起把它納入寶馬的全球製造體系中。

寶馬在推廣這項方法時，也確保配合各工作場所的特定狀況去施行，並運用這個由員工領導的方法，找出該變革和實際推動變革的方法。確切的數字沒有對外透露，但擴大實施的這些測試，顯示這個方法取得的成效，跟丁芬格廠的成效相近。

表 11.8　2017 生產線專案的效益成本分析

方向	效益	成本
一、直接	在一年之間，「2017 生產線」的生產力提升了 7%，跟較年輕工人生產線的生產力相當。三個月後，達成了每百萬件中只有十個瑕疵品的品質目標，2010 年的績效是零瑕疵品。在 2008 年中，這條生產線的目標產量提高到每班次 500 具變速箱，2009 年 2 月，再提高到每班次 530 具；這符合廠方訂得很高的生產力目標。	本專案的資本投資約 82 萬元，包括人體工學家和物理治療師，以及包爾、朱席克和毛爾曼花的時間。出席生產線研討會的工資約 82 萬元，總成本合計 164 萬元。
二、間接	2008 年，病假、產假、預防性醫療保健和復健有關的缺勤率是 7%，仍高於廠內其他單位，是年長勞工組合的典型數字。2009 年 6 月，缺勤率降為 2%，低於廠內平均值。生產力提高後，四名員工轉調到其他生產線任職，但連起初持懷疑態度的人在內，沒有人真的想離去。	

奧迪汽車（Audi）的 R8 運動跑車生產線清一色是資深員工，因為製程特別複雜，年長者的動作慢，反而不易出錯；把老化人力轉為助力。寶馬在德語區各工廠招收四千名提早退休或遭資遣的老技工。其他的跨國大企業，如德國航空（Lufthansa）、化學業龍頭巴斯夫（BASF）與批發零售業萬客隆（Metro）集團，也進行類似試驗。

三、結論

「2017 生產線專案」是分權式解決公司問題的絕佳案例，工廠的高階管理者提出問題：製造部經理想到以實驗方式來解決問題：生產線員工發展出實際的解決方案。

如果期望出現良好的解決方案，就必須給第一線員工思考和實驗的自由。企業要因應未來的挑戰，藉重員工的腦力，很可能是使結果不同的一項最重要因素。

註　釋

①工商時報，2011 年 9 月 8 日，A8 版，鍾志恆。

②工商時報，2011 年 1 月 11 日，A9 版，陳穎柔。

③經濟日報，2009 年 9 月 15 日，A7 版，陳家齊。

④經濟日報，2011 年 6 月 16 日，A9 版，鍾志恒。

⑤中國時報，2011 年 2 月 21 日，A13 版，潘勛。

延伸閱讀

1. 安德魯‧麥克菲，「當資訊科技的主人」，哈佛商業評論，2006 年 11 月，第 132～141 頁。

2. 韋樹仁，「BMW 超級應變力的祕密武器」，天下雜誌，2007 年 10 月 10 日，第 178～180 頁。

3. 李察‧達凡尼，「標出競爭力座標」，哈佛商業評論，2007 年 11 月，第 62～74 頁。

4. 約瑟夫‧霍爾等，「讓標準流程活起來」，哈佛商業評論，2009 年 3 月，第 94～99 頁。

5. 徐帆，「尊爵BMW，極致之美」，非凡新聞周刊，2010年1月17日，第 102～103頁。

6. 克里斯多夫‧洛克等，「寶馬打敗老年化危機」，哈佛商業評論，2010 年 3 月，第 124～129 頁。

討論問題

1. 以圖 11.1 為基礎，更新最新的寶馬汽車市場定位。

2. 以表 11.2 為架構，去討論寶馬問題解決過程的優點與缺點。

3. 以表 11.3 為基礎，你的公司、部門如何因應員工高齡化趨勢。

4. 以表 11.5 為基礎，詳細討論提高生產力需考量的五個層面。

5. 以表 11.6 為基礎，你是否還能想到更多好點子？

12

友達光電如何落實綠色承諾

未來想做液晶電視代工，如果沒有面板廠支持，困難度相當高。其中面板占了液晶電視成本結構的五成，剩下的五成分別為控制器與外殼機構。

因此未來液晶電視的研發，需跟面板公司緊密結合，代工公司不管是生產筆電或者液晶電視的業者，都很難跟擁有面板公司優勢的代工公司（指景智）競爭。

——李焜耀
友達董事長
今周刊，2009 年 7 月 23 日，第 27 頁

友達光電的綠色承諾

在 2009 年 11 月，環境資源部第 18 屆企業環保獎共有 11 家公司得獎，友達光電（2409）是其中之一。以 L6A 廠作為代表參賽，第四節著重在四項中的一項「製程減廢及能資源節用」，2008 年每單位玻璃基板面積的用電量及用水量均大幅下降；增設污泥乾燥系統，使廢水系統產出的污泥減量達 68.8%，降低委外污泥處理與環境的負荷。

友達光電（2409）小檔案

成立：1996 年 8 月
董事長：李焜耀
總經理：陳來助
公司地址：新竹市新竹科學工業園區力行二路 1 號
營收：（2010 年）4,430 億元
盈餘：（2010 年）66.93 億元
營收比重：面板 95%，太陽能電池模組 5%
全球員工數：43,000 人

一、友達的豐功偉績

友達的黃金歲月之一在 2008 年，該年，友達上了國內外很多報刊評比的排行榜。

友達光電面板所製的液晶電視
圖片提供：今周刊

1. 富比世排行

2008 年 4 月 2 日，美國《富比世雜誌》（*Forbes*）公布 2008 年全球 2000 大企業排行，台灣有 42 家公司進榜，以鴻海精密的 269 名最高，友達排 416 名，詳見表 12.1。[1]

表 12.1　2008 年《富比世》全球 2000 大公司台灣上榜的前十大企業

排名	企業
269	鴻海精密
332	台積電
416	**友達光電**
428	台塑石化
565	南亞塑膠
578	國泰金控
614	中華電信
633	中國鋼鐵
692	華碩電腦
739	台灣化學纖維

資料來源：富比世網站

2. 十大最佳聲望公司

在台灣，《天下雙週刊》每年十月刊出十大最佳聲望公司，在 2008 年，友達入列，排第九，詳見表 12.2。但 2009、2010 年未入列。

表 12.2　2008 年最佳聲望標竿企業前十名

2008 年排名	2007 年排名	公司名稱
1	1	台灣積體電路
2	5	聯發科技
3	10	宏達國際電子
4	2	鴻海精密
5	7	德州儀器
6	4	華碩電腦
7	6	統一企業
8	3	統一超商
9	*	**友達光電**
10	9	中國鋼鐵

*去年未進前十名

註：最佳聲望標竿企業排名採指標平均得分計算

資料來源：天下雜誌，2008 年 10 月 8 日，第 67 頁。

3. 企業社會責任

靠營收拿到排名，還要夠「企業公民」。

在 2007 年底公布，亞洲公司治理協會和里昂證券合作的「2007 年亞洲地區公司治理報告」中，友達名列為亞洲綠色企業之一。

2008 年 3 月 31 日，《天下雙週刊》頒發 2008 年天下企業公民獎，由表 12.3 可見，友達在大型企業組中排第五。友達排名大幅躍進，從第十名來到第五名。2010 年，友達未入榜。

企業公民獎以公司治理、企業承諾、社會參與、環境保護四大面向，評選出對員工、股東負責，同時也提升社會品質的前 50 大企業公民。[2]

友達致力節能減碳、綠色承諾，為全球唯一入選 2009 年道瓊亞太永續性指數的專業面板公司。

表 12.3　2008～2009 年天下企業公民獎大型企業組排名

2008 年排名	大型企業	2009 年排名	大型企業
1	台積電	1	台灣積體電路
2	台達電	2	台達電子
3	中華電信	3	中華電信
4	光寶科技	4	光寶科技
5	**友達光電**	5	玉山金融控股
		6	台灣大哥大
		7	聯發科技
		8	中國鋼鐵
		9	**友達光電**
		10	統一超商

「友達綠色承諾」包含創新研發、採購、生產、運籌、服務到回收處理，還加上要讓每位員工都能參與的 Green DNA 計畫，例如停用紙杯、使用環保餐具等。

「我們每個廠區的洗手間都沒有擦手紙，帶手帕就好了。」[3]

二、經營者

友達是明基友達集團的皇冠上的珠寶，是 BCG 模式中的搖錢樹，以支援自有品牌的明基（屬於明日之星）。友達的經營者，檯面上有下列三位，依序介紹。

(一)董事長李焜耀

友達董事長李焜耀身兼佳世達（代工）、明基（品牌）董事長，幾乎在液晶顯示器（包括電腦螢幕和液晶電視）可做到一條龍。以 2011 年第一季來說，友達在全球面板業居第三（全球市占率 16.5%），依序為樂金顯示器（LGD 全球市占率 25.9%）、三星電管（三星集團旗下市占率 25.6%），奇美電居第四（市占率 15.6%）。

2009 年鴻海集團的群創光電（3481）宣佈（實際合併 2010 年 3 月 17日）合併奇美電（3009）起，報刊封李焜耀為「防鴻總司令」，想方設法要作到一條龍且大幅擴廠，以回到面板老三位置。由表 12.4 中可見友達在成品組裝代工的初步佈局，景智、長智資本額皆小。

李焜耀小檔案

生日：1952 年 9 月 10 日

現職：明基友達集團董事長

經歷：1976 年進入宏碁任職

1991 年任宏碁子公司明碁電腦（現名明基電通）總經理

2001 年起自立門戶，掌管明基、友達集團。

學歷：台灣大學電機系畢業、瑞士洛桑管理學院（IMD）企管碩士

家庭：妻藍瑞雪，育 2 女

友達、明基集團董事長李焜耀
圖片提供：今周刊

表 12.4　液晶電視的供應鏈

公司　　價值鏈	零組件	模組		成品	
			面板	組裝	品牌客戶
一、奇美電 （3481）	驅動 IC：奇景 光源 ・冷陰極管： 　中國電器、 　啟耀 ・LED：先進電 　（3362）、沛 　鑫（3413）		奇美電 （3481，即 新奇美） 背光模組： 奇菱科技、 大億科	・奇美電 　（3481） ・瑞軒 　（2489）	・索尼 　（Sony） ・美國 Vizio ・新 視 代 　（奇美集 　團的自有 　品牌）

表 12.4 （續）

價值鏈 / 公司	零組件	模組	成品		
		面板	組裝	品牌客戶	
二、友達：一般來説，公司名字中有「達」的，大抵是「達字輩」	1. 驅動 IC：瑞鼎、旭耀 液晶板偏光片： 2. 達信（8215） 3. 彩色濾光片：達虹（8056）* 4. 光學膜：嘉威 光源： 1. 冷陰極管：威力盟（3080） 2. LED ·LED 晶粒：隆達（3698） ·LED 封裝：凱鼎、威力盟	友達（2409） 背光模組：達運、輔祥（6120）、奈普（6255）	1. 景智 2. 長智光電（2 億元，大陸長虹跟友達合資，人民幣 1 億元），2009 年 7 月 3. 佳世達（2352）	·南韓、大陸家電公司 ·大陸四川的長虹 ·明基電通（BenQ），明基友達集團的自有品牌	

*2011 年 6 月底，達虹被賣給宸鴻

(二)副董事長：陳炫彬

在思考友達的下一步時，《京都式經營策略》這本書，給陳炫彬很大的啟發。「京都很多企業都是做零組件的公司，但他們的獲利比東京許多做品牌的大集團還要好。友達的核心技術還是以零組件為主，做零件的疆界較小，比較能夠深耕精耕。」[④]

*不很有名，但很賺錢──稱霸全球的京都式經營策略

《京都式經營策略》作者末松千尋，是京都大學經濟學研究所助理教授。在他的研究中發現，日本企業分成兩大經營風格，一為代表集團化經營、強調品牌的東京式企業，代表性企業如日立、東芝、三菱電機、恩益禧、富士通、松下及索尼；二為代表獨立經營、強調技術的京都式企業，代表性企業為京瓷（其創辦人稻盛和夫很有名）、羅姆、日本電產（Tosei）、村田製作所、日本電容器等。

京都式企業有三大特色：低知名度、高市占率及高報酬率，以知名度來說，它們共同的特色就是在消費者間沒有高知名度，且幾乎都是零件、模組及技術服務的供貨公司。

　　在市占率方面，它們最大的特色就是「擁有絕對的市占率」，例如村田製作所的陶瓷過濾器、陶瓷輻射器，都擁有全世界八成的市占率；崛場製作所的引擎排氣測量器一樣；日本電產的硬碟用主軸馬達，擁有全球七成的市占率。在純益率與資產報酬率，跟東京式企業做同期比較，則是四到六倍之多！

　　歸納京都式企業之所以如此成功，就是因為其專注在深化技術、保持專注，做到同一領域的頂尖者；也就是以京都式的「技術力」，超越東京式的「集團力」。而且對內的人事管理、對外的客戶經營都保持開放的態度，讓企業在全球市場當老大。

陳炫彬小檔案

出生：1951 年
現職：友達副董事長、威力盟（3080）董事長
經歷：友達光電總經理、達碁科技總經理、明碁電通馬來西
　　　亞分公司總經理、宏碁品保主管、飛利浦竹北廠廠長
學歷：交通大學電信工程系

(三)友達集團執行長：陳來助

　　友達在全球有八個廠區，包括新竹、桃園、龍潭（龍潭渴望及龍潭科學園區）、台中（即中部科學園區，尤其是后里）、大陸的蘇州、上海淞江、廈門等；此外，還有五個事業部。

　　因此，平台的管理變得很重要，要讓公司變成一個堅強的團隊，就要把事業部及跨功能小組等功能發揮出來，這是陳來助最重要的工作。[5]

陳來助小檔案

出生：1963 年

現職：友達集團執行長（2010 年 10 月起）、友達總經理。

經歷：友達總經理兼營運長（2007 年 9 月起）、友達製造
　　　總部副總經理、桌上型顯示器事業總經理、新竹廠區
　　　總廠長、達碁 LCD 一廠廠長、工研院深次微米計畫
　　　研發經理。

特殊成績：同時擁有台灣專利約 30 件及美國專利約 40 件。

學歷：清華大學化工博士、碩士，大同大學化工學士，美國
　　　雷鳥國際管理學院企管碩士。

12.1　友達的綠色遠景

　　友達在環保方面的作為已到「第一層：消極遵循法令，第二層納入管理，第三層納入策略，第四層公民責任」的第三、四層，本節說明友達從 2006 年起在環保方面轉守為攻的作法。

一、政府的政策目標

　　2010 年 3 月 4 日，行政院會通過「國家溫室氣體適當減量行動報告」，各年目標如表 12.5 所示。落實政策目標主要得靠「大戶」（即大公司），企業必須遵循法令，否則得付出代價（例如重大投資案承諾抵換碳權、海外購買碳權）。

表 12.5　2010 年政府的二氧化碳排放目標值

年	2005 年	2020 年目標	2025 年目標	2050 年目標
二氧化碳排放量	2.57 億噸	2005 年的水準正常值為 4.67 億噸，須減少 2.1 億噸，才會維持在 2.57 億噸，即需減碳 45%。	2000 年的水準	2005 年的一半

資料來源：整理自工商時報，2010 年 3 月 5 日，A4 版，呂雪慧。

(一)方法：永續資源管理

自 2000 年開始研究物質流（material flow），探討物質（物質的定義包括產品、機器、廠房等）自生產、使用、廢棄到回收的過程，政府及企業界有責任照顧好物質流。物質的生命周期將予以定量化，經過科學研究及管理後再處理。定量化後，政府對物質管理才有根據，企業界才能有效利用物質，做好資源的使用及廢棄物的利用。

(二)美國通用電器集團的作法

美國通用電器集團（GE，俗譯奇異）透過董事長兼執行長伊梅特用口頭及書面的溝通，以公開而明確的方式責成各子公司、事業部的主管，負起兼顧績效和操守的主要責任。公司盡量把全球性的操守標準納入各項商業流程裡，進一步強化這件事。

例如，公司會要求製造部門主管，負責該部門的環保、健康及工業安全議題。每個事業部裡的各個工廠，每一季都必須追蹤提報重要的指標，像是污染外洩、意外事故率、違規通知等。這些數據整合成一個總表，用以比較所有工廠的表現；跨事業部的比較表，則送交董事長。如果名次落在最後四分之一，代表還有很大的改善空間。

二、友達採取策略作為，以搶商機

根據 DisplaySearch 預估，2008 年全球平面顯示器產值為 956 億美元，綠色顯示器即占 20%，預估到 2011 年，綠色產品滲透率 55%，2014 年達到 100%。

綠色顯示器必須符合環保法規外，還要能夠降低生產成本、簡化生產流程，同時還要承擔社會責任，以及預防未來對環境與顧客所造成的傷害。[⑥]

2008 年友達決定進入能源服務與太陽能事業，從以往主動的「能源節用」，轉化為更積極的「能源創造」。

(一)從勉而行之到樂而行之

「從 2006 年開始，我們的心態調整成不只遵循規範，而是希望建立綠色競爭優勢，把門檻墊高，在裡面看到商業機會，」陳來助說。

陳來助分析，「環境保護」這四個字，從話題成為議題，又再演進為規範，不做，就會被阻擋在商機之外。但接下來，將會發展成為攸關銷售量及品牌形象的產品規格。

以液晶電視為例，反應速度、色彩飽和度、視角等都是制式規格，陳來助認為，未來一定會加上更多指標，顯示這台電視優於其他品牌的環保規格。

「這不容易做到，但誰能夠領先，當這潮流到的時候，就是一個機會，」陳來助說。

歐盟環保要求

環保意識高漲，歐盟自 2003 年陸續頒佈「電子及電器設備廢棄物處理指令」（WEEE）、「電機電子設備有害物質限用指令」（RoHS）、耗能產品生態化設計指令（EuP）與「化學品註冊、評估、授權與限制制度」（REACH）等環保指令。如不符合上述指令，則產品不得銷入歐洲。

(二)清潔生產目標：綠色承諾

在 2008 年 1 月，陳來助對外宣告推動綠色承諾（AUO Green Solutions），制定出 2010 年生態效益指標「八七七」。就是跟 2004 年相比，2010 年的友達廢棄物回收再利用率達 80%、溫室氣體排放率降低 70%、用水量降低 70%。「這看似不可能的任務，我們卻有信心達成，」李焜耀強調。

友達為了實現全方位低碳生活，積極落實邁向低碳社會的綠色選擇，2009 年宣示，2010 年要達到碳平衡，並提出碳中跡減量宣言。以數字例子來說

$$
\begin{array}{ll}
\text{碳抵換等} & 4,000 \text{ 萬噸} \\
-\text{碳排入量} & 4,000 \text{ 萬噸} \\
\hline
= 0，即碳平衡或碳中和（carbon neutral）
\end{array}
$$

1. 清潔生產作法

透過表 12.6 中綠色生產方式，達到生產綠色面板的目標。

表 12.6　友達的綠色生產

核心活動	說明	
一、研發部：生態設計	1. 節能面板 友達積極推動 RoHS、WEEE、EuP、Energy Star 與 TCO 等環保法規的標章認證，積極開發這些綠色面板產品。	其 32 吋環保節能液晶電視於 2009 年 8 月率先成為全球第一台通過台灣檢驗科技公司碳足跡認證標準的電視機產品。 以友達 32 吋節能電視面板為例，以一個家庭每天看八小時電視計算，年產 700 萬片 32 吋電視面板，全年可替消費者省電成效達 5,200 萬度，可為地球節省台灣核能一廠的年發電量的一成，效益十分可觀，相當於減少排放 3.3 萬噸的二氧化碳，也等於為地球造林 900 公頃。[8]
	2. 綠色產品 研發綠色面板，採用新技術來簡化面板結構。	
二、採購部：綠色供應鏈	採用綠色零組件，包括玻璃、彩色濾光片、液晶、光學膜、驅動 IC 與 LED 背光板，都要符合綠色法規。	凝聚集團員工的力量，參與綠色市集並購買當地農產品，以降低食物里程（food mileage）並力行節能減碳。
三、製造部	完善環境管理系統：建置 ISO14001、OHSAS18001 管理系統，通過 QC080000 綠色產品管理要求。	
(一)機檯	機檯等	儘量向在地的設備公司購買，以減少碳足跡。
(二)方法	生產流程節能減碳，例如降低光罩數和印刷式的彩色濾光片。	依據機檯不同需求，設計雙壓力的壓縮空氣系統，每年可比單壓系統省下約 4 千萬度電。
(三)人員	環保觀念推行與教育宣導：設置環保／共乘車位、購置公務自行車，引導員工採用兼顧環保的通勤行為。	在招募新人時，更於電子履歷系統中加入「綠色分數（GQ）調查」，以協助面試官了解應徵者對節能減碳的實踐程度。把「Green DNA」納為核心職能，強化員工環保認知及行為。

表 12.6 （續）

核心活動	說明	
(四)其他		
1. 水	目標：「用水量減少 70%」，詳見 §12.4。	
2. 電		2011 年 2 月，后里 8.5 代廠取得 ISO 50001 能源系統認證
3. 製程廢棄物	實行廢棄物回收再利用：提高原材及包材再使用的比例；前段製程產生的廢溶劑再處理利用。	
4. 空氣排放	目標：「溫室氣體排放減少 70%」，宣示在 2012 年產品的碳足跡將比 2009 年減少 30%。	2006 年，領先同業完成 ISO14064-1 溫室效應氣體盤查第三者查證。 2003 年，率先投入溫室氣體減量設備，是台灣第一家安裝全氟化物（PFC）減量設備。 2008 年，企業社會責任報告書（CSR Reprot）獲台灣檢驗科技公司（SGS）查證為全球永續發展報告書 A+ 等級。
四、運籌 (一)包裝	目標：「資源」回收再利用率 80% 友達積極落實綠色運籌上的努力，以創新技術，持續推動「省資源」、「易回收」、「低污染」及「降低物流成本」的包裝設計。2008～2009 年，連續二年獲得環境資源部頒發「綠色包裝設計獎」工業包裝組優選，2009 年得獎的包裝設計如下。	
	1.「大尺寸液晶電視機綠色包裝結果」包裝設計： 主要特色為採用環保的單一紙材，紙塑部分為 100% 回	此款包材有二次利用功能，可把緩衝材轉換為展示櫃或儲物櫃等用途。而採用紙板及紙塑結合設計，能完全解決以往單一紙	此款設計所需倉儲堆疊空間，也比原設計至少節省兩倍以上，所使用的填充物在來料及回收時所需的運費也至少達一半以上的節能效益，

表 12.6　（續）

核心活動	說明		
	收紙再使用，具省資源、易回收、低污染的特性。該紙板及紙塑的結合完全使用卡合結構，無需膠黏貼合且可拆裝完全。入料時紙板可摺平及紙塑互卡堆疊的特性，可節省大量運費及堆疊空間。	板或紙塑緩衝材，無法承受液晶電視等重物，與無法配合電視獨特外型加強卡合保護的缺失。	在運送、搬運及回收上，都比舊款設計方便。
2.「可調式液晶玻璃半成品運送包裝」包裝設計：主要特色是可調整尺寸，達到共用與節省材料的效益，該設計可大幅減少包裝材料，提升裝片數與增加結構強度，因而降低回收與倉儲成本。	此款設計為射出成型結構，並達到輕量化設計，也利於重複使用。可用於多種尺寸包裝，並可徒手拆卸調整，能大幅降低包裝成本及包裝時所產生的二氧化碳含量近 34%，並能避免廢棄包裝材料的產生及提升包裝運輸量近 120%。[9]		

2. 從產品研發開始節能

　　由液晶電視機產品碳足跡盤查可得知，在產品生命周期中排碳依序為：消費者使用階段占 60%、材料排碳占 28%、製造部分占 12%。因此，在研發階段即導入節能、材料節省等創新設計，降低消費者使用階段的耗電，能大幅減低液晶電視的碳排放量，並降低產品碳足跡。

　　因此，友達啟動「綠色稽核」，藉由從產品研發、原料、製造、運送、使用以及棄置等面向全面降低產品碳足跡。2009 年 9 月其 32 吋節能液晶電視是全球第一台通過碳足跡認證標準的電視機產品，製造流程最複雜，供應鏈公司有五百家，友達透過多次供貨公司訓練會議，啟動供應鏈碳足跡盤查作業，並自行研發碳足跡計算的 e 化資料管理系統，大幅提升碳足跡盤查效率，建立產

品碳足跡盤查最佳案例。

碳足跡（carbon footprints）

foot prints：足跡，一如在沙灘上走過，會留下足跡。

carbon footprints：最廣的是指產品生命週期中二氧化碳的排放總量，包括從原物料、生產、配送、消費者使用，至廢棄物處置。

---

3. 打造環保的供應鏈

友達打造出環保的供應鏈，把上千家的供貨公司納入友達的綠色承諾裡。

友達提供給供貨公司檢測綠色指標的方法、分享國際規範的進程，更共同研究開發綠色的新材料。

光是為了第三類環境宣告（EPD），友達就花了兩年推行，還開發一套專為面板產業設計的資料庫系統，可以把原材料抽絲剝繭到最原始的化學元素，並歸檔和維護，成為強大的資料庫。這樣一來，當友達要查詢任何化學元素時，就可比對可能的原材料及供貨公司。

友達在環保上的思維格局還在一路放大，在環保長期目標之一為「成為碳中和產品（Carbon Neutral Product）製造公司」。碳中和指的是在製造過程中降低二氧化碳達到極致時，無法省下的二氧化碳排放量，就利用植樹造林等方式來「完全」吸收抵銷，期望不會因為生產這產品，而對地球造成額外的負荷。

甚至是在銷售該產品時，對消費者多收取一點費用，來進行造林或投資水力發電等，讓消費者在使用產品的生命週期裡所產生的二氧化碳也能相抵減到零。[7]

4. 綠色運籌，降低碳排放

(1) 物流特性

液晶面板（和電視）跟桌上型電腦的體積都大，因此成品須採海運搭路運方式才划算，至於筆電則體積小、重量輕，可採空運方式。

(2) 對因下藥

在友達位於龍潭的後段組裝廠（LCM）裡，黃色的堆高機來來回回，把準備出貨、一箱箱裹著好多層透明塑膠的紙箱往上堆，看來沒什麼的堆高動作，以前卻不可能辦得到。

以往，因為面板不耐碰撞及壓疊，且包裝紙箱也不夠堅固，所以再怎麼高的貨櫃裡，也只能裝載一層，浪費上層大量空間。現在友達不只用結構力學設計出可以堆疊的紙箱，更把尺寸重新計算，讓並排的紙箱能剛好符合貨櫃的大小。

從公司內前段製程廠區到後段製程廠區間的運輸，到公司跟客戶端的外部運輸，不同產品尺寸及交期，一個變因乘上一個變因，有上千上萬種運輸組合，增加物流的複雜度，所以友達也開發出一套軟體，試圖找出每次運輸的最適組合及路徑。

陳來助認為「我們一直在想如何在運輸過程中，減少對環境的衝擊，才發現過去整個運輸方法都沒有被管理。」

友達想的不只是拉高運輸密度、節省運費，還有降低二氧化碳排放。

12.2　友達的綠建築

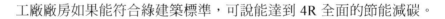

工廠廠房如果能符合綠建築標準，可說能達到 4R 全面的節能減碳。

一、綠色的創新設計

面板廠占地廣，用電用水多，如果廠房能符合環保標準，節能節水，甚至能積極的使用再生能源（主要是太陽能），那就更棒了。

2009 年 3 月中，友達宣布中科后里 8.5 代廠取得綠色建築中美國綠色建築協會的能源與環境先導設計（Leadership in Energy Environmental Design, LEED）白金級認證獎，包含耗能、水資源、廢棄物、選址問題、職災、建物用料等，都是評定的項目。這是全球獲得此獎的第四座廠房，也是第一家液晶面板廠獲獎。

為了拿到這項獎，2007 年，陳來助在會議中表明要全員投入爭取，在設

計中科這座廠房時，並加入十幾項的創新設計，整體節能成效達 21%。在廠房基地內也廣植各類樹種，加上廠房一年的節能成效，每年約可減少碳排放 8.7 萬噸，相當要造林 330 個大安森林公園，詳見表 12.7。

友達廠務中心協理邱逢梁說，雖然友達有多項創新設計，但不會申請專利，願意開放給所有同業或有興趣的公司，讓大家一起對環保盡一份心力。例如在廠的上方製程排氣口設置氣驅式風力發電系統，讓排氣時可以順便發電，每月提供 3,400 度的電力，一年下來可相當於五萬輛小客車的碳汙染。[⑩]

表 12.7　友達 8.5 代廠的綠色設計

4R 特徵	說明
一、廠房（reduce）	
（一）綠建材：耐震、省材 鋼骨支撐結構－BRB	・有效的耐震元件，可消抵地震產生的能量 ・減少 10% 主結構鋼材使用 ・節省 3% 主結構體鋼構費用 1.5～2 億元
二、再新（renewable）	2010 年 9 月，屋頂太陽能發電完成，發電量 10MW（百萬瓦）
三、再利用（reuse）	
（一）獨創氣驅式風力發電系統	・架設 17 座於製程排氣口 ・每月提供 3,400 度電力 ・年節省 25 萬噸碳排放，相當於 5 萬輛小客車的碳汙染 陳來助表示，雖然風力發電的投資至少要 5 年才能回收，但挑戰也就是機會，這套環保標準不只應用在友達本身，也啟動供應鏈管理計畫，結合上下游的力量，加速落實綠色生活的企業社會責任。 ・風力發電每月可產生近 3 萬瓦的電
（二）太陽能面板與風力混合式路燈	・太陽能每月可產生近 1 萬瓦的電
（三）獨步全球的節水系統	・水資源回收設備 ・開發製程潔淨的節水系統 ・年省 330 萬噸水，約 160 個標準泳池的水量
四、再生（recycle）	有 90% 的水回收與營建廢棄物回收再利用。

資料來源：友達

二、日本夏普的作法

日本夏普（Sharp）1959 年開發太陽能電池，1963 年研發出實用的太陽能模組，運用在燈台或人造衛星上；50 年來成為全球推動太陽能發電的推手。

夏普在大阪堺市工廠生產液晶玻璃及薄膜型太陽能電池，在這座工廠的屋頂舖滿太陽光電板，成為世界少數示範太陽能發電樣板工廠。

生產液晶電視的夏普龜山工廠，也利用太陽能發電以生產液晶電視。

夏普位於奈良縣的葛城工廠，在大樓外或太陽光電板展示室外頭陽台，都舖滿矽晶型太陽光電板，以太陽發電提供工廠所需電力。

三、2010 年才跟上夏普一點點

李焜耀指出，面板越做越大，廠房面積也跟著放大，友達是全台屋頂面積最大的公司，加上台中以南日照比北部多 100 天，太陽能發電的效益特別好，友達 2010 年 9 月在后里 8.5 代廠房裝設太陽能板，作為進軍太陽能產業的第一步。

12.3　友達的減碳

「減碳」是簡稱，指的是「溫室氣體排放」，二氧化碳只是其中一項。在溫室氣體減量方面，可分為「勿以善小而不為，勿以惡小而為之」二項，先討論「諸惡勿做」，再說明「好事多做」。

一、環保認證：2006 年，七個廠 ISO 14064-1

從製造端降低溫室氣體的排放，成果更明顯。

2003 年，友達花 4.5 億元購置去除全氟化物的設備，是台灣第一家安裝的面板公司，可用來去除面板前段製程所產生的全氟化物的 90% 濃度。全氟化物是造成南北極臭氧層破洞的元凶，引發的溫室效應潛值比二氧化碳高 1.7 萬倍。

在各廠房安裝這套設備之後，友達 2003～2007 年共減少 350 萬噸的二氧化碳排放，相當於 35 萬公頃造林能抵銷的量。

　　「友達用了比較新的資源生產力、生態效益指標，在管理績效指標部分比公司進步，」企業永續發展協會秘書長黃正忠分析。友達參照經濟發展暨合作組織（OECD）的環境永續指標及台灣永續發展指標的計算方式，把許多生態效益指標換算出一個數值，讓友達內部每年都能自我評核。

　　友達自訂的生態效益指標（Eco-Efficiency Index）是以每平方公尺玻璃為單位來計算各節能減廢指標的效率，例如資源回收再利用率、溫室氣體排放、用水量。

　　2003～2006 年，友達生產每平方公尺的玻璃基板所產生的二氧化碳，共少了近七成，從 0.44 噸降到 0.14 噸。

　　2006 年，友達兩岸七個廠同時通過溫室氣體管理查驗的 ISO 14064-1，成為全球第一家通過認證的面板公司。

二、環保導入，2011 年 ISO 50001

　　ISO 50001 能源管理系統是由國際標準組織的能源管理委員會 ISO/PC242 所規劃，其標準於 2011 年第三季公告。

　　公司依據此能源管理系統標準在於透過節能技術對能源使用效率採取系統化管理，以達成減少能源成本及二氧化碳排放的效益。

　　台灣檢驗科技公司於 2011 年 2 月中旬依據 ISO/DIS 50001 完成友達位於中部科學園區的 8.5 代廠能源管理系統驗證，為全球第一家取得此認證的面板公司。由美商 TRANE 公司擔任諮詢顧問。

　　以 2010 年基準年，於 2015 年達到節能 25% 的目標。依據友達所提出 66 項節能方案，預估節能成效可達 10%。2011 年約可節省 5,000 萬度電或減少 3 萬噸碳排放，相當於 110 座大安森林公園一年的碳吸存量。

　　友達打算把 ISO 50001 能源管理系統推展到各廠區，並透過源頭管理把能源績效納入供貨公司評比，以加強供應鏈能源管理。

三、碳揭露

　　《京都議定書》只適用於歐美（不含美國）等 38 個工業國家，台灣不包括在內。由於京都議定書抓大放小，因此，就有相關單位成立，嘗試補破網，其中之一便是「碳揭露計畫」。

(一)京都議定書的漏網之魚

《京都議定書》中明訂，歐盟及 38 個工業化國家要在 2008～2012 年間，把二氧化碳及其他溫室氣體排放量，降低至比該國 1990 年時的排放量再低 5.2% 的水準。這部分的作為，最為重要的調整目標就是公司，而不是一般民眾，因為企業對能源的消耗與排碳的比重，通常都超過全國的一半以上。

(二)產品想賣到歐洲，就得「乾淨些」

由於液晶電視在產品製程中使用的三氟化氮（NF3），沒有在《京都議定書》管制的六項溫室氣體（GHG，主要是甲烷、二氧化碳）範圍內，使得使用量成長迅速，對暖化的影響甚至已超越全球最大火力發電廠，被視為暖化黑洞。它之所以沒有列入《京都議定書》裡，是因為當年在簽署議定書時，全球使用量仍非常少。但在面板快速發展的今日，每年全球產生約 4,000 噸的三氟化氮。三氟化氮可在大氣中存在約 550 年，對暖化的影響非常大。

台灣的面板業者對三氟化氮的議題倒是顯得氣定神閒，因為台灣薄膜電晶體液晶顯示器產業協會（TTLA），在 2000 年規劃自願性減量標時，除了考慮超級溫室氣體全氟化物（PFCs）的管制外，也決定採用聯合國政府間氣候變遷專家小組（IPCC）所列資料，把三氟化氮列為溫室氣體管制標的之一。

該協會環境安全委員會主委廖海瑞表示，會把三氟化氮列入管制，就是因為各公司都覺得，實在沒有理由把其排除在外。截至 2008 年為止，台灣全氟化物去除率已達到 90% 以上、三氟化氮 95% 以上，減量成果領先日本及韓國，在世界液晶產業合作委員會（WLICC）裡大大地揚眉吐氣。

台灣面板業者在溫室氣體減量的努力上還不止於此，一些跟環境荷爾蒙相關的氣體，也一併列入了該協會的減量目標裡，因此在這方面，台灣自願性減量的成果，要比《京都議定書》超前許多。可見科技業者對於製程研究的完善度，是走在世界前端。[11]

> ### 碳揭露計畫（carbon disclosure project, CDP）
> 碳揭露計畫是一個獨立的非營利組織，由全球 385 個機構投資人共同發起，管理資產總額達 57 兆美元，擁有全球氣候變遷相關的最大資料庫，該組織主要在調查並公開企業營運與減緩溫室氣體的表現，並要求企業自行提出因應氣候變遷的投資風險、機會策略，並把碳排放資訊整合到企業年報，成為固定揭露項目，以供投資人參考。

(三)第三類環境宣告

2009 年歐盟執行「耗能產品生態化設計指令」（Eco-Design Requirements for Energy-using Products, EuP），規定品牌公司必須採用生命週期的思考方式，把生態化設計（ECO-Design）的要求融入產品研發中，產品要更輕、更薄、把省電，且無毒等，「這可以說是集 WEEE、RoHS 之大成，」友達風險暨環安管理處處長牛銘光說，但因為施行細則 2008 年初才出來，所以在此之前友達先以第三類環境宣告的計畫來要求自己。

第三類環境宣告指公司必須進行產品生命週期盤查，經第三者驗證後，把產品的生命週期數據進行宣告，例如產品的組成成分、再生及無法再生的比例，及臭氧、酸性物質或二氧化碳的排放量，使消費者能評估該產品的環境特性（Eco-profile）。

友達率先拿下全台第一張「第三類環境宣告」證書，替 EuP 暖身。

(四)友達電視獲碳足跡認證

2009 年 6 月 4 日，友達宣佈，其 32 吋環保節能液晶電視機通過國際驗證單位台灣檢驗科技公司（SGS）自頒的商品和服務生命週期溫室氣體排放評估規範（「PAS 2050:2008 產品碳足跡」）查證聲明，是全球第一台通過碳足跡認證的「電視機產品」，奠定該公司進入消費電子產品重要的里程碑。也加入英國皇家認可委員會的碳足跡認證標準試行計畫，高節能表現，比同尺寸的機種節省 35% 消耗功率。

該認證旨在協助企業計算產品從材料的獲取，到生產、分銷、顧客使用

和廢棄後的處理，整個生命週期內的溫室氣體排放量，以方便由產品研發、生產和供應過程中，尋找減少溫室氣體排放的機會。且已在百事可樂、博姿（Boots）、馬紹爾（Marshalls）、金百利（Kimberly Clark）、可口可樂等多家企業約 75 種產品中實行此標準，並成功降低了產品的碳足跡百分比。

環保節能液晶電視機已符合歐盟 EuP 指令，以及美國能源之星能耗標準外，背光源燈管由 16 根直型管減少至四根 U 型管，燈管內的汞含量大幅減少82%，大幅降低環境衝擊。[12]

四、有興趣，大家一起來

友達人力資源總處處長廖業承說，環保理念需要不斷地宣揚，友達因此想出各種點子來做，例如每天兩段用餐時間，找員工以「友哥達妹」的廣播搭配方式，製作宣傳短片，由於工作新鮮又有挑戰性，員工還會排隊爭取成為播音員。

友達是少數全面取消使用紙杯及廁所擦手紙的公司，餐廳也完全不供應塑膠袋，要求員工自備環保袋。「低食物里程」就是直接採購當地的米、蔬菜及水果，減少食物經過長途運送所製造的碳排放，減少食物里程，並邀請農民至友達內部販售。

由於充分體認惟有讓員工參與才有效，友達也鼓勵員工提出點子，2008年共獲得員工 221 個提案，而且票選前十名的提案，如今都已付諸實施。由於廠區很多，有時兩個工廠間距離遠，友達便設有公務腳踏車。例如友達 6 代廠廠長張進祥，就經常騎腳踏車在各廠區間往來，並設立環保汽車及共乘汽車專用車位，讓員工透過遠距網路會議系統減少車輛使用。[13]

五、友達植樹，實踐綠色承諾

2008 年 3 月 15 日，友達在中科廠區舉辦「315 Green Party 綠色嘉年華」，號召 315 名員工及眷屬參與，李焜耀帶頭植下 315 株樹苗，並宣誓共同實踐友達綠色承諾。

李焜耀表示，友達從 2008 年開始啟動綠色承諾，希望把綠色 DNA 植入每一名友達人心中。友達全球 4.3 萬名員工，大家鼓勵家人從日常生活做起，力行植樹、節能、減碳，這股聚沙成塔的力量非常可觀。

李焜耀在中科廠區的西大墩窯旁，帶領員工及眷屬宣誓，力行植樹減碳，所有參與的大小朋友並領取綠色企業公民證書。現場還規劃「教學區」，教導 DIY 組合盆栽，從家庭綠化中發現新興趣；「體驗區」安排有機與樂活商品特賣，增加綠色消費知識，並為員工及眷屬的健康加分；「導覽區」則由專人導覽介紹西大墩窯，瞭解文化保存的重要性。

李焜耀說，友達從台中、新竹與桃園五個廠區的綠化做起，不但長期植樹，也自闢苗圃育苗，這些年來在各廠區已陸續種下 10 萬株樹，2007 年種 17,180 株、2008 年再種 1 萬株，不但減碳做環保，也為廠區增添一分自然人文氣息。⑭

2011 年 1 月 8～9 日，明基友達基金會在友達后里廠區舉行的「Green Party 綠色嘉年華」活動，並號召集團等公司在內的主管、員工及其眷屬加入，近 4,000 名的企業志工種植 2 萬棵樹苗，品種涵蓋蘭嶼烏心石、光臘樹、樟樹以及台灣肖楠等。

12.4　友達的省水

面板的本體是玻璃，玻璃在製程中怕被灰塵弄髒，因此必須多道清洗，所以特別需要大量的水。一旦缺水，生產線勢必停擺，水可說是生產中關鍵元素，友達花很多心血去自求多福，因為「愛地球就等於愛自己」。

一、台灣是缺水的！

表面上，台灣每年降雨量 2,510 公釐，是全球平均值 2.6 倍，但由於地形起伏大、降雨過於集中，導致蓄水不易，實際上每人每年可使用的水資源只有全球平均值六分之一，高居國際缺水排行榜的第 18 名！

台灣是缺水的高風險地區，遇到乾旱，缺水，遇到颱風，水污濁，停水，導致工業區內公司損失慘重，2004 年艾利颱風，桃園地區停供水 19 天，桃園地區公司損失 50 億元，台灣的用水配置，工業用水約占 10%，生活用水和農業用水分別占 20% 和 70%。

二、搶水大作戰

為了避免缺水，南科內公司建廠時都被要求自建蓄水槽，可支應三天用水量。一旦缺水（尤其是 11 月枯水期），竹科、高雄市楠梓加工區內公司（例如日月光）大都向水公司買水，一年至少數千萬元，由於水車有限，因此必須先預訂水車，以免到時一車難求。

2009 年 8 月 8 日的「八八水災」，三天降雨量 2500 公釐，創歷史紀錄。颱風造成土石流等，以致水庫源水混濁，高屏地區自來水公司缺乏清潔水源，只好採取分區供水等限水措施，期間二週，楠梓加工區停水 9 天。

友達每天均有專人監看各地區的水庫蓄水量，一旦進入警戒位置，就會啟動因應措施。陳來助表示，友達北部地區 2009 年 8 月 4 日啟動買水措施，透過水車，向各地調運自來水。[15]

三、水足跡目標的典範

可口可樂公司主動回應水資源議題，從 2004 年把此納入營運策略系統，並在 2006 年訂出目標，要求全球 800 家工廠以 2004 年為基準，要在 2012 年達到 20% 的減量目標，2010 年所有廠區用水皆可 100% 回收再利用。可口可樂桃園廠每年節水 7 萬噸以上，甚至還能把部分回收水賣給附近的染整廠。

在 2007 年，可口可樂公司跟世界自然基金會（WWF）合作，保護全球最重要的七大淡水河流域，並在台灣推廣水資源保育。在 2009 年底跟環境品質文教基金會創立「台灣水銀行」，作為水資源教育的虛擬平台，並以「水足跡」的概念與環品會共同研發「水計算器」，提供民眾計算日常生活所消耗的水足跡，藉由銀行基本運作機制及「財富管理」的概念，教育民眾把水資源視為資產，讓民眾了解如何管理日常用水及保護水源。[16]

台灣水銀行網址：www.waterbank.com.tw。

水足跡（water footprints）

跟碳足跡（carbon footprints）的觀念相似，是指企業用了多少水，例如，《遠見》2006 年企業公民責任調查新增水資源題目，希望公司公開自己的用水量與未來節約目標，包括保護水源地、維護生態、計算產品或製程的「水足跡」。

四、節水：友達一年省 3 億元水費

面板製程中從清洗、蝕刻到冷卻都需要大量用水，隨著光電產業的蓬勃發展、產能持續擴大及基板面積加大，導致製程廢水量大增，友達曾經遭遇到缺水之苦，讓友達決心加速改善廠區節水效率。

2002 年友達在美國紐約證券交易所發行美國存託憑證時，遇到桃園地區長達十多天停水的窘境，國外法人嚴重關切友達缺水問題。「每天都要打好幾通電話回台灣，詢問是否下雨了，」友達行銷推廣處處長蕭雅文說。

為了讓省水不流於口號，友達制定了明確的節約用水目標，接下來就是貫徹到底。原本被視為用水大戶的友達，最近幾年全力投入省水大作戰。2005～2009 年，友達獲得五屆的環境資源部水利署節水績優單位表揚，「光是友達桃園的龍潭廠（友達稱為龍潭科學園區廠，龍科廠），一年節省下的水量就等於 2.75 座寶山水庫蓄水量，」牛銘光說。

「節能省水不只是為了節約成本，更是對於地球的綠色承諾，」李焜耀指出。「友達從廠區設計開始，就把節水納入設計考量中，」台中廠斥資近 20 億元，建立水回收系統。

(一)組織設計：綠色製造委員會

制定節水目標與策略，「絕對不能用齊頭式的標準，而應該依照各產品線、各廠區差異性去規劃，」牛銘光強調。

「友達靠綿密的組織運作進行節水，而不是放任各廠自己做自己的，」牛銘光指出，友達成立一個綠色製造委員會，由製造部主管執行副總擔任召集人，全台 14 座面板廠與大陸蘇州、廈門模組廠派製造、廠務主管參與，每個月開會檢討省水狀況。跨越廠區與事業部門，發揮集體智慧，研究出省水方式，先在某一座工廠實驗，實驗成功之後，馬上快速複製到台灣與大陸的十多座廠區。

友達同步開始要求集團內的所有公司，逐步提高省水節能目標，例如專攻彩色濾光片生產的達虹科技（8056），也快速導入友達的廠務水回收系統。

(二)方法

友達省水大作戰的成功關鍵，是對節能省水的分析，研究到最小的生產單

位與零件上，找出每一條生產線、最小單位可能發生的問題。不斷地向下分析哪一個環節耗水耗能最多，從哪一座廠耗水最多，分析到哪一座機檯耗水，追根究柢到哪一個零件造成耗水。

為了提升省水績效，四萬名員工當起了英國神探福爾摩斯，隨時緊繃神經，研究自己的業務範圍內還有哪些環節造成用水的浪費，逐一改善。

這場省水大戰戰線延伸到員工的家庭裡，「教育四萬員工，就能影響到十六萬人的環保概念，」牛銘光指出。因此，不斷地宣導如何節能省水的方法，並且鼓勵團購省水水龍頭，教導員工如何在家裡省水。

友達全員省水作戰在短短的兩年內，馬上獲得很大成效，每平方公尺的面板投片面積用水量（或稱單位用水量），2007 年的 0.8 噸，2008 年降到 0.7 噸，2009 年 0.6 噸。

1. 向上推廣

首先從 2008 年開始，展開每季一次的供貨公司綠色承諾研討會，已經有 700 百位供貨公司代表參加研討會；並且選定幾家供貨公司合作，協助其建立節能省水系統。

在面板廠的製程中，最耗水的環節是玻璃基板的清洗。每段製程都需用水清洗玻璃基板，且廢水水質都不一樣，全部都匯集到廢水廠回收處理，不僅耗費大量能源，而且不同水質的廢水混在一起，不僅回收處理成本高，廢水回收率也較低。

友達花了近一年的時間，2008 年開發出全球第一套製程潔淨水串連再利用的節水系統（Water Inter-use System），研究每一段製程中所產生的廢水水質，可以直接使用在哪些製程上，卻又能保持面板生產的良率。

友達重新調整生產線，透過廠務系統先篩選水質，然後把水分流到適合的製程使用，讓水不需要回收處理，便能重複使用，全廠水回收率達 85～90%。

此系統看似很簡單，卻挑戰了不同製造階段的本位主義。每個製造單位都為了追求更高的生產良率，不願意用其他單位的回收水來清洗玻璃基板與機檯。「這種自掃門前雪的本位主義，在友達看不見，我們習慣隨時都在改變，再加上陳來助從上而下的執行力，」牛銘光強調。

這場省水大作戰，還在拚精益求精的下一步。「過去都強調生產製程的正確的規格，現在要提升到最好的規格，」牛銘光剖析。[17]

2. 採用通用電器的「水資源處理方案」

以龍潭廠為例，有機廢水中有一半採用美國通用電器的水資源方案，透過生物薄膜過濾系統（MBR，又稱為活性泥膜濾法）、逆滲透（RO）及高級氧化程序（AOP）予以有效回收，回收率達 85%。處理回收 1 噸廢水可節省 7.63～9.01 元，以每天 2,000 CMD 水量換算，每年可節省 557～658 萬元，對大量用水的產業不僅環保、節能，更可提高效益成本。[18]

通用電器集團於 2005 提出生態創想（Ecomagination），並針對水資源處理整合技術平台，從淨水設備、化學工程到海水淡化系統，提供工業夥伴、政府單位甚至社區潔淨用水，發電廠冷卻水塔排放水經由 GE HERO™ 系統回收再利用，持續運轉每小時可回收 34 噸水，整體有效回收率及造水率達 68%。回收的再生水可用於補充冷卻水塔用水，減少自來水的使用量；另外，可做為廠務部門純水工廠給水，有效延長純水製程中活性碳、離子交換樹脂等耗材的更換週期。

以辦公室汙水為例，經再生水處理後，只要水質無重金屬及導電度問題，可以專管送到各工廠做為空調冷卻替代水或二級民生用水（沖廁所、洗車、行道樹澆灌及景觀噴泉）。尤有甚者，2011 年 3 月，楠梓加工區內的「再生水模型廠」，能做到再生水產製純水的費用，每噸 21.2 元，比利用自來水產製純水的費用每噸 24.5 元，更具成本效益。

3. 過濾膜的處理方式

高科技產業製程洗滌用水往往夾雜高反應性及特殊強氧化物質（例如顯影劑）等，對這類讓環保工程公司最頭痛的物質，不是無法把它從水中分離出來，就是很快便阻塞在過濾膜上，再不然就是無法耐受其中強氧化物質，而過濾膜組遭裂解、破壞，不但無法節水省錢，反而增加製造成本，業主即便有心節水卻礙於成本過高而打消念頭。

以菁泉科技的超過濾膜組（UF）為例，可不必依賴進口濾材，應用於半導體廠的純水前處理、光電廠的製程中水回收及汽車鈑金廠電著塗裝漆的回收，能百分百掌握薄膜製孔技術，產品具親水性、疏水性、耐化性，可應用於

液體分離、過濾,且有能力開發符合使用的膜片及製造任何規格的膜管。

超過濾膜應用廣泛,在食品工業上扮演不可或缺的角色,從濃縮、過濾雜質到脫水純化都不可少,在廢水回收領域更居關鍵地位,為符合廢水回收的經濟效益,菁泉的高性能低單價膜組以台塑的高性能聚氯乙烯(PVC)高分子為材料,研發量產平均孔洞大小 0.05 微米(μm)的超過濾膜,因國產 PVC 高分子材料耐化性、耐候性佳,且性能穩定,最重要的是價格合理。

尤其又比其他材料價格低廉,能有效替企業降低用水成本,提高水資源再利用。[19]

菁泉科技網址:www.aspring.com.tw。

4.液晶灌注

在台灣所有面板公司中,「友達在綠色生產投入最深,成效最好,」工研院產業經濟與趨勢研究中心資深督導楊致行觀察,友達為了提升綠色生產的效能,曾在工研院材化所的協助下,發展綠色生產製程。在液晶製程中,要在玻璃基板內灌入液晶,友達把多餘溢出來的液晶與溶劑收集起來,去掉雜質,回收再使用,各廠之間也不斷進行競賽,「友達製程與研發工程師提升綠色生產效能的壓力很大,」楊致行表示。[20]

(三)2007 年

友達把節能節水當成企業管理的重要指標,從 2007 年開始,陳來助就花了快半年的時間,密集跟各部門副總經理開會,制定可行的節能省水方案。

友達有一個節水小組,負責製程、民生及純廢水等系統的節水提案與執行,友達所有廠區的水平均回收率均達八成以上,龍潭與台中廠區甚至達九成。

(四)2008 年

陳來助很重視友達的節能,把風險暨環保管理處直接納入總經理室管轄,每天監看全球氣候變遷、水庫蓄水量、廠區用水量與回收率。

綠色承諾涵蓋研發、採購、製造、運輸、服務、回收處理以及員工親身參與等全方位環保計畫,開會說完口號,還要靠執行。「友達玩真的,從高層到最基層員工,都很認真去執行省水的目標,」牛銘光說。

　　友達持續投入能源最佳化方案的研擬設計，如透過「數位電錶與水錶」等創新電子化管理平台，強化管理水電使用效率。

　　2008 年，友達節省了 2,400 萬噸水量，相當於石門水庫的八分之一有效蓄水量，「一年就省下三億元的水費，省水又環保，」牛銘光分析。

(五)2009 年

　　2009 年 8 月 4 日，友達的台灣第一座 8.5 代面板廠首度開放給媒體參訪。適逢旱象未解，石門、曾文等多座水庫水位告急，媒體焦點放在友達如何抗旱，不斷地焦急提問缺水問題。陳來助馬上可以回答中科廠水源地──鯉魚潭水庫的目前水位。

　　面板公司與半導體公司都被列為工業用水大戶，友達中科的 8.5 代廠製程用水回收再利用率達 90%，利用廠房屋頂收集雨水於 600 噸回收池，及回收空調冷凝水，作為植栽澆灌水源；廁所馬桶用水則 100% 使用回收水；每年共可減少約 1,300 萬噸的自來水用量，相當於 6,500 個標準游泳池的水量。

註　釋

①經濟日報，2008 年 4 月 4 日，A11 版，林聰毅。

②經濟日報，2008 年 4 月 1 日，A11 版，李至和等。

③天下雜誌，2008 年 3 月 26 日，第 48～51 頁。

④今周刊，2007 年 9 月 24 日，第 130～133 頁。

⑤今周刊，2007 年 9 月 24 日，第 131 頁。

⑥經濟日報，2009 年 3 月 17 日，A12 版，蕭君暉。

⑦天下雜誌，2009 年 8 月 12 日，第 86 頁，江逸之。

⑧經濟日報，2008 年 2 月 2 日，A7 版，宋健生。

⑨經濟日報，2009 年 9 月 30 日，C3 版，蕭君暉。

⑩今周刊，2009 年 4 月 20 日，第 127 頁。

⑪天下雜誌，2009 年 1 月，第 16～17 頁。

⑫經濟日報，2009 年 9 月 14 日，C3 版，蕭君暉。

⑬今周刊，2009 年 4 月 20 日，第 127 頁。

⑭經濟日報，2008 年 3 月 16 日，A7 版，宋健生。

⑮經濟日報，2009 年 8 月 5 日，A4 版，蕭君暉。

⑯經濟日報，2010 年 3 月 2 日，A11 版，藍怡珊。

⑰天下雜誌，2009 年 8 月 12 日，第 86～88 頁，江逸之。

⑱經濟日報，2009 年 1 月 23 日，專 3 版，劉靜君。

⑲經濟日報，2009 年 10 月 5 日，專 4 版，劉靜君。

⑳天下雙週刊，2010 年 6 月 30 日，第 192 頁。

延伸閱讀

1. 末松千尋，京都式經營策略，遠流出版公司，2006 年 12 月。

2. 班·海涅曼，「奇異讓操守有利可圖」，哈佛商業評論，2007 年 4 月，第 72～79 頁。

3. 曹以斌，「大舉殺入液晶電視，李焜耀火拼郭台銘」，壹週刊，2009 年 7 月 23 日，第 24～29 頁。

4. 謝佳宇，「新奇美誕生，防鴻戰線從 NB 延燒至面板業」，數位時代雙週刊，2009 年 12 月，第 36～39 頁。

討論問題

1. 友達提出「綠色承諾」，那時對手奇美電子（2010 年 3 月 17 日以後股票代號改成 3481），難道啥事也沒做？

2. 友達的「減碳」有哪些具體措施？還有可加強之處嗎？

3. 友達努力發展太陽能發電，中科 8.5 代廠屋頂 2010 年 9 月引進太陽能發電，發電規模 10 MW（百萬瓦），請說明其對友達的貢獻？

4. 友達節水努力，是否有助於 2010 年中部科學園區四期（即彰化二林）的環評審核過關？（註：友達擬在此投資 4000 億元，規劃興建 10 代廠以上的面板廠）。（提示：請參考 2009 年 10 月 15 日相關報紙）

5. 請詳細找資料，說明友達製程中如何節水？

13

豐田的汽車召回處理

「如果你沒有做錯事，就沒有什麼好隱瞞的，豐田沒有理由不能提供坦率誠實的證詞。」

「If you haven't done anything wrong, then you have nothing to hide, and there is no reason why Toyota should not be able to provide straightforward and honest testimony.」

——艾薩（Darrell Issa）

美國眾議院監督暨政府改革委員會（HOGRC）的加州共和黨籍眾議員

經濟日報，2010 年 2 月 24 日，A3 版。

吃緊弄破碗

豐田汽車公司（Toyota Mortor Corp.）2009 年 10 月迄 2010 年 2 月，全球召回汽車 940 萬輛，進行維修，創下汽車業紀錄。本章先討論事件始末，第十五章說明其危機處理與台灣總代理和泰汽車的應變措施。

> **豐田汽車**
> **（Toyota Motor Corp，**
> **日文為豐田自動車株式會社）小檔案**
>
> 成立：1937 年
> 董事長（日文稱為會長）：張富士夫，副董事長渡邊捷昭
> 總裁（日文稱為社長）：豐田章男（創辦人豐田喜一郎的長
> 　　　　　　　　　　　　孫，2009 年 6 月上任）
> 公司住址：日本愛知縣豐田市
> 營收：（2011 年度）　2,347.8 億美元，「2011 年度」指
> 　　　　2010.4～2011.3
> 盈餘：（2011 年度）　50.44 億美元
> 員工數：全球 30.2 萬人，在日本是雇用人數第二名，僅次
> 　　　　於日立

　　由於報刊譯詞不統一，再加上為了追求譯詞的在地化，因此在進入本章之前，先在表 13.1 中，把相關用詞的意義說明一下。

表 13.1　本書對豐田汽車召回的用詞

報刊用詞	本書簡稱或用詞
日本豐田、日本豐田總部	豐田
北美豐田（主要指加拿大、美國六個廠）	美國豐田，旗下有美國豐田銷售公司等
會長	董事長
社長	總裁
美國運輸部	美國交通部
美國交通部國家高速公路交通安全局（National Highway Traffic Safety Administration, NHTSA）	美國高安局

13.1　汽車召回事件

　　吃盒餐以致食物中毒，一定是一票人送醫院，同樣的，汽車公司的汽車出現瑕疵，往往是同一批甚至同一原因的汽車都會出問題，俗稱「車瘟」。

日本豐田總裁豐田章男（Akio Toyoda）
圖片提供：豐田汽車

　　豐田在 2009 年 10 月到 2010 年 2 月，汽車召回 940 萬輛，創車業記錄，本節說明其始末，詳見表 13.2，依瑕疵原因分成四段。

一、問題一：腳踏墊卡住油門踏板

　　豐田在美的汽車品質瑕疵一開始是「腳踏墊（或俗稱車內地墊）卡住油門踏板（gas pedal）」。

(一)2007 年，先壓一壓

　　2010 年 2 月 24 日，豐田章男（Akio Toyoda）出席美國眾議院監督暨政府改革委員會（監改委）舉行的聽證會。2 月 21 日，《底特律新聞報》率先披露美國豐田交付給監改委的文件，美聯社等多家媒體也陸續取得相關文件，讓外界了解到美國豐田召回事件的更多內幕。

　　這份在 2009 年 7 月完成的內部文件指出，美國豐田在 2007 年時跟美國交通部（有譯為運輸部）談判成功，以「設備召回」的名義召回會卡住的油門踏板，讓召回的範圍大縮水，省下一億美元以上費用，同時也迴避了政府的安全問題調查。

　　2007 年 8 月，美國交通部已經針對十多起死亡車禍對美國豐田展開調查，並且訪問 600 位凌志車主，發現一成車主反映有暴衝的問題。但 9 月僅

召回 5.5 萬輛因為問題踏板而可能出現暴衝的（acceleration problems）的冠美麗和凌志 ES350。

在內部文件曝光後，美國豐田立即發表聲明強調以顧客安全為優先考量，但仍然讓人們懷疑美國豐田是否把商業利益放在首位，和透過向政府遊說來縮小召回的規模，以及政府有否注意到豐田汽車的安全問題，此一報導使得豐田形象大受打擊。[①]

暴衝小字典（acceleration problems）

指不經由車主操縱的汽車霎間加速，常見是時速由 40 公里狂飆到 129 公里。

表 13.2　豐田腳踏墊卡住油門問題的歷史延革

年月	說明
2001 年	豐田這次遭遇的麻煩起源於 2001 年推出的新版冠美麗（Camry）轎車，這款車採用了一種新的油門踏板。舊踏板採用通過一根機械索與發動機相連的實物連接方式，新踏板採用了一個電子傳感器來向控制發動的電腦發送信號，這一技術後來又被運用到包括凌志（Lexus）ES 上。新裝置的主要優點是省油。
2004 年初	到了 2004 年初，開始有人向美國高安局投訴說，冠美麗和凌志有時會在駕駛不觸動油門的情況下出現加速（即暴衝）。該局調查人員史谷特·楊（Scott Yon）填寫的一份文件顯示，該局針對 37 起加速問題投訴進行了首次調查，其中 30 起都伴隨有交通事故發生。這份文件的落款日期為 2004 年 3 月 3 日。 37 起事故中有 27 起屬於長持續性事故，並未被調查。由於該局未發現安全問題，調查於 2004 年 7 月 22 日結束。該局官員稱，調查人員認為集中精力調查短時事故而不是長持續性事故將更易於發現所有潛在故障。短時事故看起來更像是純粹由於潛在故障導致的發動機加速；排除長持續性事故，是因為它們顯示了更多的駕駛失誤跡象，比如錯把油門當做煞車。 昆特（Jeffrey Quandt）和楊未對此發表評論。
3 月底	史谷特·楊用一份備忘錄更新了他填寫的上述該局文件，該局已決定把調查範圍限制在只涉及汽車短時間內突然加速的交通事故，而把長持續性交通事故排除在外，在後一類事故中，在駕駛踩下煞車後汽車仍繼續加速行駛。這一決定後來成了該局揮之不去的困擾。

表 13.2 （續）

年月	說明
	在密西根州一樁與上述致人死亡的汽車碰撞事故有關的法律訴訟中，美國豐田一位管理人士提交給法庭的書面陳述稱，史谷特·楊與同事昆特在此後的 20 天中曾跟美國豐田先後幾次談論過這一調查。在這起致命交通事故中，一輛 2005 年款的冠美麗被控在失控狀態下行駛了 400 公尺，在此期間車時速從 40 公里提高到 96 公里，然後汽車發生碰撞並導致駕駛死亡。
	投訴仍不斷大量湧來，根據消費者安全調查公司 Safety Research & Strategies 公司稱，2005 和 2006 年，美國高安局接到數百個涉及豐田汽車的意外暴衝事件報告。美國豐田曾兩次做出回應稱未能在這些投訴中發現任何故障或趨勢。
2007 年 3 月	該局重新展開調查，主要調查凌志 ES350 油門踏板是否會被卡在橡膠地墊之下。他們調查了五起撞車事故，其中四起為多車相撞事故。某些事故中，時速達到 145 公里。
	該局向 1,986 位車主發出了調查表，600 人作出回覆，其中有 59 人稱曾經歷過意外加速的情況：35 人認為是地墊壓住了油門踏板導致了發動機驟然加速；其他人未說明原因或認為是其他原因。
	該局以聖托西（Christopher Santucci）作為主要聯絡人進行調查，聖托西曾於 2001 至 2003 年在豐田工作，他在豐田的主管丁度（Chris Tinto）過去也曾在該局工作過。二人未對此發表評論。
	某次，聖托西把一輛凌志 ES350 帶到華盛頓特區外的 FedEx Field 停車場進行測試。楊和昆特駕車快速橫穿場地，為了對停止一輛高速行駛的汽車所需的力量進行測量，在踩煞車之前時速達到 96.5 公里。
	該局跟所有的汽車公司以這種方式進行合作已是家常便飯，該局自己能做車輛測試，但通常要靠汽車公司提供技術數據。其故障調查處（Office of Defect Investigation）僅有 57 名員工，每年處理約 35,000 個投訴。
	一位跟該局有密切合作關係的汽車業的執行長說，汽車公司都比較自律。沒有汽車公司的幫助，該局無法調查所有這些問題。
	為了促進合作，該局有權強迫汽車公司進行召回。要是相關公司提供誤導性訊息或不及時提供安全相關訊息，它還能對其進行處罰。
2007 年 8 月	該局希望美國豐田召回凌志和冠美麗以去除地墊，美國豐田稱是這些地墊造成了加速的問題。時任該局局長納森（Nicole Nason）說，美國豐田向其保證這能解決問題。
	納森說，該局調查人員在調查中詢問美國豐田是否確定不是油門踏板的問題，美國豐田向他們肯定地說只是地墊的問題，沒有任何跡象顯示是油門踏板設計的問題。
	美國豐田最終召回了 2007 及 2008 年款的冠美麗和凌志 ES350，告訴車主去除車內的地墊。該召回行動涉及 55,000 輛汽車。

表 13.2 （續）

年月	說明
2008 年 4 月 19 日	經歷此次召回過後，仍不斷有報告反映，問題可能並沒有因召回而得到解決。一個重要例子是 2008 年密西根州一場場面激烈的致命撞車事故。4 月 19 日，1933 年次的阿爾貝托女士（Guadalupe Alberto）駕著一輛 2005 年款冠美麗行駛在弗林特市居民區的科普曼大道（Copeman Boulevard）上。當阿爾貝托以大約 40 公里的時速行駛時，汽車突然加速到 95 公里，汽車在瘋跑了大約 400 公尺後，騰空而起，以離地 2.44 公尺的高度撞上一棵樹，阿爾貝托在事故中身亡。向密西根州傑納西郡巡迴法庭提起的這椿訴訟仍在進行。 汽車地墊不可能是這一事故的原因，處理這起案件的一位檢察官說，阿爾貝托女士在事故前幾天就已經撤走了她車上的地墊。這起事故跟該局在 2004 年首次調查中排除的長持續性類型相似。
12 月	豐田公司的歐洲子公司展開一起調查，探究是什麼原因導致愛爾蘭和英國出現汽車突然加速或無法減速的故障。經過數月的測試後找到了罪魁禍首：油門踏板裝置內有一個在美國也廣泛使用的塑料元件。 豐田為新生產的汽車重新設計了踏板，但並沒有在歐洲發出召回令，也沒有通知美國高安局。一位知情人士稱，豐田也沒有就歐洲的情況向其美國豐田發出警示。 豐田品質長、副總裁佐佐木真一 2010 年 1 月表示，當初沒有在歐洲實施召回，也沒有提醒美國高安局是因為他認為這一故障並不屬於安全問題。[2]
2009 年 4 月	一位明尼蘇達男子請求該局對另一起事故展開調查。他說，他的凌志 ES350 在一條公路上突然加速，跑了 3.2 公里後才得到控制。美國豐田在抗辯材料中說，它相信起因於汽車地墊。
8 月 4 日	發生在美國的一起致命事故使故障成為舉國關注的焦點，加利福尼亞州公路巡邏隊（California Highway Patrol）隊員塞勒（Mark Saylor）駕駛凌志 ES350 行駛在聖地牙哥市附近時，汽車突然加速到時速 193 公里墜下山谷。 在汽車失去控制橫衝直撞之際，車上的一個人撥打 911（類似台灣的 119）反映他們的緊急狀況。救難署錄音顯示，打電話的男性說：「我們的加速器卡住了，沒有煞車……我們在接近路口，我們在接近路口，等一下，上天保佑，上天保佑。」 撞車發生後，911 電話中斷。車上人員全部身亡，包括塞勒本人，他的妻子、女兒和妻弟。911 電話錄音在電視上播出，並在互聯網上廣泛流傳，豐田汽車的加速問題引起關注。 這部凌志是塞勒自己的汽車正在維修時，一位經銷商提供給他的代用車，車上確實裝有全天候汽車地墊。這部代用車此前的一位駕駛曾反映，汽車地墊曾卡住踏板。這起意外經媒體大幅報導，震驚全美。[3] 根據麻州雷荷波斯市的汽車業研究公司 Safety Research & Strategies 的統計，從 1999 年起共有 2,262 起交通意外事故涉及豐田汽車的暴衝問題，造成 341 人受傷，19 人身故。

表 13.2 （續）

年月	說明
9 月 25 日	美國高安局的耐心正在耗盡，該局副局長米德福特（Ronald Medford）召集美國豐田管理人員在華盛頓開會，讓他們加速徹底解決腳墊問題。他説，更換地墊是不夠的。美國豐田還必須更換油門踏板，以確保不會被地墊卡住。該局建議車主移除地墊以免卡住油門。
9 月 29 日	美國豐田指出，7 個車款共 380 萬輛可能是腳踏墊卡到油門踏板，但美國高安局指出，油門踏板等也有問題。
10 月 5 日	美國豐田打算在美召回 380 萬輛車，因駕駛座地墊容易卡住油門，造成汽車暴衝（即霎間加速），創下最大規模召回紀錄。 美國豐田發出警告，請車主移除地墊。
11 月 3 日	但美國高安局跟美國豐田之間的緊張關係繼續加劇，美國豐田發表聲明稱該局已得出召回汽車不存在缺陷的結論。
11 月 4 日	該局一反常態地公開發難，發佈聲明説美國豐田放出了不準確而且令人誤解的訊息，並稱其仍在調查這個非常危險的問題。 大概在同一時間，雙方又因另一樁事件而起了爭執。美國豐田召回了 11 萬部 Tundra 小貨卡，因為一個腐蝕問題可能會導致備胎從車後面脱落。但知情人士説，召回速度不如該局期望的快，美國豐田也不願意把影響油箱和後制動器桿的腐蝕問題列入召回行列。 2010 年 1 月 8 日，美國豐田在給美國高安局的一封信中説，該局故障調查處修正了原先的召回方案，把油箱腐蝕問題列入召回範圍。美國豐田強調説，這只是功能召回，沒達到影響車主安全程度。
2009 年 11 月 25 日	美國豐田召回冠美麗、凌志與普鋭斯等 420 萬輛車，表示將安裝新油門踏板。
12 月 15 日	一名知情人士説，美國豐田承認美國高安局人員覺得受挫，由於美國豐田跟美國高安局看法大不同，該局的米德福特和另外幾名官員飛赴日本。美國一名官員説，12 月 15 日他們站在大約 100 名豐田管理人員工程師面前，解釋豐田有責任遵守美國的故障召回制度。 後來，米德福特跟豐田高層會面，米德福特告訴他們：美國豐田因應安全性問題的步調太慢了，豐田有責任遵照美國法律，即時發現和報告缺陷。 佐佐木真一也是與會者之一，他説，會議中有過爭辯，豐田主張如果（美國）顧客正確安裝了腳墊就沒問題了，該局的主張是，美國豐田不應該期望每位顧客都這麼做，該局表示不相信豐田的説法，而且言語很不客氣。
12 月 26 日	聖誕節後一天，有 4 人在德克薩斯州達拉斯市因車禍喪生，原因是他們乘坐的豐田亞洲龍（Avalon）突然加速，衝過一處護欄陷入了池塘裡。車禍的罪魁禍首並不是地墊，警方發現地墊在後車箱裡，全案仍調查中。
2010 年 1 月 4 日	美國高安局新任局長史崔克蘭（Ted Strickland）就職。

表 13.2　（續）

年月	說明
1 月 19 日	美國豐田兩名高階主管在華盛頓跟高安局召開一次閉門會議，豐田主管坦承內部在 2009 年時已經知情，此言激怒官員，局長史崔克蘭暗示要對美國豐田做出嚴厲處罰，包含勒令停售。此次該局悍然拒絕給予美國豐田時間備料，明言要是無法及時解決，就得停售。 美國豐田延宕年餘才向美國高安局上報，導致美國政府大為不滿，顯示出豐田對機密三緘其口的企業文化跟美國官方要求資訊公開透明的作風，存在著嚴重落差；造成美國豐田跟美國交通部的關係逐漸惡化。 幾天後，美國豐田拿出了詳細的召回 230 輛汽車的計畫。但還有個問題：美國豐田手頭沒有足夠的零件立即展開維修。 有時美國高安局會給汽車公司一些額外的時間，在召回通知發佈後準備好更換的零件。這一次該局卻是斬釘截鐵，他們告知美國豐田，如果不能解決，就得停止銷售。1 月 26 日，美國豐田停止了銷售。
1 月 21 日	美國交通部要求美國豐田停售 8 種車型，油門踏板瑕疵已使美國豐田共召修 900 萬輛車，其中美國 760 萬輛、歐洲 180 萬，日本國內車輛不受影響。
1 月 26 日	美國豐田宣佈 2 月 1 日起召回 230 萬輛車，包括 8 種車款，豐田首次承認油門踏板會暴衝（accelerator pedal），並且北美車廠停產此 8 車款迄 2 月 5 日。 影響及於加拿大廠和美國肯塔基州廠、德州廠、與印第安納州共六座車廠。3、4 月暫時關閉兩座英國廠，4、5 月期間有一座法國廠停工至少五天。 美國豐田副總裁卡特發表聲明，解決方案出爐前，停銷停產有其必要，美國豐田將竭盡全力，盡速為顧客解決問題。此舉旨在挽救顧客的信心、確保豐田汽車的安全。但「Autoconomy com」分析人員默爾克表示，美國豐田此舉會讓顧客認為事態比原先認定的嚴重。[4]

資料來源：整理自工商時報，2010 年 3 月 1 日，D2、D3 版。

(二)2009 年 9 月底

　　美國豐田在 2009 年 9 月底宣佈第一次大規模召回行動，要求車主移除駕駛座地墊（floor mats，有譯為腳踏墊、腳墊），以避免卡住油門踏板。

　　美國高速公路交通安全管理局表示，豐田旗下車款因地墊卡住油門踏板引發的意外，至少已造成五人死亡、兩人受傷，也可能跟百件以上車禍有關。

　　該局也調查豐田舊款貨卡車 Tundra 車體生鏽、甚至多款汽車可能因地墊而產生暴衝的安全問題。

8 月車禍的原告律師團態度相當強硬，加州 McCuneWright 律師事務所合夥律師萊特指出，他已對此一造成多起死亡的事故向法院提起集體訴訟，指控地墊並不是問題的成因，而是技術方面的瑕疵。

美國豐田發言人拒絕就此發表評論。

縱使萊特的指控不成立，這對美國豐田也是一項打擊，豐田的品牌聲譽蒙塵。

汽車業市調機構鮑爾公司（J.D. Power & Associates）分析師沙堅特表示：「豐田今日的成就建基於品質可靠度，這方面要是出了差錯，對他們來說是一大利空。」在該公司的新車品質評鑑報告中，現代汽車破天荒的排在豐田（除了豪華車凌志外）之前，雪佛蘭與福特品牌差一點就要迎頭趕上。[5]

(三)2009 年 11 月，第一次召回

2009 年 11 月 25 日，美國豐田宣佈歷來規模最大的召回行動，420 萬（2008 年的 4 倍）輛汽車須回廠檢修或更換易被地墊卡住的油門踏板。此數目創下車業紀錄。

美國豐田在聲明中說：「車主和大眾的安全是我們最關切的事，本公司會徹底調查，並採取適當措施，以解決任何經過確認的瑕疵。」

經銷商自 2010 年 1 月起開始提供下列三種之一的維修服務。

1. 剪短油門的長度；

2. 修改煞車系統；

3. 有些情況，變更油門（accelerator）下面的地板。

美國豐田強調這只是臨時措施，仍在研發替代品。2010 年 4 月起由經銷商改為安裝含有滾動基座的新式油門踏板，但部份車款需另外加裝煞車後備保險系統，以防萬一，需回廠檢修車輛僅限美製汽車。[6]

(四)2010 年 1 月 26 日，地墊卡住油門

2010 年 1 月 26 日，美國豐田宣佈召回五種車款，提供 110 萬輛車的免費維修，原因是地墊可能卡住油門踏板。

二、2010 年 1 月 21 日,油門卡住問題

2010 年 1 月 19 日,美國豐田因為汽車油門出現安全問題,宣佈 1 月 21 日起召回 8 款車種共 230 萬部,並且暫停北美 6 座工廠的組裝工作。

為何停止銷售,是因為有油門卡住的問題,而且事前毫無徵兆,會危害到行車安全。這是美國豐田首度因品質問題被迫在美國大規模暫時停售和停產,所涉車款占豐田汽車在美銷售的一半,使美國豐田業績遭到重創。對美國豐田來說,停產停售部分車款是迫於無奈的決策,因為美國高安局已下了指示。

每年農曆過年前,大陸春運達 28 億人次,號稱地球上最大人口移動。由表 13.3 可見,豐田在美三次汽車召回,合計 760 萬輛,創車界汽車召回紀錄。[7]

表 13.3　豐田大規模召回汽車

	問題 1　地墊卡住油門		問題 2　油門卡住
召回日期	2009 年 11 月 25 日	2010 年 1 月 26 日	2010 年 1 月 21 日
車輛數目	420 萬輛	110 萬輛	230 萬輛
召回車款 2004 至 2010 年份	Camry (2007~2010) Avalon (2005~2010) Prius (2004~2009) Tacoma (2005~2010) Tundra (2007~2010) Lexus ES 350 (2007~2010) Lexus IS 250 Lexus IS 350 (2006~2010)	Highlander Corolla Venza Matrix Pontiac Vibe	Camry (2007~2010) Avalon (2005~2010) Corolla (2009~2010) Matrix (2009~2010) Tundra (2007~2010) Rav4 (2009~2010) Highlander (2010) Sequoia (2008~2010)

為了一致報導,表中車型不附中文名稱,常見譯名如下。

・Camry 冠美麗　　　　・Corolla 冠樂拉　　　　・Prius 普銳斯　　　　・Avalon 亞洲龍

另各車款後代表召回的車款的年份。

資料來源:豐田汽車

1. 亡羊補牢

美國豐田忙於止血,跟問題零件供貨公司 CTS 研究如何修復油門零件,油門的問題不再侷限於豐田,由於福特汽車一些商用汽車也採用了 CTS 公司

的油門零件，所以福特已停止生產該車款。

美國豐田表示使用其他零件公司供應零件的車款不受影響，例如日本工廠不受影響。⑧

CTS 公司小檔案

總裁：Vinod Kkilnani

公司住址：美國印第安那州艾克哈（Elkhart）

績效：2005 年成為豐田的零組件供貨公司，曾三次獲得豐田頒發優秀供貨公司。

歐洲豐田在歐洲銷售的車款也使用相同油門踏板，因此豐田在歐洲召回 180 萬輛車；使召回總數達到 940 萬輛，超過豐田集團 2009 年的全球銷售輛數。豐田某發言人說，豐田在歐洲不會停止銷售和生產，因為有瑕疵的零件已不在歐洲使用。

2. 油門踏板瑕疵原因

美國豐田這次發生問題的油門踏板，主要來自美國供貨公司 CTS，主要因車輛在氣溫極低情況下，車內開啟暖氣行駛，在很極端情況下，踏板內可能發生「結露」現象產生水，導致踏板內的滑動板移動不順，影響油門的正常反應。

3. 損失控制

美國豐田不願評估召回事件為其帶來多大損失，CSM Worldwide 估算豐田處理每一部問題汽車，就要花 25～30 美元，另外還要加上人力成本。

美國汽車出租業者 Enterpis 租車公司決定停用占車隊 4% 的豐田汽車，艾維斯（Avis）租車公司也停用 2 萬輛豐田汽車。⑨

三、2010 年 1 月，普銳斯也傳出問題

禍不單行，連油電混合動力汽車普銳斯（Pirus）的煞車系統也出問題，美國高安局也調查 2006 年款冠樂拉（Corolla）和 Matrix 的失速問題與普銳斯的煞車遲緩，詳見表 13.4。

表 13.4　普銳斯煞車遲延的攻防

2010 年

月日	外界批評	豐田的對策
2 月	普銳斯 13 起煞車突槌事件發生在 2009 年 12 月到 2010 年 1 月,日本國土交通省下令豐田對此展開調查。	普銳斯 2010 年款在 2009 年 5 月上市後,至 2010 年 1 月在日本賣出 17 萬輛,在美國賣出 10.3 萬輛。2009 年底才收到第一批投訴,豐田品管部主察(註:日本企業稱為部次長,主管業務的非主管職)橫山裕行說:「從 2009 年 12 月開始,投訴件數因天氣嚴寒而與日俱增。」他說,防鎖死煞車系統(ABS)運作時,會因為從再生制動切換到液壓制動而稍微產生延遲,「只要用力踏,就能安全地煞住車」。
2 月 3 日(週三):普銳斯突槌車在日本曝光	日本國土交通省宣稱,2009 年 7 月以來接獲 14 起關於普銳斯煞車不靈的報告,包括 2009 年 7 月釀成的交通事故,有 2 人受輕傷。車禍當事人告訴警方說,其所駕駛的普銳斯煞車突然失靈,導致他在交流道撞上前方車。 美國高安局接獲約 100 名車主投訴,抱怨普銳斯的煞車偶有故障失靈狀況,其中 2 名車主還因此車禍受傷。美國與日本紛傳普銳斯煞車失靈的消息,再度打擊豐田股價,大跌 5.7% 跌至 3,400 日圓。大和證券市場分析師高橋和宏表示,「投資人擔心普銳斯的問題會持續擴大,加深外界對豐田汽車性能及安全性的質疑。」[12] 直到普銳斯的煞車問題在日本曝光之前,美國每天有關美國豐田召回汽車一事的舖天蓋地的消息,並沒怎麼困擾到日本消費者,日本報紙對此事的報導令人驚異地稀少。豐田此次在全球蒙羞,可能是日本幾個月所遭受一系列心理打擊中最嚴重的一次。[13]	豐田發言人竹內指出,該公司已接到來自北美及日本國內有關普銳斯的投訴,現正進行調查。
2 月 4 日(週四)		豐田表示在日本接獲 77 件投訴、在美國收到 8 件。豐田宣布普銳斯防鎖死煞車系統出現軟體瑕疵。

表 13.4 　（續）

月日	外界批評	豐田的對策
	該局宣佈調查 2010 年款普銳斯煞車系統問題，該局汽車瑕疵管理處至今已接獲 124 件煞車問題報告，其中包括 4 起車禍及 2 起重傷意外，並未發生死亡車禍。 日本國土交通省公布資料顯示，消費者對普銳斯的投訴包括在顛簸路面駕車時發生煞車失靈及煞不住車的情況。	豐田否認故意拖延公布問題的時程，橫山裕行說：「我們已在 1 月改良 ABS 的設計，我們打算對顧客解釋，現在還在研議該怎麼做，不久後就會做出宣布。煞車反應很慢，但只要踏久一點，車就會停。」⑭
2 月 5 日（週五）		傳出豐田擬召回問題汽車，《日經新聞》報導，豐田知會日本國土交通省及美國交通部，以便展開召回。依據日本法規，汽車公司必須經過國土交通省同意才能召回問題車輛。⑮ 凌志 HS250h 油電汽車及另一款迷你豪華汽車 Sai 也使用跟普銳斯相同的煞車系統，但豐田尚未接獲相關客訴，因此將先針對這兩款車進行檢修。 凌志 HS250h 於 2009 年下半年在日本及美國上市，7 至 9 月在日本賣出 8,500 輛，在美國賣出 7,000 輛。Sai 僅在日本市場銷售，自 2009 年底上市以來賣出 3,800 輛。
2 月 9 日（週二）		豐田宣佈在全球召回檢修 43.7 萬輛汽車，包括 2010 年款普銳斯、Sai、普銳斯 PHV 和凌志 HS250h，北美 15.5 萬輛、日本 22.3 萬輛以及歐洲 5.3 萬輛，豐田表示每台車檢修時間為 40 分鐘。 豐田並暫停銷售 Sai 和凌志 HS250h 兩款油電汽車至 2 月 17 日，美津濃信貸諮詢機構分析師水野辰哉表示，日本消費者對豐田汽車召回車款事件的反應相對平靜，可能不會損及豐田的銷售。他說：「豐田宣佈召回後批評聲浪不再，很可能是由於日本並無煞車系統軟體引發死亡車禍的報導。」⑯

豐田油電混合動力汽車普銳斯（Prius）
圖片提供：豐田汽車

　　普銳斯打遍美國市場無敵手，卻傳出其煞車系統有潛在安全問題。

　　越來越多第 3 代（2009 年 5 月推出）、2010 年款的普銳斯車主投訴其煞車系統會突然失靈，美國高安局陸續接獲 20 起以上投訴，美國豐田表示已經展開自我調查。此一事件在美國許多網站上立即變成熱門話題。

　　由於普銳斯的煞車系統跟其油電動力系統一樣，是採取複雜的混合動力技術，所以到底是哪裡出現問題還有待調查。油電汽車在慢慢減速時，其再生動力系統會把汽車的動能轉化為電力並儲存在車用電池裡。一旦突然減速，車子就會自動改用傳統的液壓煞車系統。[10]

　　普銳斯是全球銷售最佳油電混合動力車款，也是豐田在美國銷售第四佳的款式。

(一)普銳斯的煞車問題

　　2009 年 6 月 29 日至 2010 年 1 月 27 日生產的第三代普銳斯車型，當車輛行駛在特定路面（坑洞、顛簸或結冰路面）輕踩煞車減速時，由於防鎖死煞車系統開始啟動瞬間，煞車液壓有輕微延遲的現象。最嚴重的狀況，車主會感到煞車反應有輕微遲緩的感覺。

(二)證券分析師的看法

　　韓國投資暨證券公司分析師徐成文（音譯）指出，豐田向來在油電動力汽車中傲視群雄，然而普銳斯召回事件後公司形象元氣大傷，也讓對手趁機搶攻

市場，例如現代汽車在 2010 年在美推出油電動力汽車。[11]

四、召回小貨卡 Tacoma

2010 年 2 月 12 日，美國豐田宣布在北美主動召回 8,000 輛 2010 年款的 Tacoma 小貨卡。稱早之前，汽車零件公司 Dana 公司向美國高安局報告說，出貨給豐田、福特與日產的 3.4 萬具傳動軸有零件可能出現裂縫。

美國豐田表示，由於這項零件瑕疵，一些 Taoma 恐會在行駛中出現傳動軸脫落、導致車輛失控的問題。這批零件在 2009 年 12 月到 2010 年 2 月間生產，尚未造成任何事故。

同一批傳動軸零件約有 1.7 萬具交給福特汽車生產 Escape 以及 Mercury Mariner 休旅車。福特汽車發言人迪普（Said Deep）表示，在檢驗後認定這批零件沒有造成安全或性能問題。美國日產汽車發言人普萊司（Colin Price）表示有少量同批零件用來生產四輪驅動車與休旅車，但沒有脫落問題。

Dana 公司已向美國高安局表示將召回使用這批零件的汽車，該局官員說，儘管問題出在零件公司，汽車召回在技術上仍是汽車公司的責任，豐田似出於謹慎而先提出召回。[17]

五、冠樂拉也出包

2010 年 2 月 9 日，美國高安局表示，已接獲 80 件以上豐田車主抱怨，在駕駛冠樂拉上路時很難保持直行，有必要調查 2009 與 2010 年款的汽車。

該局資料庫顯示，其中一名車主在 1 月一場意外後說，他 2010 年款的冠樂拉「一路蛇行，我好像開在薄冰上一樣，我得一直操縱失控的方向盤。」

該局發言人艾達納表示，「我們正在檢討對冠樂拉方向盤的投訴」，該局依處理車主投訴的標準程序，決定是否需要針對該車款展開安全調查。

美國豐田發言人路易士表示：「我們尚未收到調查冠樂拉的官方通知，當然我們會全力配合該局。」美國豐田宣佈，將召回 7,314 輛 2010 年款的冠樂拉，因為該款汽車轉向裝置疑似出現瑕疵，使車主難以停車。美國豐田已向該局通報此自發性召回措施。[18]

13.2 汽車召回的衝擊

　　豐田的汽車召回對豐田的衝擊，可分為三方面來說，表 13.5 中隱含 Y 軸，即依影響程度來區分。當然，整個衝擊波的傳遞過程卻是相反，即「經營績效→股市績效→政府政策干預」，本段也依此順序說明。

　　在零組件上，豐田為了降低成本，不斷壓縮零組件的採購成本，2009 年 12 月為了降低海外新車款售價，要求主要零件供貨公司在 2013 年年底之前，下調底盤、引擎、電子控制系統等零組件的採購價格，並且在設計階段的必要過程也實施簡化策略。

表 13.5　美國豐田汽車召回的影響

層面	2010 年	預估	2011 年	實際
一、政府				
(一)停產停售	1月26日～2月5日	交通部勒令美國豐田強迫召回 8 款車，共 230 萬輛。		
	2月1～5日	北美豐田六座廠停工		
(二)罰款	3月	美國高安局公佈資料顯示，已接獲 3,008 起（2000 年～2010 年 3 月）豐田汽車暴衝的投訴，造成逾 90 人死亡。		
	4月21日	美國豐田簽署法律文件，同意繳交 1,640 萬美元的罰款。根據美國法律，汽車公司一旦發現汽車出現問題，就必須在 5 個工作天內通知交通部高安局，但美國豐田得知其汽車出現油門踏板卡住問題，可能危害駕駛的安全後至少 4 個月，都沒有任何通報行動，因此成為被罰的重要依據。		豐田事件也促使美國政府重新檢討汽車安全法，1,640 萬美元是法定罰款上限，即美國立法機關考慮取消上限規定。

表 13.5 （續）

層面	2010 年	預估	2011 年	實際
	12 月 21 日	2010 年 5 月 10 日，美國高安局對美國豐田展開新一波調查，以了解豐田 2004 到 2005 年是否隱匿 4Runner 和日野（T100）卡車轉向拉桿缺失問題。 豐田被指控曾隱瞞 2005 年轉向系統的轉向軸，和 2007 年至 2010 年初期間油門可能被車內地墊卡住而造成暴衝問題，沒有按規定在發現問題後 5 天內上報交通部高安局。分別被判罰 1,605 萬美元和 1,637.5 萬美元，都接近美國法律定最高判罰 1,640 萬美元上限，合計 3,242.5 萬美元。	2010 年 12 月 21 日	美國豐田表示願意支付 2 筆罰款，但不承認違反美國汽車安全法。美國豐田品質長安傑羅（Steve St. Angelo）表示跟政府達成協議，是讓公司跟美國高安局重新建立關係，和聆聽與滿足消費者期待的契機。 美國交通部和拉胡德對美國豐田願意支付罰金表示歡迎，希望能跟豐田一起在未來為消費者的安全把關。[19]
(三)原因判定	7 月 14 日	2010 年 3～11 月，交通部在國會要求下，請來太空總署（NASA）工程師協助調查，分析豐田汽車運作的 28 萬行程式碼，並研究電磁輻射是否也是造成暴衝的原因。 7 月 14 日，《華爾街日報》搶先揭露了初步調查結果。太空總署的報告顯然支持豐田先前的調查結果。自 3 月以來檢視約 2,000 件意外案件，並且分析意外事	2011 年 2 月 8 日	美國交通部宣佈，豐田汽車突然加速的暴衝問題跟電子系統無關，導致暴衝的原因是油門踏板卡住和地墊卡住油門這兩項機械瑕疵。 交通部長拉胡德在華府記者會說：「我們認為豐田車駕駛起來很安全。」他還建議女兒選購 2011 年份的豐田 Sienna。[21]

表 13.5 （續）

層面	2010 年	預估	2011 年	實際
		故數據記錄器。初步報告顯示，部分駕駛宣稱自家的豐田或凌志汽車會失控加速的情況，主要是因為車主想要緊急踩煞車時，誤踩油門，即「電子油門控制系統」沒事。報告結果指出豐田兩項設計瑕疵導致汽車暴衝的責任，其一為油門踏板卡住，無法回復空轉狀態，其二為地墊容易壓住油門踏板。交通部高安局副局長米德福特表示，有關豐田車暴衝的報告有半數是國會舉行聽證會期間所提。由於多數暴衝是在汽車靜止或低速行駛的情況下發生，可能是駕駛人誤踩油門有關。[20]		
二、聲譽 　(一)名聲	2010 年 4 月 21 日	《富比世雜誌》中出版《Global 2000》企業豐田的企業形象受損連帶拖累公司營運表現，豐田的名次大幅退步，從 2009 年的第三跌到第 360 名，落後福特、本田和現代等對手。《富比世》是根據企業營收、獲利、資產和總市值列出排名。[22]		

表 13.5 （續）

層面	2010 年	預估	2011 年	實際
(二)品牌價值	6 月 18 日	美國汽車市調公司鮑爾公司（J. D. Power & Assoicates）公佈 2010 年美國新車品牌調查，豐田從 2009 年第六名陡降至 21 名，每百輛車平均有 117 個問題，這次調查期間 2～5 月，對象是 8.2 萬位車主，針對新車交車前後前 90 天所遭遇的問題。[23]		根據倫敦市場研究公司 Interbrand 估計，豐田因召修問題造成品牌價值由 298 億美元下挫 16% 至 257 億美元。
(三)信用評等	4 月 22 日	信評機構穆迪（Moody's）調降豐田的債信評等，由「Aa1」調降一級至 Aa2，展望為「負向」。穆迪資深分析師臼井規表示，豐田的產品品質和召回事件使其向來優於對手的定價能力充滿不確定性，美國豐田未來幾年的盈餘將受到召回事件相關訴訟費用的衝擊。豐田面臨「實質風險」，且期間將持續到 2012 年甚至更久以後。市場需求低迷、產能過剩、必須祭出超優惠手段刺激銷售，以及品質問題嚴重影響定價優勢，都可能對豐田的盈餘造成負面影響。[24]		

表 13.5　（續）

層面	2010 年	預估	2011 年	實際
(四)營收	3 月初	根據汽車市研機構 CNW 市場研究資料，有意購買豐田汽車的消費者中，2010 年 2 月已有 70% 改變主意。		2010 年 1 月，美國豐田銷量 9.8 萬輛（跟去年同期下跌 16%）市占率 14%，2 月只剩 12.7%。豐田資深副總裁伊地知隆彥說，汽車召回導致豐田少賣 5 萬輛車，低於早先估計的 10 萬輛。
	12 月 21 日	豐田估計其 2010 年度全球銷量 748 萬輛，成長率 7%。		2010 年美國汽車市場成長 11%，豐田是唯一銷量衰退的汽車公司，下滑 0.4%，只有 176 萬輛，豐田全球實銷 753 萬輛。
三、損益 1. 維修成本	3 月 10 日（1 美元兌 92.293 日圓）	美國摩根大通證券、德意志銀行預估值為 32.1 億美元。[25]	2010 年 5 月 11 日	豐田已認列（預估）19.935 億美元（640 億元）的召回維修費。[26]
2. 銷售費用		為了留住顧客還得花更多錢打廣告與提供優惠購車方案。德意志銀行預估，在 2010 年 4~9 月中，美國豐田的平均每車優惠方案行銷費用將增加到 2,500 美元，遠高於 2009 年度的 1,450 美元。豐田為了挽救北美市場，3月在美國展開一連串促銷活動，主打5年期零利率貸款及優惠租賃價格，且旗下八成的車款都提供免費維修服務，目的就是希望顧客不要	2010 年 3~4 月	

表 13.5 （續）

層面	2010 年	預估	2011 年	實際
		從此流失。在大陸推出多項優惠案，包括零利率貸款專案、免費保險、加油以及路邊維修服務。⑰ 拜對各車款祭出折扣所賜，豐田3月在美銷售也激增41%、4月成長24%。		
3.法律訴訟賠償	3 月 10 日	摩根大通證券預估 89 個法律訴訟案，賠償金額 10 億美元。 其中一名集體訴訟委任律師豪沃爾（Tim Howard）表示，針對二手車回收價暴跌（註：2010 年 2 月下跌 4%）而要求豐田索賠的車主粗估約 600 萬名，保守估計法院宣判每名車主獲賠 500 美元，則美國豐田必須負擔的賠償金額 30 億美元。⑱ 油門瑕疵在美國已造成 50 人意外喪生，美國豐田面臨 180 起相關訴訟。	2010 年 9 月 23 日	美國豐田跟美國加州一樁車禍案（即 2010 年 8 月 18 日，塞勒一案）的原告達成庭外和解，賠償金額在法庭准許之下曝光，達一千萬美元。美國豐田對金額曝光非常失望，凌志仍有八十餘件類似案例，正由交通部高安局進行調查。⑲
4.損益	3 月 10 日（1 美元兌 90.452 日圓）	摩根大通汽車產業分析師高橋浩平把豐田 2010 年度的預估營業利益，從先前預測的 84 億美元下修到 59.7 億美元。		2009 年度，營收 2046.7 億美元、盈餘 26.375 億美元。
	5 月 11 日（1 美元兌 92.5373 日圓）	豐田預估 2010 年度營收 1777 億美元、盈餘 30.26 美元。⑳		2010 年度，營收 2313 億美元、盈餘 59 億美元。

表 13.5 （續）

層面	2010 年	預估	2011 年	實際
四、股東財富		2010 年 4 至 11 月豐田股價在東京股市下挫 26%。	2 月 28 日	股價回升 24%。在美國政府調查報告公佈後，豐田股價在紐約股市上漲逾 4% 至 88.57 美元，為 2010 年 1 月 21 日以來最高價。

一、政府管理

政府裁決的罰款事小，但是跟政府交惡的代價很高，因為政府可以作的鐵腕措施很多，從「停售」、「停工」到停止設廠等。

2010 年 1 月 19 日，美國豐田已經吃到一張「紅牌」（暫時停售、停工），為了避免遭到更重處罰，豐田「坦白從寬」，詳見表 13.5。

二、聲譽

本段把聲譽、營收一次討論。

(一)聲譽

大規模汽車召回已夠令消費者對豐田汽車的品質起疑問。

豐田的主力車款之一冠美麗（Camry）
圖片提供：豐田汽車

2010 年 1～5 月，一些權威性調查結果，都像重槌般打在豐田汽車上，更使豐田聲譽每況愈下。

1 月 20 日，日本《朝日新聞》在社論中批評，豐田推諉責任（即把責任推給踏板供貨公司 CTS），會傷害過去數十年努力建立的品牌形象。[31]

1. 汽車業的金酸莓獎

2010 年 1 月底，美國《時代》雜誌發表了「十大回收產品」排名，第一名就是豐田的踏板，比大陸毒奶粉的名次還高，理由是召修的車輛達到 900 萬輛以上，這個規模跟全美 2009 年的汽車銷售量相近。

知名租車業者艾維士預算公司（Avis Budget Group, Inc.）則是打出這樣的訴求：「顧客的安全和安心是最優先考慮的，我們不提供豐田車召回車款」，1 月 27 日在公司網站宣佈，有二萬輛豐田車停止出租。此外，美國不少大型中古車商也決定停止銷售召回的車種，影響層面逐漸擴大。

2. 美國《消費者報導》不買帳

2010 年 1 月 29 日，知名汽車雜誌美國《消費者報導》（*Cosumer Reports*）雜誌停止推薦豐田召回的八款汽車，使豐田再遭一記重擊。CNW 行銷研究公司總裁史皮內拉（Art Spinella）指出：「這是豐田的大轉折，他們必須付出更多努力挽回受損的形象。」

2 月 24 日，《消費者報導》雜誌公佈 2010 年度「汽車公司評比報告」（*Automaker Report Card*），本田（Honda）和速霸陸（Subaru）並列最佳汽車公司，得分 77 分，形象重挫的豐田 74 分、排名第三，現代位居第四（73 分），日產和福斯則以 72 分並列第五。美國三大汽車公司依舊敬陪末座。福特名列第十一，通用汽車倒數第二，克萊斯勒兩次墊底。

比較特別的是，《消費者報導》雜誌依舊高度推崇豐田產品，但推薦的車款僅及 2009 年一半，因為排除了召修的八款車。《消費者報導》評普銳斯為「最佳環保車款」，凌志的 LS460L 則擊敗 280 多款汽車，榮登整體最佳車款（best overall vehicle）。[32]

《消費者報導》小檔案

《消費者報導》是美國消費者選購汽車的重要指南，評分是
依據道路測試平均分數和預測車輛性能可靠度分數綜合而
得，滿分為一百分。

3. 新車調查跌到 21 名

2010 年 6 月 18 日，鮑爾市場研究公司公佈 2010 年美國新車品質調查報
告。這份報告在 2 月至 5 月間調查，以了解 8.2 萬名車主在 2010 年度交車後
頭 90 天內所遭遇的問題，以每 100 輛車為單位，平均有 109 個問題。

豐田從 2009 年的第六名陡降至第二十一，每百輛平均有 117 個問題，是
該調查進行 24 年來首見紀錄。這份調查進行的時間適逢豐田聲譽受召修事件
打擊過後，而車主回報的問題也多跟召修原因相關，包括煞車油門和地墊。

豐田旗下的豪華車品牌凌志 2009 年排行第一，2010 年滑落第四，詳見表
13.6，每 100 輛車有 88 個問題。以 20 個評比項目來看，豐田與凌志仍在 6
項居冠，居各品牌之冠。[33]

表 13.6　2010 年十大優質汽車品牌

排名	品牌	國家	排名	品牌	國家
1	保時捷	德國	6	本田	日本
2	Acura	日本本田	7	現代	南韓
3	賓士	德國	8	林肯	美國
4	凌志	日本	9	Infiniti	日本
5	福特	美國	10	富豪	瑞典

資料來源：美聯社。

4. 2011 年 2 月，還豐田一個公道

2011 年 2 月 28 日，美國《消費者報導》雜誌公佈 2011 年汽車公司評鑑
報告，日本本田（74 分）、速霸陸（73 分）和豐田（71 分）連續第三年榮膺
前三名，美國福特汽車公司則是排名進步最大的汽車公司。[34]

2011 年 6 月 24 日，鮑爾市場研究公司公佈 2011 年調查報告，豐田躍升至第七名。

(二)營收

美國豐田停售 8 天，銷量本來就會減少，再加上對手落井下石，更是雪上加霜。

1. 對手的促銷措施

由表 13.7 可見，一些對手乘豐田自顧不暇之計，推出短打促銷措施，以吸引豐田車主「帶車投靠」，因此搶了不少豐田顧客。

表 13.7　2010 年美國同業趁機搶市占的促銷方式

對手	通用汽車	福特	本田	現代汽車
一、日期	1 月 17 日	1 月 27 日	2 月 8 日～3 月底	1 月 28 日～2 月 1 日
二、舊車換新車（Trade-in）	1,000 美元抵換現金，豐田舊車換購通用新車。	1,000 美元抵換金，以 2006 年後出廠的豐田汽車，來抵換福特汽車（不含油電混合車、Taurus 等）	－	同左，但只能換購現代汽車的 Sonata Sedans、Elantra、Elantra Touring
三、其他優惠	零利率分期付款		等值 1,400 美元（2009 年度 1,281 美元）	

2. 2010 年 1～2 月美國車市銷量

美國豐田受累於大規模召回問題車款，1 月銷售量遽減 16%，美國市占率跌至 2006 年 1 月以來最低，單月銷量創下 10 年來首見低於 10 萬輛的低水準。

相形之下，其他汽車公司的銷量則大多增加，以福斯的增幅達 40.1% 為最大，福特以 25% 居次，現代汽車增加了 24.4%。詳見表 13.8。

美國豐田表示，美國所售的 19 款車中即有 8 款為問題車，約占營收六成。[35]

表 13.8　2010 年 1～2 月美國汽車銷量

汽車公司	車輛（輛）	1 月增減幅（%）	2 月（%）
福斯	24,631	40.1	
福特	116,277	25.0	43
現代	30.503	24.4	
日產	62.572	16.1	29
通用汽車	146,315	14.1	11.5
馬自達	15,694	1.8	
起亞	22,123	0.1	
本田	67.479	−5.0	13
克萊斯勒	57.143	−8.1	0.5
豐田	98,796	−15.8	−9

資料來源：英國《金融時報》

3. 美國市場小敗

2009～2010 年美國消費者少換車，使得平均車齡達 10.2 年，創 1997 年以來最高紀錄，這二年是近 30 年來美國汽車銷售很差的年份。

但由於美國豐田受汽車召回衝擊，由表 13.9 可見，約少賣 20 萬輛。這些量被其他汽車公司分食，最大贏家首推福特汽車，2010 年銷量成長 19.4% 至 194 萬輛，趕過美國豐田，奪下北美市場銷售冠軍。本田 2009 年度，盈餘 28.7 億美元，其中 2010 年第一季銷量 87.4 萬輛（去年同期 68 萬輛）、盈餘 7.71 億美元（去年同期虧損 19.25 億美元）。

TIW 公司駐東京分析師高田說：「受召修、缺乏搶眼新車款和暢銷車冠美麗銷售周期即將結束影響，豐田在美國的銷售退步不令人意外。」[36]

表 13.9　2010 年度豐田銷量分析

單位：萬輛

區域	(1) 預估	(2) 實績	(3)＝(1)−(2)差異數
全球	748	753	−5
美國	196*	176	20

*資料來源：工商時報，2010 年 1 月 28 日，A8 版，鍾志恆，北美預估成長率 11%，其中美國由 177 萬輛成長到 196 萬輛。

三、損益

2010 年年初，仍屬 2008 年 9 月金融海嘯的衝擊期間，豐田汽車召回可說「屋漏偏逢連夜雨」，但是豐田竟能化險為夷，詳見下列說明。

(一)汽車召回維修費用 20 億元

根據豐田估計，已宣佈的召回費用約 20 億美元。[37]

依採購合約或依法院判例，如果豐田可證明油門踏板瑕疵來自 CTS 公司，那麼豐田可以向 CTS 公司索賠。

1. 美國豐田指責 CTS 公司

2010 年 2 月 4 日，美國豐田指出，這次召回的主要原因在於 CTS 公司所製造的油門踏板組件，可能因為在原有材質變質或是長期使用的影響之下，造成踏板回彈困難或是卡住。

2. CTS 公司這邊的說法

CTS 公司總裁 Vinod Khilnani 表示，該公司的組件生產完全是依照豐田所提供的規格，要是有任何問題，應該是源自於豐田的錯誤設計。該公司自 2005 年開始才成為美國豐田的零組件供貨公司，因此，早在 2002 年豐田便零星傳出的無預期加速，跟該公司無關。[38]

(二)2010 年度

2010 年 1～3 月是日本會計年度中 2010 年度第四季，由表 13.10 可見，雖然豐田銷量只有 753 萬輛（成長 7.9%），但因為衝刺凌志等高檔車，因此營收 2,313 億美元（成長 13%）；再加上一些工廠暫時停工與裁員，由小賺到中賺，賺 59 億美元。簡單的說，豐田章男把「汽車召回的衝擊降至最小」。

表 13.10　豐田經營績效

單位：萬輛

年	2007	2008	2009	2010	附註
一、美國汽車銷量	1610	—	1040	1160	2011 年可望 1320
二、豐田（年度）					
(一)集團*	937	897	781	842	美國通用汽車 839，成長率 12%
(二)豐田	843	800	698	753	德國福斯（VW）714，成長率 14%，領先豐田的 8% 2011 年***
三、營收（億美元）**	2,366	2,090	2046.7	2313	2347.8
四、盈餘（億美元）**	154.6	−44.48	26.375	59	50.44

*集團指包括豐田、大發汽車（平價小型汽車）與日野（卡車）。

**豐田的年度「超前一年」，以 2011 年來說是指 2010.4～2011.3。

***依 1 美元兌 80.9 日圓匯率換算。

四、股價（股東財富）的衝擊

碰到重大的產品召回，投資人往往會過度反應，先殺（股票）再說，而且殺過頭。由圖 13.1 可見，豐田股價從 2009 年 8 月媒體報導車禍後便下跌了三個月。

到 2009 年 12 月，以為問題解決了，股價又反彈。沒想到，2010 年 1 月 19 日、26 日兩波召回，再次使股價走跌。到了 2 月底，宣佈採取煞車優先系統後，問題有解，股價逐步回升到 3,800 日圓。

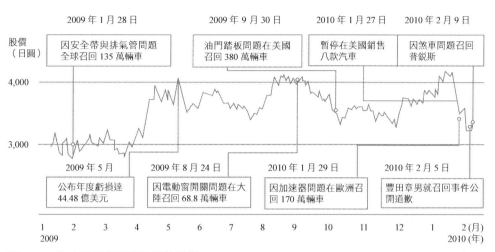

圖 13.1　汽車召回對豐田股價的影響

資料來源：路透

13.3　原因

　　對因下藥，才能藥到病除；反之，對症下藥（即症狀療法），即俗稱「頭痛醫頭，腳痛醫腳」的治標，只有短效，但沒有辦法解決問題。

　　豐田的汽車召回，看似只要在汽車（主要是冠美麗、冠樂拉）踏板修正、普銳斯的煞車系統軟體更新一下便雨過天青，但是只要造成品質瑕疵的根本原因不排除，品質瑕疵問題會一而再，再而三的出現在其他零組件、車款。本節剖析豐田汽車品質瑕疵的原因。

　　在西元前 221 年，秦始皇「滅六國，統一中國」，其實，早在其曾祖父秦孝公採用商鞅變法，便訂下此目標。

　　同樣的，豐田也是訂下「全球車市第一」的目標，詳見表 13.11，不管誰當家（縱使豐田章男也一樣，詳見表 13.16 第三欄）。一旦目標太大，就必須採取「急行軍」方式（例如縮短新車研發期間），因此在研發或製造過程，就多少會出現產品設計瑕疵、製造瑕疵。

表 13.11　1995～2009 年豐田目標與策略

期間	1995 年 ～1999 年 6 月	1999 年 7 月 ～2005 年 6 月	2005 年 7 月 ～2009 年 5 月
一、董事長	豐田章一郎（豐田喜一郎之子，豐田章男之父）	奧田碩	張富士夫
二、總裁	奧田碩	張富士夫	渡邊捷昭（Katsuaki Watanbe）
三、策略			
(一)營收目標	全球市占率 10%，1995～2009 年，全球產能擴展到 1,000 萬輛、50 個工廠大量推出新車型。	2002 年（當年全球市占率 11.7%）訂定 2010 年目標為「全球市占率 15%」的「全球大師計畫」。	同左
(二)成本	1998 年，推出「建造 21 世紀成本競爭優勢」（CCC21）計畫。重新設計零組件，並跟供貨公司合作降低成本。	1998～2004 年共 6 年，透過 CCC21 計畫，降低成本 100 億美元。	2005 年，推出「CCC21 計畫激進版」的「價值創新」（Value Innovation）計畫，使整個研發流程更省錢、更迅速。加速產品上市時間。汽車業界新車款設計完成到進入生產階段，一般需時二到三年，而豐田縮短為一年左右。 進一步削減零組件與生產成本。

一、豐田達郎被換下場

　　1995 年，豐田章男的叔叔豐田達郎（Tasturo Toyota）擔任總裁時，由於豐田在美日維持老式車款（例如冠樂拉），不符合消費者渴望擁有風格大膽、越野能力更強的車款，因此市占率衰退，面臨在 1950 年以來第一次報出虧損的危險。

　　董事長豐田章一郎領導家族大老，擢用奧田碩出任總裁，取代 68 歲、因中風而無法視事的豐田達郎。一般認為豐田銳氣已失，而奧田碩（柔道黑帶高手）正是帶領公司衝刺適當人選。

二、總裁奧田碩擔任救援投手

奧田碩上任以後，從會計與採購，到國際與國內銷售無所不管。

(一)營收目標：全球市占率 10%

在奧田碩上任之初，有關搶占 10% 全球市場的言論在豐田甚囂塵上。

(二)手段：價量時，少「質」

要想作到世界第一，最好在「價量質時」四項競爭優勢都強過對手，豐田多管齊下，以求樣樣強，詳見圖 13.2。豐田於 2008 年超越通用汽車，成為全球最大汽車公司，但也付出不少代價。

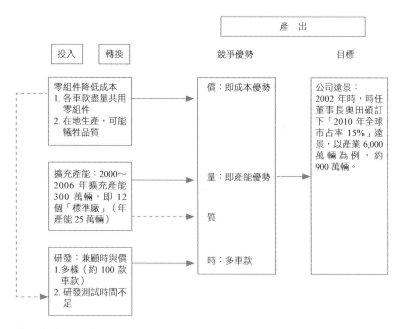

圖 13.2　豐田汽車召回的原因

(三)推出「車海」

從廂型車 Scion、一噸重小卡車 Tundra，到 1997 年油電混合汽車普銳斯，豐田大舉推出各式新款。東京日本先進研究公司分析師遠藤說，豐田在美國「以任何其他汽車公司從未經歷過的高速搶占市場」。

到 1990 年代末，冠樂拉 4Runner、RAV4 休旅車賣得都很好，豐田於是

推出美國最賺錢的小房車與大型貨卡市場。

(四)成本面

1998 年，推出「21 世紀建造成本競爭優勢」（construction of cost competitiveness for the 21 century, CCC21）計畫，大力砍成本。

(五)製造面：工廠在地化

要想奪魁，竅門之一便是「貨要足」，不能缺貨以致顧客不耐久候而琵琶別抱。豐田展開一項汽車史上規模空前的海外擴廠行動。在 1999～2009年間，海外廠由 25 個擴展到 50 個，這麼做，一方面能強化它的市場反應能力，同時也迴避可能因日本車外銷而造成的貿易爭議。尤有甚者，可以規避日本出口所遭受日圓升值之苦。其間，在 1990 年，北美產能擴大一倍，達年產120 萬輛，尤其是肯塔基州喬治城車廠。

三、張富士夫時代

張富士夫接任總裁，奧田碩升任董事長，更是變本加厲的貫徹上階段的作法。

(一)全球市占率 15%

約在 2002 年，豐田啟動「全球大師計畫」（global master plan），該計畫迄 2006 年才曝光。豐田希望在 2010 年全球市占率 15%，以全球銷量 6000萬輛來說，約 900 萬輛。

(二)快迅研發

出身東京大學法律系的張富士夫，經常談到速度在產品研發週期的「臨界意義」，以及反應市場變化的重要性。大野耐一當年研發的概念也在這時開始變質。

(三)降低成本的必要性

1980 年代起，日本汽車業致力推展海外市場，以品質取勝的豐田也贏得國際消費者的信賴，但 2000 年以來美國和南韓等汽車公司迎頭趕上，日本汽車既要兼顧品質又要降低成本而越來越吃力。

1. 繼續推動 CCC21 計畫

在張富士夫、奧田碩與另幾位高階主管的推動下，CCC21 計畫進行得如火如荼，舉例說，豐田設計人員仔細研究裝在汽車內側車門上方的把手，之後他們跟供貨公司合作，把門把手零組件從 34 個減為 5 個，採購成本降低 40%，這項改變，也把安裝時間減為 3 秒，縮短了 75%。最有名的一句口號是：「擰乾毛巾上的最後一滴水」。

2. 供貨公司一直活在壓力鍋中

日本媒體把豐田等汽車公司大舉召回瑕疵汽車的問題歸咎於汽車公司近幾年來為節省成本，讓許多不同車款的零件標準化，與海外工廠的零組件當地採購。[39]

(1)共同零組件

日本《每日新聞》採訪分析：「汽車業者為了降低成本，會生產通用於不同車款的零組件。在這次事件裡，共用零組件是元凶之一。」

①共同零組件的風險

由於汽車電子零組件的技術越來越複雜，公司難以在問題惡化前，及早診斷出問題所在。《實踐豐田模式》一書作者之一梅爾表示，豐田為追求零組件全面標準化而終於付出慘痛代價。他說：「短期來說，成本或許會降低，潛在風險卻相對提高。」

東京大學工程學教授飯塚悅功表示，汽車公司對這些風險了然於胸，同行間的激烈競爭卻迫使它們針對各種車款使用同樣的零組件。研發一款汽車必須耗費巨大成本，汽車公司必須共用零組件，否則絕對無法勝出。3C 產品的情況也一個樣。

美國華盛頓大學系統工程學教授卡普爾表示：「企業非常在意如何降低成本，然而不知不覺間可能失去什麼，最後嚐到苦果。」[40]

(2)海外廠在地採購有可能使零組件品質打折

韓國《朝鮮日報》社論認為「豐田式管理」（Toyota Management）是自取毀滅之源。因為海外管理本已不易，豐田卻又奉行極度削減成本政策，這種經營手法就像是「用力擰擠一條早就乾的手巾」，品質只能一再打折扣。

美國加州大學日本商業教授謝德（Ulrike Schaede）說，豐田面對同業的

競價壓力，只好擴大供應鏈網絡以降低成本，這也使豐田難以控制品質。[41]

外界認為此次汽車召回的主因之一在於渡邊捷昭擔任採購副總裁時，大力推動供貨公司降低成本，豐田說，這次事件，供貨公司的零組件扮演了舉足輕重的角色。但近幾年來，該公司都要求供貨公司壓低零件的製作成本。美國一家大型供貨公司的主管說，豐田堅決要求供貨公司，各代的零件都要便宜一成。[42]

零組件製造業者愛信精機的專案經理荒木告訴美國《商業周刊》（*BusinessWeek*），「我們在每一階段都面對降低壓力。」

(四)績效

2005 年 9 月，渡邊捷昭在法說會中表示，1998～2004 年的六年，CCC21 計畫讓豐田全球營運成本削減了 100 多億美元，一年約 22 億美元。

到 2003 年，豐田一切順遂。獲利不斷增長，11 月，豐田市值 1100 億美元，比通用汽車、福特汽車與戴姆勒克萊斯市值總和還多。在美國，從 1.9 萬美元的 RAV4 到 6.5 萬美元的凌志 LX470，豐田終於建立堅強的高獲利休旅車陣容。而普銳斯的銷售開始起飛，開創了龐大的環保汽車市場商機。

(五)隱憂

由表 13.12、圖 13.3 可見，2004 年起，豐田汽車召回數量大幅跳升，而在 2003 年起幾起嚴重交通事故的報告已經引起美國高安局的注意，在 2003～2010 年間，對豐田汽車無端加速的事件進行了幾項調查。

表 13.12　豐田汽車突槌大事紀

時間	汽車瑕疵
2005 年 6 月	煞車與燃油系統缺陷，全球召修 17.3 萬輛汽車。
2005 年 10 月	汽車前燈轉換系統故障，全球召修 127 萬輛汽車。
2006 年 4 月	因漏電問題，英國召回全部第 1 代普銳斯。
2006 年 5 月	因方向盤失控問題，全球召回 100 萬輛汽車。
2009 年 1 月	因安全帶與排氣問題，全球召修 135 萬輛汽車。
2009 年 8 月	電源開關瑕疵，大陸召修 68.8 萬輛汽車。
2009 年 9 月	腳踏墊設計不良導致油門卡住引發車禍，美國召修 380 萬輛汽車。
2010 年 1 月	油門踏板瑕疵與腳踏墊卡住油門問題，全球召修近 900 萬輛汽車。

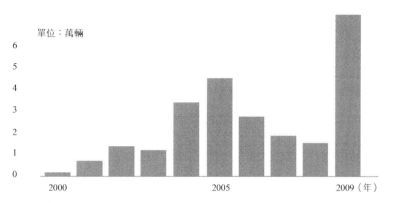

資料來源：豐田汽車公司

圖 13.3　豐田汽車全球召回數

四、渡邊捷昭時代

2005 年 6 月，被譽為「成本殺手」的渡邊捷昭擔任總裁，蕭規曹隨，持續推動降低成本的既定政策，奠基在 CCC21 計畫的基礎上，加碼執行價值創新計畫（Value Innovation, VI）。

豐田會在上班時間，不斷調低員工宿舍的暖氣，會在影印機上加上每一份複印紙張的成本，讓員工不敢濫用。有一位主管指出，製作流程過度精簡有時會使汽車在行駛時零組件冒出小火花，導致失控而釀成車禍，這是削減成本造成的一項直接後果。而這只是過度迷信降低成本的一項初步警訊而已。

(一)建立時效優勢

為了搶攻第一，豐田採取「車海戰術」，把市場細分，以多車款來滿足小眾市場，而不是像美國的汽車公司大抵以五種（1600、1800、2000、2400、3000cc）車款來滿足全部市場。

由於研發人數的限制，實在無法達成如此大量的推陳出新，2007 年時，全球約 94 種車款（有些只是在地化小改款，例如冠樂拉在台稱為 Altis），2010 年時，甚至號稱有 200 種車款。因此，有些車款在研發時，便無法進行全套測試，以致有些瑕疵無法及時發現，只好讓顧客當白老鼠了。

渡邊捷昭知道問題嚴重性，曾經在 2007 年短暫停止推出新車，以便讓研發部有足夠時間研發汽車，但之後的狀況並沒有再交代。

(二)製程品管人員數目不夠

為了勝過通用汽車，豐田積極在全球建構生產 1,000 萬輛汽車的體制。快速膨脹後遺症之一是人才跟不上，以海外廠來說，豐田外派連絡人來擔任豐田式管理的教練，但是在 2007 年時，需要 6,000 位，卻只有 2,000 位。由於人才不足，很多要求只好打折扣，甚至降到及格標準即可，不需達到高標準。2007 年 6 月，渡邊捷昭接受《哈佛商業評論》總編輯訪問時，已指出豐田人才捉襟見肘的問題。

(三)2005 年 12 月 5 日，豐田章男嗆聲

2005 年 12 月 5 日，豐田章男對「全球大師計畫」發表反面看法。他在豐田全球總部內，對公司的工程師和中層管理人員說，這種迅速擴張超越了公司確保每款汽車品質和可靠性的能力，他要求工程師們轉變思想，實現從注重產量到注重品質的重大轉變。[43]

(四)2006 年，普瑞斯的警告

根據美國參院調查人員，在調查車輛突然加速事件過程，找到的投影片資料顯示，美國豐田銷售公司總裁普瑞斯（Jim Press）在一場說明會中，向在日本的渡邊捷昭示警，說明過分降低成本，已使車輛品質不保，美國高安局加緊調查。北美一家有意跟豐田工作的零組件供貨公司，在拆解一輛 2007 年款冠美麗時發現，經過幾年的降低成本措施，傳統豐田汽車的傲人製作工藝已經大打折扣；車頂內裝填料雖仍符合安全規定，但為省錢已經薄了許多。這家供貨公司的一位主管說，「就內裝標準來說，它是一輛陽春車。」

2007 年，普瑞斯跳槽到克萊斯勒擔任副總裁。有此一說，如果 2007 年就採取徹底因應措施，將不至於發展成 2010 年如此大規模的召回車輛狀況。

2010 年 2 月，普瑞斯在接受《彭博》資訊訪問時說，「豐田的根本問題在於幾年前，遭到『反豐田家族』、『唯利是圖的海盜』劫持」。這些唯利是圖的海盜「不具備重視顧客，以顧客為第一的特質。」[44]

(五)2008 年，全球第一

豐田汽車以工藝精良、安全可靠和低油耗征服了全球消費者，在 2008

年銷量超越美國通用汽車,坐上了世界第一大汽車公司的寶座,全球市占率13%!打敗蟬聯 77 年全球第一的通用汽車。

(六)2008 年度虧損

豐田受到美國次級房貸風暴(2007 年 6 月)及日圓升值雙重打擊,在美國等海外市場銷售小幅成長,2008 年度(2007 年 4 月迄 2008 年 3 月)首度由盈轉虧,創下 44.48 億美元的赤字。

1950 年來,第一次虧損的主因在於產能利用率過低(年產能 1,000 萬輛),一旦低於 75%,便會虧損了。縱使 2008 年 9 月 15 日發生全球金融危機,豐田仍把重點放在毛益高的大型車和休旅車上,以至於 2009 年度銷量比 2008 年度減少一成多。

五、豐田章男時代

2008 年度豐田虧損,是 59 年來首見。為了挽回頹勢,2008 年 12 月,在榮譽董事長豐田章一郎的推動下,豐田章男接任總裁,打消奧田碩推薦另一位副總裁。日本媒體形容這是「大政奉還」,因為這是 1995 年來,豐田家族第一次有人擔任總裁。

豐田章男小檔案

出生:1955 年
現職:日本豐田汽車公司總裁兼執行長。
　　　(日制「社長」兼執行長,2009 年 6 月接任,董事長為張富士夫。)
經歷:豐田國外部副總裁,27 歲時進入豐田工作。
學歷:美國麻州魏思理貝森學院(Babson College in Wellesley)取得企管碩士學歷。
關係:創辦人豐田喜一郎之孫、豐田章一郎之子。

(一)目標:低速成長

2009 年 9 月,在東京舉行的法說會中,豐田章男說,2010 年度豐田營收目標是 768 萬輛(比 2009 年度增加 70 萬輛)成長率 10%。遠比 2007、2008

年度低（詳見表 13.10）。

(二)體會人才不足

2010 年 10 月，豐田章男接受日本媒體訪問時，引用了美國學者吉姆‧科林斯（Jim Collins）有關「企業倒下五階段」的理論，成功企業通常經過五個階段步向衰亡，分別是第一階段：生意成功令企業變得過度自信、第二階段：追求無止境擴充營運規模、第三階段：否定危機存在、第四階段：等待救世主、第五階段：企業價值耗盡。

豐田章男表示，「豐田現正處於第四階段！」「我在撳動汽車喇叭，告訴大家車子已開到懸崖邊，企業在步向結束的第四階段，還有復活機會，關鍵在於人才，但我不是救世主。」

(三)繼續推動「價值創新計畫」

雖然豐田章男反對降低成本的「捨本逐末」，但卻似持續推動「價值創新計畫」。

(四)當惡性循環啟動時

「豐田式生產」專家沃馬克（James Womack）說：「當品質代表一切時，任何瑕疵都是嚴重的事。」

豐田在美國市場面對更棘手的長期問題，即高品質與安全的信譽受損。良好的信譽使豐田的二手車價格與顧客的品牌忠誠度，始終遙遙領先其他日本與美國本土汽車公司，這些因素構成了良性循環，但一旦良性循環破裂，要再修復是既耗時又傷財。

2010 年 1 月底，英國《經濟學人》周刊以「豐田昔日的光環已褪色」來形容豐田。[45]

(五)停工以免產能大而無當

在 2009 年 9 月起陸續採取局部或暫時關廠措施，2009 年 10 月迄 2010 年 3 月的品質危機，又打擊豐田銷量，產能利用率又無法提升，暫時關廠期間又再延長。

13.4 對策

汽車召回後，汽車公司必須有治標、治本的措施，才能一勞永逸解決問題。本節說明豐田針對油門踏板與普銳斯煞車遲緩問題的對策。

一、針對煞車、暴衝問題治標之道

冠美麗等 8 個車款暴衝與煞不住車問題，涉及 900 萬輛，可說是當務之急。

(一)一個月才解決

發現問題到找到解決之道的過程約花了一個月，詳見表 13.13。

表 13.13　豐田對汽車召回的治標對策

月日	活動
1 月 28 日	在美國眾議院宣布 2 月 24 日舉行聽證會前數小時，豐田對外表示將把召回措施擴大到歐洲和大陸。歐洲召回 180 萬輛，大陸市場召修 7.55 萬輛 2009～2010 年款的 RAV4 休旅車。此事未來可能發展如下。 1. 豐田採取補救措施，修復或更換油門踏板，並獲得美國高安局認可。如此一來便能很快恢復銷售，豐田面臨 2.3 億美元的維修保固費用。 2. 召修在美國演變成政治事件，國會介入調查後，某些車款遲遲不能恢復上市，消費者信心大打折扣，影響到該公司其他車款的銷售。 3. 召回事件獲得解決，但豐田的品牌形象和商譽嚴重受損，豐田讓出在美國銷售第一的地位。[46] 美國豐田的解決方案依規定不需要獲得美國高安局的批准，但美國豐田把方案提交給該局，顯然希望取得該局支持，讓事情更順利進行。 美國豐田寄信通知車主回廠修車，美國豐田表示，被列為召回的車款不是全部油門踏板都有問題，CTS 公司製造的組件才有問題，另一家供貨公司 Denso 公司的組件則沒有問題。[47] 美國交通部證實，高安局並未駁回美國豐田的補救計畫。美國豐田發言人米契爾斯（Mike Michels）說，豐田已接獲美國高安局的回應，但他不願詳述詳畫內容，也並未說明確切日期。[48]
1 月 29 日	美國豐田跟美國高安局討論解決之道，CTS 的油門踏板組件會被更換或重新組裝。美國豐田表示已在測試解決辦法，CTS 根據新設計生產油門踏板。[49]
2 月 1 日（週一）	美國豐田召回問題車檢查後，認定油門踏板摩擦過度，可能在一些情況下出現油門卡住問題。對此在聲明中指出，在油門踏板內安裝鋼條減少摩擦，解決油門卡住的危險情況。這些修補工具在日本工廠生產，修補材料主要是一條鐵片，用來填補油門踏板機構的一道縫隙。這條縫隙使踏板結構過度摩擦，長期下來會使一些車的油門踏板磨損變形，造成油門卡住。填上這塊鐵片後，油門

表 13.13 （續）

月日	活動
	就可順利彈回，美國高安局也已認同此作法。
	美國豐田在發給經銷商的電子郵件中指出，由經銷商決定修理對象的優先順序，美國豐田強烈建議，經銷商應把顧客汽車列為優先修理對象，再來才是經銷商自己的庫存車。每輛車修理時間以 30 分鐘為原則，且修復後的油門踏板，須讓車主覺得如常、無異樣。
	美國豐田在 2 月 4～5 日會把新零件送達經銷商，同時派遣維修技師前往支援。在美國召回的問題車達 230 萬輛，部分經銷商甚至全天不打烊全力搶修。[50]
	美國豐田召開記者會表示，維修油門問題的工作在工廠與經銷商處兩頭同時進行。美國豐田發給經銷商維修工具，以修補油門踏板問題；生產線換用新版的踏板組件。在取得新組件之後，停工的美國生產線在 8 日復工。
	美國豐田發言人韓森說：「我們對經銷商的現場修理作法非常有信心，會跟工廠處理得一樣好。修補工具正在大量生產，經銷商最快會在 2 月 5 日收到。」[51]
	豐田指出，這次問題是出在美製的油門踏板組件上，將視詳細調查結果，考慮向 CTS 公司索賠，要求負擔召回問題車的部分費用。豐田估算召回的損失將逾 12.4 億美元（1000 億日圓）。[52]
2 月 7 日	日本《讀賣新聞》報導：「豐田已通知日本經銷商在日本召回所有已出售的新款普銳斯。」[53]
2 月 10 日	豐田在美國召回 13.3 萬輛普銳斯以及 1.45 萬輛凌志 HS250h，歐洲召回近 5.3 萬輛普銳斯，檢修煞車系統的軟體程式只需花費 20 到 30 分鐘。豐田也暫停 Sai 和凌志 HS250h 在日本的生產線，待這些車款的最新軟體準備好後再復工。 日本在 10 日開始回廠修復，在 2 月底前修復七至八成的煞車問題。美國車主 13 日起會陸續收到召回通知。
2 月 16 日 （週二）	為了重新建立消費者對豐田品牌信心，豐田宣布，對所有新車裝上煞車優先系統，讓駕駛在同時踩油門與煞車時，會自動切斷電力，以避免暴衝事件再度發生。 由於近來陸續發生的汽車召回導致銷售疲軟，美國豐田表示暫時關閉美國兩家車廠，以調整庫存數量。 1. 肯塔基州廠 　2 月 26 日肯塔基州喬治城的組裝廠停工，該廠主要生產冠美麗、亞洲龍與 Venza。 2. 德州聖安東尼廠（卡車） 　豐田在 3 月 15 至 19 日與 4 月 12 至 16 日暫時關閉德州聖安東尼廠，在這段期間將照常發放員工薪資。 　美國豐田發言人葛斯（Mike Goss）指出：「暫時停工將使我們更有彈性，讓庫存配合需求」。[54]

(二)治本措施：煞車優先系統

煞車優先系統（break override system）是防止無預期加速、保障車主安全的最後、也最重要的一道關卡，詳見表 13.14。

依據美國高安局於 2009 年 12 月 9 日所發佈的新聞稿中指出，美國豐田已然決定在旗下車款上加裝煞車優先系統，這項決定也獲得該局的高度認同。但截至 2010 年 2 月 1 日大規模召回事件前後，這項安全配備才可望真正落實。

克萊斯勒旗下車輛自 2003 年起，便已加裝此一系統，而包括通用、福斯、奧迪、寶馬、賓士等汽車公司，更早已把此一系統列為標準配備，其中更有部分汽車公司在 2000 年以前便已把此系統列為標準配備。[55]

表 13.14　煞車優先系統的功能

系統	不含煞車優先系統	煞車優先系統
説明	隨著汽車電子模組使用率越來越高的趨勢，1996 年以來各家汽車公司在設計車輛時，往往把電傳線控（drive by wire）的油門、煞車等系統，列為旗下各車種的標準配備，其最主要的目的在於透過車上電子系統與電腦的判斷，更精確的在不同的情況下，給予引擎最精確的供油量；一方面提供最好的動力輸出，一方面也可以有效減少車輛的排污與油耗。 但電子系統往往在特殊情況下，可能會因為偶發的短路或者其他情況，造成系統的錯亂甚至崩潰。	許多汽車公司在採用電子油門或是電傳線控系統時，把煞車優先系統列為必要的標準配備。主因在於，這套系統是主要系統的備援系統，也就是說，當萬一主系統異常時，這套系統能夠確保車主把車輛停下來，避免更嚴重的交通意外發生。 *2010 年 2 月底 豐田在其冠美麗、凌志和亞洲龍等型號或品牌的新車安裝煞車優先系統。第二步是在 Tacoma、Venza 和 Sequoia 等車種安裝。

煞車優先系統小檔案
（breakse override system）

　　煞車優先系統又稱「聰明踏板」（smart pedal），當遇到駕駛同時踩下油門和煞車踏板的情況，驅使車輛前進的電子訊號就會被阻斷，使車子自動停下。因此就算發生油門踏板卡死，駕駛仍能夠藉由踩煞車讓車子停住。

　　這種便宜的技術，1996 年起歐洲某些品牌的汽車已使用。大部分汽車公司在生產車款的過程中加裝煞車優先系統，每輛車的費用不到一美元。加裝額外的感應器的設備，頂多花到二至三美元。但透過經銷商更換電腦控制模組，每輛車可能就得花上 100 美元。

　　以 2010 年日產汽車為例，全車系皆把煞車優先系統列為標準配備。

(三)還豐田清白

　　拉胡德說：「我們邀請了最好和最聰明的工程師，來研究豐田汽車的電子系統，並找出問題所在。由太空總署頂尖工程師組成的調查小組，包括太空總署（NASA）在加州的軟體專家，以及來自馬里蘭州的硬體、系統工程師，這小組成立於 2003 年太空梭哥倫比亞號失事後，各個領域工程師運用他們的專業來解決世界各地發生的問題，2010 年智利受困礦工的救援系統，就是由該小組所設計。」[56]

　　美國高安局取得「國家航空暨太空總署」電腦控制電子系統、電磁干擾與軟體整合等領域的專家協助，探究電子系統、電磁干擾與豐田暴衝意外之間的關聯。

　　調查歷時十個月，焦點是豐田多種車款使用的「智慧型電子節氣門控制系統」（ETCS-i），此系統以電腦晶片和電子感應器取代機械裝置，調控油門開闔幅度。太空總署工程師評估豐田汽車電子系統的電路設計，也分析逾廿八萬行的軟體程式碼，並研究電磁輻射對電子油門可能造成的衝擊。

　　2011 年 3 月公佈，結果並無證據顯示電子系統或電磁干擾是肇禍原因，調查也未發現地墊卡住油門踏板，以及駕駛人把腳從油門踏板鬆開後無法有效減速之外，其他任何機械層面的問題。[57]

二、針對普銳斯煞車遲緩問題治標之道

豐田因為未及早警告車主煞車可能失靈而飽受批評。

2010 年 2 月上旬，豐田表示已在 1 月改寫新款普銳斯的軟體程式以改善煞車系統，而且此後組裝的普銳斯都是使用修改過的軟體，詳見表 13.15。[58]

表 13.15　普銳斯的煞車、遲延問題

項目	說明	解決之道
一、構造原理	除了液壓式煞車外，也配備電子式煞車系統，以彌補車速減緩時損失的能量，部分能量傳送至電動馬達的蓄電池，此種混和電力設計可省油。	修改舊款汽車中電腦中的程式，2010 年 1 月以後出廠的普銳斯便一律採取新程式。以福特汽車公司為例，就是重新設定從動能再生煞車系統轉換到液壓煞車系統的參數條件，可以降低不必要的轉換情形，並改善動能再生煞車與傳統液壓煞車間不必要轉換。[59]
二、缺點	上述設計使汽車構造更複雜、增加運作失靈風險，豐田曾表示普銳斯的油電引擎相互切換時，有時間遲延問題，會導致液壓式煞車跟電子煞車系統切換的遲延，讓車主誤以為煞車失靈。	

三、強化品質以培元固本

上述都是「頭痛醫頭，腳痛醫腳」的治標作法，至於「培元固本之道」，豐田章男在 2010 年 2 月 16 日陸續推出。

由表 13.16 可見，豐田章男對於「世界第一」的策略雄心並沒有改弦更張，只是在研發、生產等各方面栓緊螺絲罷了。其中品質管理是重點所在，單獨以表 13.17、13.18 說明。

表 13.16　強制召回事件前後豐田的重大改變

期間	1995 年～2011 年 2 月	2011 年 3 月以後
○、目標		
(一)公司	1996 年，奧田碩公佈了「2005 遠景」（2005 Vision）的目標。打算在 1996～2005 年使豐田快速成長。 2002 年，2005 遠景演進為「2010 遠景」，目標是到 2010 年取得 15% 的全球市占率。	2011 年 3 月 9 日，豐田章男在東京提出「2020 年豐田遠景」：其中 2015 年年銷量 1,000 萬輛、純益率 5%（2010 年 2.9%）、盈餘 120 億美元。
	渡邊捷昭擔任總裁，推出「年營收 2 兆日圓」（註：以 1 美元換 100 日圓為基準，為 2000 億美元）。2008 年，豐田全球市占率 13%，成為全球最大汽車公司。	2009 年 6 月，豐田章男上任總裁時，向部屬暗示，他並不贊同渡邊捷昭定下的年度營收 2000 億美元目標。
(二)全球子公司	1996 年，豐田推出全球利潤管理計畫，要求全世界的銷售公司管理者實現一定的盈餘目標。	豐田章男上任後否決了「全球利潤管理計畫」，新興市場（主要是金磚四國）銷量佔 50%（2010 年佔 40%），其中大陸佔 15%。
一、研發		
(一)新車上市時間	簡化設計	以更多的投資、更長的時間、更多的人力，重新檢視研發製造流程。 新車開發時程則延長 700 小時，即約延長 3.5 個月。 安全科技的研發投資提升到每小時 100 萬美金。 每年至少 1,600 輛汽車撞擊測試等。 新設立 100 位工程師小組，監測實際的使用情況，從駕駛角度評估新產品品質。
(二)共用零件	改變汽車的建造方式，例如，透過共同零組件以發揮規模經濟降低零組件成本。	
二、生產	為實現「2005 年遠景」，管理階層推出全球大師計畫，目的是把資源有效地配置給不同的部門。	
(一)日本		強調「日本製造」（Made in Japan）的重要性，年產量 300 萬輛。

表 13.16 　（續）

期間	1995 年～2011 年 2 月	2011 年 3 月以後
(二)海外生產	強勢日圓削減日本出口的價格競爭優勢和獲利，豐田也不能倖免。豐田的汽車約一半是在日本生產，對手本田僅 30%，為了減少對日本工廠的依賴，更加倚重在阿根廷、泰國和美國等工廠。渡邊捷昭是這一計畫的倡導者之一。	
(三)製程品管	有些管理者們承認他們犯了一些錯誤，其中一位說，品質問題增多有部分原因是聘用計時且缺乏經驗的工程師。	對所有製造過程重新檢測生產品質。

(一)品管組織

豐田在品管組織設計方面作了大調整，簡單的說，便是提高品管部的位階，詳見表 13.17。底下簡單說明。

1. 豐田的「全球品質特別委員會」

2010 年 2 月 16 日，豐田成立全球品質特別委員會，在 3 月 30 日首度在豐田市召開會議，約 50 名品質長齊聚一堂。豐田章男說：「我們需要更努力做到顧客至上，並從顧客觀點檢討所有工作流程。」

一改過去的做法，未來各地區的品質長可對豐田在產品等安全議題方面提出異議，以反映地區市場的顧客需求。豐田章男說：「我們冀望新組織架構可以使地區與全球決策達到最佳化。」[60]

2. 索尼的經驗

2006 年，有些個人電腦品牌公司使用索尼生產的鋰電池會出現過熱、著火的現象。索尼自願提出了鋰電池更換計畫，換了近 1,000 萬顆電池。

經過這次風波，索尼設立了一個專管產品質量和安全問題的高階職位，並推出了一項訊息升級規定：如果索尼收到具有安全隱憂的產品故障報告，那麼它必須在八小時之內呈報給產品安全專員。[61]

表 13.17　豐田集團品質保證的組織設計

層級	組織設計	補充說明
一、全球（即日本豐田此一母公司）	1.2010 年 2 月 16 日，全球品質特別委員會（其中有 4 位外部專家），直屬豐田總裁，一年開 2 次會議，3 月底（即年度結束）、10 月底，豐田各部門主管都必須參與，豐田所有海外工廠所有總裁及品質長與會。檢討豐田現階段採取的品質與安全措施。 2.2011 年 3 月 　在日本任命一名高層，總攬工程上的安全問題和建立海外品保部上呈問題的彙報程序。	由前美國交通部長斯萊特（Rodney Slater）擔任主委，以建立獨立運作的形象，並同時加速完成汽車召回工作；延聘外部專家評估品質管理體系的成效。
二、區域	全球依六個區域（北美、歐洲、大陸、亞洲及大洋洲、中東非洲及拉丁美洲、日本）選出品質長（Chief Quality Officers, CQO）。2010 年 1 月底，美國豐田高階主管安傑羅（Steve St. Angelo）接任美國品質長，在此之前要見北美豐田董事長須層層上報。	2010 年 5 月，安傑羅跟其他高階主管到豐田出差，能直接見到豐田章男，向他報告事件最新發展，安傑羅和其他同行的高階主管皆認為，豐田的新時代誕生了。[62]
三、各國（即各國子公司）	早在各國皆設有品質長一職，約40 餘位。	

(二)品保部的企業活動

　　品保部位階提高、編制擴編，人多錢多好辦事，因此在企業活動各方面都更「給力」，詳見表 13.18。

表 13.18　豐田汽車品保的企業活動

企業活動	活動
一、研發管理 　(一)新車測試	在召回事件發生之後，豐田對於品質、安全採取更多措施，包括以一百位工程師的小組，監測實際的使用情況，從駕駛的角度評估新車品質。

表 13.18 （續）

企業活動	活動
(二)事故原因調查	豐田擴大運用北美地區的事故資料紀錄，加強跟美國高安局的合作，以強化肇事原因分析。
二、生產管理	
(一)預防	品質保證部長宮本真志表示，豐田在召回事件之後，實施早期發現、早期解決（Early Detection, Early Resolution System, EDER），來自客服中心客訴電話外，也透過網路收集資料，讓顧客意見能快速反映給豐田，豐田會以最快的速度，解決問題。豐田解決品質速度比以前快 30%，好比 2010 年 10 月美國傳出 CROWN 煞車有問題的 100 萬輛召回事件，也是經由此管道快速對應。 同時要求必須現地現物，所有問題必須直接派人到現場了解，不再只是聽經銷商回報。[63]
(二)快速打擊部隊	2010 年為了讓顧客更加安心，針對車輛品質有疑慮之處，豐田加強現場資料收集能力。例如在美國成立「市場分析迅速反應小組」，由受過專門訓練的技術人員，在事故現場快速進行檢查，也釐清事故原因。 2011 年，此組織擴編至歐洲、印度、東南亞和大陸，年度經費 6,000 萬美元，負責追蹤產品的安全和弱點。
三、資訊管理	2010 年 8 月豐田成立豐田高品質資訊中心（TAQIC），讓大部分有需要的員工都可以與之接觸。 設立一個編制 20 人部門，操作多國語言的電腦系統，以編輯豐田在全球各地經銷商的彙報資料，所需時間從幾個月大幅縮減至幾天。建立全球電腦資料庫以追蹤汽車維修，客訴問題的維修報告、網路客訴和各國政府收集與安全相關的資訊，以從中整理出種種動向。
四、人資管理	
(一)編制	品保部由 500 人擴編到 1,000 人。
(二)員工訓練	在日本、北美、大陸、亞太及歐洲五地成立品保人才培訓中心。
(三)品保部運作	由一位課長帶 2 個組，交叉稽核。[64]

註 釋

①工商時報，2010 年 2 月 23 日，A8 版，鍾志恆。

②經濟日報，2010 年 2 月 11 日，A7 版，林佳誼。

③工商時報，2010 年 1 月 31 日，A4 版，劉聖芬。

④中國時報，2010 年 1 月 28 日，A2 版，潘勛。

⑤今周刊，2009 年 11 月 30 日，第 206 頁。

⑥經濟日報，2009 年 11 月 27 日，A7 版，張大順、余曉慧。

⑦經濟日報，2010 年 1 月 29 日，A7 版，吳國卿。

⑧工商時報，2010 年 1 月 28 日，A8 版，鍾志恆。

⑨工商時報，2010 年 1 月 30 日，A7 版，鍾志恆。

⑩經濟日報，2010 年 1 月 2 日，A5 版，鍾志恆。

⑪工商時報，2010 年 2 月 10 日，A8 版，陳怡均。

⑫經濟日報，2010 年 2 月 4 日，A8 版，吳慧珍。

⑬工商時報，2010 年 2 月 22 日，D1 版。

⑭經濟日報，2010 年 2 月 5 日，A6 版，于倩若。

⑮工商時報，2010 年 2 月 6 日，A7 版，陳穎芃。

⑯工商時報，2010 年 2 月 10 日，A8 版，陳怡均；

　經濟日報，2010 年 3 月 2 日，A7 版，吳柏賢。

⑰工商時報，2010 年 2 月 14 日，A14 版，陳家齊。

⑱經濟日報，2010 年 2 月 11 日，A7 版，簡國帆。

⑲工商時報，2010 年 12 月 22 日，A10 版，鍾志恆。

⑳工商時報，2010 年 7 月 15 日，A8 版，陳怡均。

㉑經濟日報，2011 年 2 月 10 日，A7 版，朱小明。

㉒經濟日報，2010 年 4 月 23 日，A6 版，莊雅婷。

㉓經濟日報，2010 年 6 月 19 日，A9 版，余曉慧。

㉔同註釋㉒。

㉕經濟日報，2010 年 3 月 11 日，A6 版，簡國帆。

㉖經濟日報，2010 年 5 月 12 日，A7 版，于倩若。

㉗工商時報，2010 年 5 月 11 日，A8 版，陳穎芃。

㉘工商時報，2010 年 3 月 11 日，A8 版，陳穎芃。

㉙中國時報，2010 年 12 月 25 日，A20 版，閻紀宇。

㉚經濟日報，2010 年 5 月 12 日，A7 版，于倩若。

㉛經濟日報，2010 年 1 月 31 日，A7 版，簡國帆。

㉜中國時報，2010 年 2 月 25 日，A2 版，黃文正。

㉝經濟日報，2010 年 6 月 19 日，A9 版，余曉慧。

㉞工商時報，2011 年 3 月 2 日，A7 版。

㉟經濟日報，2010 年 2 月 19 日，A7 版，簡國帆。

㊱經濟日報，2011 年 1 月 25 日，A6 版，于倩若。

㊲工商時報，2010 年 2 月 5 日，A8 版，鍾志恆。

㊳經濟日報，2010 年 2 月 5 日，C7 版，陳宏琪。

㊴經濟日報，2010 年 2 月 1 日，A7 版，王曉伯。

㊵經濟時報，2010 年 2 月 4 日，A6 版，陳世欽。

㊶經濟日報，2010 年 1 月 29 日，A7 版，吳柏賢。

㊷今周刊，2010 年 2 月 15 日，第 208～209 頁，戴至中。

㊸工商時報，2010 年 4 月 26 日，D2、D3 版，國際組。

㊹延伸閱讀〔3〕，第 138 頁。

㊺經濟日報，2010 年 1 月 29 日，A7 版，吳柏賢。

㊻中國時報，2010 年 1 月 30 日，A2 版，楊明暐。

㊼中國時報，2010 年 2 月 1 日，A2 版，諶悠文。

㊽經濟日報，2010 年 2 月 1 日，A7 版，余曉慧。

㊾工商時報，2010 年 1 月 31 日，A4 版，劉聖芬。

㊿工商時報，2010 年 2 月 2 日，A8 版，吳慧珍。

(51)經濟日報，2010 年 2 月 2 日，A5 版，陳家齊。

(52)中國時報，2010 年 2 月 2 日，A2 版，黃菁菁。

(53)經濟日報，2010 年 2 月 8 日，A7 版，于倩若。

(54)工商時報，2010 年 2 月 18 日，A1 版，蕭麗君。

(55)經濟日報，2010 年 2 月 5 日，C7 版，陳慶琪。

(56)天下雙週刊，2011 年 3 月，1216 期，第 110～111 頁。

(57)中國時報，2011 年 2 月 10 日，A15 版，陳文和、黃菁菁。

(58)經濟日報，2010 年 2 月 8 日，A7 版，于倩若。

(59)經濟日報，2010 年 2 月 6 日，A8 版，吳柏賢。

(60)經濟日報，2010 年 3 月 31 日，A7 版，謝璦竹。

�工商時報，2010 年 3 月 8 日，D1 版，國際組。

㉢工商時報，2010 年 6 月 27 日，C8 版，顏嘉南。

㉣工商時報，2011 年 2 月 25 日，A7 版，鍾志恆。

㉤工商時報，2010 年 11 月 4 日，A19 版，沈美幸。

延伸閱讀

1. 戴至中，「福斯挑戰豐田坐二望一」，今周刊，2010 年 1 月，第 153～156 頁。

2. 林公孚，「思考豐田事件的啓示」，能力雜誌，2010 年 5 月，第 70～75、第 106～107 頁。

3. 陳曉夫，「野心太大豐田重挫」，今周刊，2010 年 3 月，第 138～142 頁。

4. 熊毅晰，「現場直擊豐田富士山秘密基地」，天下雜誌，2010 年 12 月，第 62～66 頁。

討論問題

1. 在 2007 年時，美國豐田跟美國交通部「私了」，以便「把大事化小」，要是你，你會不會這麼做？要是你做了，這是否是子公司「文過飾非」的作法？

2. 2009 年 11 月，豐田被迫第一次大規模召回汽車，是否錯失改革的第一時機？

3. 以表 13.6 為基礎，予以更新，並討論汽車召回對豐田的衝擊。

4. 以圖 13.5 為架構，去擴大或延伸討論。

5. 以表 13.13～13.15 來說，討論豐田對汽車瑕疵的治標措施妥善否？

豐田汽車召回的危機處理
——兼論和泰汽車的對策

從 2009 年 6 月接任總裁以來，我一直把提高品質而非產量列為第一要務。所有豐田生產的汽車上都有我的姓，汽車受損就好像我自己受傷。

——豐田章男
豐田總裁兼執行長
工商時報，2010 年 2 月 24 日，A7 版。

美國豐田版的東北大地震

危機管理、公關處理看似不屬於生產管理的領域，而是「肉食者謀之」，但是針對品質問題，品質長要出來道歉、說明瑕疵原因與解決之道，公關人員又是幕後導演、編劇，終究還是需要演員在幕前，把戲演好，以博取觀眾（尤其是顧客）的心。

在本章中，討論 2010 年 1～4 月，美國豐田、台灣和泰汽車召回的危機處理。

一場史詩電影，常會涉及許多重要角色，令人目不暇給，做個類似族譜的圖就可以收一目了然之效，詳見圖 14.1。

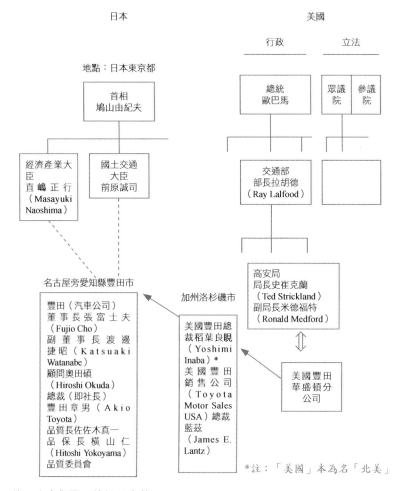

圖 14.1　美日政府與豐田的相關人物

14.1　典範與事件大事紀

　　為了便於討論，本節第一段先說明危機管理的要素，有理論基礎再來看豐田的對策是否及格。第二段說明 2010 年 1～5 月，豐田汽車召回大事紀。

一、危機處理三要素

　　根據美國奈特博士（Rory Knight）與裴弟博士（Deborah Pretty）的研究，當企業危機導致股價慘跌時，有效的危機管理是股價止跌回升的關鍵。成

功的風險管理必需具備把握時機，回應與誠懇三大要素，詳見表 14.1。[①]

表 14.1　有效的誠心道歉

5W2H 架構	說明	典範*
一、When： 即時機	事情發生的第一時間，越拖延，越會讓外界覺得公司沒有誠意、想把事情「拖」過去。	1998 年 8 月，福特 Explorer 車款輪胎爆胎事件一爆發，兩天後就在報紙登廣告，並播放兩則電視廣告，強力放送總裁兼執行長納瑟（Jacques Nasser）的聲明，告訴消費者「已更換逾 100 萬個輪胎」，並以個人擔保福特汽車會盡全力補救。 美國泛司通總裁約翰‧蘭培（John T. Lampe）上電視向顧客保證，公司會照顧他們，並給他們可靠的新輪胎。
二、Who： 即回應	即由誰說道歉也很重要，派小咖出來道歉，會讓外界覺得高層「沒擔當」、「躲在幕後」、「推小弟替大哥擋子彈」、「棄車保帥」。惟有「大咖」（公司總經理甚至董事長）出馬，才能「杜悠悠之口」。	日本水野信用諮詢公司的諮詢師水野達說：「高階管理層應該對消費者釋放強有力的訊息，對員工亦然，我認為這點刻不容緩。當企業面臨危機，高階管理層的態度相當重要。」
三、What： 即誠懇	說對不起有用嗎？這要視情況而定。要想道歉有用，一定不能含糊，道歉者也必須表明自己知道錯在哪裡。簡單的說，「一次說清楚」，也就是不要「打迷糊戰」、「避重就輕」、「模糊焦點」。 最好讓記者會中的記者提問，不要搞半套，即只是宣讀新聞稿。	風險管理的典範之一是 1982 年嬌生公司（J&J）的泰諾（Tylenol）膠囊含氰化物毒素事件（註：被千面人下毒），嬌生執行長柏克（James Burke）寧可讓嬌生損失 1 億美元，下令召回並銷毀 3.10 萬瓶泰諾止痛藥，並推出安全藥瓶。柏克在第一時間公開向媒體與民眾發表聲明，該事件處理方式已被公認為風險管理教科書的典範。嬌生市占率在 1 年內恢復正常。

*資料來源：大部分整理自經濟日報，2010 年 1 月 31 日，A7 版，賴美君。

(一)學學「道歉」這門課

　　「人非聖賢，孰能無過」，人同此心，心同此理，比較會去原諒「有誠

意」道歉的人和公司，根據許多案例和文獻，我們得到表 14.1，可藉以檢驗豐田的道歉是否及格。

二、大事紀：一次看全部

如同表 14.2 以作表方式，依時間順序交代事件延革，在表 14.2 中，我們把汽車召回的外界評論與豐田的公關作為整理。

表 14.2　2010 年政府與媒體批評與豐田的公關作為

月日	政府與媒體的批評	豐田的因應之道
1月28日 （週四）	美國眾議院「能源暨商務委員會」要求豐田和美國高安局提供資料，在 2 月 26 日召開聽證會，以了解豐田如何處理產品安全問題。	
1月29日 （週五）	豐田章男在瑞士參加達沃斯（Davos）世界經濟論壇年會時，被記者逼到不得已後才受訪，詳見右述說明。②	為安撫消費者的不安情緒，豐田章男接受日本公共電視台（NHK）記者專訪時說，「我對我們造成消費者不安深感抱歉。」 對於公司的聲譽面臨崩潰的問題，他回答，「我希望人們信任我們。」他表示，豐田準備盡快提出說明，以解除消費者的疑慮。
1月30日 （週六）	日本《東洋新報》描述豐田處理問題的「表現很差，風險管理顢頇」。③	
1月31日 ～2月1日 （週一）		「A temporary pause. To put you first.」美國豐田在全美 20 份主要報紙刊登全版廣告，表示停產停售只是一次「暫停」（temporary pause），為的是把消費者擺第一。並解釋該公司將如何更換有問題的油門踏板。美國豐田也在等候美國高安局審批經過重新設計的油門踏板。④
2月1日		美國豐田銷售公司總裁藍茲（James Lentz）現身「國家廣播公司」（ABC）的《今日》（Today）節目，細細陳述美國豐田何以決定召回八種車款，暫停那些車款的產銷，以及解決問題的計畫。⑤ 藍茲發表聲明指出，顧客安全重於一切。他透過豐田公布的影帶，表示想向豐田車主表達誠摯的歉意，「我深

表 14.2 （續）

月日	政府與媒體的批評	豐田的因應之道
2月1日		知汽車召回舉動引發您們的不安，豐田生產的優質耐用汽車深受顧客信賴，我們向來引以為傲，但如今我知道讓您們失望了，盼能給我們機會挽回您們的信心。」他公布更詳盡的油門踏板修復計畫。[6]
2月2日（週二）	美國豐田大規模召回問題車的舉動也驚動美國政府，交通部長拉胡德聲明指出，「美國豐田雖已採取負責任的行動，但遺憾的是它費了好大勁才走到這一步。我們會持續檢視是否還潛藏其他問題，也會監督美國豐田是否落實召回檢修的補救方案。」 另一位官員表示，交通部正考慮對美國豐田祭出罰款的懲處。汽車公司若未及時召回問題車，即觸犯了美國的安全法案（Safety Act），每次召回最高可處以 1,640 萬美元的罰款。 拉胡德的嚴詞批評，以及官方透露可能對美國豐田處以罰款，突顯出美國政府對美國豐田施加的政治壓力正在升高，也反映出豐田在處理這樁前所未見的企業危機事件上力有未逮。[7]	豐田由副總裁佐佐木真一（主管品保等業務）在日本名古屋召開記者會，是豐田首度在日本國內就此次召回問題公開道歉。他表示銷售可能受到重創，美國與其他國家的銷售已在下滑，而從下滑的速度來看，全球銷售下滑幅度可能達到兩位數。[8]
2月3日（週三）	拉胡德持續對美國豐田施壓，在國會聽證會上表示，汽車召回修理並未解決問題，美國豐田還繼續賣瑕疵車，可說太忽視車主安全，汽車召回並未解，汽車有暴衝問題的豐田車主應該「停開」這些車，這番話導致豐田股價 3 日在紐約證交所一度大跌 8% 至 71.9 美元，但在拉胡德改口說是口誤後，股價自低谷拉回，收盤時跌幅縮小至 4.7%，成為 73.5 美元。	豐田章男以一封電子郵件呼籲日本員工跟他一同努力「贏回顧客信心」外，就沒有再進行過任何的內部溝通。 豐田章男跟美國交通部長拉胡德通電話，拉胡德告之，務必把「美國境內的汽車暴衝與日本境內普銳斯煞車問題」列為優先處理，豐田章男承諾視車輛安全為公司第一考量。
2月4日（週四）	豐田股價在東京股市交易一度重挫 6% 至 3,195 日圓。 拉胡德說：「我想說的其實是，車子出問題或心中有疑問的民眾，應該把車子交給經銷商，要求經銷商解決。」他並強調，高安局將持續對豐	豐田承認，2010 年款普銳斯控制防鎖死煞車系統的軟體有問題，豐田自 1 月生產的普銳斯已改用新軟體，至於全球逾 20 萬輛已賣出的部分，則尚未說明處理辦法。[10] 品保部的主管（日本職稱部長）橫山

表 14.2 （續）

月日	政府與媒體的批評	豐田的因應之道
2 月 4 日 （週四）	田施壓，確保他們兌現承諾，把車子修好。 拉胡德表示將對豐田章男表達美方的關切，並重申交通部打算對美國豐田違反安全規定處以罰款，金額可能達千萬美元。⑨	仁（Hitoshi Yokoyama）舉行記者會，說明普銳斯 3 版車款有煞車失靈的問題，因此要全數召回這款車，並且免費修理。
2 月 5 日 （週五）	美國消費者近日在電視上，看到美國豐田在廣告中表示他們正「夜以繼日地工作，確保車輛品質。」 不滿的氣氛反映在記者會上，一反傳統上對企業執行長的尊重態度，有記者直指豐田缺乏領導能力，且逃避責任。	晚上，豐田章男在名古屋召開 1 小時的記者會，神情肅穆地表示：「豐田正面臨一大危機。」他承諾將親自召集特別委員會，針對近期發生的瑕疵問題進行內部檢測，並仔細查閱客訴報告，希望能參考外部專家意見，盡快提出整體解決方案，阻止品管問題擴大。⑪ 豐田為近來的油門踏板與煞車失靈等問題向全球消費者表達「誠摯的歉意」。 豐田章男說，「我深感我們置身風暴，必須重建顧客信心。我的責任就是肩負起面對問題的責任。我們缺乏顧客觀點，令人遺憾。」 豐田章男說：「請相信我，豐田汽車的安全性沒有問題。」豐田將召開全球品質特別委員會，並對外延聘專家擔任委員。委員會將跟美國交通部密切合作。⑫
2 月 9 日 （週二）	豐田章男下午拜會國土交通大臣前原誠司，針對美國豐田爆發大規模召回檢修事件鞠躬道歉。前原誠司隨後公開指責豐田，早就該積極採取補救措施，而不是輕描淡寫地表示此非重大技術問題。	豐田章男投書美國《華盛頓郵報》指出，該公司將跟美國交通部長拉胡德等相關官員進一步溝通。他並表示，可能會於下周飛往美國親自解決問題。⑬ 豐田高階主管赴日本國土交通省，通知官員該公司召回普銳斯 2010 年款的油電混合動力汽車。豐田另外還召回在美國和日本銷售的凌志 HS250h，以及僅在日本銷售的 Sai。 據豐田遞交的資料，在日本召回的 22.3 萬輛車中，包括近 20 萬輛從 2009 年 4 月到 2010 年 2 月 8 日止所銷售出去的普銳斯。

表 14.2 （續）

月日	政府與媒體的批評	豐田的因應之道
2 月 10 日 （週三）	前原誠司跟美國駐日大使羅斯（John Roos）會面，交換對豐田召修車輛事件的看法，確保美日市場關係正常。	豐田章男打算不久後要前往美國，親自對美國員工和經銷商說分明，用他「自己的話」向美國人解釋整個情況。⑭
2 月 16 日 （週二）	美國交通部要求豐田提供相關文件，以決定豐田最近 3 次召修「是否及時」。這對急欲修補名聲的豐田無疑再是一記重擊。根據交通部網站指出，過去 10 年有 34 起死亡事件疑似跟豐田問題車有關，包括在 2005 到 2010 年的 9 起車禍所造成的 13 人死亡。	
2 月 17 日 （週三）		豐田章男表示，將不會出席 2 月 24 日在美國的國會聽證會，由北美豐田董事長稻葉良睍代表他出席，他會給稻葉「最大支持」。⑮
2 月 23 日 （週二）		豐田章男於《華爾街日報》發表專文，坦承：「我很清楚近年來我們並未盡到應盡責任，沒有謹慎聽取或迅速回應顧客疑慮。」會增加車輛安全設計，並擬成立獨立的專家小組來監控集團內部如何推動安全性提升。⑯
	美國眾議院能源委員會主席（相當於台灣立法院中的委員會召集人）維克曼（Henry Waxman）在其自行召開的聽證會上，指控美國豐田在有關召回的聲明中誤導大眾，詳見表 14.8。 英國《金融時報》透露豐田在 2009 年 7 月已知道其部分汽車出現暴衝問題。另外，雖然美國高安局曾在 2003 年底針對美國豐田展開調查，但幾個月後不了了之。美國保險公司 State Farm 也曾警告豐田汽車有安全疑慮。⑰ Kazaka 證券公司分析師田部井表示，投資人並不擔心這種一次性成本，他們樂於見到美國豐田試圖恢復市場信心和美國政府的關係。 日本經濟產業大臣直嶋正行說，豐田務必消除美國消費者的疑慮，重獲信任是豐田的頭號大事。⑱	美國豐田反駁外界種種指控為不實和誤導視聽，藍茲再度公開道歉，表示該公司委託獨立科技顧問公司 Exponent 進行的評估報告一旦完成，就會公之於世。不過藍茲仍堅持豐田的一貫說法：電子節氣閥控制系統沒有問題。 這場聽證會實況轉播，但由於美日時差，大多數日本民眾都在睡覺，日本媒體晨間新聞僅播出些許片段，反而用大多時間播送加拿大溫哥華冬季奧運女子花式滑冰比賽。

表 14.2 （續）

月日	政府與媒體的批評	豐田的因應之道
2 月 24 日 （週三）	美國眾議院的「監督暨政府改革委員會」傳豐田章男等人去備詢。 豐田章男在聽證會上遭到美國議員輪番砲轟，日本政界人士擔心豐田汽車全球召回風波，將為日本產業帶來負面衝擊，有人甚至憂心這場豐田風暴會拖累日本經濟的復甦腳步。 日本國土交通大臣前原誠司表示，2007～2009 年，該部接獲 38 起普銳斯暴衝事件申訴，有必要深入調查。	豐田章男就豐田汽車引發的安全風暴公開致歉，除了部份以英語表達外，其餘多透過翻譯人員。 豐田章男坦承，豐田因擴張過快而迷失方向，但他矢言重現豐田「品質優先」的企業價值。豐田章男表示自己比任何人都在乎豐田汽車的安全性，他透過傳譯員答覆質詢前，特地以英文強調：「每輛豐田車掛的是本人的家族姓氏。」 歷經聽證會拷問的煎熬後，豐田章男晚間在華盛頓特區的國家新聞俱樂部跟來自全美的一些豐田車廠工人與經銷商會面。 他在會上致詞首先就說：「在國會公聽會上，不是我一個人單獨作證，我覺得在場的各位都與我站在同一陣線上！」語畢會場掌聲如雷，為此，豐田章男眼眶濕潤，哽咽不語。[19] 豐田也一再聲明，美國車款的油門系統跟日本車款不同。
2 月 25 日 （週四）	日本首相鳩山由紀夫對記者表示，對豐田章男親自出席美國聽證會作證予以肯定，他對豐田兌現提升汽車安全性的承諾深具信心。豐田章男親上火線前往美國國會山莊作證、致歉，東京股市投資人也正面回應，豐田股價小漲 0.6%，表現還優於收黑的日經指數。[20]	豐田章男視察肯塔基州喬治城的豐田北美最大工廠時，對一百多名員工代表發表簡短談話，看著這座豐田辛苦建立起的王國，及這群仰賴豐田維生的人時，他哽咽了。
3 月 1 日		豐田章男親赴大陸說明豐田如何處理品質問題，以消除疑慮並挽救消費者對豐田的信心，在北京市一家飯店召開記者會。
3 月 2 日		豐田章男回到日本，他表示，豐田已朝恢復消費者信賴之路，邁出第一步，並以改善（Kaizen）配合行動，以求快速實現。他強調：「我會承擔全部責任」。

表 14.2 （續）

月日	政府與媒體的批評	豐田的因應之道
5月10日	拉胡德親臨豐田，跟豐田章男進行會談，並對豐田至今採取的補救措施與公司高層加強跟美國交通部溝通的積極態度表示肯定。然而，拉胡德在會後仍強調：「我相信大家都認同安全是優先考量，因此若有必要追加罰款，我們將會尊重美國法律規定。」[21] 拉胡德向豐田章男表示，雖然豐田事後積極提出補救措施，但「實際效果如何仍有待驗證。」	豐田章男認為在提升汽車安全方面已有「長足進步」，並表示：「公司將賦予地區子公司更多決策權力，並加強豐田跟各地區子公司的溝通頻率。」

14.2　危機辨識

　　豐田長期在美國《巴隆》（*Barron's*）周刊等刊物獲選為最受（投資人）尊崇的前十企業，評分項目包括公司執行長高瞻遠矚、能預見市場需求並引領創新風潮和股價表現。

　　因此，當外人批評豐田對汽車瑕疵的政府與社會不滿，似乎有些處理得太慢、太少。但「簡單的事，可能有複雜的答案」，人發燒，至少有 145 種原因，由表 14.3 可見，豐田反應速度幅度不符社會期待，是一堆錯綜複雜因素交織而成的。底下挑幾個大項詳細說明。

表 14.3　豐田對美國市場汽車瑕疵反應遲鈍原因

層級	外界的評論	本書說明（√代表正確、×代表錯誤）
一、策略層級		
(一)不知所措		
1. 不懂美國政府與人民	美國豐田由豐田直接管轄，即稻葉良睍。而豐田董事會、甚至副總裁級（8 位）、總裁皆是日本人，因此不知如何應對美國政府與人民的要求。	√，這個疑問一直存在，因為豐田位處日本本州中部名古屋市旁的一個小市（即豐田市），地處一隅，再加上經營層、高階管理者清一色是日本人，可能「以日本角度看世界」。但這對豐田章男看起來不構成問題，他在美國唸企管碩士（麻州貝森商學院），畢業後在美國加州工作了 3 年，27 歲才回日本豐田工作。
2. 針對汽車問題沒好方法	政治大學企管系教授于卓民認為，豐田處理過慢的原因之一為還原事件發生是困難的，必須從幾萬個零件裡測試，才能找出問題點。但豐田的處理方法也不該是悶著頭做，而不溝通。[22]	√，這是豐田章男 2 月 24 日在美國國會作證（在台灣稱為備詢）的說法，詳見表 14.9。
(二)內鬥	豐田家族派跟外姓（1995 年以來，由豐田以外姓氏）管理者間的惡鬥，2009 年 1 月為了誰升任總裁已內鬥一回，但新主跟某些老臣（渡邊捷昭擔任副董事長還有一些副總裁）不合。	√，豐田章男必須「冤有頭，債有主」，才能對內保住自己的職位，即不要替奧田碩、渡邊捷昭等人背黑鍋，詳見表 14.4。
(三)投機主義	即「機關算盡」，設法跟交通部「私下和解」，即採取「大事化小，小事化無」的處事方式。	√，這是實情，從以往的紀錄來看，美國豐田傾向於「私了」。但 2009 年 9 月迄 2010 年 1 月，美國對豐田民怨高漲，歐巴馬總統眼看情勢不對，只好放手讓交通部下重手（強迫召回）。
(四)麻木不仁	在表 14.2 中有好幾段可發現豐田「大事化小，小事化無」的處理客訴、美國高安局調查。2007 年 6 月，時任總裁的渡邊捷昭接受美國《哈佛商業評	×，2006 年以前，汽車召回案件少時，豐田總裁可能被矇蔽，但是此次案子太大了，光看電視（至少是美國新聞）就會知道。

表 14.3 （續）

層級	外界的評論	本書說明（√代表正確 ×代表錯誤）
	論》總編輯訪問，直接點出豐田有二大問題。 1. 大公司症，俗稱企業恐龍症，即公司太大，以致反應遲鈍； 2. 成功而自滿。	
二、戰術層級：功能部門層次		
(一)多頭馬車	2007 年，美國豐田銷售公司總裁普瑞斯（Jim Press）跳槽克萊斯勒後，繼任者跟美國豐田日籍總裁溝通有問題，有可能出現多頭馬車現象。[23]	
(二)資訊不對稱	美國豐田華盛頓（特區）分公司負責回應交通部高安局的要求，但是該公司可能在狀況外，一問三不知。	√，這是很有可能的，華盛頓分公司扮演的比較像是美國豐田的政府事務辦公室，只是窗口，人員不見得有汽車研發、製造等專業。
三、戰技層級：個人等		
(一)家大業大很難管	豐田有為數頗多的區域供貨公司，儘管各個都是參照著豐田的設計，但在材料和規格上有少許的不同已是屢見不鮮，協調各產地的召回或設計上的調整則更顯困難。	×，各地豐田的汽車召回仍由豐田決定，一聲令下全球統一動作。
(二)時差	美國跟日本日夜顛倒，美國高安局對美國豐田的質詢要求，常常要等一天後日本豐田才能答覆，尤其是碰到汽車召回這麼重大的事。	×，全球公司都會有「24 小時營業」的狀況，碰到重大問題，會隨時盯著，不會有「睡覺」而沒時間回「應」的事。

一、第一種可能：奪權內鬥

2009 年 1 月，豐田在推舉新總裁時，老臣派有口袋人選，在父親、榮譽董事長豐田章一郎的力拱下，豐田章男出線，結束 15 年的「外姓經營」。媒體套用 1870 年代，第 15 代德川將軍把權力交還給天皇時的「大政奉還」一

樣，稱此為「豐田版大政奉還」。但老臣派（例如副董事長渡邊捷昭、顧問奧田碩等）仍握有一些重要職位。

　　跟許多日本大企業一樣，豐田前總裁常退而不休，舊勢力常牽制新總裁，再加上家族勢力牽扯，讓前總裁暨現任副董事長渡邊捷昭跟豐田章男之間，豐田家族跟老臣派新舊勢力鬥爭白熱化，詳見表14.4。

　　隨著豐田陷入汽車召回風暴，2010 年 1～2 月兩派陣營在幕後的明爭暗鬥讓管理階層注意力分散，更難同心協力解決棘手問題。豐田對這些報導拒絕評論。

　　專門研究豐田的東京大學教授藤本隆宏（Takahiro Fujimto）表示，雖然豐田企業文化常透過公開發表對問題的看法來改善經營策略，但矛盾的是，這次竟然到了指名道姓和影射性地作人身攻擊。

表 14.4　豐田內部分二派

2010 年	渡邊捷昭等老臣派	豐田章男這派
1 月 20 日	但渡邊捷昭拒絕了這項提議，老臣派在豐田內部展開宣傳。他們宣稱，當豐田 2008 年超越通用汽車成為全球最大汽車公司而備受世人讚譽時，豐田章男從未公開反對他們的經營策略。如今豐田的困境與其說是品質危機，不如說是豐田章男造成的管理和公關危機，而這也驗證他們先前的警告，即豐田章男尚未準備好管理這家全球企業。 渡邊捷昭一位助理說豐田章男是否在通過指責我們、試圖給他擔任總裁一職尋找合理的理由，而逃避外界認為他是裙帶關係受益者的批評？豐田最大的社會責任之一是盈利和納稅，批評豐田追求賺大錢和納稅的努力，純粹是無稽之談。 非主流派私底下抱怨豐田章男兔死狗烹。 奧田碩（Hiroshi Okuda）對至少兩名助手說過，豐田章男必須離開。	豐田章男透過中間人，建議副董事長渡邊捷昭轉任豐田一家關係企業董事長。 豐田章男這派的主張是：「1984～2009 年由豐田家族以外人士擔任總裁，把公司弄成爛攤子」。例如： 1. 原因 　開發一款新車需要 2 到 3 年時間，因此出現問題的車型是在豐田章男 2009 年 6 月當總裁前開發的。 2. 結果

	2000 年	2009 年
一、新車	豐田 排第四，跟寶馬同。	排第六
二、中古車 1. 豪華汽車	凌志排第一	排第四
2. 普通汽車	豐田排第四	

豐田派認為，他清楚自己想要前進的方向並直截了當。

表 14.4 （續）

2010 年	渡邊捷昭等老臣派	豐田章男這派
	老臣派認為豐田章男搞派系，老臣派等很難直達天聽。 至於美國豐田汽車召回也是從「小問題」（即可修理的汽車瑕疵）變成全面「大危機」，癥結在於豐田章男反應太遲、對外發言空洞而沒內容。	
3 月 1 日		豐田章男在北京市意有所指地表示，當有些人變得過於自負、過於專注盈餘時，問題（例如安全品質）就來了。改弦更張之道便是回復「豐田綱領」以重建豐田與其產品體系。
4 月 8 日		普瑞斯（Jim Press）接受《彭博》資訊記者訪問時，指出豐田的問題在於已經「被老臣派以財務為導向的海盜給劫持了」，他批評這些高階主管未堅持客戶第一和品質優先。

資料來源：整理自經濟日報，2010 年 4 月 15 日，A7 版，湯淑君。
　　　　　工商時報，2010 年 4 月 26 日，D2、D3 版，國際組。

二、第二種可能：尋求內部共識

豐田高層對汽車召回修事宜緘默了很長一段時間，具體突顯出日本「凡事先求建立共識」的文化。

為跨國公司提供溝通諮詢服務的「亞洲團隊」公司總裁韓姆林說：「在日本，決策的過程實質上是規劃的過程，很少就策略性問題做出明快的回應。」[24]

三、第三種可能：效益成本分析

美國賓州大學華頓商學院作業與資訊管理系助理教授**李邦顏**認為豐田的反應過慢，原因之一，豐田錯誤的認為它仍有空間可以選擇較有效益成本的處理方式，這從被傳喚的該公司內部文件中即可看出。[25]

根據美國國會調查人員蒐集美國豐田的內部機密檔案顯示，2009 年豐田汽車因安全問題「有限召回」車輛的作法，節省了一億美元，甚至被內部列為

當年度節省成本的「重要成就」！

此外，豐田也利用延後實施側邊安全氣囊、設法避過瑕疵調查，以及爭取較為有利的政策等方式，試圖替公司降低成本。[26]

(一)冰凍三尺，非一日之寒

根據美國豐田 2010 年 1 月 21 日提交給交通部高安局的文件內容，「踏板問題」在 2007 年就已經發生，詳見表 14.5。

美國《紐約時報》指責美國豐田太晚發現攸關性命的問題，其實一連串的問題早在 2002 年就有徵兆，直到 2009 年 8 月發生死亡車禍，美國豐田才認真調查。

表 14.5　油門踏板的問題與解決之道

年月	美國豐田反應	豐田處理方式
2007 年 3 月	藍茲回報豐田，有車主指出貨車 Tundra 油門踏板不易彈回。	豐田調查的結果指出，原因是位於踏板底部的摩擦桿（調整踏板回彈的零件）因吸收溼氣而膨脹。
2008 年 2 月		調整摩擦桿使用材質，豐田得出「不影響安全」的結論，因此並未召回。
6 月	豐田改用其他材質的零件。	
12 月	歐洲也有車主在反映，使用新材質的零件後，油門踏板仍不易回彈。	調查發現，新材質仍會因暖氣而結露，使踏板不易回彈。
2009 年 8 月		歐洲生產的汽車再度變更零件材質。
9 月	美國和加拿大都有車主反映踏板問題。	

(二)日式危機處理方式：和稀泥？

有人指出，豐田在油門踏板與煞車瑕疵事件展現的「能遮就遮，能拖則拖」管理，根源於日本的法律系統與企業文化，也就是說，豐田面臨的風險管理危機其實也是日本企業的問題，詳見表 14.6。

美國天普大學（Temple University）日本校區教授金斯頓（Jeff Kingston）指出，整體來說，日本公司的危機管理處於未發展狀態。不論電視

表 14.6　過去十年日本企業處理安全危機

產品	公司	原因	處理
牛奶	雪印公司	牛奶汙染	2000 年全面召回，派 2,000 名員工向 1.4 萬名受害者道歉。
電視	三菱電機	可能起火	2000 年召回 4.5 萬台電視機。
洗衣機	夏普	有起火危險	2007 年起提供逾 50 萬台洗衣機免費維修。
牛肉	Meat Hope	在牛肉中摻豬肉	2007 年 6 月總裁舉行記者會道歉。
汽車	豐田	・八款汽車油門瑕疵 ・普銳斯煞車瑕疵	2010 年 1 月宣佈召回、暫時停售八款汽車。 2010 年 2 月總裁道歉，表示會迅速處理。

資料來源：《華爾街日報》

爆炸、家電起火或是標籤誤植，日本企業多逃避責任和欺騙消費者，直到證據迫使它們揭露資訊並承認錯誤，而日本企業要為這種疏失付出的成本也很低。日本企業這種風險管理的錯誤傾向有其文化因素：在著迷於純熟技藝與品質的日本，坦承產品瑕疵所帶來的恥辱與難堪，變成了企業願意揭露錯誤與認錯的障礙。

此外，日本企業內部的服從文化也是原因之一，使較低階層員工難以質疑上司，或向上司說明問題。這種文化強調共識與團隊的價值，卻造成員工很難挑戰成規。這種企業文化傾向常見於世界各地，但它在日本企業文化中特別有力，也成為員工規避回應危機的原因。[27]

有些專家指出，豐田汽車召回危機雪球越滾越大，癥結在於豐田管理階層未能符合國際媒體與受害消費者的期望，明快處理問題，卻沿襲日本一貫的拖泥帶水回應方式，以致雪球越滾越大。

豐田如此延誤而切香腸式的回應並不令人意外，因為對豐田這種大企業來說，顏面至為重要，而員工的認同與公司形象緊密連結，他們對公司的忠誠也凌駕於消費者。[28]

四、第四種可能：「心事誰人知？」

藍茲表示，「從美國交通部、顧客、經銷商和行政管理的觀點來看，我不認為豐田章男和其他人身處日本，能夠了解豐田在美國引起的風波有多大。」

2010 年 5 月底，豐田章男受訪時透露，他知道情勢有多麼嚴峻。[29]

14.3 危機處理Ⅰ：政府公關

我們把政府公關擺在危機管理的第一關，因為碰到人命關天的汽車瑕疵時，美國交通部只好下令汽車公司召回維修（即強迫召回）。一旦到這地步，召回規模一定很大，而且媒體報導會很多，對當事公司是件難堪事。

日本公司很知道「不怕官只怕管」的重要性，好生侍候政府，該花的錢就花，但有時事情卻處理得不漂亮，官方只好出來「為民謀福利」。

一、錢沒有少花

在 1980、1990 年代，面臨美國國內反日貿易的緊張局勢，豐田極力把自己打造為一家可以迎合政府對於車輛環保、高里程（即低油耗），以及員工薪資待遇優渥等要求的公司。不過豐田汽車大舉攻占美國市場，間接導致美國本土汽車公司陷入困境，無形中也抵銷了為軟化形象而做的努力。

二、得道，多助

美國民間監督政府組織擔心，美國豐田多年來對華府下足了遊說工夫，而且多名重量級國會議員跟美國豐田有財務瓜葛，聽證會未必真能讓豐田的問題水落石出。

據《紐約時報》報導，美國豐田 2009 年在華府聘了 31 個遊說公司與專家，在 2005～2009 年撒下 2,500 萬美元，外國汽車公司中居冠，而遊說部隊至少有八人曾在美國國會或政府任職。根據美國參議院一份報告，2009 年豐田花費 520 萬美元在美進行政治遊說工作，美國本土汽車公司投入金額更高，通用與福特分別花費了 860 萬美元以及 720 萬美元。此外，眾議院能源暨商業委員會的加州民主黨籍眾議員哈嫚（Jane Harman）擁有價值數十萬美元的美國豐田股票；眾議院監督暨政府改革委員的加州共和黨籍眾議員艾薩（Darrell Issa）創辦的汽車防盜警報公司「Viper」跟美國豐田有生意往來。伊薩與哈嫚的身價都超一億美元，在國會議員財富排行榜上分居一、二名。

　　參議院商業委員會主席、西維吉尼亞州民主黨籍參議員洛克斐勒四世（Jay Rockefeller），跟美國豐田更是關係匪淺，他曾大力協助豐田在選區建立工廠，宣稱促成十億美元的設廠案，創造 1500 個工作機會。豐田 2008 年曾為這位美國石油大王的曾孫舉行一場豪華晚宴。[30]

　　豐田工廠位於南部地區所選出的國會議員，則擔心要是因瑕疵車而追根究柢的結果，產生對豐田的不信賴而關廠的話，會直接影響該地人民就業。

　　據國際媒體報導，美國國會議員中有超過四成以上，曾經收受來自豐田提供的政治獻金。

三、代誌大條了，紙包不住火

　　面臨 2003～2009 年來累積的客訴，豐田承認它跟美國高安局存在矛盾，豐田品質長、副總裁佐佐木真一在談到該公司 2009 年 12 月跟美國高安局官員就豐田汽車地墊問題，發生激烈交鋒時說：相信我，我們已經改變了思維方式。他說，我們相信今後這將不再是個問題。我們跟美國高安局完全站在同一立場上。[31]

　　在 2010 年 1 月 19 日之前，美國豐田一直把這個問題歸咎於汽車地墊卡住油門踏板。那一天，在美國首都華盛頓特區舉行的一次閉門會議上，美國豐田的兩位高階主管向美國高安局通報了一則令人吃驚的消息：美國豐田 2009 年就知道其汽車油門踏板存在機械缺陷。

　　據一位與會人士說，美國高安局的兩位高官被激怒了。當會議結束時高安局局長史崔克蘭暗示，會對美國豐田採取該局最嚴厲的處罰措施，這些措施包括強迫公司停止出售汽車。

　　美國豐田拖延解決問題長達一年之久，以及該公司在此次危機中發現的其他新細節都顯示，這家日本汽車公司跟美國高安局間矛盾正日益加深。豐田跟美國高安局間矛盾的核心是：豐田公司家醜不外揚的企業文化與美國要求汽車公司披露安全問題的規定產生了衝突。儘管美國豐田聘僱了兩名前美國高安局官員來打理該公司跟該局的往來，但雙方的關係還是出現惡化，逼得美國高安局祭出「敬酒不喝，喝罰酒」的鐵腕措施。

　　美國豐田於 2010 年 1 月 21、26 日兩波宣佈在美國汽車召回，此時「紙

不包火」，事情已躍居全球報刊頭條，迄 31 日，豐田對危機處理可說「太慢」、「太少」。

四、請大羅神仙來指點迷津

美國豐田在 2010 年 2 月開始，由於有請更強的公關公司操刀，因此整個危機處理便處於照步來的階段。第四、五段詳細說明。

(一)改變所有的錯

2010 年 1 月 26 日左右，美國豐田雇用 WPP 集團旗下的紐約市風險管理顧問公司 Robinson Lerer & Montgomery，接手後續的危機管理。該公司曾經協助美國泰科電子（Tyco Electronics）、有線電視公司 Adelphia 等大型集團，度過企業危機。[32]

2010 年 2 月上旬，美國豐田華盛頓分公司聘請由柯林頓昔日部屬所組成的公共策略公司 Glover Park Group，研擬如何抵擋來自歐巴馬政府與民主黨議員的猛烈炮火，包含前白宮發言人洛哈特（Joe Lockhart）也在小組行列。

美國豐田發言人奈特（Cindy Koight）強調，該公司已經提升其「公關、遊說或法律諮詢」的能力。

內情人士指出，美國豐田管理階層這一週來在華府的辦公室連夜商討對策，規劃如何面對來自美國國會以及行政體系的政治壓力。而美國豐田跟豐田之間，對於如何處理危機也是衝突不斷。豐田管理階層對於豐田華盛頓分公司為何沒能及早掌握警訊，處理華府的反彈，而感到滿腹懊惱。[33]

(二)政府公關

美國豐田在華盛頓特區面對來自國會質詢與政府調查雙重壓力，動員大批律師及遊說團體，試圖以檯面下操作，了解政府與國會的動向。

眾議院「監督暨政府改革委員會」主席、民主黨籍議員斯圖帕克（Bart Stupak）表示，美國豐田代表曾登門拜訪，出言試探。豐田代表向他打聽「會問些什麼問題？要如處理這整件事情？」

奈特在接受《美聯社》記者採訪時，拒絕透露相關運作細節，僅模糊表示美國豐田已經「提升團隊能力」，聘請更多遊說人士、律師以及公關專家，

「跟美國交通部會協力圓滿完成召回工作。」

外界認為，美國豐田會向其盟友求援，即豐田車廠所在處的各州議員，包含德州、密蘇里州、印第安那州、密西西比州、阿拉巴馬州、肯塔基州及西維吉尼亞州等至少七個州的議員，可能都會力挺美國豐田。此外，一般也認為共和黨應該會替美國豐田撐腰。

美國豐田發動經銷商前進華府，在美約 1,200 家經銷商，其中 60 家打算以在美直接或間接帶來 20 萬個工作機會作訴求，在 2 月中旬造訪華府遊說。[34]

(三)擋不住了

眼看車輛召回事件越演越烈，美國豐田一開始還堅持由美國高階主管到美國國會作證即可。豐田章男最後之所以同意赴美作證，除了因為收到國會邀請，外國媒體高分貝要求豐田章男負責的批判聲，才是豐田點頭的原因。[35]

五、第一場聽證會，2 月 23 日

美國國會三場聽證輪番上陣，2 月 23 日在眾議院「能源暨商業委員會」，24 日在眾議院「監督暨政府改革委員會」（House Oversight and Government Reform Committee），3 月 2 日在參議院「商業科學及交通委員會」，這場聽證會因大雪而延至 3 月 2 日才召開。

三場聽證會的重點，一是豐田問題車款的暴衝現象是不是「電子節氣閥控制系統」（ETCS-i）有問題；其次則是美國豐田是否曾試圖隱瞞車輛設計缺陷，為確保利潤而犧牲使用者安全。

由表 14.7 可見，2 月 23 日眾議院聽證會的主要內容。

表 14.7 2 月 23 日美國眾議院聽證會

雙方	眾議院	美國豐田的說法
說明	在眾院「能源暨商業委員會」中。議員輪番上陣火力全開之前，先邀請受害者隆妲·史密斯，描述她 2006 年的「瀕死經驗」。委員會主席維克曼痛批豐田高層過去 10 年漠視汽車暴衝問題，並指責包括美國高安局等汽車安全主管機關沒有足夠設備去評估汽車的電子故障問題。 豐田事件所引發的危機必須由立法機構來監督和解決。由美國豐田提供的文件顯示，豐田 2001 年首年在車上安裝電子油門控制系統後，第一年就開始收到數以千計的消費者投訴有關電子故障可能導致暴衝問題，但美國豐田卻「置若罔聞」。 許多美國國會議員深信豐田汽車的電子故障，是導致多起交通意外的肇因，德州共和黨籍眾議員巴頓形容豐田作法如「一場騙局」。 對於有人指美國政府因為擁有通用汽車公司 60% 股權，而該局修理美國豐田以提供通用汽車的競爭優勢，交通部長拉胡德對此直斥胡說八道。㊱	藍茲強調汽車電子油門控制系統沒有問題，強調暴衝是油門踏板等零件問題造成。㊲

資料來源：整理自中國時報，2010 年 2 月 25 日，A2 版，閻紀宇，與延伸閱讀〔1〕，第 80～81 頁。

五、2 月 24 日，主戲上場

2 月 24 日的眾議院聽證會是主秀，主因是豐田章男這位主角出席。

(一)美國政府對日本政府施壓

2 月 17 日，豐田章男表示，不會出席這場國會聽證會，美國政府卻希望他「喘共」（出來講）。因此向日本首相鳩山由紀夫施壓，首相再對豐田施壓，他說：「豐田公司的形象與美日聯盟關係，都將取決於豐田主管表現真誠與誠意。如果豐田章男做到這一點，豐男很可能逐漸恢復消費者對它的信任，

也不致讓這個問題成為美日之間的重大經濟問題。」

(二)先沙盤推演再彩排

據日本共同社報導，豐田章男 2 月 20 日抵美，聽證會前的行程完全沒公開，可能一直有跟律師作沙盤推演。豐田人員集中到華府，指揮中心設在白宮附近一幢大廈；電梯還特別管制，防止外界打擾。

2 月 24 日，豐田章男出席眾議院「監督暨政府改革委員會」豐田召修事件聽證會，在實況轉播的電視攝影機前面對美國議員，成為第一位見識到這般場面的日本公司負責人。

日本各界對豐田章男的出場高度關切，連首相鳩山由紀夫都再三叮嚀：「豐田章男必須在聽證會上表現得誠懇、誠實。如此一來，豐田應可逐漸挽回民眾的信賴，不會讓相關問題影響日美經貿往來。」

(三)連「認錯」也得字斟句酌

對豐田來說，最糟結果是被美國交通部下令停工停售，甚至高階主管遭到起訴。律師指出，這促使豐田主管在聽證會上更加謹言慎行，連道歉都要小心措辭，因為每句話未來都可能成為法庭上的呈堂證供。

美國豐田面臨美國司法部的刑事犯罪調查與「證券交易委員會」（SEC）的調查，2 月 22 日美國豐田透露，該公司 2 月 8 日接獲紐約州南區聯邦地區法院的大陪審團傳票，要求交出暴衝問題及普銳斯煞車相關問題的相關資料。2 月 19 日證管會的調查重點則是豐田向投資人揭露重大訊息的政策與作法是否恰當。[38]

(四)2 月 23 日，先發表

2 月 23 日，豐田章男發表他將在聽證會上宣讀的書面證詞（詳見第四節第七段），再度對意外事故與安全疑慮表達歉意，強調自己會負起全責。

豐田全球品質特別委員會主委斯萊特（Rodney Slater）表示，「豐田章男要面對那樣的聽證會，而且他清楚公司的福祉處於危急之中，意即數萬名員工的生計可能陷入困頓，這是一個很痛苦的經驗。」然而豐田章男卻表示，「可以把這件事看成是一個轉捩點。」

(五)2月24日

豐田章男抵達國會大樓時，先以日文向記者發表簡短聲明，矢言會跟美國政府官員充分合作，「今日的出席是一次非常寶貴的機會，我很感激美國國會此次的邀請。安全問題是我們的最優先課題，我打算跟美國政府充分合作。」

由於一個月來成為全球新聞焦點，豐田章男顯得很不自在，他等待一名翻譯人員用英文為他宣讀聲明，隨後在幕僚催促下快閃，拒絕接受提問。[39]

2月24日美國眾議院的公聽會，詳見表14.8。

表 14.8　2月24日，美國眾議院公聽會

內容	媒體等的事後評論	豐田章男的說法
一、汽車暴衝的原因	眾議院「監督暨政府改革委員會」，由主席湯恩斯（Edolphus Towns）主持。憤怒的議員們輪番砲轟，有位議員質詢說：「豐田商譽卓越，也有優良的安全記錄，但這次傷害太多人，你怎麼回應？」 日本《讀賣新聞》指出，豐田章男在美國國會上承諾要確保安全，可說是踏出挽回信賴的一步，但是美國對於豐田汽車的電子控制系統的缺陷是導致暴衝的疑慮並未消除。豐田今後最重要的是應加速查明問題真相，以提出能讓美方信服的具體解決對策。	豐田章男及其四位副總裁出席共三小時。 首先登場的是藍茲，他坦承，過去豐田在消費者申訴的處理上表現並不好，並承認即使全球召修將近九百萬輛汽車，也不敢擔保從此根絕暴衝問題。藍茲也同意美國政府報告說法：近十年來美國高安局登記有案的兩千多起豐田汽車暴衝事件中，約七成仍原因不明。在未來美國豐田必定會負起全部責任，重拾消費者的信心。 第二位上場的是豐田章男，針對電子控制系統的問題，他強調，豐田內部經由不斷的測試，確信電子控制系統在設計上沒問題。豐田的傳統是誠實做事，實事求是，問題要追究到柢，原因未明之前，不輕易辯駁和說明、但是機械的問題是安全無虞的，請美國組成專家的第三者機構來徹底檢驗。 豐田副總裁內山田竹志、佐佐木真一，及美國豐田總裁稻葉良睨（Yoshimi Inaba）等三人也相繼上台作證。答應繼續研究加速油門踏板的問題，並組成專案小組來徹底解決肇事原因。

表 14.8 （續）

內容	媒體等的事後評論	豐田章男的說法
二、危機的根本原因	日本《產經新聞》指出，「急速成長是原因」說得通嗎？這恐怕只會遭來更多的批判。1998 年普利司通子公司董事長因輪胎事故問題出席美國國會的聽證會，在聽證會上全面認錯，反而把自己逼上絕路（詳見表14.1）。豐田章男承認自己有責任，可能要冒加速批判的風險。事實上，有豐田幹部說公司內部的調查仍有許多不明確的問題。美國的集體訴訟，豐田很有可能被迫支付鉅額賠償，強調內部調查沒問題等於在下賭注。[40]	豐田章男說：「我要在此指出，豐田向來的優先順序是：安全第一、品質第二，以及營收量第三。」他把安全缺陷歸咎於公司擴張太快，他說，「我怕的是，我們成長的腳步或許太快……，優先項目已經混淆，我們不再像過去那樣，能停下來思考、改善。」 他首先鄭重保證，豐田將處理這些問題，最重要的是，恢復重視品質，勿過分追求迅速成長。
三、未來之保證		豐田章男用英語說：「家族姓氏冠在每一輛汽車上，汽車的好壞關係到家族聲譽。我本人向各位保證，豐田將全力努力不懈，以恢復顧客的信心。我比任何人更想確保豐田汽車安全性。」 豐田組成各種全球性委員會來強化品質安全的改善措施。 在強化品質管理方面則將聘請美國前交通部長史雷特（Rodney Slater）擔任品質特別委員會主委。
四、評論	日本經濟產業大臣直嶋正行表示，豐田章男已親自誠實作答，不過仍存在許多疑點，問題並非完全解決，要平息美國的批判聲浪仍需一點時間。 美國國會的聽證會經電視全程實況轉播，在聽證會後，美國蓋洛普市調公司（George Gallup）隨即舉行民意調查，結果發現，60% 民眾認為豐田汽車是安全的，只是對暴衝問題仍存有疑慮，要求繼續改善，有 55% 的民眾認為美國豐田對安全問題處理太緩慢。	豐田章男表示，豐田已深深反省這次沒迅速處理召修問題。

資料來源：整理自中國時報，2010 年 2 月 26 日，A2 版，黃菁菁。

六、3 月 2 日，參議院聽證會

3 月 2 日，美國聯邦參議院商業暨能源運輸委員會的聽證會，由表 14.9 可見，比較偏重找出煞車延遲的對策。

表 14.9　3 月 2 日參議院聽證會

組織	參議院	美國豐田
說明	參議院商業、能源暨運輸委員會的聽證會，由參議員洛克斐勒四世擔任主席，他問及煞車優先系統，拉胡德說：「我們認為這是良好的安全設施，正在研究應否建議安裝這上系統。」洛克斐勒也認為豐田為汽車加裝強制煞車系統的話，部份安全問題其實是可以避免。	豐田主張電子系統沒問題，強調會繼續測試以找出問題所在。

資料來源：整理自工商時報，2010 年 3 月 4 日，A7 版，鍾志恆。

14.4　危機處理 II：媒體公關

這場危機對豐田章男的管理風格構成嚴峻考驗，事發以來豐田章男的反應常令旁觀者忍不住對其領導能力置疑，例如他在美國豐田宣佈汽車召回時卻飛到瑞士達沃斯（Davos）出席世界經濟論壇年會，或是 2 月 17 日對於是否赴美作證猶豫不決，都惹來外界批評。

一、說得太少

豐田悶不吭聲或許跟汽車召回行動尚未擴及至日本有關，事發之後，豐田未發布跟這個事件有關的新聞稿，公司網站也不見任何聲明。

豐田大有機會利用臉書（Facebook）與推特（Twitter）等社群網站來挽救品牌形象，但在全球最大社群網站臉書上，看不到他們對 7 萬名粉絲發表任何聲明。豐田在推特有 1.4 萬名追蹤者，卻僅對召回事件發表六個推文（tweets），在品牌風險管理上做得實在很有限。

豐田章男的沉默，跟 1998 年 8 月福特汽車回收輪胎時，總裁兼執行長納瑟（Jacques Nasser）的態度形成強烈對比。[41]

二、說得太晚

2009 年 6 月豐田章男接任總裁時，正值全球衰退重創銷售、豐田史無前例出現年度虧損，當時豐田章男形容他的工作是「在暴風雨中重新啟航」。

2010 年 2 月初，媒體形容吞沒豐田的暴風雨越來越險惡。但這樣危急的時刻，甲板上竟有一陣子看不到船長坐鎮！

儘管危機管理專家警告這是「汽車業史上處理最糟的召回事件」，豐田章男長達兩週影蹤全無，直到 2 月 5 日晚間才召開記者會道歉，恐怕不是「慢半拍」所能形容。

日本國內也不滿豐田章男缺乏領導力，一位資深政府官員說：「豐田很多方面其實還是一個跟外界隔絕的地方公司。他（豐田章男）的訊息根本沒有傳播出去。」即使是以忠誠著稱的豐田員工也抱怨感到「困惑」。

豐田章男雖然被形容為聰明，卻不及他父親豐田章一郎被譽為天才。公司一位高階主管說：「章男非常聰明，但總裁這個工作非得超人才做得到，我想不出他能怎麼辦。」

1980 年代就認識豐田章男的劍橋大學 Judge 商學院教授歐卡特說，豐田章男對汽車召回事件保持沉默反映他專心於深層組織問題。「他有整套計畫，決心按部就班推動。他不願改變他的個性。」

然而，眼前的危機要求他改變個性：從高高在上的制定公司策略的人轉變為靈活的公關高手。[42]

三、1 月 29 日，首次受訪

2010 年 1 月 29 日，豐田章男接受日本公共電視台（NHK）記者訪問時說：「對於我們帶給消費者的不安，我感到極度抱歉，我們正在了解詳情，將盡快向各位消費者解釋，以紓解大家的不安。」這是豐田章男在油門踏板爭議後首度公開露面。[43]

召回事件對豐田這個「世界第一」汽車品牌造成傷害，豐田原本應該洞燭機先，在媒體抨擊該事件前做了危機管理。巴黎券商 Exane BNP 公司分析師

胡翁指出,該事件將對豐田汽車品質與可信度的形象造成傷害,對一個以高品質取勝的領導品牌來說,豐田實在應該處理得更好。[44]

四、2月3日,內部電子郵件

豐田集團一些中階主管和員工抱怨,豐田章男在 2 月 3 日以一封電子郵件給員工外,就沒再對員工進行溝通。一位資深工程師指出,員工們只能夠透過媒體來了解事態發展,每個人心中都在想豐田章男是否有足夠的領導能力。不過包含豐田榮譽董事長、豐田章男之父豐田章一郎在內,豐田派力挺豐田章男,豐田前高階主管神尾高史(譯音)表示,他相信豐田章男是能夠協助集團渡過當前危機的「唯一」人選。

老臣派紛紛抱怨,豐田章男事事干涉的做法令員工感到窒息,有人甚至選擇裝聾作啞,以免跟他意見不合。[45]

五、2月5日,名古屋記者會

豐田最需要處理的是去除顧客心理上的不安,以及挽回公司的信譽。豐田章田 2010 年 2 月 5 日舉行記者會,向世人說明「品質是公司的生命線,公司絕不會推卸責任。」並說:「被視為生產廠家命脈的品質,一旦發生問題,身為汽車公司總裁實在感到非常遺憾,況且今天的問題不僅在普銳斯汽車上,在其他車種也發生同樣的品質問題,實在遺憾」。

外國電視記者要求豐田章男把聲明用英語複述一遍時,豐田章男卻支吾結巴,顯示全公司上下沒有人想到有必要準備英語和其他語言的聲明。

《豐田世家》(*The House of Toyota*)一書作者佐藤說:「豐田章男出現、發表預先準備好的演講稿,然後立刻離開。以前的豐田總裁都會回答提問。他最不幸的就是還沒準備好就當上總裁。」

台灣的廣告業元老賴東明的評論如下。

「在 2010 年 1 月底,事件已明顯惡化,但豐田章男 2 月 5 日才出面說明,況且在記者會上,只有說明現況而未說明對策。此種模糊焦點的危機處理方式,無濟於事,且有助燃的副作用」。[46]

金斯頓指出,豐田章男試圖以道歉挽救局勢,把煞車問題歸因於顧客誤解了 ABS 煞車系統的敏感性,把安全瑕疵視為「美國製造」的問題,未提到研

發瑕疵，更讓人質疑豐田聞名的品質保證。這場記者會未能消除消費者疑慮，也無法打消美國國會舉行聽證會的意願。

他認為，這場危機也提供了豐田改革企業文化、改善產品品質的機會。豐田可利用雙向的資訊流動與回饋、指派獨立外部主管、建立先知先覺的風險管理等方式達成目標。

六、2 月 9 日，東京記者會

豐田章男宣佈在美國召回普銳斯四款汽車免費修理，全球召回 44 萬輛。這款車的缺陷是發生在汽車以低速行駛在冰雪路或光滑路面上時，剎車會失靈。修理對策是修改電腦軟體，或是請車主強踩煞車來化解這個問題。豐田章男說，這是實事求是的態度，以真正原因來回答，所以遲遲未公佈原因，結果卻讓世人誤解以為是處事牛步化。

豐田章男表示，豐田並不是一家永不犯錯的公司，「我們會勇於面對事實，並修正問題，永遠以消費者的安全和便利至上。」豐田章男的準備顯然比較充分，讀完日文版聲明後，接著就發表英文版聲明。他說：「我們會盡全力恢復消費者對我們的信心。」[47]

豐田章男當天拜會國土交通大臣前原誠司，豐田章男表明普銳斯對豐田至關重要，答應把電力馬達與汽車引擎並用的技術困難盡快克服。因此在公司內部設立全球品質特別委員會、全球檢驗工程委員會、全球品質管理人才培育委員會等。這款環保汽車代名詞的普銳斯，自從 1988 年上市，迄今已售出 161 萬輛。

七、2 月 17 日

豐田章男第三度舉行記者會，他自責豐田為了追求海外產能的擴大，未能在生產汽車之前，先培養好品質管理人才。至於普銳斯車款的召回免費修理，根據經銷商在 2 月底完成八成。

豐田在日本的報紙上刊登了道歉的全版廣告，並且說明有多少種車輛須召回免費修理、理由及其處理方法等等。

八、2 月 19 日

豐田章男第四度舉行記者會，他表示願意在美國眾議院「監督暨政府改革

委員會」主席湯恩斯（Edolphus Towns）邀請下赴美國參加公聽會，誠心誠意表達立場、對策。並且向美國人民保證讓美國人民安心，目的在於以「誠心誠意交換看法」，向顧客訴求安心，努力取得諒解。

九、2月23日，豐田章男在《華爾街日報》的文章

2月23日，豐田章男在美國《華爾街日報》上發表專文，為了讓你一次看個夠，本書少見的一刀不剪，全文如下。

這幾個月對豐田上下是非常羞辱的一段日子，我們會把這個經驗銘記在心，從根本上改變我們經營的方式。本人保證我們將全面回應這些問題。

第一步是照顧到路上行駛的車輛，但未來也要製造更安全的交通工具，對安全議題要更開放和透明。

從2009年6月接任總裁以來，我一直把提高品質而非產量，列為第一要務。所有豐田生產的汽車上都有我的姓氏，車子受損，就好像我自己受傷。我喜愛汽車，提供顧客喜愛的汽車是我最大的樂趣。我比任何人都希望豐田的汽車安全可靠，希望顧客開著我們的車子時都能安心。

當我祖父1937年把豐田帶入汽車業時，他創造出一套經營原則，我們稱之為「豐田模式」，中心概念就是「尊敬人」以及「不斷進步」。

我把這些核心原則奉為信仰，深信豐田能從這次經驗中變得更強壯的唯一辦法，就是更遵循這些核心價值觀。

豐田製造出許多全世界最好的車輛，許多顧客把車輛交給經銷商維修時，不斷告訴我們他們多喜愛我們的車，我深深感謝他們的支持。

但我很清楚，這幾年我們對顧客的憂慮，聽得不夠仔細，反應也不夠迅速。我們調查故障的原因，卻只看到機械面的問題，忽略整體上顧客使用車輛的方式。

豐田 50 多年前開始在美國銷售汽車以來，做對許多事。我們和近 30 萬位生產線員工、經銷商和供貨公司形成陣容堅強的組織。過去 20 年來，我們從不同的獨立專家手中接下 700 多個卓越品質獎，我們在混合動力汽車的研發也是領先業界，對下一代環保汽汽車投入數十億美元資金研發。

不過，我體認到對安全議題的回應上，必須做得更好，這也是我為何要讓公司回歸原點。豐田全體都以顧客和公司核心的價值標準為上。

我們已採取多個具體措施：全美和全球的經銷商與各地豐田公司，都在盡最大的努力，儘速處理車輛召回的問題。為進一步確認公司車輛的安全性，我們請世界級的工程和科學顧問公司 Exponent，對電子節流閥控制系統進行全面、獨立的分析。

在美國，我們擴大實地管理召修小組的規模，增加車上診斷系統科技。本人將親自帶領公司，實施更嚴格的品質管制。從研發到生產、銷售和服務，開始進行由上而下的品質保證。

為增加顧客信心，豐田將率先在全球的新車款中設立先進的煞車優先系統標準，既有的車輛也會儘量加裝。車主同時踩下油門與煞車，這套「智慧踏板」煞車系統會讓引擎熄火。

美國歐巴馬總統要求所有汽車公司發現問題時要迅速行動，我期待 2 月 24 日直接面對國會和美國民眾，說明豐田為生產全世界最安全的車輛、做出對顧客正確的事，採取哪些果斷的行動。[48]

14.5 和泰汽車的對策

豐田的汽車召回，看似以美國為主，討論起來難免令人有「隔山觀虎鬥」的感覺。但是把鏡頭拉回到台灣，就會有切身感。

本節以豐田的台灣總代理和泰汽車公司（2207）為對象，說明其對策。

> **和泰汽車（2207）小檔案**
>
> 成立：1955 年 4 月
> 董事長：黃南光（2010 年 6 月上任），創辦人之一黃烈火
> 　　　　之子。
> 副董事長：平光敬和，是日本豐田的法人代表。
> 總經理：蘇純興（2010 年 6 月上任，原董事長蘇燕輝之
> 　　　　子，2008 年 10 月升任執行副總）。
> 公司址址：台北市松江路 121 號 8 樓
> 營收：（2010 年）　724.83 億元
> 盈餘：（2010 年）　48.54 億元

一、第一時間進入狀況

　　美國豐田陷入嚴重的產品召回考驗，大規模召回與暫停生產的八款車型，有冠樂拉（台灣稱 Altis）、冠美麗與 RAV4 等三款車型，都是台灣車市熱門車款，也都名列 2009 年前五大暢銷車款之列，和泰擔心台灣銷售業務可能受「同名之累」，更不希望見到對手大做文章，影響農曆年前旺季的銷售業績。

　　董事長蘇燕輝（2010 年 6 月卸任）在美國豐田召回消息傳出後，於第一時間就啟動緊急應變小組，並指派蘇純興（時任執行副總），召集技術、顧客服務、銷售與公關等相關部門主管商討對策。整個危機處理活動詳見表 14.10。

　　蘇純興以「訊息透明」作為主軸，要求豐田提出說明以及需召回產品的詳細清單。並儘可能蒐集外電發布的相關訊息，彙整後，立刻傳給第一線經銷商銷售人員，公關部經常發布新聞稿，澄清台灣銷售車款完全不在這次召回範圍，希望提供完整說明，讓車主安心。

　　和泰每天接獲十幾位車主詢問電話，經過客服人員詳細說明後，多半表示放心。

　　蘇純興認為，美國豐田發布召

和泰汽車蘇純興總經理
圖片提供：和泰汽車

回、暫停生產的消息，是表示豐田負責任的態度，召回在車業也很常見，主要是保障車主安全。他相信，豐田負責任的態度，終將獲得車主正面支持。台灣生產或販售的豐田車款，油門踏板結構設計跟美國豐田完全不同，是遵照日本原廠的「轉軸式」設計，不會發生油門問題，因此無須召回檢修，也沒有停產必要。[49]

二、2 月 6 日，和泰尾牙

和泰汽車集團董事長蘇燕輝跟豐田名譽董事長豐田章一郎（創辦人豐田喜一郎之子）相識逾半世紀，忙著滅火，2 月 6 日主持旺年會時指出，回顧過去一年，豐田及凌志等 2 品牌 2009 年領牌數 11.2 萬輛，成長 41%，市占率達 38.1%，盈餘 42 億元。在市調機構鮑爾（J. D. POWER）顧客滿意度調查中，凌志及豐田分別獲得豪華車與非豪華車的第一名。

和泰汽車蘇燕輝董事長
圖片提供：和泰汽車

蘇燕輝強調，美國豐田油門踏板召回事件，嚴重影響到全世界豐田的品牌形象。小小的零件問題，卻引發這樣大的風暴，可見全面品質確保的重要。台灣雖然並未發生同樣的零件問題，但這個事件，難免會對豐田汽車的市場銷售有所衝擊。

蘇燕輝鼓勵員工：「我們必須要勇敢地面對、承受及解決所有的問題，發揮我們最大的實力，加強販賣與業務體制，提高銷售台數與市占率，用良好的業績，來展現我們對豐田的支持，並且贏回顧客對我們的信賴感。」和泰 2010 年銷售目標仍挑戰 40% 市占率，預估整體車市銷量 26 萬輛。[50]

三、2 月 22 日，新春團拜

2 月 22 日，和泰舉行新春團拜，蘇燕輝親自主持。和泰遭遇美國豐田召回事件的考驗，蘇燕輝說：「在最好的時候，做最壞的打算，才能應付各種突如其來的困境。」這次事件雖然跟台灣無關，但員工要更用心、打拚，才能消除此事件帶來的影響。[51]

表 14.10　2010 年和泰汽車的對策

月　日	活動
1 月 29 日 （週五）	這次美國召回車型中，台灣有冠美麗、冠樂拉及 RAV4，由於前述召回及暫時停產車型均於北美生產銷售，而台灣銷售的冠美麗及冠樂拉屬本地生產，RAV4 則為日本原裝進口。這三種車型從未出現類似美國車型的不良情況，也無任何因此而發生的意外事故，所以這三個車種均跟美國豐田發佈召回之事無涉，請車主放心使用。[52] 交通部次長陳威仁表示，交通部在豐田汽車出問題時，便跟和泰溝通過，因為豐田汽車所有零件系統都是來自日系，因此受到這次 CTS 事件的影響不大。
2 月 2 日	消保會舉行記者會，要求和泰需要針對歐系汽車以 CTS 為油門踏板系統的車款，主動召回車主更新。和泰回應行政院消保官要求，允諾只要交通部寄發通知書給上述平行輸入調查車型的車主，將免費進行檢修。消保官避免有漏網之魚，將發文給各汽車公司調查是否使用 CTS 生產的油門踏板。[53]
2 月 4 日 （週四）	和泰出席消基會所舉辦的記者會時，再度強調在台灣產銷的各車系所採用的是由豐田子公司日本電綜所生產的油門踏板，因此並無召回的急迫性。[54]
2 月 6 日	和泰擔心豐田召回事件持續擴散，召開因應會議，由經銷商業務代表主動向顧客說明情況。 下午才剛從上海返台的和泰總經理張重彥（2010 年 5 月底退休）表示，台灣並未發生或傳出普銳斯煞車不順的問題，但和泰會主動聯繫車主，告知萬一真的感覺煞車不連動只要重踩煞車即可。[55]
2 月 8 日	蘇純興指出，雖然外電發佈豐田發出普銳斯召回檢修通知，但和泰尚未接獲豐田告知。在此之前，7 日先發函通知 629 位普銳斯車主，萬一發現煞車不順，只要重踩煞車，就可解除狀況。 蘇純興表示，和泰預估 8 日即可接獲豐田汽車召回令，但距離農曆年關不到一週，會請業務代表主動電話聯繫車主回保養廠檢修，希望趕在農曆年前全面完成檢修，車主回廠重新下載普銳斯電腦軟體只要 1 分半時間，隨後會進行實地測試。 張重彥強調，和泰今天寄出車主關懷信函，明確告知車主在特定路面行使感到煞車反應遲緩時，只需深踩煞車即可控制車輛。 下午馬上由業代第一線時間用電話逐一聯繫，各服務廠並安排專責服務人員優先免費更新電腦軟體，更新時間約需半小時。[56]
2 月 9 日	和泰跟豐田同步召開記者會，宣布召回普銳斯檢修。張重彥為贏回顧客的信心，下達 3 天內，必須完成召回檢修，第 1 天全台 121 個維修服務廠，已幫 200 多位車主更新軟體。三天，629 輛車全部完成召回維修。 和泰考量農曆年關將近，部分車主可能因故而無法於農曆年前入廠檢修，決定春節期間安排專人協助完成普銳斯免費檢修。[57] 和泰免付費顧客服務專線：0800-221-345。 張重彥說：「唯有拿出銷售成績，才能證明我們的品質沒問題。」他強調，和泰仍會在農曆年前線全力衝刺銷售業績，在 2 月第一週衝出 5,000 輛的交車成績，讓顧客放心。[58]

表 14.10 （續）

月　日	活　動
2 月 25 日	國瑞汽車日籍總經理疋田亮表示，國瑞會盡最大努力做好品質確保，品質追求百分百絕不會打折。 負責生產的國瑞汽車配合和泰產銷計畫，2010 年打算生產 9 萬輛豐田汽車，從 4 月起，中壢廠比照觀音廠從單班恢復為雙班生產，豐田冠樂拉外銷中東，2009 年受金融風暴影響只有 6,500 輛，2010 年目標 1 萬輛以上。
2 月 27 日	張重彥指出，豐田汽車召回事件主要發生在美國，和泰受影響程度很小。蘇純興表示，和泰接獲經銷商回報，只有 3～5% 車主受到豐田召回事件影響而遲延交車或退訂。 和泰元月銷售、獲利雙雙傳出佳績，營收比去年同期成長逾 8% 而達 80.32 億元，單月銷量從去年同期 6,000 多輛提高至 9,000 餘輛，稅前盈餘 6.85 億元、單月每股稅前淨利 1.25 元。
4 月 1 日	推出為期四個月的大規模促銷行動，提供包括新車保固延長至四年或 12 萬公里、兩年定期保養免費、高額度三年零利率分期購車等優惠。其中歷來最優惠的「四年或 12 萬公里新車保固」，適用範圍追溯到 2010 年元月後領牌的新車。

四、一個月小傷

2010 年 3 月 1 日，台灣的裕隆日產汽車公司仿美國日產汽車的促銷作法，推出「舊車換新車（包括豐田的舊車）現金折價 2 萬元」、「40 萬元 40 期零利率」促銷優惠條件。

4 月 1 日，和泰推出更優惠的反制措施，詳見表 14.11。4 到 7 月底止，購買豐田車款可享「四年或 12 萬公里」新車保固，同時針對 4 月購車民眾，提供分期購車三年高額度零利率、兩年 4 萬公里定期保養免費等優惠，合計優惠市值 6 萬元，優惠幅度創 60 年來之最。和泰車解釋，這次優惠行動，是為了宣示對自家汽車品質的信心。[50]

製造廠國瑞汽車還是維持提供新車三年或 10 萬公里的保固，多出的一年或 2 萬公里保固費用，則是由和泰吸收。

表 14.11 和泰車與裕日車促銷戰

汽車公司	和泰車		裕日車	
品牌	豐田		日產	
	項目	市值	項目	市值
促銷優惠條件	新車保固延長至 4 年或 12 萬公里	2 萬元以上	舊車換新車	現金折價 2 萬元
	2 年或 4 萬公里定期保養免費	逾 1 萬元以上	40 萬元 40 期零利率	3.5 萬元
	三年高額零利率	1～2 萬元		
	總和	5～6 萬元	總和	5.5 萬元

資料來源：各業者，2010.4.1

在蘇純興主導下，把 2010 年的經銷商夏季銷售競賽提前從 4 月開跑，單月市占率立刻拉高至 34.3%（詳見圖 14.2），回到美國豐田大規模召回事件前的高水準，成功堵住流失的訂單。和泰跟豐田的長期合作關係，在患難中更能見真章。

和泰的心意讓豐田「很感心」，決定派員（即平光敬和）出任和泰車副董事長，讓雙方合作關係升級。[60]

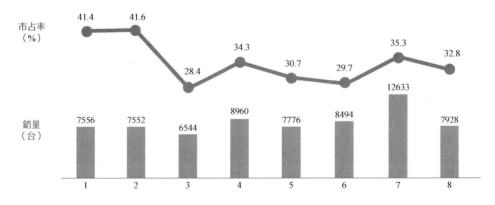

圖 14.2 和泰汽車 2010 年市占率表現

註 釋

①經濟日報，2010 年 1 月 31 日，A7 版，賴美君。

②今周刊，2010 年 2 月 15 日，第 209 頁。

③經濟日報，2010 年 2 月 2 日，A5 版，吳國卿。

④工商時報，2010 年 1 月 31 日，A4 版，劉聖芬。

⑤中國時報，2010 年 2 月 2 日，A1 版，潘勛。

⑥工商時報，2010 年 2 月 2 日，A8 版，吳慧珍。

⑦工商時報，2010 年 2 月 4 日，A8 版，吳慧珍。

⑧經濟日報，2010 年 2 月 3 日，A5 版，謝璦竹。

⑨經濟日報，2010 年 2 月 5 日，A6 版，于倩若。

⑩經濟日報，2010 年 2 月 5 日，A8 版，謝璦竹。

⑪工商時報，2010 年 2 月 6 日，A7 版，陳穎芃。

⑫經濟日報，2010 年 2 月 6 日，A8 版，謝璦竹。

⑬工商時報，2010 年 2 月 10 日，A8 版，陳怡均。

⑭工商時報，2010 年 2 月 11 日，A7 版，林佳誼。

⑮工商時報，2010 年 2 月 18 日，A1 版，蕭麗君。

⑯工商時報，2010 年 2 月 24 日，A7 版，林佳誼。

⑰工商時報，2010 年 2 月 24 日，A7 版，鍾志恆。

⑱經濟日報，2010 年 2 月 24 日，A3 版，廖玉玲。

⑲工商時報，2010 年 6 月 27 日，C8 版，顏嘉南。

⑳工商時報，2010 年 2 月 26 日，A7 版，吳慧珍。

㉑工商時報，2010 年 5 月 11 日，A8 版，陳穎芃。

㉒延伸閱讀〔2〕，第 152 頁。

㉓中國時報，2010 年 2 月 2 日，A1 版，黃菁菁。

㉔同註釋㉒。

㉕延伸閱讀〔2〕，第 153 頁。

㉖延伸閱讀〔1〕，第 82 頁。

㉗經濟日報，2010 年 2 月 7 日，A9 版，謝璦竹。

㉘中國時報，2010 年 2 月 26 日，A21 版，陳文和。

㉙工商時報，2010 年 6 月 27 日，C8 版，顏嘉南。

㉚中國時報，2010 年 2 月 24 日，A2 版，閻紀宇。

㉛工商時報，2010 年 3 月 1 日，D3 版。

㉜經濟日報，2010 年 1 月 31 日，A7 版，賴美君。

㉝工商時報，2010 年 2 月 7 日，A5 版，林佳誼。

㉞工商時報，2010 年 2 月 11 日，A7 版，林佳誼。

㉟經濟日報，2010 年 2 月 24 日，A3 版，廖玉玲。

㊱工商時報，2010 年 2 月 25 日，A8 版，鍾志恆。

㊲經濟日報，2010 年 2 月 25 日，A6 版，簡國帆。

㊳經濟日報，2010 年 2 月 26 日，A8 版，國外組。

㊴中國時報，2010 年 2 月 25 日，A2 版，閻紀宇。

㊵同註釋㊴。

㊶經濟日報，2010 年 1 月 30 日，A8 版，賴美君。

㊷經濟日報，2010 年 2 月 7 日，A9 版，簡國帆。

㊸經濟日報，2010 年 1 月 31 日，A7 版，簡國帆。

㊹經濟日報，2010 年 1 月 31 日，A7 版，賴美君。

㊺工商時報，2010 年 2 月 24 日，A7 版，林佳誼。

㊻延伸閱讀〔3〕，第 136 頁。

㊼經濟日報，2010 年 2 月 10 日，A5 版，廖玉玲。

㊽經濟日報，2010 年 2 月 24 日，A3 版，廖玉玲。

㊾經濟日報，2010 年 1 月 31 日，A7 版，陳信榮。

㊿工商時報，2010 年 2 月 7 日，B5 版，沈美幸。

○51 經濟日報，2010 年 2 月 23 日，A15 版，陳信榮。

○52 中國時報，2010 年 1 月 30 日，A2 版，于模珉。

○53 工商時報，2010 年 2 月 3 日，A17 版，沈美幸、陳懷瑜。

○54 經濟日報，2010 年 2 月 5 日，C7 版，陳慶琪。

○55 工商時報，2010 年 2 月 7 日，B5 版，沈美幸。

○56 工商時報，2010 年 2 月 9 日，A4 版，沈美幸。

㊄工商時報，2010 年 2 月 10 日，A16 版，沈美幸。

㊈經濟日報，2010 年 2 月 10 日，A5 版，陳信榮。

㊉經濟日報，2010 年 4 月 1 日，A17 版，陳信榮。

⑥經濟日報，2010 年 6 月 19 日，A3 版，邱馨儀。

延伸閱讀

1. 徐介凡，「10 平方公分油門踏板，摧毀豐田兆元帝國神話」，非凡新聞周刊，2010 年 3 月 7 日，第 80～83 頁。

2. 黃靖萱，「世界第一的必修課：危機管理」，天下雙週刊，2010 年 3 月 10 日，第 150～153 頁。

3. 賴東明，「豐田社長親上火線滅火」，管理雜誌，2010 年 4 月，第 134～137 頁。

4. 張鳳，「經銷商拚服務，救豐田商譽」，商業周刊，1185 期，2010 年 8 月，第 92～96 頁。

5. 高宜凡，「第二代蘇純興如何挺過豐田召回風暴」，遠見雜誌，2010 年 10 月，第 286～288 頁。

討論問題

1. 你覺得豐田的企業文化在 2009 年 11 月迄 2010 年 2 月大幅汽車召回中扮演何種角色？

2. 對全球公司來說，如何預防「鞭長莫及」的「大公司症」？

3. 以表 14.2 第 1、2 欄為基礎，再作第 3（2010 年 1 月 19～31 日）與第 4（2010 年 2 月以後）欄，進而比較有「高人指點」前後的公關處理有何不同？

4. 你給豐田的危機處理公關措施（可分幾個次期）打幾分？你的依據在哪裡？

5. 你給和泰汽車處理豐田汽車瑕疵的措施打幾分？你的依據在哪裡？

國家圖書館出版品預行編目資料

生產管理：實務個案分析／張保隆, 伍忠賢著
／王派榮校閱──初版.──臺北市：五南
圖書出版股份有限公司, 2011.11
面；　公分
ISBN 978-957-11-6328-4 (平裝)

1.生產管理　2.個案研究

494.5　　　　　　　　　　　　100012017

1FRC

生產管理

作　　者 ― 張保隆、伍忠賢

發 行 人 ― 楊榮川

總 經 理 ― 楊士清

總 編 輯 ― 楊秀麗

主　　編 ― 侯家嵐

責任編輯 ― 侯家嵐

文字編輯 ― 林秋芬

封面設計 ― 盧盈良

出 版 者 ― 五南圖書出版股份有限公司

地　　址：106台北市大安區和平東路二段339號4樓

電　　話：(02)2705-5066　　傳　　真：(02)2706-6100

網　　址：https://www.wunan.com.tw

電子郵件：wunan@wunan.com.tw

劃撥帳號：01068953

戶　　名：五南圖書出版股份有限公司

法律顧問　林勝安律師

出版日期　2011年11月初版一刷
　　　　　2023年 2 月初版二刷

定　　價　新臺幣620元